面向新工科的电工电子信息基础课程系列教材

教育部高等学校电工电子基础课程教学指导分委员会推荐教材

北京市精品课程配套教材

微机原理
PRINCIPLE OF MICROCOMPUTER

第 2 版

王克义 编著

清华大学出版社

北京

内 容 简 介

本书全面、系统地介绍现代微型计算机的基本结构、工作原理和典型接口技术。主要内容包括数据在计算机中的运算与表示形式,计算机的基本组成,微处理器结构,寻址方式与指令系统,汇编语言程序设计基础,存储器及其接口,输入/输出及 DMA 技术,中断系统,可编程接口电路,总线技术,高性能微处理器的先进技术与典型结构,嵌入式系统与嵌入式处理器入门等。

本书内容精练,层次清楚,实用性强;在注重讲解基本概念的同时,十分注意反映微型计算机发展中的新知识、新技术。本书可作为普通高等院校理工科各专业计算机基础课程教材,也可作为自学考试、成人教育以及各类职业学校的教材。

图书在版编目(CIP)数据

微机原理/王克义编著. —2 版. —北京:清华大学出版社,2020.6
面向新工科的电工电子信息基础课程系列教材
ISBN 978-7-302-55403-5

Ⅰ. ①微…　Ⅱ. ①王…　Ⅲ. ①微型计算机－高等学校－教材　Ⅳ. ①TP36

中国版本图书馆 CIP 数据核字(2020)第 068584 号

责任编辑:文　怡
封面设计:王昭红
责任校对:白　蕾
责任印制:杨　艳

出版发行:清华大学出版社
　　　　　网　　　址: http://www.tup.com.cn, http://www.wqbook.com
　　　　　地　　　址: 北京清华大学学研大厦 A 座　　　　　**邮　　编:** 100084
　　　　　社 总 机: 010-62770175　　　　　**邮　　购:** 010-62786544
　　　　　投稿与读者服务: 010-62776969, c-service@tup.tsinghua.edu.cn
　　　　　质量反馈: 010-62772015, zhiliang@tup.tsinghua.edu.cn
　　　　　课件下载: http://www.tup.com.cn, 010-83470236
印 装 者: 清华大学印刷厂
经　　销: 全国新华书店
开　　本: 185mm×260mm　　**印　张:** 27　　　　　**字　　数:** 605 千字
版　　次: 2014 年 7 月第 1 版　2020 年 6 月第 2 版　　**印　　次:** 2020 年 6 月第 1 次印刷
印　　数: 1～2000
定　　价: 69.00 元

产品编号:088004-01

"微机原理"是高等学校理工科大学生的一门重要的计算机技术基础课程,也是理工科大学生学习和掌握计算机硬件技术基础、汇编语言程序设计及常用接口技术的入门课程。通过本课程的学习,学生可以从理论和实践上掌握计算机/微型计算机的基本组成和工作原理,建立微机系统整机概念,具备利用微机技术进行软、硬件开发的初步能力。学习本课程对于掌握现代计算机的基本概念和技术以及学习后续有关计算机课程(如计算机系统结构、操作系统、计算机网络、嵌入式系统等)均具有重要意义。本书是该课程使用的基本教材。

本书坚持"基础是根本"的教学理念,注重知识整合,精心选择课程的核心知识和关键技术。全书以 80x86/Pentium 系列微型计算机为背景机,全面、系统地介绍现代微型计算机的基本结构、工作原理及典型接口技术。全书共分 14 章,从内容上可划分为 4 个知识单元:

(1) 计算机的基本结构及工作原理(第 1、2、3、7 章);

(2) 指令系统及汇编语言程序设计(第 4、5、6 章);

(3) I/O 接口技术(第 8、9、10、11、12 章);

(4) 高性能微处理器及嵌入式系统入门(第 13 和第 14 章)。

学习本书需要预先掌握数字电路及程序设计的一般知识。

本书可供 60～70 学时的课堂教学使用,有些章节的内容可根据不同的教学要求进行适当取舍。每章后面列出的习题,主要供理解和复习本章基本内容使用,书后给出了部分习题的参考答案。

另外,鉴于"微机原理"课程是技术性、实践性较强的课程,因此在教学中应安排相应的实验及编程上机环节。教师可根据具体实验设备及上机条件,安排适当的接口实验及汇编程序上机内容。对于尚不具备专门的微机接口实验设备的教学环境,教师可结合PC上已配备的键盘、鼠标及显示器等基本 I/O 设备,组织相应的接口实验内容,如键盘输入、显示器输出编程、鼠标器编程等,以培养学生的 I/O 接口编程能力。关于这方面的内容,请参见第 6 章的介绍。

本书是在编者多年承担北京大学信息科学技术学院(计算机系、智能科学系、电子学系及微电子学系)本科生及北京大学理科实验班教学实践的基础上编写而成的,并参考和吸收了国外较新同类教材及国内兄弟院校优秀教材的有关内容,在此,特向有关作者一并致谢。

在本书的编写和出版过程中,承蒙北京大学信息科学技术学院及清华大学出版社的

前言

热情支持和指导,在此谨向他们表示衷心的感谢。

由于编者的水平所限,书中一定存在不少差错和疏漏,诚请广大读者及专家批评指正。

本书 PPT 课件及汇编程序上机工具包等课程教学资源可扫描前言下方二维码下载。

编 者

2020 年 5 月于北京大学

教学资源

目录

目录

目录

目录

目录

目录

第 1 章

数据在计算机中的运算与表示形式

本章重点介绍数据在计算机中的运算与表示的基础知识。

1.1 进位计数制

1.1.1 进位计数制及其基数和权

进位计数制(简称进位制)是指用一组固定的数字符号和特定的规则表示数的方法。在人们日常生活和工作中,最熟悉最常用的是十进制,此外还有十二进制、六十进制等。在数字系统和计算机领域,常用的进位计数制是二进制、八进制及十六进制。

研究和讨论进位计数制的问题涉及两个基本概念,即基数和权。在进位计数制中,一种进位制所允许选用的基本数字符号(也称数码)的个数称为这种进位制的基数。不同进位制的基数不同。例如,在十进制中,是选用 0~9 这 10 个数字符号来表示的,它的基数是 10;在二进制中,是选用 0 和 1 这两个数字符号来表示的,它的基数是 2;等等。

同一个数字符号处在不同的数位时,它所代表的数值是不同的,每个数字符号所代表的数值等于它本身乘以一个与它所在数位对应的常数,这个常数称为位权,简称权(weight)。例如,十进制数个位的位权是 1,十位的位权是 10,百位的位权是 100,以此类推。一个数的数值大小就等于该数的各位数码乘以相应位权的总和。例如:

$$十进制数 \ 2918 = 2 \times 1000 + 9 \times 100 + 1 \times 10 + 8 \times 1$$

1.1.2 几种常用的进位计数制

1. 十进制

十进制数有十个不同的数字符号(0、1、2、3、4、5、6、7、8、9),即它的基数为 10;每个数位计满 10 就向高位进位,即它的进位规则是"逢十进一"。任何一个十进制数,都可以用一个多项式来表示,例如:

$$312.25 = 3 \times 10^2 + 1 \times 10^1 + 2 \times 10^0 + 2 \times 10^{-1} + 5 \times 10^{-2}$$

式中,等号右边的表示形式,称为十进制数的多项式表示法,也叫按权展开式;等号左边的形式,称为十进制的位置记数法。位置记数法是一种与位置有关的表示方法,同一个数字符号处于不同的数位时,所代表的数值不同,即其权值不同。容易看出,上式各位的权值分别为 10^2、10^1、10^0、10^{-1}、10^{-2}。

实际的数字系统以及人们日常使用的进位记数制并不仅仅是十进制,其他进位制的计数规律可以看成是十进制计数规律的推广。对于任意的 R 进制来说,它有 R 个不同的数字符号,即基数为 R,计数进位规则为"逢 R 进一"。

2. 二进制

二进制数的基数 $R=2$,即它所用的数字符号个数只有两个(0 和 1)。它的计数进位规则为"逢二进一"。

在二进制中,由于每个数位只能有两种不同的取值(要么为 0,要么为 1),这就特别适合使用仅有两种状态(如导通、截止;高电平、低电平等)的开关元件来表示,一般是采用电子开关元件,目前绝大多数是采用半导体集成电路的开关器件来实现。

对于一个二进制数,也可以用类似十进制数的按权展开式予以展开,例如,二进制数 11011.101 可以写成:

$$(11011.101)_2 = 1 \times 2^4 + 1 \times 2^3 + 0 \times 2^2 + 1 \times 2^1 + 1 \times 2^0 + 1 \times 2^{-1} + 0 \times 2^{-2} + 1 \times 2^{-3}$$

二进制数的一个优点是它只有两种数字符号,因而便于数字系统与电子计算机内部的表示与存储。它的另一个优点是运算规则的简便性,而运算规则的简单,必然导致运算电路的简单以及相关控制的简化。后面将具体讨论二进制算术运算及逻辑运算的规则。

3. 八进制

八进制数的基数 $R = 8$,每位可能取 8 个不同的数字符号 0、1、2、3、4、5、6、7 中的任何一个,进位规则是"逢八进一"。

由于 3 位二进制数刚好有 8 种不同的数位组合(如下所示),所以一位八进制数容易用相应的 3 位二进制数来表示。

八进制: 　0　　1　　2　　3　　4　　5　　6　　7

二进制: 000　001　010　011　100　101　110　111

这样,把一个八进制数每位变换为相等的 3 位二进制数,组合在一起就成了相等的二进制数。

【例 1.1】 将八进制数 53 转换成二进制数。

$$八进制 \quad 5 \qquad 3$$
$$\downarrow \qquad \downarrow$$
$$二进制 \quad 101 \quad\ 011$$

所以,$(53)_8 = (101011)_2$。

显然,用八进制比二进制书写要简短、易读,而且与二进制间的转换也较方便。

4. 十六进制

十六进制数的基数 $R = 16$,每位用 16 个数字符号 0、1、2、3、4、5、6、7、8、9、A、B、C、D、E、F 中的一个表示,进位规则是"逢十六进一"。

由于 4 位二进制数刚好有 16 种不同的数位组合(如下所示),所以一位十六进制数可以用相应的 4 位二进制数来表示。

十六进制	0	1	2	3	4	5	6	7
	↓	↓	↓	↓	↓	↓	↓	↓
二进制	0000	0001	0010	0011	0100	0101	0110	0111
	8	9	A	B	C	D	E	F
	↓	↓	↓	↓	↓	↓	↓	↓
	1000	1001	1010	1011	1100	1101	1110	1111

这样,把一个十六进制数的每位变换为相等的 4 位二进制数,组合在一起就变成了相等的二进制数。

【例 1.2】 十六进制数转换为二进制数。

$$
\begin{array}{cccc}
\text{十六进制} & D & 3 & F \\
& \downarrow & \downarrow & \downarrow \\
\text{二进制} & 1101 & 0011 & 1111
\end{array}
$$

所以,$(D3F)_{16} = (110100111111)_2$。

由上面的介绍可以看出,使用八进制或十六进制表示具有如下的优点:

(1) 容易书写、阅读,也便于人们记忆。

(2) 容易转换成可用电子开关元件存储、记忆的二进制数。所以,它们是数字系统和计算机中所普遍采用的数据表示形式。

1.2 不同进位制数之间的转换

一个数从一种进位制表示变成另外一种进位制表示,称为数的进位制转换。实现这种转换的方法是多项式替代法和基数乘除法。下面结合具体例子来讨论这两种方法的应用。

1.2.1 二进制数转换为十进制数

【例 1.3】 将二进制数 101011.101 转换为十进制数。

这里,只要将二进制数用多项式表示法写出,并在十进制中运算,即按十进制的运算规则算出相应的十进制数值即可。

$$
\begin{aligned}
(101011.101)_2 &= (2^5 + 2^3 + 2^1 + 2^0 + 2^{-1} + 2^{-3})_{10} \\
&= (32 + 8 + 2 + 1 + 0.5 + 0.125)_{10} \\
&= (43.625)_{10}
\end{aligned}
$$

这个例子说明,为了求得某二进制数的十进制表示形式,只要把该二进制数的按权展开式写出,并在十进制系统中计算,所得结果就是该二进制数的十进制形式,即实现了由二进制数到十进制数的转换。

顺便指出,用类似的方法可将八进制数转换为十进制数。

【例 1.4】 将八进制数 155 转换为十进制数。

$$
(155)_8 = (1 \times 8^2 + 5 \times 8^1 + 5 \times 8^0)_{10} = (109)_{10}
$$

上述这种用来实现不同进位制数之间转换的方法,称为"多项式替代"法。

1.2.2 十进制数转换为二进制数

1. 十进制整数转换为二进制整数

十进制整数转换为二进制整数的基本方法称为"基数除法"或"除基取余"法。可概括为"除基取余,直至商为 0,注意确定高、低位",如例 1.5 所示。

【例 1.5】 将十进制数 935 转换为二进制数。

整个演算过程表示如下:

$$
\begin{array}{r}
2\ \underline{|\ 935} \quad \text{余数}=1=B_0 \cdots \text{转换后的最低位}\\
2\ \underline{|\ 467} \quad \text{余数}=1=B_1\\
2\ \underline{|\ 233} \quad \text{余数}=1=B_2\\
2\ \underline{|\ 116} \quad \text{余数}=0=B_3\\
2\ \underline{|\ 58} \quad \text{余数}=0=B_4\\
2\ \underline{|\ 29} \quad \text{余数}=1=B_5\\
2\ \underline{|\ 14} \quad \text{余数}=0=B_6\\
2\ \underline{|\ 7} \quad \text{余数}=1=B_7\\
2\ \underline{|\ 3} \quad \text{余数}=1=B_8\\
2\ \underline{|\ 1} \quad \text{余数}=1=B_9 \cdots \text{转换后的最高位}\\
0
\end{array}
$$

所以,转换结果为:

$$(935)_{10}=(B_9 B_8 \cdots B_1 B_0)_2=(1110100111)_2$$

类似地,采用"除 8 取余"或"除 16 取余"的方法,即可将一个十进制整数转换为八进制整数或十六进制整数。

一般地,可以将给定的一个十进制整数转换为任意进制的整数,只要用所要转换的数制的基数去连续除给定的十进制整数,最后将每次得到的余数依次按正确的高、低位顺序列出,即可得到所要转换成的数制的数。

【例 1.6】 转换十进制数 2803 为十六进制数,即 $(2803)_{10}=(\ ?\ )_{16}$。

解

$$
\begin{array}{r}
16\ \underline{|\ 2803} \quad \text{余数}=3,\ H_0=3 \cdots \text{转换后的最低位}\\
16\ \underline{|\ 175} \quad \text{余数}=15,\ H_1=F\\
16\ \underline{|\ 10} \quad \text{余数}=10,\ H_2=A \cdots \text{转换后的最高位}\\
0
\end{array}
$$

因此,$(2803)_{10}=(H_2 H_1 H_0)_{16}=(AF3)_{16}$。

上述这种用以实现不同进位制数之间转换的方法,称为"除基取余法"。可概括为"除基取余,直至商为 0,注意确定高、低位"。

2. 十进制小数转换为二进制小数

十进制小数转换为二进制小数的基本方法称为"基数乘法"或"乘基取整"法。可概括为"乘基取整,注意确定高、低位及有效位数",如例1.7所示。

【例1.7】 将十进制小数0.5625转换成二进制小数。

整个演算过程表示如下:

$$0.5625$$
$$\underline{\times \qquad\qquad 2}$$
$$1.1250 \quad\text{整数部分}=1, B_{-1}=1 \cdots\cdots\text{转换后的最高位}$$
$$0.1250$$
$$\underline{\times \qquad\qquad 2}$$
$$0.2500 \quad\text{整数部分}=0, B_{-2}=0$$
$$\underline{\times \qquad\qquad 2}$$
$$0.5000 \quad\text{整数部分}=0, B_{-3}=0$$
$$\underline{\times \qquad\qquad 2}$$
$$1.0000 \quad\text{整数部分}=1, B_{-4}=1 \cdots\cdots\text{转换后的最低位}$$

因此,$(0.5625)_{10}=(0.1001)_2$。

值得注意的是,在十进制小数转换成二进制小数时,整个计算过程可能无限地进行下去,这时,一般考虑到计算机实际字长的限制,只取有限位数的近似值就可以。

同样,这个方法也可推广到十进制小数转换为任意进制的小数,只需用所要转换成的数制的基数去连续乘给定的十进制小数,每次得到的整数部分即依次为所求数制小数的各位数。不过应注意,最先得到的整数部分应是所求数制小数的最高有效位。

另外,如果一个数既有整数部分又有小数部分,则可用前述的"除基取余"及"乘基取整"的方法分别将整数部分与小数部分进行转换,然后合并起来就可得到所求结果。例如:

$$(17.25)_{10} \Rightarrow (17)_{10} + (0.25)_{10}$$
$$\downarrow \qquad\qquad \downarrow$$
$$(10001)_2 + (0.01)_2 \Rightarrow (10001.01)_2$$

所以,$(17.25)_{10}=(10001.01)_2$。

1.3 二进制数的算术运算和逻辑运算

1.3.1 二进制数的算术运算

二进制数的算术运算规则非常简单,其具体运算规则如下。

1. 加法运算规则

二进制加法规则是:$0+0=0,0+1=1,1+0=1,1+1=10$("逢二进一")。

【例1.8】 1010＋111＝10001 　　 1011.101＋10.01＝1101.111

$$
\begin{array}{r}
1010 \quad \text{被加数} \\
+\ \ 111 \quad \text{加数} \\
\hline
10001 \quad \text{和}
\end{array}
\qquad
\begin{array}{r}
1011.101 \quad \text{被加数} \\
+\ \ \ 10.01 \quad \text{加数} \\
\hline
1101.111 \quad \text{和}
\end{array}
$$

2．减法运算规则

二进制减法规则是：0－0＝0,1－0＝1,1－1＝0,0－1＝1("借一当二")。

【例1.9】 1011－101＝110 　　 1101.111－10.01＝1011.101

$$
\begin{array}{r}
1011 \quad \text{被减数} \\
-\ \ 101 \quad \text{减数} \\
\hline
110 \quad \text{差}
\end{array}
\qquad
\begin{array}{r}
1101.111 \quad \text{被减数} \\
-\ \ \ 10.01 \quad \text{减数} \\
\hline
1011.101 \quad \text{差}
\end{array}
$$

3．乘法运算规则

二进制乘法规则是：0×0＝0,0×1＝0,1×0＝0,1×1＝1。

【例1.10】 1011×1010＝1101110

$$
\begin{array}{r}
1011 \quad \text{被乘数} \\
\times\ 1010 \quad \text{乘数} \\
\hline
0000 \\
1010 \\
0000 \\
+\ 1011 \\
\hline
1101110 \quad \text{乘积}
\end{array}
$$

部分积

从这个例子中可以看出,在二进制乘法运算时,若相应的乘数位为1,则把被乘数照写一遍,只是它的最后一位应与相应的乘数位对齐(这实际上是一种移位操作);若相应的乘数位为0,则部分积各位均为0;当所有的乘数位都乘过之后,再把各部分积相加,便得到最后乘积。所以,实质上二进制数的乘法运算可以归结为"加"(加被乘数)和"移位"两种操作。

4．除法运算规则

二进制数的除法是乘法的逆运算,这与十进制数的除法是乘法的逆运算一样。因此利用二进制数的乘法及减法规则可以容易地实现二进制数的除法运算。

【例1.11】 110110÷1010＝101……100

$$
\begin{array}{r}
101 \quad \text{商} \\
\text{除数}\ \ 1010\ )\overline{110110} \quad \text{被除数} \\
-1010 \\
\hline
1110 \\
1010 \\
\hline
100 \quad \text{余数}
\end{array}
$$

1.3.2　二进制数的逻辑运算

数字系统与计算机中能够实现的另一种基本运算是逻辑运算。逻辑运算与算术运算有着本质上的差别,它是按位进行的,其运算的对象及运算结果只能是 0 和 1 这样的逻辑量。这里的 0 和 1 并不具有数值大小的意义,而仅仅具有如"真"和"假"、"是"和"非"这样的逻辑意义。二进制数的逻辑运算实际上是将二进制数的每一位都看成逻辑量时进行的运算。

基本的逻辑运算有逻辑"或"、逻辑"与"和逻辑"非"3 种,常用的还有逻辑"异或"运算。下面分别予以说明。

1. 逻辑"或"

逻辑"或"也称逻辑加,其运算规则是:两个逻辑量中只要有一个为 1,其运算结果就为 1;只有当两个逻辑量全为 0 时,其运算结果才为 0,可简述为"有 1 得 1,全 0 得 0"。逻辑"或"的运算符号为"∨"或"+"。如下所示:

$$0 \vee 0 = 0 \quad 0 \vee 1 = 1 \quad 1 \vee 0 = 1 \quad 1 \vee 1 = 1$$

也可表示为

$$0 + 0 = 0 \quad 0 + 1 = 1 \quad 1 + 0 = 1 \quad 1 + 1 = 1$$

【例 1.12】　$0110 \vee 0001 = 0111$

逻辑"或"运算常用于将一个已知二进制数的某一位或某几位置 1,而其余各位保持不变。例如,欲使二进制数 10101100 的最低一位置 1,而其余各位不变,就可用 00000001 与之相"或"来实现。即

$$
\begin{array}{r}
1\ 0\ 1\ 0\ 1\ 1\ 0\ 0 \\
\vee\quad 0\ 0\ 0\ 0\ 0\ 0\ 0\ 1 \\
\hline
1\ 0\ 1\ 0\ 1\ 1\ 0\ 1
\end{array}
$$

2. 逻辑"与"

逻辑"与"也称逻辑乘,其运算规则是:两个逻辑量中只要有一个为 0,其运算结果就为 0;只有当两个逻辑量全为 1 时,其运算结果才为 1。可简述为"有 0 得 0,全 1 得 1"。逻辑"与"的运算符号为"∧"或"×"。如下所示:

$$0 \wedge 0 = 0 \quad 0 \wedge 1 = 0 \quad 1 \wedge 0 = 0 \quad 1 \wedge 1 = 1$$

也可表示为

$$0 \times 0 = 0 \quad 0 \times 1 = 0 \quad 1 \times 0 = 0 \quad 1 \times 1 = 1$$

【例 1.13】　$1001 \times 1110 = 1000$

逻辑"与"运算常用于将一个已知二进制数的某一位或某几位置 0,而其余各位保持不变。例如,欲使二进制数 01010011 的最低两位置 0,而其余各位保持不变,就可用 11111100 与之相"与"来实现。即

$$
\begin{array}{c}
\ 0\ 1\ 0\ 1\ 0\ 0\ 1\ 1 \\
\underline{\wedge\ 1\ 1\ 1\ 1\ 1\ 1\ 0\ 0} \\
\ 0\ 1\ 0\ 1\ 0\ 0\ 0\ 0
\end{array}
$$

3. 逻辑"非"

逻辑"非"也称逻辑反,其运算规则是:1"非"为 0,0"非"为 1。其运算符号为"—"或"¬"。如下所示:

$$\overline{1}=0 \quad \overline{0}=1$$

【例 1.14】 ¬1001=0110

4. 逻辑"异或"

逻辑"异或"又称模 2 加,其运算规则是:0 和任何数相"异或"该数不变,1 和任何数相"异或"该数变反。可简述为"相同得 0,不同得 1"。其运算符号为"∀"或"⊕"。如下所示:

$$0\ \forall\ 0=0 \quad 0\ \forall\ 1=1 \quad 1\ \forall\ 0=1 \quad 1\ \forall\ 1=0$$

也可表示为

$$0\oplus 0=0 \quad 0\oplus 1=1 \quad 1\oplus 0=1 \quad 1\oplus 1=0$$

【例 1.15】 0110 ∀ 1001=1111

逻辑"异或"运算常用于将一个已知二进制数的某些位变反而其余各位不变。例如,欲使 10101100 的最低两位变反而其余各位不变,就可以用 00000011 与之进行"异或"运算来完成。即

$$
\begin{array}{c}
\ 1\ 0\ 1\ 0\ 1\ 1\ 0\ 0 \\
\underline{\forall\ 0\ 0\ 0\ 0\ 0\ 0\ 1\ 1} \\
\ 1\ 0\ 1\ 0\ 1\ 1\ 1\ 1
\end{array}
$$

1.3.3 移位运算

移位运算是二进制数的又一种基本运算。计算机指令系统中都设置有各种移位指令。移位分为逻辑移位和算术移位两大类。

1. 逻辑移位

所谓逻辑移位,通常是把操作数当成纯逻辑代码,没有数值含义,因此没有符号与数值变化的概念;操作数也可能是一组无符号的数值代码(即无符号数),通过逻辑移位对其进行判别或某种加工。逻辑移位可分为逻辑左移、逻辑右移、循环左移和循环右移。

逻辑左移是将操作数的所有位同时左移,最高位移出原操作数之外,最低位补 0。逻辑左移一位相当于将无符号数乘以 2。例如,将 01100101 逻辑左移一位后变成 11001010,相当于 $(101)_{10}\times 2=202$。

逻辑右移是将操作数的所有位同时右移,最低位移出原操作数之外,最高位补 0。逻辑右移一位相当于将无符号数除以 2。例如,将 10010100 逻辑右移一位后变成 01001010,相当于 148÷2＝74。

循环左移就是将操作数的所有位同时左移,并将移出的最高位送到最低位。循环左移的结果不会丢失被移动的数据位。例如,将 10010100 循环左移一位后变成 00101001。

循环右移就是将操作数的所有位同时右移,并将移出的最低位送到最高位。它也不会丢失被移动的数据位。例如,将 10010100 循环右移一位后变成 01001010。

2. 算术移位

算术移位是把操作数当作带符号数进行移位,所以在算术移位中,必须保持符号位不变,例如一个正数在移位后还应该是正数。如果由于移位操作使符号位发生了改变(由 1 变 0,或由 0 变 1),则应通过专门的方法指示出错信息(如将"溢出"标志位置1)。

与逻辑移位类似,算术移位可分为算术左移、算术右移、循环左移和循环右移。

算术左移的移位方法与逻辑左移相同,就是将操作数的所有位同时左移,最高位移出原操作数之外,最低位补 0。算术左移一位相当于将带符号数(补码)乘以 2。例如,将 11000101 算术左移一位后变成 10001010,相当于(－59)×2＝－118,未溢出,结果正确。

算术右移是将操作数的所有位同时右移,最低位移出原操作数之外,最高位不变。算术右移一位相当于将带符号数(补码)除以 2。例如,将 10111010 算术右移一位变成 11011101,相当于(－70)÷2＝－35,未溢出,结果正确。

循环左移和循环右移的操作与前述逻辑移位时的情况相同,都是不丢失移出原操作数的位,而将其返回到操作数的另一端。

1.4 数据在计算机中的表示形式

1.4.1 机器数与真值

电子计算机实质上是一个二进制的数字系统,在机器内部,二进制数总是存放在由具有两种相反状态的存储元件构成的寄存器或存储单元中,即二进制数码 0 和 1 是由存储元件的两种相反状态来表示的。另外,对于数的符号(正号"＋"和负号"－")也只能用这两种相反的状态来区别。也就是说,只能用 0 或 1 来表示。

数的符号在机器中的一种简单表示方法为:规定在数的前面设置一位符号位,正数符号位用 0 表示,负数符号位用 1 表示。这样,数的符号标识也就"数码化"了。即带符号数的数值和符号统一由数码形式(仅用 0 和 1 两种数字符号)来表示。例如,正二进制数 $N_1＝＋1011001$,在计算机中表示为:

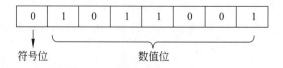

负二进制数 $N_2 = -1011001$，在计算机中表示为：

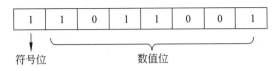

符号位　　　　　　　　数值位

为了区别原来的数与它在机器中的表示形式，将一个数（连同符号）在机器中加以数码化后的表示形式，称为机器数，而把机器数所代表的实际值称为机器数的真值。例如，上面例子中的 $N_1 = +1011001$、$N_2 = -1011001$ 为真值，它们在计算机中的表示 01011001 和 11011001 为机器数。

在将数的符号用数码（0 或 1）表示后，数值部分究竟是保留原来的形式，还是按一定规则做某些变化，这要取决于运算方法的需要。从而有机器数的 3 种常见形式，即原码、补码和反码。下面首先介绍机器数的这 3 种常见表示形式，然后介绍移码的特点及用途。

1.4.2　常见的机器数表示形式

1. 原码

原码是一种比较直观的机器数表示形式。约定数码序列中的最高位为符号位，符号位为 0 表示该数为正数，为 1 表示该数为负数；其余有效数值部分则用二进制的绝对值表示。

例如：

真值 x	$[x]_{原}$
$+0.1001$	0.1001
-0.1001	1.1001
$+1001$	01001
-1001	11001

在后面讨论定点数与浮点数表示时将会看到，定点数又有定点小数和定点整数之分，所以下面分别给出定点小数和定点整数的原码定义。

（1）若定点小数原码序列为 $x_0.x_1x_2\cdots x_n$，则

$$[x]_{原} = \begin{cases} x & 0 \leqslant x < 1 \\ 1-x & -1 < x \leqslant 0 \end{cases} \tag{1-1}$$

式中，x 代表真值，$[x]_{原}$ 为原码表示的机器数。

例如：

$x = +0.1011$，则 $[x]_{原} = 0.1011$；

$x = -0.1011$，则 $[x]_{原} = 1-(-0.1011) = 1+0.1011 = 1.1011$。

（2）若定点整数原码序列为 $x_0x_1\cdots x_n$，则

$$[x]_{原} = \begin{cases} x & 0 \leqslant x < 2^n \\ 2^n - x & -2^n < x \leqslant 0 \end{cases} \tag{1-2}$$

例如：

$x=+1011$，则$[x]_原=01011$；

$x=-1011$，则$[x]_原=2^4-(-1011)=10000+1011=11011$。

需要注意的是，在式(1-1)和式(1-2)中，有效数位是n位(即$x_1 \sim x_n$)，连同符号位是$n+1$位。

对于原码表示，具有如下特点：

① 原码表示中，真值0有两种表示形式。

以定点小数的原码表示为例：

$$[+0]_原=0.00\cdots0, \quad [-0]_原=1-(-0.00\cdots0)=1+0.00\cdots0=1.00\cdots0$$

② 在原码表示中，符号位不是数值的一部分，它仅是人为约定("0为正，1为负")，所以符号位在运算过程中需要单独处理，不能当作数值的一部分直接参与运算。

原码表示简单直观，而且容易由其真值求得，相互转换也较方便。但计算机在用原码做加减运算时比较麻烦。例如当两个数相加时，如果是同号，则数值相加，符号不变；如果是异号，则数值部分实际上是相减，此时必须比较两个数绝对值的大小，才能确定谁减谁，并要确定结果的符号。这件事在手工计算时是容易解决的，但在计算机中，为了判断同号还是异号，比较绝对值的大小，就要增加机器的硬件设备，并增加机器的运行时间。为此，人们找到了更适合于计算机进行运算的其他机器数表示法。

2. 补码

为了理解补码的概念，我们先讨论一个日常生活中校正时钟的例子。假定时钟停在7点，而正确的时间为5点，要拨准时钟可以有两种不同的拨法，一种是倒拨2个格，即$7-2=5$(做减法)；另一种是顺拨10个格，即$7+10=12+5=5$(做加法，钟面上$12=0$)。这里之所以顺拨(做加法)与倒拨(做减法)的结果相同，是由于钟面的容量有限，其刻度是十二进制，超过12以后又从0开始计数，自然丢失了12。此处12是溢出量，又称为模(mod)。这就表明，在舍掉进位的情况下，"从7中减去2"和"往7上加10"所得的结果是一样的。而2和10的和恰好等于模数12。我们把10称作-2对于模数12的补码。

计算机中的运算受一定字长的限制，它的运算部件与寄存器都有一定的位数，因而在运算过程中也会产生溢出量，所产生的溢出量实际上就是模。可见，计算机的运算也是一种有模运算。

在计算机中不单独设置减法器，而是通过采用补码表示法，把减去一个正数看成加上一个负数，并把该负数用补码表示，然后一律按加法运算规则进行计算。当然，在计算机中不是像上述时钟例子那样以12为模，在定点小数的补码表示中是以2为模。

下面分别给出定点小数与定点整数的补码定义：

(1) 若定点小数的补码序列为$x_0.x_1\cdots x_n$，则

$$[x]_补=\begin{cases} x & 0 \leqslant x < 1 \\ 2+x & -1 \leqslant x < 0 \end{cases} \quad (\text{mod}2) \quad\quad (1\text{-}3)$$

式中，x代表真值，$[x]_补$为补码表示的机器数。

例如：

$x = +0.1011$，则 $[x]_{补} = 0.1011$；

$x = -0.1011$，则 $[x]_{补} = 2 + (-0.1011) = 10.0000 - 0.1011 = 1.0101$。

（2）若定点整数的补码序列为 $x_0 x_1 \cdots x_n$，则

$$[x]_{补} = \begin{cases} x & 0 \leqslant x < 2^n \\ 2^{n+1} + x & -2^n \leqslant x < 0 \end{cases} \quad (\mathrm{mod}\, 2^{n+1}) \tag{1-4}$$

例如：

$x = +1011$，则 $[x]_{补} = 01011$；

$x = -1011$，则 $[x]_{补} = 2^5 + (-1011) = 100000 - 1011 = 10101$。

对于补码表示，具有如下特点：

① 在补码表示中，最高位 x_0（符号位）表示数的正负，虽然在形式上与原码表示相同，即"0 为正，1 为负"，但与原码表示不同的是，补码的符号位是数值的一部分，因此在补码运算中符号位像数值位一样直接参加运算。

② 在补码表示中，真值 0 只有一种表示，即 $00 \cdots 0$。

另外，根据以上介绍的补码和原码的特点，容易发现由原码转换为补码的规律，即，当 $x > 0$ 时，原码与补码的表示形式完全相同；当 $x < 0$ 时，从原码转换为补码的变化规律为："符号位保持不变（仍为 1），其他各位求反，然后末位加 1"，简称"求反加 1"。

例如：

$x = 0.1010$，则 $[x]_{原} = 0.1010$，$[x]_{补} = 0.1010$

$x = -0.1010$，则 $[x]_{原} = 1.1010$，$[x]_{补} = 1.0110$

容易看出，当 $x < 0$ 时，若把 $[x]_{补}$ 除符号位外"求反加 1"，即可得到 $[x]_{原}$。也就是说，对一个补码表示的数，再次求补，可得该数的原码。

3. 反码

反码与原码相比，两者的符号位一样。即对于正数，符号位为 0；对于负数，符号位为 1。但在数值部分，对于正数，反码的数值部分与原码按位相同；对于负数，反码的数值部分是原码的按位求反，反码也因此而得名。

与补码相比，正数的反码与补码表示形式相同；而负数的反码与补码的区别是末位少加一个 1。因此不难由补码的定义推出反码的定义。

（1）若定点小数的反码序列为 $x_0.x_1 \cdots x_n$，则

$$[x]_{反} = \begin{cases} x & 0 \leqslant x < 1 \\ (2 - 2^{-n}) + x & -1 < x \leqslant 0 \end{cases} \quad [\mathrm{mod}(2 - 2^{-n})] \tag{1-5}$$

式中，x 代表真值，$[x]_{反}$ 为反码表示的机器数。

（2）若定点整数的反码序列为 $x_0 x_1 \cdots x_n$，则

$$[x]_{反} = \begin{cases} x & 0 \leqslant x < 2^n \\ (2^{n+1} - 1) + x & -2^n < x \leqslant 0 \end{cases} \quad [\mathrm{mod}(2^{n+1} - 1)] \tag{1-6}$$

0 在反码表示中有两种形式,例如,在定点小数的反码表示中:

$$[+0]_{反}=0.00\cdots0, \quad [-0]_{反}=1.11\cdots1$$

如上所述,由原码表示容易得到相应的反码表示。

例如:

$$x=+0.1001, \quad [x]_{原}=0.1001, \quad [x]_{反}=0.1001$$
$$x=-0.1001, \quad [x]_{原}=1.1001, \quad [x]_{反}=1.0110$$

如今,反码通常已不单独使用,而主要是作为求补码的一个中间步骤来使用。补码是现代计算机系统中表示负数的基本方法。

4. 原码、补码和反码之间的转换

根据前面对原码、补码和反码各自特点的介绍和分析,现将真值、原码、补码和反码之间的相互转换规则汇总于图 1.1 中。

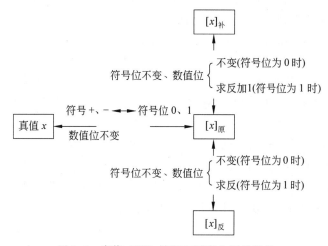

图 1.1 真值、原码、补码和反码之间的转换

例如:

$$x=+0.1101 \qquad x=-0.1101$$
$$[x]_{原}=0.1101 \qquad [x]_{原}=1.1101$$
$$[x]_{补}=0.1101 \qquad [x]_{补}=1.0011$$
$$[x]_{反}=0.1101 \qquad [x]_{反}=1.0010$$

5. 移码表示法

由于原码、补码、反码的大小顺序与其对应的真值大小顺序不是完全一致的,所以为了方便地比较数的大小(如浮点数的阶码比较),通常采用移码表示法,并常用来表示整数。它的定义如下:

设定点整数移码形式为 $x_0x_1x_2\cdots x_n$,则

$$[x]_{移}=2^n+x \quad -2^n \leqslant x < 2^n$$

式中, x 为真值, $[x]_{移}$ 为其移码。

可见移码表示法实质上是把真值 x 在数轴上向正方向平移 2^n 单位, 移码也由此而得名。也可以说它是把真值 x 增加 2^n, 所以又叫增码。

例如:

若 $x=+1011$, 则 $[x]_{移}=2^4+x=10000+1011=11011$

若 $x=-1011$, 则 $[x]_{移}=2^4+x=10000-1011=00101$

真值、移码和补码之间的关系如表 1.1 所示。

表 1.1　真值、移码和补码对照表

真值 x(十进制)	真值 x(二进制)	$[x]_{移}$	$[x]_{补}$
-128	-10000000	00000000	10000000
-127	-01111111	00000001	10000001
⋮	⋮	⋮	⋮
-1	-00000001	01111111	11111111
0	-00000000	10000000	00000000
+1	+00000001	10000001	00000001
⋮	⋮	⋮	⋮
+127	+01111111	11111111	01111111

从表 1.1 可以看到移码具有如下一些特点:

(1) 移码是把真值映射到一个正数域(表中为 0~255), 因此移码的大小可以直观地反映真值的大小。无论是正数还是负数, 用移码表示后, 都可以按无符号数比较大小。真值与移码的映射如图 1.2 所示。

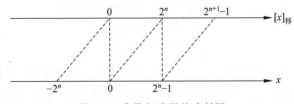

图 1.2　真值与移码的映射图

(2) 移码的数值部分与相应的补码各位相同, 而符号位与补码相反。在移码中符号位为 0 表示真值为负数, 符号位为 1 表示真值为正数。

(3) 移码为全 0 时, 它对应的真值最小。

(4) 真值 0 在移码中的表示是唯一的, 即: $[\pm 0]_{移}=2^n\pm000\cdots0=1000\cdots0$。

6. 机器数形式的比较和小结

(1) 原码、补码、反码和移码均是计算机能识别的机器数, 机器数与真值不同, 它是一个数(连同符号)在计算机中加以数码化后的表示形式。

(2) 正数的原码、补码和反码的表示形式相同, 负数的原码、补码和反码各有不同的定义,它们的表示形式不同,相互之间可依据特定的规则进行转换。

(3) 4 种机器数形式的最高位 x_0 均为符号位。原码、补码和反码表示中,x_0 为 0 表示正数,x_0 为 1 表示负数;在移码表示中,x_0 为 0 表示负数,x_0 为 1 表示正数。

(4) 原码、补码和反码既可用来表示浮点数(后面将介绍)中的尾数,又可用来表示其阶码;而移码则主要用来表示阶码。

(5) 0 在补码和移码表示中都是唯一的,0 在原码和反码表示中都有两种不同的表示形式。

1.4.3 数的定点表示与浮点表示

在数字系统和计算机中,按照对小数点处理方法的不同,数的表示可分为定点表示和浮点表示,用这两种方法表示的数分别称为定点数和浮点数。

1. 定点表示法

定点表示法约定计算机中所有数的小数点位置固定不变。它又分为定点小数和定点整数两种形式。

1) 定点小数

所谓定点小数是指:约定小数点固定在最高数值位之前、符号位之后,机器中所能表示的数为二进制纯小数,数 x 记作 $x_0.x_1x_2\cdots x_n$,其中 $x_i=0$ 或 1,$0 \leqslant i \leqslant n$,其编码格式如下。

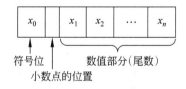

符号位 x_0 用来表示数的正负。小数点的位置是隐含约定的,机器硬件中并不需要用专门的电路来具体表示这个"小数点"。$x_1x_2\cdots x_n$ 是数值部分,也称尾数,尾数的最高位 x_1 称为最高数值位。

在正定点小数中,如果数值位的最后一位 x_n 为 1,前面各位都为 0,则数 x 的值最小,即 $x_{\min}=2^{-n}$;如果数值位全部为 1,则数 x 的值最大,即 $x_{\max}=1-2^{-n}$。

所以正定点小数 x 的表示范围为 $2^{-n} \leqslant x \leqslant 1-2^{-n}$。

2) 定点整数

所谓定点整数是指:约定小数点固定在最低数值位之后,机器中所能表示的数为二进制纯整数,数 x 记作 $x_0x_1x_2\cdots x_n$,其中 $x_i=0$ 或 1,$0 \leqslant i \leqslant n$,其编码格式如下。

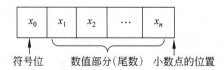

在正定点整数中,如果数值位的最后一位 x_n 为 1,前面各位都为 0,则数 x 的值最小,即 $x_{\min}=1$;如果数值位全部为 1,则数 x 的值最大,即 $x_{\max}=2^n-1$。

所以正定点整数 x 的表示范围为 $1 \leqslant x \leqslant 2^n-1$。

2. 浮点表示法

在实际的科学及工程计算中,经常会涉及各种大小不一的数。采用上述定点表示法,用划一的比例因子来处理,很难兼顾既要防止溢出又要保持数据的有效精度两方面的要求。为了协调数的表示范围与精度的关系,可以让小数点的位置随着比例因子的不同而在一定范围内自由浮动,这就是数的浮点表示法。

1) 浮点数的编码格式

在浮点数的编码中,数据代码分为尾数和阶码两部分。尾数表示有效数字,阶码表示小数点的位置。加上符号位,浮点数通常表示为

$$N=(-1)^s \times M \times R^E$$

式中,M(mantissa)是浮点数的尾数,R(radix)是基数,E(exponent)是阶码,S(sign)是数据的符号位。在大多数计算机中,基数 R 取定为 2,是个常数,在系统中是约定的,不需要用代码表示。数据编码中的尾数 M 用定点小数的形式表示,它决定了浮点数的表示精度。在计算机中,浮点数通常被表示成如下格式:

S	E	M

S 是符号位(1=尾数为负数,0=尾数为正数)

E 是阶码,占符号位之后的若干位。

M 是尾数,占阶码之后的若干位。

合理地分配阶码 E 和尾数 M 所占的位数是十分重要的,分配的原则是应使得二进制表示的浮点数既要有足够大的数值范围,又要有所要求的数值精度。

【例 1.16】 设浮点数表示中,$S=0$,$E=3$,$M=0.0100_2$,试分别求出 $R=2$ 和 $R=16$ 时表示的数值。

解 根据浮点数的表示方法,当 $R=2$ 时,表示的数值为 $(-1)^0 \times 0.0100 \times 2^3 = 2^3 \times 1/4 = 2$;当 $R=16$ 时,表示的数值为 $N=(-1)^0 \times 0.0100 \times 16^3 = 16^3 \times 1/4 = 1024$。

2) 浮点数的规格化

为了使计算机在运算过程中不丢失有效数字,提高运算精度,通常都采用规格化的办法,使得尾数的绝对值保持在某个范围之内。

如果阶码以 2 为底,则规格化浮点数的尾数 M 的绝对值应满足:$\frac{1}{2} \leqslant |M| < 1$。也就是说,当尾数用原码表示时,规格化浮点数的尾数最高位 $M_1=1$;当尾数用补码表示时,对于正数,规格化浮点数的尾数最高位 $M_1=1$;对于负数,规格化浮点数的尾数最高位 $M_1=0$;即补码规格化浮点数的尾数有 $0.1\times\times\cdots\times$ 和 $1.0\times\times\cdots\times$($\times$ 表示 0 或 1)两种形式。也就是说,对于补码,"尾数最高位与符号位相反"即为判断浮点数是否为规格化数的标志。

要使浮点数规格化,只要通过尾数的移位并相应调整阶码即可实现。尾数右移一位,阶码应加1,称为右规;尾数左移一位,阶码应减1,称为左规。

【例 1.17】 将浮点数 0.0011×2^0 和 -0.0011×2^0 转换成规格化数表示。

解 数据 0.0011×2^0 是正数,其符号位为0,在规格化时应将尾数左移2位,阶码减2,从而使小数点后第一位为1,规格化后为 0.1100×2^{-2}。

数据 -0.0011×2^0 为负数,符号位为1,尾数的补码表示为1.1101,规格化时应将尾数左移2位,阶码减2,从而使小数点后第一位为0,规格化后表示为 1.0100×2^{-2}。

当一个浮点数的尾数为0时,不论它的阶码为何值,该浮点数的值都为0。当阶码的值为它能表示的最小值或更小的值时,不管其尾数为何值,计算机都把该浮点数看成0值,通常称其为机器0,此时该浮点数的所有位(包括阶码位和尾数位)都清为0值。

还需要说明的是,在计算机中,通常是以规格化浮点数的形式进行存储的,并对规格化浮点数进行运算。如果运算结果是非规格化的浮点数,则要进行规格化处理。也就是说,运算结果应在送存之前被规格化。

3) IEEE 754 标准

虽然浮点数表示方式已被现代计算机系统普遍采用,但各种机器的表示方法很不一致,尾数长度、阶码长度和基值都有所不同,在发生一些特殊情况时缺乏对软件的支持。针对这种情况,IEEE(电气和电子工程师协会)对浮点数的编码格式进行了标准化,于1985年发布了 IEEE 754 标准。其目的是为了便于实现不同计算机之间的软件移植,并鼓励开发出优良的面向数值计算的程序。目前,大多数的微处理器和编译器都采用了这个标准。

IEEE 754 标准定义的浮点数格式如图 1.3 所示。其中的浮点编码有 32 位、64 位和 80 位 3 种格式,分别称为短实数(Short real)、长实数(Long real)和临时实数(Temporary real)。短实数又称为单精度浮点数,长实数称为双精度浮点数,临时实数也称为扩展精度浮点数。

在 IEEE 754 浮点数格式中,符号位 S 仍然用0表示正数,1表示负数。对于 32 位格式,阶码为8位,正常数的阶码 E 的取值范围为 $1 \sim 254$,偏移值为127;尾数 M 可以取任意的 23 位二进制数值,加上隐含的 $M_0(=1)$ 位,可达到 24 位的运算精度。这样,32 位的单精度数代码所对应的数值公式为

$$(-1)^S \times 1. M \times 2^{E-127}$$

IEEE 754 标准的浮点数一般都表示成规格化的形式。如上式所示,在 IEEE 754 标准的规格化浮点数表示中,其尾数的最高位 M_0 总是1,且它和小数点一样隐含存在,在机器中并不明确表示出来,只需在数值转换时在公式中加上这个1即可。

阶码 E 是一个带偏移的无符号整数,从中减去相应的偏移值即为浮点数的实际阶码值。对于单精度的浮点数而言,由于阶码 E 的偏移值为127,所以,阶码 E 的 $1 \sim 254$ 的取值范围所表示的实际阶码值为 $-126 \sim +127$($1-127=-126,254-127=127$)。而对于双精度浮点数格式,阶码取值范围为 $1 \sim 2046$,偏移值为1023,所表示的实际阶码值为 $-1022 \sim +1023$($1-1023=-1022,2046-1023=1023$)。64 位的双精度数代码所对应

的数值公式为

$$(-1)^S \times 1.M \times 2^{E-1023}$$

```
• 短实数（32 位格式）：
   31  30      23  22              0
  ┌───┬─────────────┬───────────────┐
  │ S │ E_7 ··· E_0 │ M_1  ···  M_23 │
  └───┴─────────────┴───────────────┘
S：符号位（1=尾数为负数，0=尾数为正数）
E_7···E_0：阶码（8 位，偏移值为127）
M_1···M_23：尾数（23 位，加隐含位 M_0=1）
• 长实数（64 位格式）：
   63  62    52  51                0
  ┌───┬─────────┬───────────────────┐
  │ S │E_10···E_0│ M_1  ···  M_52     │
  └───┴─────────┴───────────────────┘
S：符号位（1=尾数为负数，0=尾数为正数）
E_10···E_0：阶码（11 位，偏移值为1023）
M_1···M_52：尾数（52 位，加隐含位 M_0=1）
• 临时实数（80 位格式）：
   79  78    64  63                0
  ┌───┬─────────┬───────────────────┐
  │ S │E_14···E_0│ M_0  ···  M_63     │
  └───┴─────────┴───────────────────┘
S：符号位（1=尾数为负数，0=尾数为正数）
E_14···E_0：阶码（15 位，偏移值为16383）
M_0···M_63：尾数（64 位）
```

图 1.3　IEEE 754 浮点数格式

【例 1.18】 试写出十进制数 -0.625 的 IEEE 754 单精度数标准代码。

解　先将 -0.625 转换为二进制形式为 -0.101，相应的浮点数表示形式为 -0.101×2^0；再转换为 IEEE 754 标准的规格化形式为 -1.01×2^{-1}。

根据 IEEE 754 单精度数的数值公式：$(-1)^S \times 1.M \times 2^{E-127}$，十进制数 -0.625 可表示为

$$(-1)^S \times (1 + 0.01000000000000000000000) \times 2^{-1}$$
$$= (-1)^S \times (1 + 0.01000000000000000000000) \times 2^{126-127}$$

可见，$E = 126 = (01111110)_2$。

所以，-0.625 的 IEEE 754 单精度数标准代码为

1	01111110	01000000000000000000000
S	E	M_1　　　　　　　　　M_{23}

【例 1.19】 试给出如下 IEEE 754 单精度标准代码的十进制数表示。

0	10000011	10000000000000000000000
S	E	M_1　　　　　　　　　M_{23}

解 符号位 $S=0$，阶码 $E=(10000011)_2=(131)_{10}$，规格化的尾数 $=(1.1)_2$，根据 IEEE 754 单精度标准的数值公式，可得所求十进制数为

$$(-1)^0 \times (1+0.5) \times 2^{131-127} = 1.5 \times 2^4 = 1.5 \times 16 = 24.0$$

此外，在 IEEE 754 标准中，还对浮点数运算中的一些特殊的情况做了完整定义，定义了一些特殊的数据格式，以处理上溢、下溢等异常情况。阶码中保留了一些值（如全 1 和全 0）用于表示这种特殊的数据，包括 ∞ 和 0。

IEEE 754 标准还可以表示"非数"NaN(Not a Number)，当阶码为全 1、尾数不是 0 时，就表示 NaN。NaN 可以用来通知一些异常条件。

可以看出，IEEE 754 这种浮点表示方法可以提高整个计算机的性能，提高计算的可靠性和有效性，减少特殊情况下的软件处理工作量。

1.4.4 二-十进制编码

1. 二-十进制编码特点

人们最熟悉、最习惯的是十进制计数系统，而在数字设备和计算机内部，数是用二进制表示的。为了解决这一矛盾，可把十进制数的每位数字用若干位二进制数码来表示。通常称这种用若干位二进制数码来表示一位十进制数的方法为二-十进制编码，简称 BCD 码（Binary Coded Decimal）。二-十进制编码具有二进制编码的形式，这就满足了计算机内部需采用二进制的要求，同时又保持了十进制数的特点。它可以作为人与计算机联系时的一种中间表示，而且计算机也可以对这种形式表示的数直接进行运算。

按照 BCD 码在计算机中的处理和存储形式，又有压缩 BCD 码（Packed BCD Data）及非压缩 BCD 码（Unpacked BCD Data），也分别称为组合 BCD 码和非组合 BCD 码。在组合 BCD 码中，十进制数字串以 4 位一组的序列进行存储，每个字节（8 位）存放两个十进制数字，一个十进制数字占半个字节（4 位）。例如，十进制数 9502 的存储形式如下：

$$\underbrace{1001\ 0101}_{\text{第一个字节}}\quad \underbrace{000\ 0010}_{\text{第二个字节}}$$

在非组合 BCD 码中，每个十进制数字存储在 8 位字节的低 4 位，高 4 位的内容无关紧要。也就是说，每个字节只存储一个十进制数字。在此种格式中，十进制数 9502 需占 4 个字节，其存储形式如下：

$$\underbrace{uuuu\ 1001}_{\text{第一个字节}}\quad \underbrace{uuuu\ 0101}_{\text{第二个字节}}\quad \underbrace{uuuu\ 0000}_{\text{第三个字节}}\quad \underbrace{uuuu\ 0010}_{\text{第四个字节}}$$

其中 u 表示任意（既可为 1，也可为 0）。

2. 8421 码

8421 码是最基本最常见的一种二-十进制编码形式，也称 8421BCD 码。它是将十进制数的每个数字符号用 4 位二进制数码来表示，每位都有固定的权值。因此，称它为有

权码或加权码(Weighted Code)。8421 码各位的权值从高位到低位依次为 $W_3 = 2^3 = 8$，$W_2 = 2^2 = 4$，$W_1 = 2^1 = 2$，$W_0 = 2^0 = 1$，所以，与 4 位二进制数 $b_3 b_2 b_1 b_0$ 相对应的 1 位十进制数 D 可以表示为

$$D = 8b_3 + 4b_2 + 2b_1 + b_0$$

表 1.2 列出了十进制数字与 8421 码的对应关系。

表 1.2　十进制数字与 8421 码的对应关系

十进制数字	0	1	2	3	4	5	6	7	8	9
8421 码	0000	0001	0010	0011	0100	0101	0110	0111	1000	1001

从表 1.2 可见，用 8421 码表示的每个十进制数字与用普通二进制表示的完全一样。或者说，每个十进制数字所对应的二进制代码，就是与该十进制数字等值的二进制数。因此，在 8421 码中，有 6 种代码(1010,1011,1100,1101,1110,1111)是不可能出现的，也称它们为非法的 8421 码。

任何一个十进制数要写成 8421 码表示时，只要把该十进制数的各位数字分别转换成对应的 8421 码即可。如 $(253)_{10} = (001001010011)_{8421}$。

反过来，任何一个 8421 码表示的十进制数，也可以方便地转换成普通的十进制数形式。如 $(0101011110010001)_{8421} = (5791)_{10}$。

1.5　二进制信息的计量单位

前面已经用到了某些二进制信息的计量单位，如"位"和"字节"等。现将常见的二进制信息计量单位总结如下。

1. 位

二进制的每一位(0 或 1)是组成二进制信息的最小单位，称为 1 比特(bit)，简称"位"，一般用小写字母"b"表示。比特是数字系统和计算机中信息存储、处理和传输的最小单位。

2. 字节

数字系统和计算机中稍大一点的二进制信息计量单位是"字节"(Byte)，一般用大写字母"B"表示。一字节等于 8 比特，它所含的 8 个二进制信息位常采用"$b_7 b_6 b_5 b_4 b_3 b_2 b_1 b_0$"的编号排列。

3. 存储容量的常用计量单位

在数字系统和计算机中，使用各种不同的存储器来存储二进制信息。为了描述存储器存储二进制信息的多少(存储容量)，常采用 KB、MB、GB、TB 等计量单位，且均为 2 的幂次的表示形式，如下所示：

KB(千字节),1KB$=2^{10}$B$=$1024B;

MB(兆字节),1MB$=2^{20}$B$=$1024KB;

GB(吉字节),1GB$=2^{30}$B$=$1024MB;

TB(太字节),1TB$=2^{40}$B$=$1024GB。

4. 信息传输速率的常用计量单位

在数据通信与计算机网络中,描述信息传输速率的计量单位与上述描述存储容量的计量单位有所不同,且均为 10 的幂次的表示形式,经常用到的计量单位有:

kbps(kb/s,千比特/秒),1kbps$=10^{3}$bps$=$1000bps;

Mbps(Mb/s,兆比特/秒),1Mbps$=10^{6}$bps$=$1000kbps;

Gbps(Gb/s,吉比特/秒),1Gbps$=10^{9}$bps$=$1000Mbps;

Tbps(Tb/s,太比特/秒),1Tbps$=10^{12}$bps$=$1000Gbps。

习题 1

1.1 什么叫进位记数制中的基数与权值?

1.2 分别说明二进制、八进制与十六进制的特点及相互转换方法。

1.3 用二进制运算规则计算下列各式:

(1) 101111$+$11011 (2) 1000$-$101 (3) 1010$\times$101 (4) 10101001$\div$1101

1.4 将下列二进制数转换成十进制数:

$(1100)_2$ $(10101101)_2$ $(11111111)_2$ $(1010.0101)_2$

1.5 将下列十进制数转换成二进制数:

75, 98, 64, 128,4095, 32.3125

1.6 指出机器数与真值的区别,并分别说明正数与负数的原码、补码和反码表示的特点。

1.7 写出下列二进制数的 8 位原码、补码和反码表示形式:

0.1001011 $-$0.1011010 $+$1100110 $-$1100110

1.8 以下均为十六进制数,试说明当把它们分别看做无符号整数或用补码表示的带符号整数时,所表示的十进制数分别是多少。

(1) ED12 (2) FFFF (3) BA20 (4) FB

1.9 把以下十进制数分别以组合 BCD 码和非组合 BCD 码两种形式表示出来:

(1) 35 (2) 99 (3) 39 (4) 86

1.10 将十进制数 100.25 转换为 IEEE 754 标准格式的单精度(32 位)浮点数。

1.11 将如下 IEEE 754 格式的单精度浮点数转换为十进制数:

1 10000011 1001 0010 0000 0000 0000 000

第 2 章

计算机的基本结构与工作过程

自 1946 年世界上第一台电子计算机 ENIAC 诞生,至今虽然仅 70 多年的历史,却经历了几代不断提高的发展阶段。尤其是进入 20 世纪 70 年代以后,随着微电子学在理论上和制造工艺上的成熟和发展,相继出现了大规模集成电路和超大规模集成电路,计算机技术除了向高性能巨型机方向发展外,还向微型计算机及嵌入式系统方向快速发展。各种各样的微处理器及微型计算机先后被研制出来,其性能不断提高,有的已经接近或超过以前中、小型计算机甚至大型计算机的处理能力和性能指标。微型计算机的发展速度大大超过了前几代计算机的发展速度,其更新换代周期之短,性能指标提高之快,是近代科学技术发展史上所罕见的。

本章首先对计算机的一般结构及工作过程做简要说明,然后介绍微型计算机的主要分类、基本结构及系统组成方面的内容。

2.1 计算机的基本结构

2.1.1 冯·诺依曼计算机基本结构

世界上第一台电子计算机 ENIAC 采用电子管作主要构成元件,大大提高了运算速度,每秒钟能够完成 5000 次加法运算,但它的一个主要缺陷是不能存储程序。它是由人工设置开关并以插入和拔出导线插头的方式来编制程序的。编程时需要对 6000 多位开关进行仔细的机械定位,并用转插线把选定的各个控制部分互连起来以构成程序序列。这种原始的机械式编程方法显然效率很低。图 2.1 展示了 ENIAC 的组成及工作情形概貌。

图 2.1 世界上第一台电子计算机 ENIAC

1944—1945 年间,著名美籍匈牙利数学家冯·诺依曼(John von Neumann)应邀参加在美国宾夕法尼亚大学进行的 ENIAC 计算机研制任务。在研制过程中,他深深地感到 ENIAC 不能存储程序这一缺陷,并在 1945 年由他领导的 EDVAC(Electronic Discrete Variable Automatic Computer,离散变量自动电子计算机)试制方案中,他作为一位主要倡导者指出：ENIAC 的开关定位和转插线连接只不过代表着一些数字信息,它们完全可以像受程序管理的数据一样,存放于主存储器中。这就是最早的"存储程序概念"(Stored Program Concept)的产生。有趣的是,几乎在同时,英国数学家阿兰·图灵(Alan Turing)也提出了同样的构想。

EDVAC 计算机由运算器、逻辑控制装置、存储器、输入设备和输出设备 5 个部分组成。它采用了"存储程序"的思想,把数据和程序指令均用二进制代码的形式存放在存储器中,保证了计算机能按事先存入的程序自动地进行运算。

冯·诺依曼首先提出的"存储程序"的思想,以及由他首先规定的计算机的基本结构,人们称之为"冯·诺依曼计算机结构"。归纳其基本内容,主要包括以下几点：

① 计算机应由运算器、控制器、存储器、输入设备和输出设备五个部分组成。

② 数据和程序均以二进制代码形式不加区别地存放在存储器中,存放的位置由存储器的地址指定。

③ 计算机在工作时能够自动地从存储器中取出指令加以执行。

半个世纪以来,随着计算机技术的不断发展和应用领域的不断扩大,相继出现了各种类型的计算机,包括小型计算机、大型计算机、巨型计算机以及微型计算机等,它们的规模不同,性能和用途各异,但就其基本结构而言,都是冯·诺依曼计算机结构的延续和发展。尽管在 20 世纪 70—80 年代,有些人试图突破冯·诺依曼的设计思想,研究"非冯·诺依曼结构"的计算机,但一直未取得明显成果。

2.1.2　计算机的基本组成框图及功能部件简介

计算机的基本组成框图如图 2.2 所示。

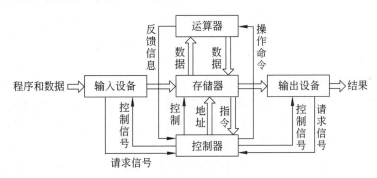

图 2.2　计算机的基本组成框图

图 2.2 表明,程序和数据通过输入设备送入存储器中；程序被启动执行时,控制器输出地址及控制信号,并从相应的存储单元中取出指令送到控制器中进行识别,分析该指令执行什么运算或操作,然后控制器根据指令含义发出操作命令,例如将某存储单元中存放的数据取出并送往运算器进行运算,再把运算结果送回存储器的指定单元中；当指定的运算或操作完成后,将结果通过输出设备送出。

通常将运算器和控制器合称中央处理器(Central Processing Unit,CPU)。CPU 和存储器一起构成计算机的主机部分,而将输入设备和输出设备称为外围设备。在微型计算机中,往往把 CPU 制作在一块大规模集成电路芯片上,称之为微处理器(Microprocessor)。

下面对组成计算机的几个主要功能部件作简要介绍。

1. 存储器

存储器是用来存放程序和数据的记忆装置。它是组成计算机的重要部件,也是使计算机能够实现"存储程序"功能的基础。

根据存储器和中央处理器的关系,存储器可分为主存储器(简称主存,又称内存)和外存储器(简称外存,又称辅助存储器)。主存储器是 CPU 可以直接对它进行读出或写入(也称访问)的存储器,用来存放当前正在使用或经常要使用的程序和数据。它的容量较小,速度较快,但价格/位较高;外存储器用来存放相对来说不经常使用的程序和数据,在需要时与内存进行成批交换,CPU 不能直接对外存进行访问。外存的特点是存储容量大,价格/位较低,但存取速度较慢。外存通常由磁表面记录介质构成,如磁盘、磁带等;采用激光技术的光盘也广泛地用作大容量外存储器。需说明的是,从计算机的整体来看,磁盘、光盘等存储器属于计算机存储系统的一部分;但从主机的角度看,它们又属于外部设备的范畴。

主存储器通常由存储体和有关的控制逻辑电路组成。存储体是由存储元件(如磁心、半导体电路等)组成的一个信息存储阵列。存储体中存放着程序和数据信息,而要对这些信息进行存取,必须通过有关的控制逻辑电路才能实现。存储体被划分为若干个存储单元,每个单元存放一串二进制信息,也称存储单元的内容。为了便于存取,每个存储单元有一个对应的编号,称为存储单元的地址。对于计算机的初学者,需注意的是存储单元的"地址"与"内容"的区别。常有人将此对应地比喻成旅馆的"房间号"与"房间里住的人",也有一定的道理。当 CPU 要访问某个存储单元时,必须首先给出地址,送入存储器的地址寄存器 MAR(Memory Address Register),然后经译码电路选取相应的存储单元。从存储单元读出的信息先送入存储器的数据寄存器 MDR(Memory Data Register),再传送给目的部件;写入存储器的信息也要先送至存储器的数据寄存器中,再依据给定的地址把数据写入到相应存储器单元中。

另外,为了对存储器进行读、写操作,控制器除了要给出地址外,还要给出启动读、写操作的控制信号(如读操作控制信号 $\overline{RD}$,写操作控制信号 $\overline{WR}$ 等)。这些控制信号到底何时发出,要由机器的操作时序决定。图 2.3 给出了计算机存储器的基本结构图示。

2. 运算器

运算器是执行算术运算(加、减、乘、除等)和逻辑运算("与"、"或"、"非"等)的部件。它除了具有一个称之为算术逻辑单元(Arithmetic Logic Unit,ALU)的核心部件外,还有一个能在运算开始时提供一个操作数并在运算结束时存放运算结果的累加寄存器

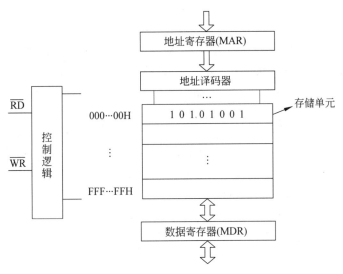

图 2.3　计算机存储器的基本结构图示

（Accumulator），以及通用寄存器组和有关控制逻辑电路等。功能较强计算机的运算器还具有专门的乘除法部件与浮点运算部件。

3. 控制器

控制器是指挥和控制计算机各部件协调工作的功能部件。它从存储器中逐条取出指令，翻译指令代码，并产生各种控制信号以指挥整个计算机有条不紊地工作，一步一步地完成指令序列所规定的任务。同时控制器还要接收输入/输出设备的请求信号以及运算器操作状况的反馈信息，以决定下一步的工作任务。所以控制器是整个计算机的操作控制中枢，它依据程序指令决定计算机在什么时间、根据什么条件去做什么工作。

为了让各种操作能按照一定的时间关系有序地进行，计算机内设有一套时序信号，给出时间标志。计算机的各个功能部件按照统一的时钟或节拍信号，一个节拍一个节拍地快速而有秩序地完成各种操作任务。通常将一条指令的整个执行时间定义为一个指令周期（Instruction Cycle）；每个指令周期又划分为几个总线周期（Bus Cycle）；每个总线周期又分为几个时钟周期。时钟周期是机器操作的最小时间单位，它由机器的主频来决定。

我们将最基本的不可再分的简单操作叫做"微操作"，控制微操作的命令信号叫"微命令"，它是比"指令"更基本、更小的操作命令，如开启某个控制电位，清除某寄存器或将数据输入到某个寄存器等。通常一条指令的执行就是通过一串微命令的执行来实现的。控制器的基本任务就是根据各种指令的要求，综合有关的逻辑条件和时间条件产生相应的微命令。

按照微命令形成方式的不同，控制器的结构可分为两种类型，即组合逻辑控制器和微程序控制器。组合逻辑控制器直接由组合逻辑电路产生微操作控制信号，因而其操作速度较快，但相应的控制逻辑电路十分庞杂，给设计、调试和检测都带来不便。这种形式的控制器设计完毕后若想扩充和修改,则更为困难。但其突出的优点是指令执行速度很快,常用于 RISC 结构的机器中。

微程序控制器是采用微程序设计技术(Microprogramming)实现的。它将指令执行所需的微命令以代码的形式编制成"微指令",并事先存放在控制存储器(一般为只读存储器)中。由若干条微指令组成一小段微程序,用来解释一条机器指令的执行。在 CPU 执行程序时,不断地从控制存储器中取出微指令,由其所包含的微命令信息来控制相关的操作。修改控制存储器的内容即可改变计算机的指令系统。它与组合逻辑控制器相比,具有规整性和灵活性的突出优点,但微程序控制器每执行一条指令都要启动控制存储器中的一串微指令(即一段微程序),因此指令的执行速度相对于组合逻辑控制器来说要慢。微程序控制的概念最早由英国剑桥大学的威尔克斯(M. V. Wilkes)于 1951 年提出,并将这种思想用于计算机控制器的设计。它实质上是用程序的方法来组织和产生微操作控制信号,用存储逻辑控制代替组合逻辑控制。

4. 输入设备

输入设备的任务是用来输入操作者或其他设备提供的原始信息,并把它转变为计算机能够识别的信息,送到计算机内部进行处理。传统的输入设备有键盘、卡片阅读机、纸带输入机等。新型的输入设备种类很多,如光字符阅读机、光笔、鼠标器、图形输入器、汉字输入设备、视频摄像机等。

5. 输出设备

输出设备的任务是将计算机的处理结果以人或其他设备能够识别和接受的形式(如文字、图像、声音等)输送出来。常用的输出设备有打印机、显示器、绘图仪等。现在人们常见的各种计算机终端设备,把键盘和显示器配置在一起,它实际上是输入设备(键盘)和输出设备(显示器)的组合。

2.2　计算机的工作流程

2.2.1　指令与程序

指令是用来指挥和控制计算机执行某种操作的命令。通常,一条指令包括两个基本组成部分,即操作码部分和操作数部分。其组成格式如下:

操作码	操作数

其中操作码部分用来指出操作性质,如加法运算、减法运算、移位操作等;操作数部分用来指明操作数(即参与运算的数)或操作数的地址。

一台计算机通常有几十种甚至上百种基本指令。我们把一台计算机所能识别和执行的全部指令称为该机的指令系统。指令系统是反映计算机的基本功能及工作效率的重要标志。它是计算机的使用者编制程序的基本依据,也是计算机系统结构设计的出发点。

指令的操作码和操作数在机器内部均以二进制形式表示。它们各自所占的二进制位数决定了指令的操作类型的多少及操作数地址范围的大小。例如,若一个计算机的指令格式中操作码占 6 位(bit),则该计算机一共可以有 64 种($2^6 = 64$)不同操作性质的指令。不同的指令对应不同的二进制操作码。另外,我们已经知道,要从主存中存取操作数,必须先给出地址码,而主存的地址码也是以二进制形式表示的。例如,若主存容量为16384 个单元,那么至少要用 14 位二进制码来表示它的地址($2^{14} = 16384$)。显然,主存容量越大,为表示它的地址所需要的二进制码位数也越多。也就是说,操作数地址范围越大,则指令中地址码的位数也应越多。

指令从形式上看,它和二进制表示的数据并无区别,但它们的含义和功能是不同的。指令的这种二进制表示方法,使计算机能够把由指令构成的程序像数据一样存放在存储器中。这就是"存储程序"计算机的重要特点。

计算机能够方便地识别和执行存放在存储器中的二进制代码指令。但对于计算机的使用者来说,书写、阅读、记忆以及修改这种表示形式的指令十分不便,而且十分乏味并容易出错。因此,人们通常使用一些助记符来代替它,例如,用 ADD 表示加法,用 SUB 表示减法,用 MOV 表示传送等。这样,每条指令有明显的特征,易于理解和使用,也不易出错。

为了让计算机求解一个数学问题,或者做一件复杂的工作,总是先要把解决问题的过程分解为若干步骤,然后用相应的指令序列,按照一定的顺序去控制计算机完成这一工作。这样的指令序列就称为程序。通常把用二进制代码形式组成的指令序列称为机器语言程序,又称目标程序。它是计算机能够直接识别和运行的程序;而把用助记符形式组成的指令序列称为汇编语言程序或符号程序。显然,符号程序比二进制代码程序易读、易写,也便于检查和交流。但是,机器是不能直接识别符号程序的,还必须将其翻译或转换为二进制代码程序,才能被计算机直接识别和执行。这种翻译和转换工作通常也是由计算机中专门的程序自动完成的,这就是后边介绍的汇编程序(汇编器)。

2.2.2 计算机的基本工作流程

1. 模型计算机结构

一个实际的计算机结构,往往比较复杂。用它来说明计算机的基本工作过程,会陷入许多繁琐的细节之中。因此,我们首先从一个经过简化的模型机入手,用以扼要说明计算机是怎样进行工作的。模型计算机的结构如图 2.4 所示。

图 2.4 中虚线的右边为存储器部分,如前所述,它用于存放指令和数据;左边则属于CPU 部分,它又包括运算器和控制器两个组成部分,实现指令的分析、执行以及数据的运算和处理等功能;当然,对于一个完整的计算机结构,还应有接口电路及输入输出设备等部分,此处省略未画;图中的总线(BUS)是各部件间传送信息的公共通道。

CPU 中有几个最基本的功能部件,对于各种结构形式的计算机来说,都是必不可少

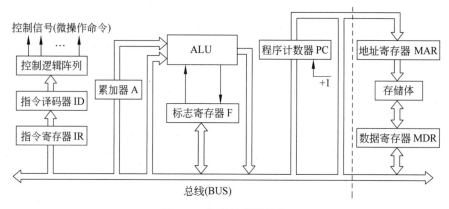

图 2.4　模型计算机结构

的。下面分别予以说明。

（1）程序计数器（Program Counter，PC）

程序计数器也称指令计数器，用来指出计算机将要执行的指令所在存储单元的地址，具有自动增量计数的功能。

我们已经知道，程序是由指令序列所组成，指令序列被存放于存储器中，要从存储器中取出指令，必须首先给出指令所在存储单元的地址。当程序被执行时，CPU 总是把 PC 的内容作为地址去访问存储器，从指定的存储单元中取出一条指令并加以译码和执行。与此同时，PC 的内容必须自动地转换成下一条指令的地址，为取出下一条指令做好准备。一般情况下，指令是按顺序一条接一条执行的，指令所在存储单元的地址也是按顺序排列的，所以在这种情况下，每当取出一条指令，PC 就自动增量修改，给出下一条指令的地址，以便使程序顺序往下执行；但是有时会出现指令不是按顺序执行（即出现程序"转移"）的情况，此时 CPU 就把一个新的地址（即转移目标地址）送往 PC，下一条指令就按这一新的地址从存储器中取出并加以执行，从而使程序的执行由一个程序段转向另一个程序段。在计算机的指令系统中，专门设有一些转移指令，用来实现程序在特定情况下的转移。通过后续章节的学习，我们将会实际看到转移指令对于计算机进行逻辑判断和自动重复计算都是很重要的。

（2）指令寄存器（Instruction Register，IR）

它保存着计算机当前正在执行或即将执行的指令。

（3）指令译码器（Instruction Decoder，ID）

它用来对指令进行译码，以确定指令的性质和功能。

（4）控制逻辑阵列

由它产生一系列微操作命令信号。当微操作的条件（如指令的操作性质、各功能部件送来的"反馈信息"、工作节拍信号等）满足时，就发出相应的微操作命令，以控制各个部件的微操作。

（5）累加器 A

它是一个在运算前存放操作数而在运算结束时存放运算结果的寄存器。它也用于

CPU 与存储器和 I/O 接口电路间的数据传送。

（6）算术逻辑部件 ALU

它是用来进行算术运算与逻辑运算的部件。

（7）标志寄存器 F

它是用来反映和保存运算的部分结果，如结果是否为 0，结果的正、负，运算时是否产生进位以及是否发生溢出等。另外，CPU 的某种内部控制信息（如是否允许中断等）也反映在标志寄存器中。通常称前者为状态标志，后者为控制标志。

2. 指令的执行过程

如前所述，计算机要执行一条指令，先要从存储器中把它取出来，经过译码分析之后，再去执行该指令所规定的操作。所以，概括而言，一条指令的执行过程可以分为 3 个基本阶段或过程，即取指令、分析指令和执行指令。下面围绕这 3 个基本阶段来说明计算机执行指令的基本操作过程。

（1）开始执行程序时，程序计数器 PC 中保存第一条指令的地址，它指明了当前将要执行的指令存放在存储器的哪一个单元中。

（2）控制器把 PC 中保存的指令地址送往存储器的地址寄存器 MAR，并发出"读命令"。存储器按给定的地址读出指令，经由数据寄存器 MDR 送往控制器，保存在指令寄存器 IR 中。

（3）指令译码器 ID 对指令寄存器 IR 中的指令进行译码，分析指令的操作性质，并由控制逻辑阵列向存储器、运算器等有关部件发出微操作命令。

（4）当需要由存储器向运算器提供操作数时，控制器根据指令的地址部分，形成操作数所在的存储器单元地址，并送往存储器的 MAR，然后向存储器发出"读命令"。

（5）存储器读出的数据经由 MDR 直接送往运算器。与此同时，控制器命令运算器对数据进行指令规定的运算。

（6）一条指令执行完毕后，控制器就要接着执行下一条指令。为了把下一条指令从存储器取出来，通常控制器把 PC 的内容自动加上一个值，以形成下一条指令的地址；而在遇到转移指令时，控制器则把"转移地址"送往 PC。总之，PC 中存放的是下一条指令所在存储单元的地址。控制器不断重复上述过程的（2）～（6），每重复一次，就执行了一条指令，直到整个程序执行完毕。

3. 计算机的工作流程

在掌握了前面介绍的指令执行过程的基础上，就不难理解计算机的整个工作流程。

我们知道，当人们使用计算机处理实际问题时，必须事先把求解的问题分解为计算机能执行的基本运算，即在上机之前，应当依据一定的算法把求解的问题编制成计算程序。程序是由一条一条的基本指令组成，每一条指令规定了计算机应执行什么操作及操作数的地址。当把编好的程序和它需要的原始数据通过输入设备（如键盘）输入计算机并使机器启动运行后，计算机就能自动按指定的顺序一步步地执行程序中的指令，直到计算出需要的结果,最后从输出设备(如打印机)将结果输送出来。

现在我们以计算机求解一个简单问题($25 \times 3 + 40$)为例,概括说明计算机的基本工作流程。

第一步:由输入设备将事先编制好的计算程序及原始数据25,3,40输入到存储器中。

第二步:启动计算机。在控制器的控制之下,计算机按计算程序自动地进行操作。

(1) 从存储器取出被乘数25,送到运算器;

(2) 从存储器取出乘数3,送到运算器,进行 25×3 的乘法操作,在运算器中求得中间结果75;

(3) 从存储器中取出加数40,送到运算器,进行 $75 + 40$ 的加法操作,在运算器中求得加法结果115;

(4) 将运算器中的最后结果115存入存储器。

第三步:由输出设备将最后结果115打印输出。

2.3　计算机系统的组成

2.3.1　硬件与软件

一个完整的计算机系统,应由硬件及软件两大部分组成。

硬件(Hardware)通常泛指构成计算机的设备实体。例如,前面介绍的控制器、运算器、存储器、输入设备和输出设备等部件和设备,都是计算机硬件。一个计算机系统应包含哪些部件,这些部件按什么结构方式相互连接成有机的整体,各部件应具备何种功能,采用什么样的器件和电路构成,以及在工艺上如何进行组装等,都属于硬件的技术范畴。

软件(Software)通常泛指各类程序和数据。它们实际上是由特定算法及其在计算机中的表示(体现为二进制代码序列)所构成。计算机软件一般包括系统软件和应用软件。由计算机厂家提供、为了方便使用和管理计算机工作的软件(如操作系统、数据库管理系统等)称为系统软件;为解决用户的特定问题而编写的软件(如科学计算、过程控制、文字处理等软件)统称应用软件。

随着计算机硬件及软件技术的不断发展,硬件与软件也出现了相互补充、相互融合的发展方向。两者之间的划分界限也在不断改变着。原来由硬件实现的一些操作也可以改由软件来实现,称为硬件软化,它可以增加系统的灵活性和适应性;相反,原来由软件实现的操作也可以改由硬件来实现,称为软件硬化,它可以有效地发挥硬件成本日益降低的潜力,并显著降低软件在执行时间上的开销。从根本上来说,计算机的任何一种操作功能,既可以用硬件来完成,也可以用软件来完成,即通常所说的软件与硬件在逻辑上的等价性。对于一个具体的计算机系统来说,究竟是采用软件形式还是硬件形式来实现某一操作,要根据系统的价格、速度、灵活性以及生存周期等多方面因素来权衡决定。

现在,由于大规模集成电路技术的提高,人们已经着手把许多复杂的、常用的软件写入容量大、价格低、体积小的可擦除的可编程只读存储器(Erasable Programmable ROM,EPROM)或电可擦除的可编程只读存储器(Electrically Erasable Programmable ROM,EEPROM)中,制成了"固件"(Firmware)。固件是一种介于软件与硬件之间的实体,其功能类似软件,其形态又类似硬件。它代表着软件与硬件相结合的一种重要形式。

2.3.2 计算机系统的基本组成

要使计算机能够正常而有效地工作,不但必须有硬件设备的支持,而且也要有良好的软件环境的支持。一个计算机系统的组成如图2.5所示。

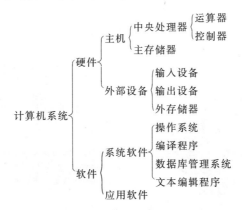

图 2.5 计算机系统的组成

2.4 微型计算机的分类及主要技术指标

2.4.1 微型计算机的分类

可以从不同角度对微型计算机进行分类,如微处理器的位数、组装形式、应用范围以及制造工艺等。

按微处理器的位数来划分,即把微处理器的字长作为微型计算机的分类标准,通常可分为4位、8位、16位、32位、64位以及位片式的微型计算机。位片式的微型计算机是由若干个位片组合而成的,一片是一位,不同位片数可以组成不同字长的机器。这类微型机的突出优点是结构灵活。常见的产品有 MC 10800(4位)、AM2900系列(4位)、F100220系列(8位)等。

按微型计算机的组装形式,可分为单片机、单板机以及多板微型计算机。

单片机又称"微控制器"(Microcontroller),它是把 CPU、存储器以及 I/O 接口电路全部制作在一个芯片上的计算机,甚至有的还将 A/D 转换器和 D/A 转换器集成在其中。单片机中的存储器容量不是很大,I/O 接口的数量也不是很多,但它可以方便地安装在仪器、仪表、家电等设备之中。常用的单片机如 Intel 公司的 MCS-51 系列单片机(8031、8051、8751),MCS-96 系列单片机(8096、8796、8098),Motorola 公司的 MC 6805,Zilog 公司的 Z-8 等;单片机的开发和应用,是目前微机应用方面的一个很活跃的领域。

单板机是将 CPU、存储器和 I/O 接口安装在一块印刷电路板上。有的在印刷电路板上装上小键盘和数码管显示器,用以实现简单的输入和输出。在只读存储器(EPROM)中装有监控程序(Monitor),用来管理整个单板机的工作。国内使用较多的单板机有 TP-801(Z80)、ET-3400(6800)、KD86(8086)等。单板机广泛应用于工业控制或教学实验中。

多板微型计算机是把 CPU、存储器、I/O 接口电路、电源等组装在不同的印刷电路板上,然后组装在同一机箱内,就构成了一个多板微型计算机。它可以配置键盘、显示器、打印机、软盘驱动器、硬盘驱动器等多种外部设备和足够的软件,形成一个完整的微型计算机系统。目前有人们熟悉的台式机或便携机等不同形式。图 2.6 给出了便携机和单板机的外观图示。

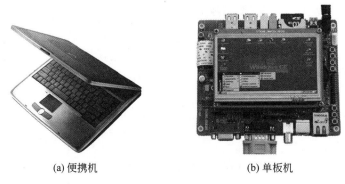

(a) 便携机   (b) 单板机

图 2.6   不同组装形式的微型计算机

2.4.2　微型计算机的主要技术指标

通常用下述几项技术指标来衡量一台微型计算机的基本性能。

1. 字长

字长是指参与运算的数的基本位数。它决定着计算机内部的寄存器、加法器以及数据总线等的位数,直接影响着机器的规模和造价。字长反映了一台机器的计算精度,为了适应不同需要并协调精度和造价的关系,许多计算机支持变字长运算,如半字长、全字长和双字长等。

微型计算机的字长通常为 4 位、8 位、16 位、32 位等。目前,高性能微型计算机的字长已达 64 位。

2. 主存容量

主存储器所能存储的信息总量称为主存容量。主存容量一般以字节(Byte)数来表示,一字节为 8 位(Bit)。每 1024 字节简称 1K 字节($2^{10}=1K$)。每 1024K 字节简称 1M 字节($2^{20}=1M$)。计算机的存储容量越大,存放的信息就越多,处理能力就越强。目前,常用微型计算机的主存容量有 4M 字节、8M 字节、16M 字节、32M 字节、1G 字节($2^{30}=1G$)等。主存容量直接影响着整个机器系统的性能和价格。

3. 运算速度

计算机执行的操作不同,所需要的时间也就不同,因而对运算速度存在不同的计算方法。早期曾采用综合折算的方法,即规定加、减、乘、除各占多少比例,折算出一个运算速度指标。现在普遍采用每秒钟执行的机器指令条数作为运算速度指标,一般是指加减运算这类短指令,并以 MIPS(Million Instruction Per Second,每秒百万条指令)作为计量单位。例如若某微处理器每秒钟能执行 100 万条指令,则它的运算速度指标为 1MIPS。目前高性能微处理器的运算速度已达 1000MIPS,甚至更高。

4. 主频率

在计算机内部,均有一个按某一频率产生的时钟脉冲信号,称为主时钟信号。主时钟信号的频率称为计算机的主频率,简称主频。一般来说,主频较高的计算机运算速度也较快。所以,主频是衡量一台计算机速度的重要参数。通常微型计算机的主频有 6MHz、8MHz、25MHz、33MHz、66MHz、90MHz、133MHz、200MHz、800MHz 等。目前,高性能微型计算机的主频已达 1GHz 以上。

5. 平均无故障时间

平均无故障时间(Mean Time Between Failures,MTBF)是衡量计算机可靠性的技术指标之一。它是指在相当长的运行时间内,用机器的工作时间除以运行时间内的故障次数所得的结果。它是一个统计平均值,该值越大,则说明机器的可靠性越高。目前,微型机的平均无故障运行时间可达几千小时,甚至上万小时。

6. 性能价格比

性能价格比即性能与价格之比,它是衡量计算机产品性能优劣的综合性指标。显然,其比值越大越好。另外,这里所说的性能除上面列出的几项主要技术指标外,有时也包括其他有关项目,如系统软件的功能、功耗、外部设备的配置、可维护性、安全性、兼容性等。

2.5 微型计算机的基本结构及系统组成

从"存储程序"计算机的基本结构与特点来说,微型计算机与通常的大、中型计算机没有本质区别,它们都具有冯·诺依曼计算机的基本属性。但是,微型计算机又有着它所独具的结构与性能上的突出优点。特别是随着微型计算机技术的飞速发展,过去在大、中型计算机中所采用的某些设计技术(如高速缓存技术、流水线技术及虚拟存储技术等)也逐渐被应用到微型机的系统中来,使得微型机的结构和性能更加优越。这里,我们先初步介绍微型计算机的基本结构及系统组成特点。对于那些目前在高性能微处理器及微型计算机中所采用的先进结构及设计技术,将在后续章节介绍。

2.5.1 微型计算机基本结构

一个微型计算机的基本结构如图 2.7 所示。

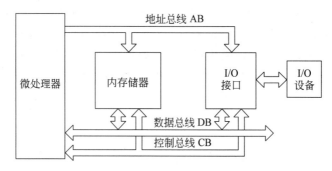

图 2.7　微型计算机的基本结构

由图 2.7 可以看出,微型计算机主要由微处理器、内存储器、I/O 接口等部件组成。各部件之间通过地址总线(Address Bus,AB)、数据总线(Data Bus,DB)和控制总线(Control Bus,CB)相互连接与通信。另外,微型计算机通过 I/O 接口与输入/输出设备相接,完成各种输入/输出操作。

下面分别介绍微型计算机中的几个重要组成部件。

1. 微处理器

微处理器也称微处理机,是整个微型计算机的中央处理部件(CPU),用来执行程序指令,完成各种运算和控制功能。现代的微处理器均为单片型,即由一片超大规模集成电路制成,其集成度越来越高,性能也越来越强。

从内部结构上,微处理器一般都包含下列功能部件:

(1) 算术逻辑部件(ALU);

(2) 累加寄存器及通用寄存器组;

(3) 程序计数器、指令寄存器和指令译码器;

(4) 时序和控制部件。

2. 主存储器

主存储器是微型计算机的另一个重要组成部件。按读、写能力,它又分为只读存储器(Read Only Memory,ROM)和随机存取存储器(Random Access Memory,RAM)两大类。ROM 对存入的信息只能读出,不能随机写入;RAM 可以随机地写入或读出信息。另外,ROM 是非易失性存储器,即断电后所存信息并不丢失。因此,ROM 主要用于存储某些固定不变的程序或数据,如单板机中的监控程序(Monitor)、PC 的初始引导程序以及专用计算机的应用程序等。由半导体电路构成的 RAM 是易失性存储器,即断电后所存信息随之丢失。它主要用来存储计算机运行过程中随时需要读出或写入的程序或数据。

3. 总线

采用标准的总线结构,是微型计算机组成结构的显著特点之一。所谓总线,就是计算机部件与部件之间进行数据信息传输的一组公共信号线及相关的控制逻辑。它是一组能为计算机的多个部件服务的公共信息传输通路,能分时地发送与接收各部件的信息。总线属于微型计算机的重要组成部件之一。

如图 2.6 所示,微处理器、主存储器和 I/O 接口之间通过地址总线、数据总线和控制总线 3 组总线相连。通常将这 3 组总线统称为系统总线。

顾名思义,数据总线用来传送数据信息(包括二进制代码形式的指令)。从传输方向看,数据总线是双向的,即数据既可以从微处理器传送到其他部件,也可以从其他部件传送到微处理器。数据总线的位数(也称宽度),是微型计算机的一个重要技术指标。通常它和微处理器本身的位数(即字长)相一致。例如,对于 8 位的微处理器,数据总线的宽度为 8 位;对于 16 位的微处理器,数据总线的宽度为 16 位等。

地址总线用来传送地址信息。与数据总线不同,地址总线是单向的,即它是由微处理器输出的一组地址信号线,用以给出微处理器所访问的部件(主存储器或 I/O 接口)的地址。地址总线的位数决定了微处理器可以直接访问的主存或 I/O 接口的地址范围。一般地说,当地址总线的位数为 N 时,可直接寻址范围为 2^N。例如,当地址总线位数为 16 时,可直接寻址范围为 $2^{16}=64\text{K}$ 单元。

控制总线用来传送控制信息。在控制总线中,有的是微处理器送往存储器或 I/O 接口部件的控制信号,如读写控制信号、中断响应信号等(关于中断的概念将在后续章节详述);也有的是其他部件送往微处理器的信号,如中断请求信号、准备就绪信号等。

4. I/O 接口

I/O 接口是微型计算机的又一个重要组成部件。它的基本功能是用以控制主机与外部设备之间的信息交换与传输。

2.5.2 微型计算机的系统组成

一个微型计算机系统的组成如图 2.8 所示。

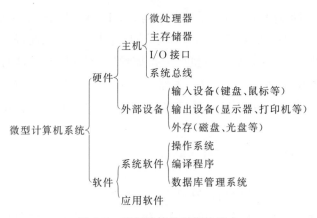

图 2.8　微型计算机系统的组成

习题 2

2.1　简述冯·诺依曼计算机结构的基本含义。

2.2　说明计算机执行指令的基本过程。

2.3　微型计算机包括哪几个主要组成部分？各部分的基本功能是什么？

2.4　何谓系统总线？它分为哪 3 组？各组的特点与作用是什么？

2.5　某微处理机的地址总线为 16 位，它的最大寻址空间为多少？

2.6　微型计算机的主要技术指标有哪些？

2.7　微处理器、微型计算机和微型计算机系统三者之间有什么不同？

2.8　解释下列名词术语：

① 微处理器(Microprocessor)

② ALU

③ MIPS

④ 总线

⑤ 微控制器

第3章

计算机的核心部件——微处理器

通过第 2 章的介绍可以看到,微处理器是整个计算机的重要组成部分。它是由一片或几片超大规模集成电路组成、具有运算器和控制器功能的中央处理部件,也称中央处理器(CPU),有时也简称处理器(processor)。

随着大规模集成电路和超大规模集成电路工艺与技术的发展,微处理器的集成度越来越高,组成结构越来越复杂,功能也越来越强。图 3.1 给出了一个由 550 万晶体管构成的 Pentium pro(高能奔腾)微处理器的外观图示。

图 3.1　Pentium pro 微处理器的外观

本章首先介绍微处理器的工作模式、编程结构及寻址机制,然后介绍微处理器的内部组成、外部引脚信号及操作时序,以便对现代微处理器及整个计算机的结构和组成有进一步的了解和掌握。

3.1　微处理器的工作模式

为了既能发挥高性能 CPU 的处理能力,又可满足用户对应用软件兼容性的要求,自 Intel 80286 开始,出现了微处理器不同工作模式的概念。它较好地解决了 CPU 性能的提高与兼容性之间的矛盾。常见的微处理器工作模式有实模式(real mode)、保护模式(protected mode)和虚拟 8086 模式(virtual 8086 mode)。

3.1.1　实模式

所谓实模式,简单地说就是 80286 以上的微处理器所采用的 8086 的工作模式。在实模式下,采用类似于 8086 的体系结构,其寻址机制、中断处理机制均和 8086 相同;物理地址的形成也同 8086 一样——将段寄存器的内容左移 4 位再与偏移地址相加(后面将详述);寻址空间为 1MB,并采用分段方式,每段大小为 64KB;此外,在实模式下,存储器中保留两个专用区域,一个为初始化程序区:FFFF0H～FFFFFH,存放进入 ROM 引导程序的一条跳转指令;另一个为中断向量表区:00000H～003FFH,在这 1K 字节的存储空间中可存放 256 个中断服务程序的入口地址,每个入口地址占 4 个字节,这与 8086 的情形相同。

实模式是 80x86 处理器在加电或复位后立即出现的工作方式,即使是想让系统运行在保护模式,系统初始化或引导程序也需要在实模式下运行,以便为保护模式所需要的数据结构做好各种配置和准备。也可以说,实模式是为建立保护式做准备的工作模式。

3.1.2　保护模式

保护模式是支持多任务的工作模式,它提供了一系列的保护机制,如任务地址空间的隔离、设置特权级、执行特权指令、进行访问权限的检查等。这些功能是实现 Windows 和 Linux 这样现代操作系统的基础。

80386 以上的微处理器在保护模式下可以访问 4G 字节的物理存储空间,段的长度在启动分页功能时是 4G 字节,不启动分页功能时是 1M 字节,分页功能是可选的。在这种方式下,可以引入虚拟存储器的概念,用以扩充编程者所使用的地址空间。

3.1.3　虚拟 8086 模式

虚拟 8086 模式又称"V86 模式",是一种特殊的保护模式。它是既有保护功能又能执行 8086 代码的工作模式,是一种动态工作模式。在这种工作模式下,处理器能够迅速、反复进行 V86 模式和保护模式之间的切换,从保护模式进入 V86 模式执行 8086 程序,然后离开 V86 模式,进入保护模式继续执行原来的保护模式程序。

3.2　微处理器的编程结构

所谓微处理器的编程结构,即是在编程人员眼中看到的微处理器的软件结构模型。软件结构模型便于人们从软件的视角去了解计算机系统的操作和运行。从这一点上说,程序员可以不必知道微处理器内部极其复杂的电路结构、电气连接或开关特性,也不需要知道各个引脚上的信号功能和动作过程。对于编程人员来说,重要的是要了解微处理器所包含的各种寄存器的功能、操作和限制,以及在程序设计中如何使用它们。进一步,需要知道微处理器外部的存储器中数据是如何组织的,微处理器如何从存储器中取得指令和数据等。

3.2.1　程序可见寄存器

所谓"程序可见(program visible)寄存器",是指在应用程序设计时可以直接访问的寄存器。相比之下,"程序不可见(program invisible)寄存器"是指在应用程序设计时不能直接访问,但在进行系统程序设计(如编写操作系统软件)时可以被间接引用或通过特权指令才能访问的寄存器。在 80x86 微处理器系列中,通常在 80286 及其以上的微处理器中才包含程序不可见寄存器,主要用于保护模式下存储系统的管理和控制。

3.2.2 80x86/Pentium 处理器的寄存器模型

图 3.2 给出了 80x86/Pentium 微处理器的寄存器模型。它实际上是一个呈现在编程者面前的寄存器集合,所以也称微处理器的编程结构。早期的 8086/8088 及 80286 微处理器为 16 位结构,它们所包含的寄存器是图 3.2 所示寄存器集的一个子集;80386、80486 及 Pentium 系列微处理器为 32 位结构,它们包括了图 3.2 所示寄存器的全部。图中阴影区域的寄存器在 8086/8088 及 80286 微处理器中是没有的,它们是 80386、80486 及 Pentium 系列微处理器中新增加的。

由图 3.2 可见,该寄存器模型包括 8 位、16 位及 32 位寄存器组。8 位寄存器有 AH、AL、BH、BL、CH、CL、DH 和 DL,在指令中用双字母的寄存器名字来引用它们。例如 "MOV AL,BL" 指令,将 8 位寄存器 BL 的内容传送到 AL 中;16 位寄存器有 AX、BX、CX、DX、SP、BP、SI、DI、IP、FLAGS、CS、DS、ES、SS、FS 和 GS。这些寄存器也用双字母的名字来引用。例如,"MOV BX,CX" 指令,将 16 位寄存器 CX 的内容传送到 BX 寄存器中;32 位寄存器为 EAX、EBX、ECX、EDX、ESP、EBP、EDI、ESI、EIP 和 EFLAGS。这些寄存器一般可用三字母的名字引用,例如 "MOV EBX,ECX" 指令,将 32 位寄存器 ECX 的内容传送到 EBX 中。

图 3.2 中的寄存器按功能的不同可分为通用寄存器、指令指针寄存器、标志寄存器和段寄存器 4 种类型。下面先对这些寄存器的基本功能予以概括说明,以便对它们有一个初步了解和认识。至于对这些寄存器的深入理解和正确使用,还需要一个过程,特别是通过后续章节中指令系统及汇编语言程序设计的学习过程。

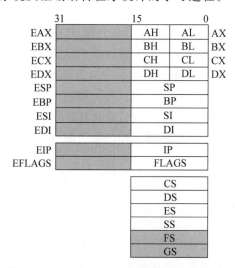

图 3.2 80x86/Pentium 处理器的寄存器模型

1. 通用寄存器

通用寄存器也称多功能寄存器,在图 3.2 所示的寄存器模型中,共有 8 个通用寄存器,即 EAX、EBX、ECX、EDX、ESP、EBP、ESI、EDI,按它们的功能差别,又可分为两组,即"通用数据寄存器"及"指针寄存器和变址寄存器"。

(1) 通用数据寄存器。通用数据寄存器用来存放 8 位、16 位或 32 位的操作数。大多数算术运算和逻辑运算指令都可以使用这些寄存器。共有 4 个通用数据寄存器,它们是 EAX、EBX、ECX 和 EDX。

EAX（Accumulator,累加器）：EAX 可以作为 32 位寄存器（EAX）、16 位寄存器（AX）或 8 位寄存器（AH 或 AL）引用。如果作为 8 位或 16 位寄存器引用,则只改变 32 位寄存器的一部分,其余部分不受影响。当累加器用于乘法、除法及一些调整指令时,它具有专门的用途,但通常仍称之为通用寄存器。在 80386 及更高型号的微处理器中,EAX 寄存器也可以用来存放访问存储单元的偏移地址。

EBX（Base,基址）：EBX 是个通用寄存器,它可以作为 32 位寄存器（EBX）、16 位寄存器（BX）或 8 位寄存器（BH 或 BL）引用。在 80x86 系列的各种型号微处理器中,均可以用 BX 存放访问存储单元的偏移地址。在 80386 及更高型号的微处理器中,EBX 也可以用于存放访问存储单元的偏移地址。

ECX（Count,计数）：ECX 是个通用寄存器,它可以作为 32 位寄存器（ECX）、16 位寄存器（CX）或 8 位寄存器（CH 或 CL）引用。ECX 可用来作为多种指令的计数值。用于计数的指令是重复的串操作指令、移位指令、循环移位指令和 LOOP/LOOPD 指令。移位和循环移位指令用 CL 计数,重复的串操作指令用 CX 计数,LOOP/LOOPD 指令用 CX 或 ECX 计数。在 80386 及更高型号的微处理器中,ECX 也可用来存放访问存储单元的偏移地址。

EDX（Data,数据）：EDX 是个通用寄存器,用于保存乘法运算产生的部分积,或除法运算之前的部分被除数。对于 80386 及更高型号的微处理器,这个寄存器也可用来寻址存储器数据。

(2) 指针寄存器和变址寄存器。这是另外 4 个通用寄存器,分别是：堆栈指针寄存器 ESP、基址指针寄存器 EBP、源变址寄存器 ESI 和目的变址寄存器 EDI。这 4 个寄存器均可作为 32 位寄存器引用（ESP、EBP、ESI 和 EDI）,也可作为 16 位寄存器引用（SP、BP、SI 和 DI）,主要用于堆栈操作和串操作中形成操作数的有效地址。其中,ESP、EBP（或 SP、BP）用于堆栈操作,ESI、EDI（或 SI、DI）用于串操作。另外,这 4 个寄存器也可作为数据寄存器使用。

ESP（Stack Pointer,堆栈指针）：ESP 寻址一个称为堆栈的存储区。通过这个指针存取堆栈存储器数据。具体操作将在本章后面介绍堆栈及其操作时再做说明。这个寄存器作为 16 位寄存器引用时,为 SP；作为 32 位寄存器引用时,则为 ESP。

EBP（Base Pointer,基址指针）：EBP 用来存放访问堆栈段的一个数据区的"基地址"。它作为 16 位寄存器引用时,为 BP；作为 32 位寄存器引用时,则为 EBP。

ESI(Source Index,源变址):ESI用于寻址串操作指令的源数据串。它的另一个功能是作为32位(ESI)或16位(SI)的数据寄存器使用。

EDI(Destination Index,目的变址):EDI用于寻址串操作指令的目的数据串。如同ESI一样,EDI也可作为32位(EDI)或16位(DI)的数据寄存器使用。

2. 指令指针寄存器 EIP

EIP(Instruction Pointer)是一个专用寄存器,用于寻址当前需要取出的指令字节。当CPU从内存中取出一个指令字节后,EIP就自动加1,指向下一指令字节。当微处理器工作在实模式下时,这个寄存器为IP(16位);当80386及更高型号的微处理器工作于保护模式下时,则为EIP(32位)。

程序员不能对EIP/IP进行存取操作。程序中的转移指令、返回指令以及中断处理能对EIP/IP进行操作。

3. 标志寄存器 EFLAGS

EFLAGS用于指示微处理器的状态并控制它的操作。图3.3展示了80x86/Pentium系列所有型号微处理器的标志寄存器的情况。注意,从8086/8088到Pentium Ⅱ微处理器是向前兼容的。随着微处理器功能的增强及型号的更新,相应的标志寄存器的位数也不断扩充。早期的8086/8088微处理器的标志寄存器FLAG为16位,且只定义了其中的9位;80286微处理器虽然仍为16位的标志寄存器,但定义的标志位已从原来的9位增加到12位(新增加了3个标志位);80386及更高型号的微处理器则采用32位的标志寄存器EFLAGS,所定义的标志位也有相应的扩充。

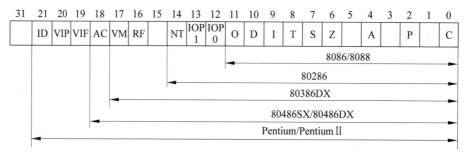

图 3.3 80x86/Pentium 系列微处理器的标志寄存器

下面着重介绍8086/8088系统中所定义的9个标志位——OF、DF、IF、TF、SF、ZF、AF、PF、CF。在这9个标志位中,有6位(即CF、PF、AF、ZF、SF和OF)为状态标志;其余3位(即TF、IF和DF)为控制标志。状态标志与控制标志的作用有所不同。顾名思义,状态标志反映微处理器的工作状态,如执行加法运算时是否产生进位,执行减法运算时是否产生借位,运算结果是否为0等;控制标志对微处理器的运行起特定的控制作用,如以单步方式运行还是以连续方式运行,在程序执行过程中是否允许响应外部中断请求等。

6个状态标志的功能简述如下:

（1）进位标志 CF(Carry Flag)：运算过程中最高位有进位或借位时，CF 置 1；否则置 0。

（2）奇偶标志 PF(Parity Flag)：该标志位反映运算结果低 8 位中 1 的个数情况，若为偶数个 1，则 PF 置 1；否则置 0。它是早期 Intel 微处理器在数据通信环境中校验数据的一种手段。今天，奇偶校验通常由数据存储和通信设备完成，而不是由微处理器完成。所以，这个标志位在现代程序设计中很少使用。

（3）辅助进位标志 AF(Auxiliary carry Flag)：辅助进位标志也称"半进位"标志。若运算结果低 4 位中的最高位有进位或借位，则 AF 置 1；否则置 0。AF 一般用于 BCD 运算时是否进行十进制调整的依据。

（4）0 标志 ZF(Zero Flag)：反映运算结果是否为 0。若结果为 0，则 ZF 置 1；否则置 0。

（5）符号标志 SF(Sign Flag)：记录运算结果的符号。若结果为负，则 SF 置 1；否则置 0。SF 的取值总是与运算结果的最高位相同。

（6）溢出标志 OF(Overflow Flag)：反映有符号数运算结果是否发生溢出。若发生溢出，则 OF 置 1；否则置 0。所谓溢出，是指运算结果超出了计算装置所能表示的数值范围。例如，对于字节运算，数值表示范围为$-128\sim+127$；对于字运算，数值表示范围为$-32768\sim+32767$。若超过上述范围，则发生了溢出。溢出是一种差错，系统应做相应的处理。

在机器中，溢出标志的判断逻辑式为"OF=最高位进位⊕次高位进位"。

注意："溢出"与"进位"是两个不同的概念。某次运算结果有"溢出"，不一定有"进位"；反之，有"进位"，也不一定发生"溢出"。另外，"溢出"标志实际上是针对有符号数运算而言；对于无符号数运算，溢出标志 OF 是无定义的，无符号数运算的溢出状态可通过进位标志 CF 来反映。

下面，通过具体例子来进一步熟悉这 6 个状态标志的功能定义（为了便于表示，在例子中提前使用了第 4 章中介绍的 MOV 指令及 ADD 指令）。

【例 3.1】 指出执行如下指令后，标志寄存器中各状态标志值。

```
MOV  AX , 31C3H
ADD  AX , 5264H
```

上述两条指令执行后，在 CPU 中将完成如下二进制运算：

$$
\begin{array}{r}
0011\ 0001\ 1100\ 0011 \\
+\ 0101\ 0010\ 0110\ 0100 \\
\hline
1000\ 0100\ 0010\ 0111
\end{array}
$$

所以，根据前面给出的 6 个状态标志的功能定义，可得：

OF=1　（最高位进位⊕次高位进位=0⊕1=1）；

SF=1　（SF 与运算结果的最高位相同）；

ZF=0　（运算结果不为 0）；

AF=0　（运算结果低 4 位中的最高位无进位）；

PF＝1 （运算结果低 8 位中 1 的个数为偶数）；

CF＝0 （运算结果最高位无进位）。

在本例中可以看到溢出标志 OF 和进位标志 CF 的情况。这里，OF＝1，说明有符号数运算时发生了溢出；但进位标志 CF＝0。

作为练习，请指出下述两条指令执行后的 6 个状态标志的情况：

```
MOV  AX , 0E125H
ADD  AX , 0C25DH
```

3 个控制标志的功能分述如下：

（1）方向标志 DF（Direction Flag）：用来控制串操作指令的执行。若 DF＝0，则串操作指令的地址自动增量修改，串数据的传送过程是从低地址到高地址的方向进行；若 DF＝1，则串操作指令的地址自动减量修改，串数据的传送过程是从高地址到低地址的方向进行。

（2）中断标志 IF（Interrupt Flag）：用来控制对外部可屏蔽中断请求的响应。若 IF＝1，则 CPU 响应外部可屏蔽中断请求；若 IF＝0，则 CPU 不响应外部可屏蔽中断请求。

（3）陷阱标志 TF（Trap Flag）：陷阱标志也称单步标志。当 TF＝1 时，CPU 处于单步方式；当 TF＝0 时，则 CPU 处于连续方式。单步方式常用于程序的调试。

4. 段寄存器

由图 3.2 可以清楚地看到，微处理器寄存器集合中的另一组寄存器为 16 位的段寄存器，用于与微处理器中的其他寄存器联合生成存储器地址。80x86/Pentium 系列的微处理器中有 4 个或 6 个段寄存器。对于同一个微处理器而言，段寄存器的功能在实模式下和保护模式下是不相同的。本章主要针对实模式下段寄存器的基本功能进行介绍。下面概要列出每个段寄存器及其在系统中的功能：

（1）代码段寄存器（Code Segment，CS）：代码段是一个存储区域，用以保存微处理器使用的程序代码。代码段寄存器 CS 定义代码段的起始地址。

（2）数据段寄存器（Data Segment，DS）：数据段是包含程序所使用的大部分数据的存储区。与代码段寄存器 CS 类似，数据段寄存器 DS 用以定义数据段的起始地址。

（3）附加段寄存器（Extra Segment，ES）：附加段是为某些串操作指令存放目的操作数而附加的一个数据段。附加段寄存器 ES 用以定义附加段的起始地址。

（4）堆栈段寄存器（Stack Segment，SS）：堆栈是计算机存储器中的一个特殊存储区，用以暂时存放程序运行中的一些数据和地址信息。堆栈段寄存器 SS 定义堆栈段的首地址。通过堆栈段寄存器 SS 和堆栈指针寄存器 ESP/SP 可以访问堆栈栈顶的数据。另外，通过堆栈段寄存器 SS 和基址指针寄存器 EBP/BP 可以寻址堆栈栈顶下方的数据。具体的实现方法，将在后续章节介绍。

（5）段寄存器 FS 和 GS：这两个段寄存器仅对 80386 及更高型号的微处理器有效，以便程序访问相应的两个附加的存储器段。

3.3 微处理器的寻址机制

3.3.1 存储器分段技术

实模式下 80x86/Pentium 可直接寻址的地址空间为 $2^{20}=1M$ 字节单元。这就是说，CPU 需输出 20 位地址信息才能实现对 1M 字节单元存储空间的寻址。但实模式下 CPU 中所使用的寄存器均是 16 位的,内部 ALU 也只能进行 16 位运算,其寻址范围局限在 $2^{16}=65536(64K)$ 字节单元。为了实现对 1M 字节单元的寻址,80x86 系统采用了存储器分段技术。具体做法是,将 1M 字节的存储空间分成许多逻辑段,每段最长 64K 字节单元,可以用 16 位地址码进行寻址。每个逻辑段在实际存储空间中的位置是可以浮动的,其起始地址可由段寄存器的内容来确定。实际上,段寄存器中存放的是段起始地址的高 16 位,称之为"段基值"(segment base value)。

80x86/Pentium 系列微处理器中设置了 4 个或 6 个 16 位的段寄存器。它们分别是代码段寄存器 CS、数据段寄存器 DS、附加段寄存器 ES、堆栈段寄存器 SS 以及在 80386 及更高型号微处理器中使用的段寄存器 FS 和 GS。

以 8086~80286 微处理器为例,由于设置有 4 个段寄存器,因此任何时候 CPU 可以定位当前可寻址的 4 个逻辑段,分别称为当前代码段、当前数据段、当前附加段和当前堆栈段。当前代码段的段基值(即段基地址的高 16 位)存放在 CS 寄存器中,该段存放程序的可执行指令;当前数据段的段基值存放在 DS 寄存器中,当前附加段的段基值存放在 ES 寄存器中,这两个段的存储空间存放程序中参加运算的操作数和运算结果;当前堆栈段的段基值存放在 SS 寄存器中,该段的存储空间用作程序执行时的存储器堆栈。

需要说明的是,各个逻辑段在实际的存储空间中可以完全分开,也可以部分重叠,甚至完全重叠。这种灵活的分段方式如图 3.4 所示。另外,段的起始地址的计算和分配通常是由系统完成的,并不需要普通用户参与。

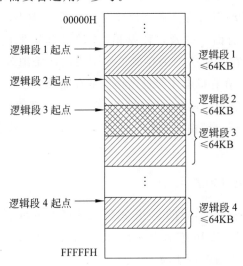

图 3.4 逻辑段在物理存储器中的位置

　　其实，还有其他方法也可以将1M字节单元的物理存储空间分成可用16位地址码寻址的逻辑段。例如将20位物理地址分成两部分：高4位为段号，可用机器内设置的4位长的"段号寄存器"来保存；低16位为段内地址，也称"偏移地址"，如图3.5所示。

图 3.5　另一种分段方法

　　但是，这种分段方法有其不足之处。一是4位长的"段号寄存器"与其他寄存器不兼容，操作上会增添麻烦；二是这样划分的段每个逻辑段大小固定为64K字节单元，当程序中所需的存储空间不是64K字节单元的倍数时，就会浪费存储空间。反观前一种分段机制，则要灵活、方便得多，所以80x86/Pentium系统中采用了前一种分段机制。

3.3.2　实模式下的存储器寻址

1. 物理地址与逻辑地址

　　在有地址变换机构的计算机系统中，每个存储单元可以看成具有两种地址：物理地址和逻辑地址。物理地址是信息在存储器中实际存放的地址，它是CPU访问存储器时实际输出的地址。例如，实模式下的80x86/Pentium系统的物理地址是20位，存储空间为$2^{20}=1$M字节单元，地址范围从00000H到FFFFFH。CPU和存储器交换数据时所使用的就是这样的物理地址。

　　逻辑地址是编程时所使用的地址。或者说程序设计时所涉及的地址是逻辑地址而不是物理地址。编程时不需要知道产生的代码或数据在存储器中的具体物理位置。这样可以简化存储资源的动态管理。在实模式下的软件结构中，逻辑地址由"段基值"和"偏移量"两部分构成。前面已提及，"段基值"是段的起始地址的高16位。"偏移量"(offset)也称偏移地址，它是所访问的存储单元距段的起始地址之间的字节距离。给定段基值和偏移量，就可以在存储器中寻址所访问的存储单元。

　　在实模式下，"段基值"和"偏移量"均是16位的。"段基值"由段寄存器CS、DS、SS、ES、FS和GS提供；"偏移量"由BX、BP、SP、SI、DI、IP或以这些寄存器的组合形式来提供。

2. 实模式下物理地址的产生

　　实模式下CPU访问存储器时的20位物理地址可由逻辑地址转换而来。具体方法是，将段寄存器中的16位"段基值"左移4位(低位补0)，再与16位的"偏移量"相加，即可得到所访问存储单元的物理地址，如图3.6所示。

上述由逻辑地址转换为物理地址的过程也可以表示成如下计算公式：

$$物理地址＝段基值×16＋偏移量$$

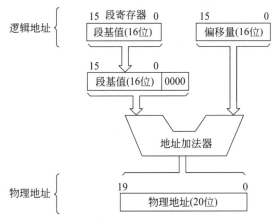

图 3.6　实模式下物理地址的产生

上式中的"段基值×16"在微处理器中是通过将段寄存器的内容左移 4 位（低位补 0）来实现的，与偏移量相加的操作则由地址加法器来完成。

【例 3.2】　设代码段寄存器 CS 的内容为 4232H，指令指针寄存器 IP 的内容为 0066H，即 CS＝4232H，IP＝0066H，则访问代码段存储单元的物理地址计算如下：

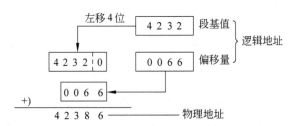

【例 3.3】　设数据段寄存器 DS 的内容为 1234H，基址寄存器 BX 的内容为 0022H，即 DS＝1234H，BX＝0022H，则访问数据段存储单元的物理地址计算如下：

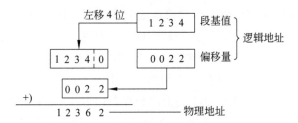

【例 3.4】　若段寄存器内容是 002AH，产生的物理地址是 002C3H，则偏移量是多少？

解　将段寄存器内容左移 4 位，低位补 0 得：002A0H。

从物理地址中减去上列值得偏移量为：002C3H－002A0H＝0023H。

需注意的是,每个存储单元有唯一的物理地址,但它可以由不同的"段基值"和"偏移量"转换而来,这只要把段基值和偏移量改变为相应的值即可。也就是说,同一个物理地址与多个逻辑地址相对应。例如,段基值为0020H,偏移量为0013H,构成的物理地址为00213H;然而,若段基值改变为0021H,配以新的偏移量0003H,其物理地址仍然是00213H,如图3.7所示。

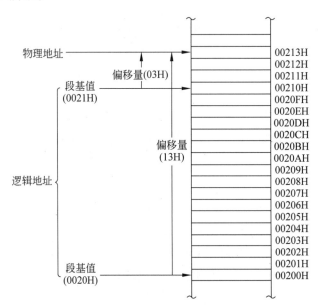

图 3.7   一个物理地址对应多个逻辑地址

3. "段加偏移"寻址

上述由段基值(段寄存器的内容)和偏移量相结合的存储器寻址机制也称为"段加偏移"寻址机制,所访问的存储单元的地址常被表示成"段基值:偏移量"的形式。例如,若段基值为2000H,偏移量为3000H,则所访问的存储单元的地址为2000H:3000H。

图3.8进一步说明了这种"段加偏移"的寻址机制如何选择所访问的存储单元的情形。这里段寄存器的内容为1000H,偏移地址为2000H。图中显示了一个64KB长的存储器段,该段起始于10000H,结束于1FFFFH。图中也表示了如何通过段基值(段寄存器的内容)和偏移量找到存储器中被选单元的情形。偏移量也称偏移地址,如图中所示,它是自段的起始位置到所选存储单元之间的字节距离。

图3.8中段的起始地址10000H是由段寄存器内容1000H左移4位低位补0(或在1000H后边添加0H)而得到的。段的结束地址1FFFFH是由段起始地址10000H与段长度FFFFH(64K)相加的结果。

还需指出的是,在这种"段加偏移"的寻址机制中,由于是将段寄存器的内容左移4位(相当于乘以十进制数16)来作为段的起始地址的,所以实模下各个逻辑段只能起始于存储器中 16 字节整数倍的边界。这样可以简化实模式下 CPU 生成物理地址的操作。通常称这 16 字节的小存储区域为"分段"或"节"(paragraph)。

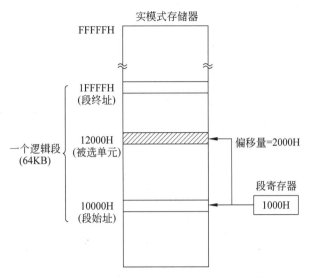

图 3.8 实模式下存储器寻址机制——"段加偏移"

4. 默认的段和偏移寄存器

在"段加偏移"的寻址机制中,微处理器有一套用于定义各种寻址方式中段寄存器和偏移地址寄存器的组合规则。例如,代码段寄存器总是和指令指针寄存器组合用于寻址程序的一条指令。这种组合是 CS：IP 还是 CS：EIP 取决于微处理器的操作模式。代码段寄存器定义代码段的起点,指令指针寄存器指示代码段内指令的位置。这种组合(CS：IP 或 CS：EIP)定位微处理器执行的下一条指令。例如,若 CS＝2000H,IP＝3000H,则微处理器从存储器的 2000H：3000H 单元,即 23000H 单元取下一条指令。

8086～80286 微处理器各种默认的 16 位"段加偏移"寻址组合方法如表 3.1 所示。表 3.2 表示 80386 及更高型号的微处理器使用 32 位"段加偏移"寻址组合的默认情况。80386 及更高型号的微处理器的"段加偏移"寻址组合比 8086～80286 微处理器的选择范围更大。

表 3.1 默认的 16 位"段加偏移"寻址组合

段寄存器	偏移地址寄存器	主要用途
CS	IP	指令地址
SS	SP 或 BP	堆栈地址
DS	BX、DI、SI、8 位或 16 位数	数据地址
ES	串操作指令的 DI	串操作目的地址

表 3.2　默认的 32 位"段加偏移"寻址组合

段寄存器	偏移地址寄存器	主要用途
CS	EIP	指令地址
SS	ESP 或 EBP	堆栈地址
DS	EAX、EBX、ECX、EDX、EDI、ESI、8 位(16 位或 32 位)数	数据地址
ES	串操作指令的 EDI	串操作目的地址
FS	无默认	一般地址
GS	无默认	一般地址

5. "段加偏移"寻址机制允许程序重定位

"段加偏移"寻址机制给系统带来的一个突出优点就是允许程序或数据在存储器中重定位。重定位是程序或数据的一种重要特性,它是指一个完整的程序或数据块可以在有效的存储空间中任意地浮动并重新定位到一个新的地址区域。

这是由于在现代计算机的寻址机制中引入了分段的概念之后,用于存放段地址的段寄存器的内容可以由程序重新设置,所以在偏移地址不变的情况下,就可以将整个程序或数据块移动到存储器任何新的可寻址区域去。例如,一条指令位于距段首(段起始地址)6 个字节的位置,它的偏移地址是 6。当整个程序移到新的区域时,这个偏移地址 6仍然指向距新的段首 6 个字节的位置,只是段寄存器的内容必须重新设置为程序所在的新存储区的地址。如果没有这种重定位特性,一个程序在移动之前必须大范围地重写或改写,这要花费大量时间,且容易出现差错。

"段加偏移"寻址机制所带来的这种可重定位特性,使编写与具体位置无关的程序(动态浮动码)成为可能。

3.3.3　堆栈

堆栈是存储器中的一个特定的存储区,它的一端(栈底)是固定的,另一端(栈顶)是浮动的,信息的存入和取出都只能在浮动的一端进行,并且遵循后进先出(Last-In First-Out)的原则。堆栈主要用来暂时保存程序运行时的一些地址或数据信息。例如,当CPU 执行调用(Call)指令时,用堆栈保存程序的返回地址(亦称断点地址);在中断响应及中断处理时,通过堆栈"保存现场"和"恢复现场";有时也利用堆栈为子程序传递参数。

堆栈是在存储器中实现的,并由堆栈段寄存器 SS 和堆栈指针寄存器 SP 来定位。SS寄存器中存放的是堆栈段的段基值,它确定了堆栈段的起始位置。SP 寄存器中存放的是堆栈操作单元的偏移量,SP 总是指向栈顶。图 3.9 给出了堆栈的基本结构及操作示意图。值得注意的是,这种结构的堆栈是所谓"向下生长的",即栈底在堆栈的高地址端,当堆栈为空时 SP 就指向栈底。因此,堆栈段的段基址(由 SS 寄存器确定)并不是栈底。

实模式下的堆栈为 16 位宽(字宽),堆栈操作指令(PUSH 指令或 POP 指令)对堆栈的操作总是以字为单位进行。即要压栈(执行 PUSH 指令)时,先将 SP 的值减 2,然后将

16 位的信息压入新的栈顶；要弹栈（执行 POP 指令）时，先从当前栈顶取出 16 位的信息，然后将 SP 的值加 2。可概括为："压栈时，先修改栈指针后压入"，"弹栈时，先弹出后修改栈指针"。

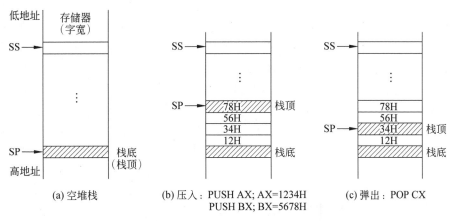

图 3.9　堆栈的结构与操作

由图 3.9 可以看出，堆栈的操作既不对堆栈中的项进行移动，也不清除它们。压栈时在新栈顶写入信息，弹栈时则只是简单地改变 SP 的值指向新的栈顶。

3.4　微处理器的内部组成结构及相关技术

为了说明现代微处理器的内部组成结构，我们给出一个经适当简化的 Pentium 处理器的内部结构，如图 3.10 所示。并以此为例对现代微处理器的主要组成部件及其实现技术做概要说明。

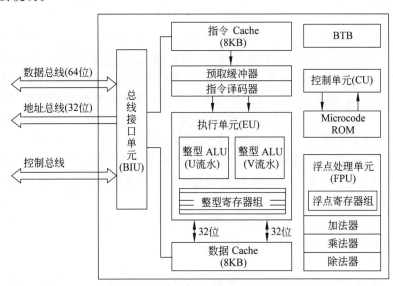

图 3.10　Pentium 处理器的内部结构

3.4.1　总线接口单元

　　总线接口单元(Bus Interface Unit,BIU)是微处理器与微机中其他部件(如存储器、I/O 接口等)进行连接与通信的物理界面。通过这个界面,实现微处理器与其他部件之间的数据信息、地址信息以及控制命令信号的传送。由图 3.10 可见,Pentium 处理器的外部数据总线宽度为 64 位,它与存储器之间的数据传输率可达 528MB/s。但需要说明的是,由于 Pentium 处理器内部的算术逻辑单元 ALU 和寄存器的宽度仍是 32 位的,所以它仍属于 32 位微处理器。

　　从图 3.10 还可以看到,Pentium 处理器的地址总线位数为 32 位,即它的直接寻址物理地址空间为 $2^{32}=4$GB。另外,BIU 还有地址总线驱动、数据总线驱动、总线周期控制及总线仲裁等多项功能。

3.4.2　指令 Cache 与数据 Cache

　　Cache(高速缓存)技术是现代微处理器及微型计算机设计中普遍采用的一项重要技术,它可以使 CPU 在较低速的存储器件条件下获得较高速的存储器访问,并提高系统的性能价格比。在 Pentium 之前的 80386 设计中,曾在处理器外部设置一个容量较小但速度较快的"片外 Cache";而在 80486 中,则是在处理器内部设置了一个 8KB 的"片内 Cache",统一作为指令和数据共用的高速缓存。

　　Pentium 处理器中的 Cache 设计与 80386 和 80486 有很大的不同,它采用哈佛结构,即把 Cache 分为"指令 Cache"和"数据 Cache"分别设置,从而避免仅仅设置统一 Cache 时发生存储器访问冲突的现象。Pentium 包括两个 8KB 的 Cache,一个为 8KB 的数据 Cache,一个为 8KB 的指令 Cache。指令 Cache 只存储指令,而数据 Cache 只存储指令所需的数据。

　　在只有统一的高速缓存的微处理器(如 80486)中,一个数据密集的程序很快就会占满高速缓存,几乎没有空间用于指令缓存,这就降低了微处理器的执行速度。而在 Pentium 中就不会发生这种情况,因为它有单独的指令 Cache。如图 3.10 所示,经过 BIU,指令被保存在 8KB 的"指令 Cache"中,而指令所需要的数据则保存在 8KB 的"数据 Cache"中。这两个 Cache 可以并行工作,并被称为"一级 Cache"或"片内 Cache",以区别于设置在微处理器外部的"二级 Cache"或"片外 Cache"。

　　为了进一步提高计算机的性能,目前在高性能微处理器片内也采用 Cache 分级结构,具有一级 Cache、二级 Cache,有些微处理器(如安腾系列微处理器)片内还有三级 Cache 或四级 Cache。

3.4.3　超标量流水线结构

　　"超标量流水线"结构是 Pentium 处理器设计技术的核心。为了说明其特点,我们先简要说明微处理器中"流水线"方式的概念,然后简要介绍"超标量"及"超级流水线"的技术特点。

流水线(pipeline)方式是把一个重复的过程分解为若干子过程,每个子过程可以与其他子过程并行进行的工作方式。由于这种工作方式与工厂中生产流水线十分相似,因此称为流水线技术。采用流水线技术设计的微处理器,把每条指令分为若干个顺序的操作(如取指、译码、执行等),每个操作分别由不同的处理部件(如取指部件、译码部件、执行部件等)来完成。这样构成的微处理器,可以同时处理多条指令。而对于每个处理部件来说,每条指令的同类操作(如取指令)就像流水一样连续被加工处理。这种指令重叠、处理部件连续工作的计算机(或处理器),称为流水线计算机(或处理器)。

采用流水线技术,可加快计算机执行程序的速度并提高处理部件的使用效率。图 3.11 表示把指令划分为 5 个操作步骤并由处理器中 5 个处理部件分别处理时流水线的工作情形。

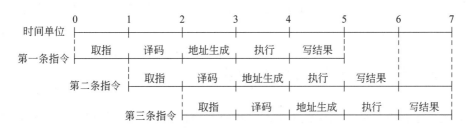

图 3.11　5 级流水的工作情形

如图 3.11 所示,流水线中的各个处理部件可并行工作,从而可使整个程序的执行时间缩短。容易看到,在图中所示的 7 个时间单位内,已全部执行完 3 条指令。如果以完全串行的方式执行,则 3 条指令需 3×5＝15 个时间单位才能完成。显然,采用流水线方式可以显著提高计算机的处理速度。

Pentium 处理器的流水线由分别称为"U 流水"和"V 流水"的两条指令流水线构成(双流水线结构),其中每条流水线都拥有自己的地址生成逻辑、ALU 及数据 Cache 接口。因此,Pentium 处理器可以在一个时钟周期内同时发送两条指令进入流水线。比相同频率的单条流水线结构(如 80486)性能提高了一倍。通常称这种具有两条或两条以上能够并行工作的流水线结构为超标量(superscalar)结构。

与图 3.11 所示的情形相同,Pentium 的每一条流水线也是分为 5 个阶段(5 级流水),即"指令预取""指令译码""地址生成""指令执行"和"回写"。当一条指令完成预取步骤时,流水线就可以开始对另一条指令的操作和处理。这就是说,Pentium 处理器实现的是两条流水线的并行操作,而每条流水线由 5 个流水级构成。

另外,还可以将流水线的若干流水级进一步细分为更多的阶段(流水小级),并通过一定的流水线调度和控制,使每个细分后的"流水小级"可以与其他指令的不同的"流水小级"并行执行,从而进一步提高微处理器的性能。这被称为"超级流水线"技术(superpipelining)。

"超级流水线"与上面介绍的"超标量"结构有所不同,超标量结构是通过重复设置多个"取指"部件,设置多个"译码""地址生成""执行"和"写结果"部件,并让这些功能部件同时工作来加快程序的执行,实际上是以增加硬件资源为代价来换取处理器性能的;而超级流水线处理器则不同,它只需增加少量硬件,是通过各部分硬件的充分重叠工作来提高处理器性能的。从流水线的时空角度上看,超标量处理器主要采用的是空间并行性,而超级流水线处理器主要采用的是时间并行性。

从超大规模集成电路(VLSI)的实现工艺来看,超标量处理器能够更好地适应 VLSI 工艺的要求。通常,超标量处理器要使用更多的晶体管,而超流水线处理器则需要更快的晶体管及更精确的电路设计。

为了进一步提高处理器执行指令的并行度,可以把超标量技术与超流水线技术结合在一起,这就是"超标量超流水线"处理器。例如,Intel 的 P6 结构(Pentium Ⅱ/Ⅲ 处理器)就是采用这种技术的更高性能微处理器,其超标度为 3(即有 3 条流水线并行操作),流水线的级数为 12 级。

3.4.4　动态转移预测及转移目标缓冲器

正是由于计算机指令中具有能够改变程序流向的指令,才使得程序结构灵活多样,程序功能丰富多彩。这类指令一般包括跳转(JMP)指令、调用(CALL)指令和返回(RET)指令等,统称为转移(branch)指令。转移指令又可分为"无条件转移指令"及"条件转移指令"两大类。无条件转移指令执行时一定会发生转移,而条件转移指令执行时是否发生转移则取决于指令所要求的条件当时是否满足。例如,80x86 系统中的条件转移指令"JC START",执行时若进位标志 CF 为 1,则使程序转移到"转移目标地址"START 处;否则,将顺序执行紧接着这条指令之后的下一条指令。

然而,转移指令也给处理器的流水线操作带来麻烦。因为在处理器预取指令时还未对指令进行译码,即它还不知道哪条指令是转移指令,所以只能按程序的静态顺序进行。也就是说,即使是遇到一条转移指令,也无法到"转移目标地址"处去预取指令装入指令队列,而只能顺序地装入紧接着转移指令之后的若干条指令。而当指令被执行并确实发生转移时,指令预取缓冲器中预先装入的指令就没用了。此时必须将指令缓冲器中原来预取的指令废除(也称"排空"流水线),并从转移目标地址开始处重新取指令装入流水线。这样就极大地影响了流水线的处理速度和性能。

已有多项技术用于减小转移指令对流水线性能的影响,如基于编译软件的"延迟转移"(delayed branching) 技术和基于硬件的"转移预测"(branch prediction)技术。转移预测又有"静态转移预测"及"动态转移预测"之分。静态转移预测只依据转移指令的类型来预测转移是否发生。例如,对某一类条件转移指令总是预测为转移发生,对另一类总是预测转移不发生。显然,静态转移预测的正确率不会很高,只能作为其他转移处理技术的辅助手段。动态转移预测法(dynamic branch prediction)是依据一条转移指令过去的行为来预测该指令的将来行为。即处理器要有一个"不断学习"的过程。由于程序结构中有众多重复或循环执行的机会,所以在预测算法选得较好的情况下,动态转移预测会达到较高的正确率,故被现代微处理器所普遍采用。下面,仍以 Pentium 为例来简要说明这种动态转移预测法的基本工作原理。

从图 3.12 可以看到,Pentium 提供了一个称为"转移目标缓冲器"(Branch Target Buffer,BTB)的小 Cache 来动态预测程序的转移操作。在程序执行时,若某条指令导致转移,便记忆下这条转移指令的地址及转移目标地址(放入 BTB 内部的"登记项"中),并用这些信息来预测这条指令再次发生转移时的路径,预先从这里记录的"转移目标地址"处预取指令,以保证流水线的指令预取不会空置。其基本工作机制如图 3.12 所示。

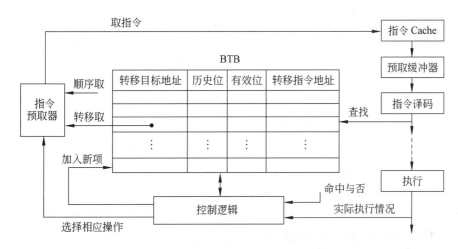

图 3.12 Pentium BTB 的工作机制[7]

"指令译码"阶段检查从预取缓冲器中取出的指令是否为转移指令,若是转移指令,则将此指令的地址送往 BTB 进行查找。若 BTB 命中(即在 BTB 中存在相应的登记项),则根据该项的"历史位"状态预测此指令在执行阶段是否发生转移。若预测为发生转移,则将该项中登记的"转移目标地址"提交给指令预取器,并指挥指令预取器从"转移目标地址"处提取指令装入预取缓冲器,即进行图 3.12 中所示的"转移取";若预测为不发生转移,则从该转移指令的下一条指令开始提取指令,即进行所谓"顺序取"。若 BTB 未命中(即在 BTB 中不存在相应的登记项),则说明 BTB 中没有该指令的历史记录,此时固定预测为不发生转移,即固定进行"顺序取"。至于该指令在执行阶段实际发生转移时的处理情况,将在下面介绍 Pentium"执行单元"的功能时再作具体说明。

BTB 登记项中的"历史位"用以登记相应转移指令先前的执行行为,并用于预测此指令执行时是否发生转移。在执行阶段要根据实际是否发生转移,来修改命中项的历史位;或对于 BTB 未命中的转移指令而在执行阶段发生转移的情况,在 BTB 中建立新项

(加入新项)并设定历史位为11。图3.13给出了BTB历史位的意义及状态转换情况。

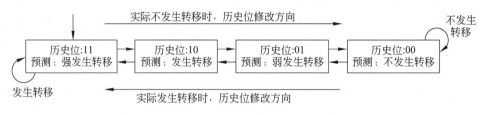

图3.13　Pentium BTB历史位的意义及状态转换[7]

由图3.13可以看出,Pentium对历史位意义的设定更倾向于预测转移发生。历史位11常称为"强发生"(strongly taken)状态,10称为"发生"(taken)状态,01称为"弱发生"(weakly taken)状态,这3种历史位都预测转移发生。

后来的Pentium系列处理器使用更多的历史位,以更精细的转移预测算法来降低预测失误率。例如Pentium 4使用4位历史位,能在转移预测时考虑到更长的历史状况,能够显著地降低预测失误率。

另外,容易想到,对于循环程序而言,在首次进入循环和退出循环时,都将出现转移预测错误的情况。即首次进入循环时,预测不发生转移,而实际发生转移;退出循环时,预测发生转移,而实际不发生转移。这两种情况下均需要重新计算转移地址,并造成流水线的停顿和等待。但若循环10次,2次预测错误而8次正确;循环100次,2次预测错误而98次正确。因此,循环次数越多,BTB的效益越明显。

3.4.5　指令预取器和预取缓冲器

指令预取器总是按给定的指令地址,从指令Cache中顺序地取出指令放入预取缓冲器中,直到在指令译码阶段遇到一条转移指令并预测它在指令执行阶段将发生转移时为止。此时,如图3.12所示,由BTB提供预测转移发生时的目标地址,并按此地址开始再次顺序地取指令,直到又遇到一条转移指令并预测转移发生时为止。指令预取器就是以这种折线式顺序由指令Cache取出指令装入预取缓冲器的。

3.4.6　指令译码器

指令译码器的基本功能是将预先取来的指令进行译码,以确定该指令的操作。

Pentium处理器中,指令译码器的工作过程可分为两个阶段,在第一个阶段,对指令的操作码进行译码,并检查是否为转移指令。若是转移指令,则将此指令的地址送往BTB。再进一步检查BTB中该指令的历史记录,并决定是否实施相应的转移预测操作;在第二个阶段,指令译码器需生成存储器操作数的地址。在保护方式下,还需按保护模式的规定检查是否有违约地址,若有,则产生"异常"(exception),并进行相应的处理。

3.4.7 执行单元

指令的执行以两个 ALU 为中心,完成 U、V 流水线中两条指令的算术及逻辑运算。执行单元(Execution Unit,EU)的主要功能如下:

① 按地址生成阶段(即指令译码的第二阶段)提供的存储器操作数地址,首先在 1 级数据 Cache 中获取操作数,若 1 级数据 Cache"未命中"(操作数未在 Cache 中),则在 2 级 Cache(片外 Cache)或主存中查找。总之,在指令执行阶段的前半部,指令所需的存储器操作数、寄存器操作数要全部就绪,接着在指令执行阶段的后半部完成指令所要求的算术及逻辑操作。

② 确认在指令译码阶段对转移指令的转移预测是否与实际情况相符,即确认预测是否正确。若预测正确,则除了适当修改 BTB 中的"历史位"外,其他什么事情也不发生;若预测错误,则除了修改"历史位"外,还要清除该指令之后已在 U、V 流水线中的全部指令("排空"流水线),并指挥"指令预取器"重新取指令装入流水线。

另外,对于前面提到的在查找 BTB 时"未命中"从而固定预测为不发生转移的情况,若在执行阶段此指令确实没有发生转移,则其他什么事情也不发生,以后再遇到此转移令时仍作为一个"新面孔"的转移指令按前述办法来对待;如果在执行阶段此指令实际发生转移的话,则按"预测错误"处理,此时除了"排空"流水线外,还需将"转移目标地址"提交给 BTB,连同在指令译码阶段提交的"转移指令地址",在 BTB 中建立一个新项,并设定"历史位"为"强发生"状态(11)。

3.4.8 浮点处理单元

顾名思义,浮点处理单元(Floating Point Unit,FPU)专门用来处理浮点数或进行浮点运算,因此也称浮点运算器。在 8086、80286 及 80386 年代,曾设置单独的 FPU 芯片(8087、80287 和 80387),并称为算术协处理器(Mathematical Coprocessor),简称协处理器。那时的主板上配有专门的协处理器插座。自从 80486 DX 开始,则将 FPU 移至微处理器内部,成为微处理器芯片的一个重要组成部分(如图 3.10 所示)。

Pentium 处理器的 FPU 性能已做了很大改进。FPU 内有 8 个 80 位的浮点寄存器 FR0~FR7,内部数据总线宽度为 80 位,并有分立的浮点加法器、浮点乘法器和浮点除法器,可同时进行 3 种不同的运算。

FPU 的浮点指令流水线也是双流水线结构。每条流水线分为 8 个流水级:预取指令、指令译码、地址生成、取操作数、执行 1、执行 2、写回结果和错误报告。

3.4.9 控制单元

控制单元(Control Unit,CU)的基本功能是控制整个微处理器按照一定的时序过程一步一步地完成指令的操作。Pentium 的大多数简单指令都是以"硬连线"方式来实现的,如 2.1.2 节所述,采用这种方式,指令通过"指令译码器"译码后结合特定的时序条件即可产生相应的微操作控制信号,从而控制指令的执行,它可以获得较快的指令执行速度;而对于那些复杂指令的执行则是以"微程序"方式实现的。按照微程序实现方式,是将指令执行时所需要的微操作控制信号变成相应的一组微指令并预先存放在一个只读存储器中,当指令执行时,按安排好的顺序从只读存储器中一条一条读出这些微指令,从而产生相应的微操作控制信号去控制指令的执行。

"微程序"方式与"硬连线"方式是 CPU 控制指令执行的两种不同的实现方式。它们各有不同的特点。一般来说,"微程序"方式较方便灵活,但指令执行速度较慢,在传统的微处理器设计如 CISC(Complex Instruction Set Computer)结构中常被采用;"硬连线"方式灵活性较差,但它的突出优点是指令执行速度很快,常用于 RISC (Reduced Instruction Set Computer)结构的机器中。也可以说,RISC 结构中一般不使用"微程序"技术。

另外,控制单元还负责流水线的时序控制,以及处理与"异常"和"中断"有关的操作和控制。

3.5 微处理器的外部功能特性

为了更好地理解和使用现代微处理器,还应对其外部引脚信号及其操作特性有必要的了解。在本节,将以 32 位微处理器 80386 DX 为例,详细介绍微处理器外部引脚的基本功能特性及其操作时序。

3.5.1 微处理器的外部引脚信号

1. 80386 DX 的外部引脚信号概况

80386 DX 微处理器共 132 个外部引脚,用来实现与存储器、I/O 接口或其他外部电路进行连接和通信。整个芯片采用引脚栅格阵列(Pin Grid Array,PGA)封装,引脚分布如图 3.14 所示。

按功能的不同,可将这 132 个引脚信号分成 4 组:存储器/IO 接口、中断接口、DMA接口和协处理器接口。图 3.15 给出了 80386 DX 引脚信号分组情况。

表 3.3 列出了各个引脚信号的名称、功能、传送方向以及每个信号的有效电平。例

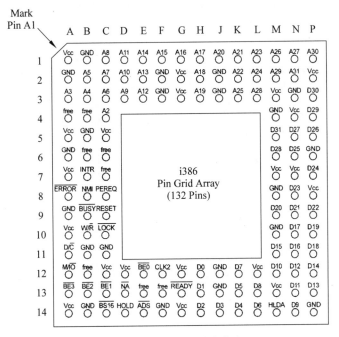

图 3.14　80386 DX 引脚分布

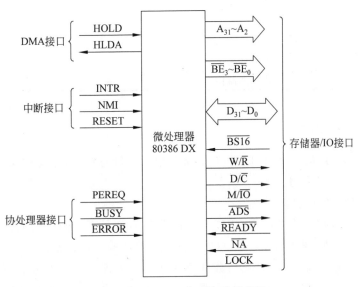

图 3.15　80386 DX 引脚信号分组

如，"存储器/IO 接口"中的 M/$\overline{\text{IO}}$ 信号,其功能是"存储器/IO 指示",用以告诉外部电路当前微处理器是在访问存储器还是 I/O 接口；该信号的传送方向是输出,即它是由微处理器产生的输出信号；它的有效电平为 1/0,其含义为,在这个信号线上的逻辑 1 电平表明 CPU 当前是在访问存储器,而逻辑 0 电平表明是在访问 I/O 接口。又如,"中断接口"

中的 INTR 信号,是可屏蔽中断请求输入信号,其有效电平是逻辑 1。外部设备利用这个信号通知微处理器,它们需要得到服务。

表 3.3　80386 DX 外部引脚信号列表

名　称	功　能	方　向	有效电平
CLK2	系统时钟	输入	—
$A_{31} \sim A_2$	地址总线	输出	—
$\overline{BE_3} \sim \overline{BE_0}$	字节允许	输出	0
$D_{31} \sim D_0$	数据总线	输入/输出	—
$\overline{BS16}$	16 位总线宽	输入	0
$W/\overline{R}$	写/读指示	输出	1/0
$D/\overline{C}$	数据/控制指示	输出	1/0
$M/\overline{IO}$	存储器/IO 指示	输出	1/0
$\overline{ADS}$	地址状态	输出	0
$\overline{READY}$	就绪	输入	0
$\overline{NA}$	下一地址请求	输入	0
$\overline{LOCK}$	总线封锁	输出	0
INTR	中断请求	输入	1
NMI	非屏蔽中断请求	输入	1
RESET	系统复位	输入	1
HOLD	总线保持请求	输入	1
HLDA	总线保持响应	输出	1
PEREQ	协处理器请求	输入	1
$\overline{BUSY}$	协处理器忙	输入	0
$\overline{ERROR}$	协处理器错	输入	0

2. 存储器/IO 接口信号

微处理器的"存储器/IO 接口"信号通常又包括地址总线、数据总线及其他有关控制信号。下面分别予以说明。

1) 地址和数据总线信号

地址总线和数据总线形成了 CPU 与存储器和 I/O 子系统间进行通信的基本通路。在早期的 Intel 微处理器(如 8085、8086/8088)中,曾普遍采用地址总线和数据总线复用技术,即将部分(或全部)地址总线与数据总线共用微处理器的一部分引脚,目的是为了减少微处理器的引脚数量,但由此也会带来控制逻辑及操作时序上的复杂性。自 80286 及更高型号的微处理器开始,则采用分开的地址和数据总线。如图 3.15 所示,80386 DX 的地址总线信号 $A_{31} \sim A_2$ 和数据总线信号 $D_{31} \sim D_0$ 被分别设定在不同的引脚上。

从硬件的观点来看,80386 DX 的实模式与保护模式之间仅有一点不同,即地址总线的规模。在实模式下,只输出低 18 位地址信号 $A_{19} \sim A_2$;而在保护模式下,则输出 30 位地址信号 $A_{31} \sim A_2$。其实,实模式的地址长度为 20 位,保护模式的地址长度是 32 位。其

余的两位地址码 A_1 和 A_0 被 80386 DX 内部译码,产生字节允许信号 $\overline{BE_3}$、$\overline{BE_2}$、$\overline{BE_1}$ 和 $\overline{BE_0}$,以控制在总线上进行字节、字或双字数据传送。

由图 3.15 及表 3.3 可以看到,地址总线是输出信号线。它们用于传送从 CPU 到存储器或 I/O 接口的地址信息。在实模式下,20 位地址给出了 80386 DX 寻址 $1M(2^{20})$ 字节物理地址空间的能力;而在保护模式下,32 位地址可以寻址 $4G(2^{32})$ 字节的物理地址空间。

无论是在实模式下还是保护模式下,80386 DX 微型计算机均具有独立的 I/O 地址空间。该 I/O 地址空间的大小为 64K 字节单元。所以,在寻址 I/O 设备时,仅使用地址线 $A_{15} \sim A_2$ 及相应的字节允许信号 $\overline{BE_3}$、$\overline{BE_2}$、$\overline{BE_1}$ 和 $\overline{BE_0}$。

数据总线由 32 条数据线 $D_{31} \sim D_0$ 构成。由图 3.15 及表 3.3 可以看到,数据总线是双向的,即数据既可以由存储器或 I/O 接口输入给 CPU,也可以由 CPU 输出给存储器或 I/O 接口。在数据总线上传送数据的类型是对存储器读/写的数据或指令代码、对外部设备输入/输出的数据以及来自中断控制器的中断类型码等。

如前所述,在一个总线周期内,80386 DX 在数据总线上可以传送字节、字或双字。所以,它必须通知外部电路发生何种形式的数据传送以及数据将通过数据总线的哪一部分进行传送。80386 DX 是通过激活相应的字节允许信号($\overline{BE_3} \sim \overline{BE_0}$)来做到这一点的。表 3.4 列出了每个字节允许信号及对应被允许的数据总线部分。

表 3.4 字节允许及数据总线信号

字 节 允 许	数据总线信号
$\overline{BE_0}$	$D_7 \sim D_0$
$\overline{BE_1}$	$D_{15} \sim D_8$
$\overline{BE_2}$	$D_{23} \sim D_{16}$
$\overline{BE_3}$	$D_{31} \sim D_{24}$

【例 3.5】 当字节允许信号 $\overline{BE_3}\,\overline{BE_2}\,\overline{BE_1}\,\overline{BE_0} = 1100$ 时,将产生哪种类型的数据传送(字节、字、双字)? 数据传送经过哪些数据线?

解 由表 3.4 容易发现,此时将在数据线 $D_{15} \sim D_0$ 上进行一个数据字的传送。

2) 控制信号

微处理器的控制信号用来支持和控制在地址和数据总线上进行的信息传输。通过这些控制信号表明,何时有效地址出现在地址总线上,数据以什么样的方向在数据总线上传送,写入到存储器或 I/O 接口的数据何时在数据总线上有效,以及从存储器或 I/O 接口读出的数据何时能够在数据总线上放好,等等。

80386 DX 并不直接产生上述功能的控制信号,而是在每个总线周期的开始时刻输出总线周期定义的指示信号。这些总线周期指示信号需在外部电路中进行译码,从而产生对存储器和 I/O 接口的控制信号。

3 个信号用来标识 80386 DX 的总线周期类型,即在图 3.15 及表 3.3 中所列出的"写/读指示"($W/\overline{R}$)、"数据/控制指示"($D/\overline{C}$)及"存储器/IO 指示"($M/\overline{IO}$)信号。表 3.5

列出了这些总线周期指示信号的全部状态组合及对应的总线周期类型。

表 3.5 总线周期指示信号及总线周期类型

M/$\overline{\text{IO}}$	D/$\overline{\text{C}}$	W/$\overline{\text{R}}$	总线周期类型
0	0	0	中断响应
0	0	1	空闲
0	1	0	读 I/O 数据
0	1	1	写 I/O 数据
1	0	0	读存储器代码
1	0	1	暂停/关机
1	1	0	读存储器数据
1	1	1	写存储器数据

由表 3.5 可见,M/$\overline{\text{IO}}$ 的逻辑电平标识是产生存储器还是 I/O 总线周期,逻辑 1 表明是存储器操作,而逻辑 0 则是 I/O 操作; D/$\overline{\text{C}}$ 标识当前的总线周期是数据还是控制总线周期。从表中可见,该信号的逻辑 0 电平表明是中断响应、读存储器代码以及暂停/关机操作的控制总线周期,而逻辑 1 电平表明是对存储器及 I/O 端口进行读/写操作的数据总线周期。仔细观察表 3.5 可以发现,若 M/$\overline{\text{IO}}$ 和 D/$\overline{\text{C}}$ 的编码是 00,则一个中断请求被响应;如果是 01,则进行 I/O 操作;如果是 10,则读出指令代码;如果是 11,则读/写存储器数据。

表 3.5 中的 W/$\overline{\text{R}}$ 信号用来标识总线周期的操作类型。若在一个总线周期中 W/$\overline{\text{R}}$ 为逻辑 0,则数据从存储器或 I/O 接口读出;相反,若 W/$\overline{\text{R}}$ 为逻辑 1,则数据被写入存储器或 I/O 接口。

在表 3.5 中,总线周期指示码 M/$\overline{\text{IO}}$、D/$\overline{\text{C}}$、W/$\overline{\text{R}}$ = 001 的总线周期类型为空闲(idle),这是一种不形成任何总线操作的总线周期,也称空闲周期。

【例 3.6】 若总线周期指示码 M/$\overline{\text{IO}}$、D/$\overline{\text{C}}$、W/$\overline{\text{R}}$ = 010,则将产生什么类型的总线周期?

解 从表 3.5 不难发现,总线周期指示码 010 标识着一个"读 I/O 数据"的总线周期。

在图 3.15 的"存储器/IO 接口"中,还可以看到另外 3 个控制信号,即地址状态($\overline{\text{ADS}}$)、就绪($\overline{\text{READY}}$)及下一地址($\overline{\text{NA}}$)信号。$\overline{\text{ADS}}$ 为逻辑 0 表示总线周期指示码(M/$\overline{\text{IO}}$、D/$\overline{\text{C}}$、W/$\overline{\text{R}}$)、字节允许信号($\overline{\text{BE}}_3 \sim \overline{\text{BE}}_0$)及地址信号($A_{31} \sim A_2$)全为有效状态。

$\overline{\text{READY}}$ 信号用于插入等待状态(T_w)到当前总线周期中,以便通过增加时钟周期数使总线周期得到扩展。在图 3.15 中可以看到,这个信号是输入给 80386 DX 的。通常它是由存储器或 I/O 子系统产生并经外部总线控制逻辑电路提供给 80386 DX。通过将 $\overline{\text{READY}}$ 信号变为逻辑 0,存储器或 I/O 接口可以告诉 80386 DX 它们已经准备好,处理器可以完成数据传送操作。关于这方面的操作特性,在下面介绍微处理器的操作时序时还会具体讨论。

还需指出,80386 DX 支持在其总线接口上的地址流水线方式。所谓地址流水线,是指对下一个总线周期的地址、总线周期指示码及有关的控制信号可以在本总线周期结束之前发出,从而使对下一个总线周期的寻址与本总线周期的数据传送相重叠。采用这种方式,可以用较低速的存储器电路获得与较高速存储器相同的性能。外部总线控制逻辑电路是通过将 $\overline{NA}$ 输入信号有效(变为逻辑 0)来激活这种流水线方式的。

由 80386 DX 输出的另一个控制信号是总线封锁($\overline{LOCK}$)信号。这个信号用以支持多处理器结构。在使用共享资源(如全局存储器)的多处理器系统中,该信号能够用来确保系统总线和共享资源的占用不被间断。当微处理器执行带有 LOCK 前缀的指令时,则 $\overline{LOCK}$ 输出引脚变为逻辑 0,从而可以封锁共享资源以独占使用。

最后一个控制信号是"16 位总线宽"($\overline{BS16}$)输入信号。该信号用来选择 32 位($\overline{BS16}$ = 1)或 16 位($\overline{BS16}$ = 0)数据总线。在实际应用中,如果 80386 DX 大多数情况下工作在 16 位数据总线方式,则可索性选用微处理器 80386 SX,它的数据总线宽度为 16 位。

3. 中断接口信号

由图 3.15 可见,80386 DX 的中断接口信号有"中断请求"(INTR)、"非屏蔽中断请求"(NMI)及"系统复位"(RESET)。INTR 是一个对 80386 DX 的输入信号,用来表明外部设备需要得到服务。80386 DX 在每条指令的开始时刻采样这个输入信号。INTR 引脚上的逻辑 1 电平表示出现了中断请求。

当 80386 DX 检测到有效的中断请求信号后,它便把这一事实通知给外部电路并启动一个中断响应总线周期时序。在表 3.5 中可以看到,中断响应总线周期的出现是通过总线周期指示码 M/$\overline{IO}$、D/$\overline{C}$、W/$\overline{R}$ 等于 000 来通知外部电路的。这个总线周期指示码将被外部总线控制逻辑电路译码从而产生一个中断响应信号。通过这个中断响应信号,80386 DX 告诉发出中断请求的外部设备它的服务请求已得到同意。这样就完成了中断请求和中断响应的握手过程。从此时开始,程序控制转移到了中断服务程序。

INTR 输入是可屏蔽的,即它的操作可以通过微处理器内部的标志寄存器中的"中断标志位"(IF)予以允许或禁止。而非屏蔽中断 NMI 输入,顾名思义,它是不可屏蔽的中断输入。只要在 NMI 引脚上出现 0 到 1 的跳变,不管中断标志 IF 的状态如何,一个中断服务请求总会被微处理器所接受。在执行完当前指令后,程序一定会转移到非屏蔽中断服务程序的入口处。

最后,RESET 输入用来对 80386 DX 进行硬件复位。例如,利用这个输入可以使微型计算机在加电时被复位。RESET 信号跳变到逻辑 1,将初始化微处理器的内部寄存器。当它返回到逻辑 0 时,程序控制被转移到系统复位服务程序的入口处。该服务程序用来初始化其余的系统资源,如 I/O 端口、中断标志及数据存储器等。执行 80386 DX 的诊断程序也是复位过程的一部分。它可以确保微型计算机系统的有序启动。

4. DMA 接口信号

由图 3.15 可见,80386 DX 的直接存储器访问(Direct Memory Access,DMA)接口只通过两个信号实现:总线保持请求(HOLD)和总线保持响应(HLDA)。

当一个外部电路(如 DMA 控制器)希望掌握总线控制权时,它就通过将 HOLD 输入信号变为逻辑1来通知当前的总线主80386 DX。80386 DX如果同意放弃总线控制权（未在执行带 LOCK 前缀的指令），就在执行完当前总线周期后，使相关的总线输出信号全部变为高阻态（第三态），并通过将 HLDA 输出信号变到逻辑1电平来通知外部电路它已交出了总线控制权。这样就完成了"总线保持请求"和"总线保持响应"的握手过程。80386 DX 维持这种状态直至"总线保持请求"信号撤销（变为逻辑0），随之80386 DX 将"总线保持响应"信号也变为逻辑0，并重新收回总线控制权。

5. 协处理器接口信号

在图3.15中可以看到，在80386 DX 微处理器上提供了协处理器接口信号，以实现与数值协处理器80387 DX 的接口。80387 DX 不能独立地形成经数据总线的数据传送。每当80387 DX 需要从存储器读或写操作数时，它必须通知80386 DX 来启动这个数据传送过程。这是通过将80386 DX 的"协处理器请求"(PEREQ)输入信号变为逻辑1来实现的。

另外两个协处理器接口信号是 $\overline{BUSY}$ 和 $\overline{ERROR}$。"协处理器忙"($\overline{BUSY}$)是80386 DX 的一个输入信号。每当协处理器80387 DX 正在执行一条数值运算指令时，它就通过将 $\overline{BUSY}$ 输入信号变为逻辑0来通知80386 DX。另外，如果在协处理器运算过程中有一个错误产生，这将通过使"协处理器错"($\overline{ERROR}$)输入信号变为逻辑0来通知80386 DX。

3.5.2 微处理器的总线时序

为了实现微处理器与存储器或 I/O 接口的连接与通信，必须了解总线上有关信号的时间关系。这就是本节所要讨论的微处理器的总线时序问题。总线时序是微处理器功能特性的一个重要方面。

1. 总线时序基本概念

1) 指令周期、总线周期及时钟周期

如前所述，指令的执行通常由取指令、译码和执行等操作步骤组成，执行一条指令所需要的时间称为指令周期。不同指令的指令周期是不相同的。

CPU 与存储器或 I/O 接口交换信息是通过总线进行的。CPU 通过总线完成一次访问存储器或 I/O 接口操作所需要的时间，称为总线周期。一个指令周期由一个或几个总线周期构成。

指令的执行是在时钟脉冲(CLK)的统一控制下一步一步地完成的，时钟脉冲的重复周期称为时钟周期(clock cycle)。时钟周期是 CPU 执行指令的基本时间计量单位，它由计算机的主频决定。例如，8086 的主频为 5MHz，则一个时钟周期为 200ns；Pentium Ⅲ的主频为 500MHz，则其时钟周期仅为 2ns。时钟周期也称 T 状态(T-State)。

对于不同型号的微处理器，一个总线周期所包含的时钟周期数并不相同。例如，8086 的一个总线周期通常由4个时钟周期组成，分别标以 T_1、T_2、T_3 和 T_4；而从80286 开始，CPU 的一个总线周期一般由两个时钟周期构成，分别标以 T_1 和 T_2。

2）等待状态和空闲状态

通过一个总线周期完成一次数据传送，一般要有输出地址和传送数据两个基本过程。例如，对于由 4 个时钟周期构成一个总线周期的 8086 来说，在第一个时钟周期（T_1）期间由 CPU 输出地址，在随后的 3 个时钟周期（T_2、T_3 和 T_4）用来传送数据。也就是说，数据传送必须在 $T_2 \sim T_4$ 这 3 个时钟周期内完成。否则，由于在 T_4 周期之后将开始下一个总线周期而会造成总线操作的错误。

在实际应用中，当一些慢速设备在 T_2、T_3、T_4 三个时钟周期内不能完成数据读写时，那么总线就不能被系统正确使用。为此，允许在总线周期中插入用以延长总线周期的 T 状态，称为插入"等待状态"（T_w）。这样，当被访问的存储器或 I/O 接口无法在 3 个时钟周期内完成数据读写时，就由其发出请求延长总线周期的信号到 CPU 的 $\overline{READY}$ 引脚，8086 CPU 收到该请求信号后就在 T_3 和 T_4 之间插入一个等待状态 T_w，插入 T_w 的个数与发来请求信号的持续时间长短有关。T_w 的周期与普遍 T 状态的时间相同。

另外，如果在一个总线周期后不立即执行下一个总线周期，即总线上无数据传输操作，此时总线则处于所谓"空闲状态"，在这期间，CPU 执行空闲周期 T_i，T_i 也以时钟周期 T 为单位。两个总线周期之间出现的 T_i 的个数随 CPU 执行指令的不同而有所不同。

图 3.16 表示了 8086 CPU 的总线周期及其"等待状态"和"空闲状态"的情况。

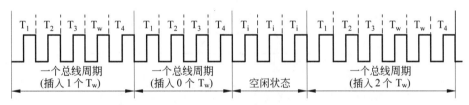

图 3.16　总线时序中的等待状态及空闲状态

3）非流水线和流水线总线周期

有两种不同类型的总线周期："非流水线总线周期"和"流水线总线周期"。下面讨论这两种总线周期的特点和不同。

采用"非流水线总线周期"，不存在前一个总线周期的操作尚未完成即预先启动后一个总线周期操作的现象，即不会产生前后两个总线周期的操作重叠（并行）运行的情况。图 3.17 表示了一个典型的"非流水线总线周期"时序，注意图中的一个总线周期是由两个时钟周期构成的。

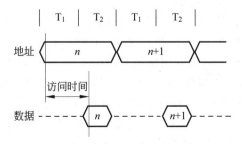

图 3.17　典型的"非流水线总线周期"时序

由图 3.17 可见,在总线周期的 T_1 期间,CPU 在地址总线上输出被访问的存储单元(或 I/O 端口)的地址、总线周期指示码及有关的控制信号(图中仅画出了地址信号,其他信号省略未画),在写周期的情况下,被写数据也在 T_1 期间输出在数据总线上;在总线周期的 T_2 期间,数据被写入所选中的存储单元或 I/O 端口(写总线周期),或把从存储单元或 I/O 端口读出的数据稳定地放置在数据总线上(读总线周期)。

在图 3.17 中可以看到,整个事件序列起始于 T_1 状态的开始时刻,此时第 n 个总线周期的地址码输出在地址总线上。在该总线周期的后继时间,地址总线上的地址仍然有效,而读/写的数据则传送在数据总线上。注意,图中对第 n 个总线周期的数据传送是在该总线周期的 T_2 状态完成的。此时,并未开始输出下一个总线周期的地址信息。另外,图中标出的"访问时间"是反映总线操作速度的一个重要参数,它是指从地址信号稳定地出现在地址总线上到实际发生数据读/写的总的时间。

下面看一下"流水线"式的微处理器总线周期的情形。前面介绍微处理器引脚 NA时已经提及,所谓"流水线总线周期",是指对后一个总线周期的寻址与前一个总线周期的数据传送相重叠。也就是说,对后一个总线周期的地址、总线周期指示码及有关的控制信号输出于前一个总线周期的数据传送期间。图 3.18 给出了一个流水线总线周期的典型时序。

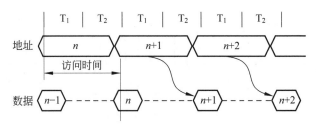

图 3.18 流水线总线周期时序

由图 3.18 可见,第 n 个总线周期的地址在该总线周期的 T_1 开始时刻变为有效,然而该总线周期的数据却出现于第 $n+1$ 个总线周期的 T_1 状态;而在第 n 个总线周期的数据传送的同时,第 $n+1$ 个总线周期的地址便输出到地址总线上了。由此可以看到,在流水线总线周期中,当微处理器进行前一个已寻址存储单元的数据读/写的同时,即已开始了对后一个被访问存储单元的寻址。或者说,当第 n 个总线周期正在进行之时,第 $n+1$ 总线周期就被启动了。从而使前后两个总线周期的操作在一定程度上得以并行进行,这样可以在总体上改善总线的性能。

前面已经介绍,可通过插入等待状态来扩展总线周期的持续时间。这实际上是通过检测 $\overline{\text{READY}}$ 输入信号的逻辑电平来实现的。$\overline{\text{READY}}$ 输入信号也正是为此目的而提供的。该输入信号在每个总线周期的结尾时刻被采样,以确定当前的总线周期是否可以结束。如图 3.19 所示,在 $\overline{\text{READY}}$ 输入端上的逻辑 1 电平表示当前的总线周期不能结束。只要该输入端保持在逻辑 1 电平,说明存储器或 I/O 设备的读/写操作还未完成,此时应将当前的 T_2 状态变成等待状态 T_w 以扩展总线周期。直到外部硬件电路使 READY 回到逻辑 0 电平,这个总线周期才能结束。具体地说,在每个总线周期的结尾时刻(T_2 结束时)对 $\overline{READY}$ 信号进行采样,以确定当前的"时钟周期"是 T_2 还是 T_w。如果这时 $\overline{READY}=0$,表明当前总线周期可以结束,即当前时钟周期为 T_2;如果 $\overline{READY}=1$,则当前时钟周期为 T_w,并且微处理器将继续检测 $\overline{READY}$ 直到其为 0,总线周期才能结束。这种扩展总线周期的能力允许在较高速的微型计算机系统中可以使用较低速的存储器或 I/O 设备。

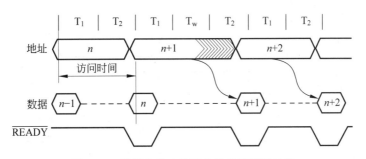

图 3.19 带等待状态的流水线总线周期时序

2. 基本的总线时序

为了对总线操作过程有一个基本的了解,先让我们看一下经适当简化的 8086 写、读总线周期时序。在此基础上,可进一步了解较为复杂的总线操作时序。

我们已经知道,微处理器通过 3 种总线(地址总线、数据总线和控制总线)与存储器或 I/O 接口进行连接与通信。为了把数据写入存储器(或 I/O 接口),微处理器首先要把欲写入数据的存储单元的地址输出到地址总线上,然后把要写入存储器的数据放在数据总线上,同时发出一个写命令信号($\overline{WR}$)给存储器。

一个简化的 8086 写总线周期时序如图 3.20 所示。其中,请注意两点:第一,8086 的一个总线周期包含 4 个时钟周期(即 T_1、T_2、T_3 和 T_4);第二,8086 采用地址和数据总线复用技术,即在一组复用的"地址/数据"总线上,先传送地址信息(T_1 期间),然后传送数据信息(T_2、T_3、T_4 期间),从而可以节省微处理器引脚。图中的 $M/\overline{IO}$ 是 8086 的输出信号,用以表明本总线周期是访问存储器还是访问 I/O 接口。具体而言,$M/\overline{IO}=1$,是访问存储器;$M/\overline{IO}=0$,则为访问 I/O 接口。

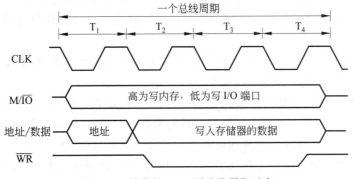

图 3.20 简化的 8086 写总线周期时序

若要从存储器读出数据,则微处理器首先在地址总线上输出所读存储单元的地址,接着发出一个读命令信号($\overline{\text{RD}}$)给存储器,经过一定时间(时间的长短决定于存储器的工作速度),数据被读出到数据总线上,然后微处理器通过数据总线将数据接收到它的内部寄存器中。一个简化的8086读总线周期时序如图3.21所示。

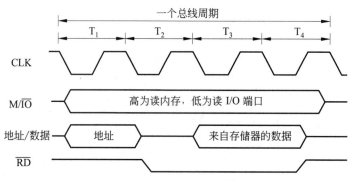

图 3.21   简化的 8086 读总线周期时序

另外,正如前面在介绍"等待状态"的概念时所提到的,若被访问的存储器或 I/O 接口的工作速度较慢,不能在预定的时间完成数据读/写操作,则可通过在总线时序中插入等待状态(T_w)来扩展总线周期;而是否插入 T_w,可通过检测 8086 的 $\overline{\text{READY}}$ 输入引脚的逻辑电平来决定。关于这方面的情况,在简化的读/写总线周期时序图中省略未画。

习题 3

3.1   80386 以上的微处理器通常有哪几种工作模式?各自的主要特点是什么?

3.2   简要说明 80x86/Pentium 处理器编程结构中所包含寄存器的主要类型及寄存器名称。

3.3   8086/8088 CPU 标志寄存器中有哪几个状态标志位和控制标志位?它们各自的功能是什么?

3.4   为什么要将存储系统空间划分成许多逻辑段,分段后如何寻址要访问的存储单元?

3.5   什么是物理地址?什么是逻辑地址?物理地址与逻辑地址有何联系?

3.6   什么是段基值?什么是偏移量?如何根据段基值和偏移量计算存储单元的物理地址?

3.7   在 80x86 实模式下,若 CS=1200H,IP=0345H,则物理地址是什么?若 CS=1110H,IP=1245H,则物理地址又是什么?

3.8   某存储单元的物理地址为 28AB0H,若偏移量为 1000H,则段基值为多少?

3.9   若 80x86 实模式下当前段寄存器的基值 CS=2010H,DS=3010H,则对应的代码段及数据段在存储空间中物理地址的首地址及末地址是什么?

3.10   设现行数据段位于存储器 10000H~1FFFFH 单元,则 DS 寄存器的内容应为多少?

3.11 什么是堆栈? 它有什么用途? 堆栈指针的作用是什么? 举例说明堆栈的操作。

3.12 在80x86实模式系统中,堆栈的位置如何确立? 由SS寄存器的值所指定地址的位置是不是栈底? 为什么?

3.13 某系统中已知当前SS=2100H,SP=080AH,说明该堆栈段在存储器中的物理地址范围。若在当前堆栈中存入10字节数据后,那么SP的内容变为何值?

3.14 简要说明Pentium处理器内部所包含的主要功能部件。

3.15 在片内Cache的设置上,Pentium与80486有何不同?

3.16 以Pentium处理器为例,解释现代微处理器设计中所采用的下列技术:流水线方式,流水级,超级流水线(超流水),超标量结构。

3.17 简要说明Pentium处理器实现"动态转移预测"的基本方法及工作过程。

3.18 80386 DX CPU的外部引脚信号共分哪几类? 对于一个引脚信号,通常从哪几个方面对其进行描述? 试举两例。

3.19 当80386 DX输出的字节允许信号$\overline{BE_3}$ $\overline{BE_2}$ $\overline{BE_1}$ $\overline{BE_0}$=0000时,将产生哪种类型的数据传送(字节、字、双字)? 数据传送将通过哪些数据线进行?

3.20 说明"非流水线总线周期"和"流水线总线周期"的各自特点。

3.21 微机A和微机B采用主频不同的CPU芯片,在片内逻辑电路完全相同的情况下,若A机CPU的主频为8MHz,B机为12MHz,且已知每台机器的总线周期平均含有4个时钟周期,A机的平均指令执行速度为0.4MIPS,那么该机的平均指令周期为多少微秒(μs)? 每个指令周期含有几个总线周期? B机的平均指令执行速度为多少MIPS?

注:MIPS(Million Instruction Per Second,每秒百万条指令),描述计算机执行指令速度的指标,每秒执行一百万(10^6)条指令,其指令执行速度为1MIPS。

第 4 章

寻址方式与指令系统

一台计算机所能识别和执行的全部指令,称为该机器的指令系统,又称指令集。指令系统体现计算机的基本功能。

本章首先简要介绍寻址方式的基本概念及各种不同寻址方式的特点,然后详细介绍 Intel 80x86 指令系统及其应用实例,以便为后续汇编语言程序设计的学习及 I/O 接口程序的编写打下基础。

4.1 寻址方式

一条指令通常由操作码和操作数两部分构成,其中的操作码部分指示指令执行什么操作,它在机器中的表示比较简单,只需对每一种类型的操作(如加法、减法等)指定一个二进制代码即可;但指令的操作数部分的表示就要复杂得多,它需提供与操作数或操作数地址有关的信息。由于在程序编写上的需要,大多数情况下,指令中并不直接给出操作数,而是给出存放操作数的地址;有时操作数的存放地址也不直接给出,而是给出计算操作数地址的方法。我们称这种指令中如何提供操作数或操作数地址的方式为寻址方式(Addressing Mode)。

计算机执行程序时,根据指令给出的寻址方式,计算出操作数的地址,然后从该地址中取出操作数进行指令的操作,或者把操作结果送入某一操作数地址中去。

寻址方式分为"数据寻址方式"和"转移地址寻址方式"两种类型。虽然后者是指在程序非顺序执行时如何寻找转移地址的问题,但在方法上与前者并无本质区别,因此也将其归入寻址方式的范畴。

在下面的讨论中,为了说明问题的方便,我们均以数据传送指令中的 MOV 指令为例进行说明,并按汇编指令格式的规定,称指令中两个操作数左边的一个为"目的操作数",右边的一个为"源操作数"。一般格式为:"MOV 目的,源",指令的功能是将源操作数的内容传送至目的操作数。

4.1.1 数据寻址方式

1. 立即寻址

指令中直接给出操作数,操作数紧跟在操作码之后,作为指令的一部分存放在代码段中,这种寻址方式称为立即寻址(Immediate Addressing)。这样的操作数称为立即数,立即数可以是 8 位、16 位或 32 位。如果是 16 位或 32 位的多字节立即数,则高位字节存放在高地址中,低位字节存放在低地址中。立即寻址方式常用来给寄存器赋初值,并且只能用于源操作数,不能用于目的操作数。

由于操作数可以直接从指令中获得,不需要额外的存储器访问,所以采用这种寻址方式的指令执行速度很快,但它需占用较多的指令字节。

【例 4.1】

```
MOV  AL , 34H
```

该指令中源操作数的寻址方式为立即寻址。指令执行后,AL＝34H,立即数 34H 送入 AL 寄存器。

【例 4.2】

```
MOV  AX , 8726H
```

该指令中源操作数的寻址方式也为立即寻址。指令执行后,AX＝8726H,立即数 8726H 送入 AX 寄存器。其中 AH 中为 87H,AL 中为 26H。图 4.1 给出了指令的操作情况。

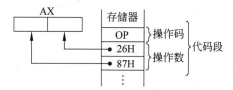

图 4.1 例 4.2 指令的操作情况

如图 4.1 所示,指令存放在代码段中,OP 表示该指令的操作码,紧接其后存放的是 16 位立即数的低位字节 26H,然后是高位字节 87H。这里,立即数是指令机器码的一部分。

2. 寄存器寻址

操作数在 CPU 内部的寄存器中,由指令指定寄存器号,这种寻址方式称为寄存器寻址(Register Addressing)。对于 8 位操作数,寄存器可以是 AH、AL、BH、BL、CH、CL、DH 和 DL;对于 16 位或 32 位操作数,寄存器可以是 16 位或 32 位的通用寄存器;寄存器也可以是段寄存器,但 CS 寄存器不能做目的操作数。

采用寄存器寻址方式,占用指令机器码的位数较少,因为寄存器数目远少于存储器单元的数目,所以只需很少的几位代码即可表示。另外,由于指令的整个操作都在 CPU 内部进行,不需要访问存储器来取得操作数,所以指令执行速度很快。

寄存器寻址方式既可用于源操作数,也可用于目的操作数,还可以两者均采用寄存器寻址方式,如例 4.3 所示。

【例 4.3】

```
MOV  AX , BX
```

该指令中源操作数和目的操作数的寻址方式均为寄存器寻址。若指令执行前,AX＝1234H,BX＝5678H,则指令执行后,AX＝5678H,BX＝5678H。

除上述两种寻址方式外,以下各种寻址方式的操作数都在内存中,通过采用不同的方法求得操作数地址,然后通过访问存储器来取得操作数。

需要说明的是,在下面的讨论中,称操作数的偏移地址为有效地址 EA(Effective Address),EA 可通过不同的寻址方式得到。注意,有效地址就是偏移地址,即访问的内存单元距段的起始地址之间的字节距离。

3. 直接寻址

采用直接寻址(Direct Addressing)方式,指令中直接给出操作数的有效地址,并将其存放于代码段中指令的操作码之后。操作数一般存放在数据段中,但也可存放在数据段以外的其他段中。具体存放在哪一段,应通过指令的"段跨越前缀"来指定。在计算物理地址时应使用相应的段寄存器。

【例 4.4】

```
MOV   AX , DS:[3000H]
```

该指令源操作数的寻址方式为直接寻址,指令中直接给出了操作数的有效地址3000H,对应的段寄存器为 DS。如 DS=2000H,则源操作数在数据段中的物理地址=2000H×16＋3000H＝20000H＋3000H＝23000H,指令的执行情况如图 4.2 所示。图 4.2 中,假设 23000H 单元的内容为 10H,23001H 单元的内容为 20H。指令执行后,AX＝2010H,其中 AH 中为 20H,AL 中为 10H。

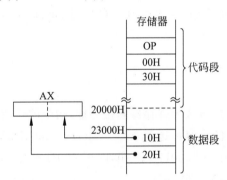

图 4.2　例 4.4 指令的执行情况

若操作数在附加段中,则应通过"段跨越前缀"来指定对应的段寄存器为 ES,如下所示:

```
MOV   AX , ES:[2000H]
```

该指令还可等效地表示为:

```
ES: MOV  AX , [2000H]
```

需要说明的是,在实际的汇编语言源程序中所看到的直接寻址方式,往往是使用符号地址而不是数值地址,即往往是通过符号地址来实现直接寻址的。例如:

```
MOV  AX , VAR
```

其中,VAR 为程序中定义的一个内存变量,它表示存放源操作数的内存单元的符号地址(关于变量的概念,将在第 5 章具体介绍)。

4. 寄存器间接寻址

采用寄存器间接寻址(Register Indirect Addressing)方式,操作数的有效地址在基址寄存器(BX、BP)或变址寄存器(SI、DI)中,而操作数则在存储器中。对于 80386 及以上CPU,这种寻址方式允许使用任何 32 位的通用寄存器。

寄存器间接寻址的有效地址 EA 可表示如下:

$$EA = \begin{cases} BX \\ BP \\ SI \\ DI \end{cases}$$

或

$$EA = 32 \text{ 位的通用寄存器}(80386 \text{ 及以上 CPU 可用})$$

若指令中用来存放有效地址的寄存器是 BX、SI、DI、EAX、EBX、ECX、EDX、ESI、EDI,则默认的段寄存器是 DS;若使用的寄存器是 BP、EBP、ESP,则默认的段寄存器是 SS。

【例 4.5】

```
MOV  AX , [BX]
```

该指令源操作数的寻址方式为寄存器间接寻址,指令的功能是"把数据段中以 BX 的内容为有效地址的字单元的内容传送至 AX"。若 DS=3000H,BX=1000H,则源操作数的物理地址=3000H×10H+1000H=30000H+1000H=31000H。指令的执行情况如图 4.3 所示,执行结果为 AX=30A0H。

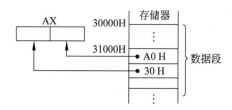

图 4.3　例 4.5 指令的执行情况

指令中也可以通过"段跨越前缀"来取得其他段中的数据。例如指令"MOV AX,ES:[BX]",其源操作数即取自于附加段中。

这种寻址方式可以方便地用于一维数组或表格的处理,通过执行指令访问一个表项后,只需修改用于间接寻址的寄存器的内容就可访问下一项。

5. 寄存器相对寻址

采用寄存器相对寻址(Register Relative Addressing)方式,操作数的有效地址是一个基址寄存器(BX、BP)或变址寄存器(SI、DI)的内容与指令中指定的一个位移量(displacement)之和。对于 80386 及以上的 CPU,这种寻址方式允许使用任何 32 位通用寄存器。其中的位移量可以是 8 位、16 位或 32 位(80386 及以上 CPU)的带符号数。

这种寻址方式的有效地址 EA 的构成可表示如下:

$$EA = \begin{cases} BX \\ BP \\ SI \\ DI \end{cases} + DISP$$

或

$$EA = (32 位通用寄存器) + DISP \quad (80386 及以上 CPU 可用)$$

默认段寄存器的情况与前面寄存器间接寻址方式相同,即若指令中使用的是 BP、EBP、ESP,则默认的段寄存器是 SS;若使用的是其他通用寄存器,则默认的段寄存器是 DS。两种情况都允许使用段跨越前缀。

【例 4.6】

```
MOV  AX , [ SI + TAB ]   (也可表示为"MOV  AX , TAB [SI]")
```

该指令源操作数的寻址方式为寄存器相对寻址,其中的 TAB 为符号形式表示的位移量,其值可通过伪指令来定义(详见第 5 章)。若 DS＝1000H,SI＝2000H,TAB＝3000H,则源操作数的有效地址 EA＝2000H＋3000H＝5000H,物理地址＝10000H＋5000H＝15000H。指令的执行情况如图 4.4 所示,执行结果为 AX＝2165H。

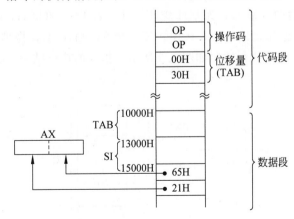

图 4.4　例 4.6 指令的执行情况

寄存器相对寻址方式也可方便地用于一维数组或表格的处理,如可将表格首地址的偏移量设置为 TAB,通过修改基址寄存器或变址寄存器的内容即可访问不同的表项。

6. 基址变址寻址

采用基址变址寻址(Based Indexed Addressing)方式,操作数的有效地址是一个基址寄存器(BX、BP)和一个变址寄存器(SI、DI) 的内容之和。其中的基址寄存器和变址寄存器均由指令指定。对于 80386 及以上的 CPU,还允许使用变址部分除 ESP 以外的任何两个 32 位通用寄存器的组合。

默认的段寄存器由所选用的基址寄存器决定。即若使用 BP、EBP 或 ESP,则默认的段寄存器是 SS;若使用其他通用寄存器,则默认的段寄存器是 DS。两种情况都允许使用段跨越前缀。有效地址 EA 的构成可表示如下:

$$EA = \begin{Bmatrix} BX \\ BP \end{Bmatrix} + \begin{Bmatrix} SI \\ DI \end{Bmatrix}$$

对于 80386 及以上 CPU,有效地址 EA 的构成可表示如下:

$$\begin{matrix} & \text{基址} & \text{变址} \\ EA = & \begin{Bmatrix} EAX \\ EBX \\ ECX \\ EDX \\ ESP \\ EBP \\ ESI \\ EDI \end{Bmatrix} + & \begin{Bmatrix} EAX \\ EBX \\ ECX \\ EDX \\ \\ EBP \\ ESI \\ EDI \end{Bmatrix} \end{matrix}$$

【例 4.7】

```
MOV AX , [ BX + SI ]   (也可表示为" MOV AX , [ BX ][ SI ]")
```

该指令源操作数的寻址方式为基址变址寻址。若 DS＝2000H,BX＝1000H,SI＝200H,则源操作数的有效地址 EA＝1000H＋200H＝1200H,物理地址＝20000H＋1200H＝21200H,指令的执行情况如图 4.5 所示。指令的执行结果为 AX＝5678H。

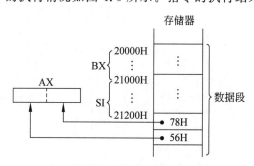

图 4.5　例 4.7 指令的执行情况

这种寻址方式同样适用于一维数组或表格的处理,可将数组首地址的偏移量放于基址寄存器中,而用变址寄存器来访问数组中的各个元素。由于两个寄存器都可以修改,所以它比上述寄存器相对寻址更加灵活。

7. 相对基址变址寻址

采用相对基址变址寻址(Relative Based Indexed Addressing)方式,操作数的有效地址是一个基址寄存器(BX、BP)和一个变址寄存器(SI、DI)的内容与指令中给定的一个位移量(DISP)之和。对于 80386 及以上的 CPU,还允许使用变址部分除 ESP 以外的任何两个 32 位通用寄存器及一个位移量的组合。两个寄存器均由指令指定。位移量可以是 8 位、16 位或 32 位(80386 及以上)的带符号数。

默认的段寄存器由所选用的基址寄存器决定。即若使用 BP、EBP 或 ESP,则默认的段寄存器是 SS;若使用 BX 或其他 32 位通用寄存器,则默认的段寄存器是 DS。两种情况都允许使用段跨越前缀。有效地址 EA 的构成表示如下:

$$EA = \begin{Bmatrix} BX \\ BP \end{Bmatrix} + \begin{Bmatrix} SI \\ DI \end{Bmatrix} + DISP$$

对于 80386 及以上 CPU,有效地址 EA 的构成可表示如下:

$$EA = \begin{Bmatrix} \text{基址} \\ EAX \\ EBX \\ ECX \\ EDX \\ ESP \\ EBP \\ ESI \\ EDI \end{Bmatrix} + \begin{Bmatrix} \text{变址} \\ EAX \\ EBX \\ ECX \\ EDX \\ {} \\ EBP \\ ESI \\ EDI \end{Bmatrix} + DISP$$

【例 4.8】

```
MOV  AX , [ BX + SI + DISP ]
(也可表示为 "MOV AX , DISP [BX][SI]"或 "MOV AX , DISP[BX + SI]")
```

这种寻址方式可以用于访问二维数组,设数组元素在内存中按行顺序存放(先放第一行所有元素,再放第二行所有元素……),将 DISP 设为数组起始地址的偏移量,基址寄存器(如 BX)为某行首与数组起始地址的字节距离(即 BX=行下标×一行所占用的字节数),变址寄存器(如 SI)为某列与所在行首的字节距离(对于字节数组,即 SI=列下标),这样,通过基址寄存器和变址寄存器即可访问数组中不同行和列上的元素。若保持 BX 不变而 SI 改变,则可以访问同一行上的所有元素;若保持 SI 不变而 BX 改变,则可以访问同一列上的所有元素。

4.1.2　转移地址寻址方式

一般情况下指令是顺序逐条执行的,但实际上也经常发生执行转移指令改变程序执行流向的现象。与前述数据寻址方式是确定操作数的地址不同,转移地址寻址方式是用来确定转移指令的转向地址(又称转移的目标地址)。下面首先说明与程序转移有关的几个基本概念,然后介绍4种不同类型的转移地址寻址方式,即段内直接寻址、段内间接寻址、段间直接寻址和段间间接寻址。

如果转向地址与转移指令在同一个代码段中,这样的转移称为段内转移,也称近转移;如果转向地址与转移指令位于不同的代码段中,这样的转移称为段间转移,也称远转移。近转移时的转移地址只包含偏移地址部分,找到转移地址后,将其送入IP即可实现转移(不需改变CS的内容);远转移时的转移地址既包含偏移地址部分又包含段基值部分,找到转移地址后,将转移地址的段基值部分送入CS,偏移地址部分送入IP,即可实现转移。

如果转向地址直接放在指令中,则这样的转移称为直接转移,视转移地址是绝对地址还是相对地址(即地址位移量)又可分别称为绝对转移和相对转移;如果转向地址间接放在其他地方(如寄存器中或内存单元中),则这样的转移称为间接转移。

1. 段内直接寻址

采用段内直接寻址(Intrasegment Direct Addressing)方式,在汇编指令中直接给出转移的目标地址(通常是以符号地址的形式给出);而在指令的机器码表示中,此转移地址是以对当前IP值的8位或16位位移量的形式来表示的。此位移量即为转移的目标地址与当前IP值之差(用补码表示);指令执行时,转向的有效地址是当前的IP值与机器码指令中给定的8位或16位位移量之和。

段内直接寻址方式既适用于条件转移指令也适用于无条件转移指令,但当它用于条件转移指令时,位移量只允许8位;无条件转移指令的位移量可以为8位,也可以为16位。通常称位移量为8位的转移为"短转移"。

段内直接寻址转移指令的汇编格式如例4.9所示。

【例4.9】

```
JMP   NEAR PTR  PROG1
JMP   SHORT  LAB
```

其中,PROG1和LAB均为符号形式的转移目标地址。在机器码指令中,它们是用距当前IP值的位移量的形式来表示的。若在符号地址前加操作符"NEAR PTR",则相应的位移量为16位,可实现距当前IP值$-32768 \sim +32767$字节范围内的转移;若在符号地址前加操作符"SHORT",则相应的位移量为8位,可实现距当前IP值$-128 \sim +127$字节范围内的转移。若在符号地址前不加任何操作符,则默认为"NEAR PTR"。

2. 段内间接寻址

采用段内间接寻址(Intrasegment Indirect Addressing)方式,转向的有效地址在一个寄存器或内存单元中,其寄存器号或内存单元地址可用数据寻址方式中除立即寻址以外的任何一种寻址方式获得。转移指令执行时,从寄存器或内存单元中取出有效地址送给 IP,从而实现转移。

段内间接寻址转移指令的汇编格式如例 4.10 所示。

【例 4.10】

```
JMP   BX
JMP   WORD PTR[BX+SI]
```

第一条指令 JMP BX 执行时,将从寄存器 BX 中取出有效地址送入 IP。

第二条指令中的操作符"WORD PTR"表示其后的[BX+SI]是一个字型内存单元。指令执行时,将从[BX+SI]所指向的字单元中取出有效地址送入 IP。

3. 段间直接寻址

采用段间直接寻址(Intersegment Direct Addressing)方式,指令中直接提供转向地址的段基值和偏移地址,所以只要用指令中指定的偏移地址取代 IP 的内容,用段基值取代 CS 的内容就完成了从一个段到另一个段的转移操作。

这种指令的汇编格式如下所示:

```
JMP   FAR PTR   LAB
```

其中,LAB 为转向的符号地址,FAR PTR 则是段间转移的操作符。

4. 段间间接寻址

采用段间间接寻址(Intersegment Indirect Addressing)方式,用存储器中的二个相继字单元的内容来取代 IP 和 CS 的内容,以达到段间转移的目的。其存储单元的地址是通过指令中指定的除立即寻址和寄存器寻址以外的任何一种数据寻址方式取得的。

这种指令的汇编格式如下所示:

```
JMP   DWORD PTR   [BX+SI]
```

其中,[BX+SI]表明存储单元的寻址方式为基址变址寻址,"DWORD PTR"为双字操作符,说明要从存储器中取出双字的内容来实现段间间接转移。

4.2 指令编码

汇编格式指令必须转换成二进制机器码形式,才能被 CPU 识别和执行。这种转换工作通常不需要手工完成,而是由机器中的专门软件——汇编程序(汇编器)来自动完成的。但是,为了深入了解指令的执行过程,并编写出时间和空间效率很高的汇编语言程序,对汇编指令的机器码格式有一定了解,还是很有必要的。

下面以 8086 指令系统为例,简单介绍指令编码的有关问题。

4.2.1 指令编码格式

1. 指令前缀和段超越前缀的编码

前缀并不是一条独立的指令,而是对其后的指令或对指令中操作数的一种限制。前缀在执行时并不一定会使处理器产生一个立即的动作,可能只是使处理器改变对其后的指令或指令中操作数的操作方式。前缀不是指令操作码或指令操作数的一部分。

8086 提供的前缀有 3 种:串操作的重复前缀(REP、REPE/REPZ、REPNE/REPNZ)、总线封锁前缀(LOCK)和段超越前缀(ES:、CS:、SS:、DS:)。前两种前缀是指令前缀,最后一种前缀是存储器操作数的前缀。在这 3 种前缀中,重复前缀用于串操作指令的左边,使处理器可以重复执行其右边的串操作指令;总线封锁前缀通常在多处理器的环境下使用,可以加在某些指令的左边,以防止系统中的其他处理器在 LOCK 右边的指令执行期间占用总线而造成错误的操作结果;段超越前缀用于在存储器寻址方式中替代默认的段寄存器选择。这些前缀共有 7 种不同的编码,长度都是一个字节,如表 4.1 所示。

表 4.1 指令前缀和段超越前缀的编码

指令前缀	指令前缀的编码	段超越前缀	段超越前缀的编码
LOCK	11110000(F0H)	ES:	00100110(26H)
REPNE/REPNZ	11110010(F2H)	CS:	00101110(2EH)
REPE/REPZ	11110011(F3H)	SS:	00110110(36H)
REP	11110011(F3H)	DS:	00111110(3EH)

2. 指令的机器码格式

8086 采用可变长指令,其指令机器码长度(不包括前缀)随指令的不同而不同,最短的为 1 个字节,最长的为 6 个字节。指令代码中各字节的排列顺序依次为:1 个操作码字节,可能存在的 1 个寻址方式字节,可能存在的 1~2 个字节的位移量(或地址)和可能存在的 1~2 个字节的立即数。

指令中的位移量(或地址)和立即数如果是两个字节的话,都是低字节放在存储器的低地址单元,高字节放在存储器的高地址单元。指令的一般格式如图 4.6 所示。

opcode	mod reg r/m	低字节	高字节	低字节	高字节
操作码字节	寻址方式字节	位移量(或地址)		立即数	

图 4.6 8086 指令编码的一般格式

1）操作码字节

操作码字节用来指示该指令所执行的操作,一般占用指令机器码的第一个字节,但也有几条指令的操作码中有 3 位是在第二个字节中。很多指令的操作码本身少于 8 位,此时操作码字节中剩余的位用来表示指令的其他相关信息。如一些单字节指令的寄存器号就在该字节中,还有许多指令用第一字节的最低两位(或一位)作为某种特征信息位,主要是 D、W、S、V、Z 这 5 个特征位。不同的指令对其第一字节的最低两位(或一位)有不同的解释。例如对于最低两位,有的将其解释为 D 和 W,有的将其解释为 S 和 W,也有的将其解释为 V 和 W;对于最低一位,有的将其解释为 W,也有的将其解释为 Z。

在这 5 个特征位中,D 位和 W 位使用得较多。D 位只用在双操作数指令中,指出后面寻址方式字节的 reg 字段指示的是源操作数还是目的操作数,W 位用来标识操作数是字节型的还是字型的;S 位是符号扩展位,S＝1 表示指令中包含一个字节(8 位)的立即数,在使用前需按符号扩展规则将其扩展成字(16 位)操作数。符号扩展是指扩展后的高 8 位与原 8 位操作数的最高位(即符号位)相同;V 位一般用在移位和循环移位指令中,用来指出移位计数是 1 还是在 CL 寄存器中指定;Z 位只用在 REPcond 型的指令(即重复前缀)中,用来控制与零标志 ZF 的比较。这 5 个特征位的取值和含义如表 4.2 所示。

表 4.2　5 个特征位的取值和含义

特 征 位	取值	含　　义
D	1 0	reg 字段中指定的是目的操作数 reg 字段中指定的是源操作数
W	1 0	字操作数(16 位) 字节操作数(8 位)
S	1 0	若 W＝1,则 8 位的立即数符号扩展到 16 位 不做符号扩展
V	1 0	移位/循环移位计数为 1 移位/循环移位计数在 CL 寄存器中指定
Z	1 0	当 ZF 标志为 1 时重复/循环 当 ZF 标志为 0 时重复/循环

2）寻址方式字节

寻址方式字节是指令的编码中最复杂的字节,在这一字节中存放关于操作数类型和操作数寻址的信息。单字节指令中没有独立的寻址方式字节,但在需要时用操作码字节中的 2 位或 3 位来指明一个寄存器操作数。

寻址方式字节分为 3 个域,其格式如图 4.7 所示。

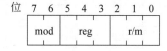

图 4.7　寻址方式字节的编码格式

(1) mod 域

mod 域即方式域,占 2 位,它的值决定了如何解释 r/m 域和相关的位移量域。mod 域的编码及其含义如表 4.3 所示。

表 4.3　mod 域的编码及其含义

编　　码	含　　义
00	存储器寻址,不带位移量
01	存储器寻址,带 8 位位移量
11	存储器寻址,带 16 位位移量
11	寄存器寻址,reg 域和 r/m 域各指定一个寄存器操作数

(2) reg 域

reg 域即寄存器域,占 3 位,一般用来指定一个寄存器操作数,有时也用来作为额外的操作码位。操作码字节中的 W 位指出了 reg 域所指示的是 8 位寄存器还是 16 位寄存器,D 位则指出 reg 域所指示的是源操作数还是目的操作数。reg 域编码及其对应的寄存器如表 4.4 所示。

表 4.4　reg 域编码

reg 域编码	W＝1	W＝0
000	AX	AL
001	CX	CL
010	DX	DL
011	BX	BL
100	SP	AH
101	BP	CH
110	SI	DH
111	DI	BH

(3) r/m 域

r/m 域占 3 位,用作双重目的,它的具体解释与 mod 域相关。当 mod＝11 时,r/m 域指示一个寄存器操作数;当 mod≠11 时,r/m 域指出了存储器操作数的有效地址的计算方法,其具体编码和解释如表 4.5 所示。

表 4.5　r/m 域的编码

mod＜br＞r/m	00	01	10	11 W＝0	11 W＝1
000	[BX+SI]	[BX+SI+disp8]	[BX+SI+disp16]	AL	AX
001	[BX+DI]	[BX+DI+disp8]	[BX+DI+disp16]	CL	CX
010	[BP+SI]	[BP+SI+disp8]	[BP+SI+disp16]	DL	DX
011	[BP+DI]	[BP+DI+disp8]	[BP+DI+disp16]	BL	BX

续表

r/m＼mod	00	01	10	11 W=0	11 W=1
100	［SI］	［SI＋disp8］	［SI＋disp16］	AH	SP
101	［DI］	［DI＋disp8］	［DI＋disp16］	CH	BP
110	16 位直接地址	［BP＋disp8］	［BP＋disp16］	DH	SI
111	［BX］	［BX＋disp8］	［BX＋disp16］	BH	DI

在表 4.5 中,disp8 表示 8 位位移量,disp16 表示 16 位位移量。另外,需要注意的是,当 mod＝00,r/m＝110 时的有效地址是一个 16 位的直接地址,占据了［BP］的位置。这也说明 BP 寄存器不能用作寄存器间接寻址,但可以用［BP＋0］这一形式达到同样的效果。

3）位移量

指令编码中的位移量部分给出了一个 8 位或 16 位的数用来进行有效地址的计算。如果是 16 位的位移量,那么低字节在低地址单元,高字节在高地址单元。

4）立即数

指令编码中的立即数部分给出一个 8 位或 16 位的立即数。如果是 16 位立即数,则低字节在低地址单元,高字节在高地址单元。

4.2.2　指令编码举例

【例 4.11】

```
MOV  [ BX + DI - 6 ] , CL
```

该指令的机器码形式如下(其中的操作码"10 00 10"是系统定义的,详见参考文献[1]的附录一或 Intel 数据手册):

10 00 10 DW	mod reg r/m	disp8

由于该指令的目的操作数是存储器操作数,且带 8 位位移量,所以 mod＝01;由于 reg 域所表示的寄存器 CL 是作为源操作数寄存器,所以 D＝0;根据 CL 寄存器的编码,知 reg＝001;由于该指令是字节操作,所以 W＝0;由表 4.5 可知,［BX＋DI＋disp8］这种寻址方式的 r/m＝001;位移量为－6,其补码是 11111010;因此,该指令的机器码是一条 3 字节的指令,如下所示:

```
10001000 01001001 11111010 = 88 49 FA
```

【例 4.12】

```
ADD  AX , BX
```

该指令的机器码为

```
opcode  DW  mod  reg  r/m
000000  11  11   000  011 = 03C3
```

操作码　reg域为目的操作数　字操作　寄存器寻址　AX寄存器　BX寄存器

若设 reg 域为源操作数,则该指令还有另一种等效的机器码表示:

```
opcode  D W  mod  reg  r/m
000000  0 1  11   011  000 = 01D8
```

上述例 4.11 和例 4.12 的指令编码结果可以很方便地通过本书附录 C(调试程序 DEBUG 的使用)中的"汇编命令 A"及"显示内存单元命令 D"进行验证。

4.3　8086 指令系统

虽然 8086 指令系统仅是 80x86 指令系统的一个子集,但它是理解和掌握整个 80x86 指令系统从而进行 80x86 汇编语言程序设计的一个重要基础。

8086 指令系统包括 100 多条指令,按功能可分为如下六大类型:

(1) 数据传送指令;

(2) 算术运算指令;

(3) 逻辑运算和移位指令;

(4) 串操作指令;

(5) 转移指令;

(6) 处理器控制指令。

4.3.1　数据传送指令

数据传送指令用来把数据或地址传送到寄存器或存储器单元中,共有 14 条,可分为 4 组,如表 4.6 所示。

表 4.6　数据传送指令

分　　组	助　记　符	功　　能	操作数类型
通用数据传送指令	MOV	传送	字节/字
	PUSH	压栈	字
	POP	弹栈	字
	XCHG	交换	字节/字

续表

分　组	助 记 符	功　能	操作数类型
累加器专用传送指令	XLAT	换码	字节
	IN	输入	字节/字
	OUT	输出	字节/字
地址传送指令	LEA	装入有效地址	字
	LDS	把指针装入寄存器和 DS	4 个字节
	LES	把指针装入寄存器和 ES	4 个字节
标志传送指令	LAHF	把标志装入 AH	字节
	SAHF	把 AH 送标志寄存器	字节
	PUSHF	标志压栈	字
	POPF	标志弹栈	字

数据传送指令中,除了目的操作数为标志寄存器的指令外,其余指令均不影响标志位。

1. 通用数据传送指令

1) 传送指令 MOV

格式:MOV　DST , SCR

操作:DST←SRC

说明:DST 表示目的操作数,SCR 表示源操作数。MOV 指令可以把一个字节或字操作数从源传送至目的,源操作数保持不变。

根据源操作数和目的操作数是寄存器、立即数或存储器操作数的不同情况,MOV 指令可实现多种不同传送功能,如图 4.8 所示。

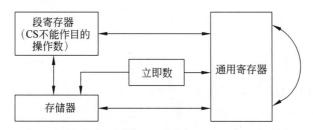

图 4.8　MOV 指令数据传送方向示意图

从图 4.8 可以看出,立即数可作为源操作数,但不能作为目的操作数;立即数不能直接送段寄存器;目的寄存器不能是 CS(因为系统不允许随意修改 CS);段寄存器间不能直接传送;存储单元之间不能直接传送。

【例 4.13】

```
MOV  BL , 40
MOV  AX , BX
MOV  [BX ], AX
```

```
MOV   CX , DS:[1000H]
MOV   WORD PTR [SI] , 15
```

指令"MOV WORD PTR [SI]，15"中的"WORD PTR"为字长度标记,它明确指出 SI 所指向的内存单元为字型,立即数 15 将被汇编成 16 位的二进制数。

一般来说,如果一条指令的两个操作数中一个为立即寻址而另一个为存储器寻址时,则必须在存储器寻址的操作数前加长度标记,否则会出现语法错。

对于本例中的其他指令,因为其中总有一个操作数的长度汇编器是知道的,所以不需要显式说明操作数的长度就可正确汇编。

【例 4.14】 用 MOV 指令实现两个内存字节单元内容的交换,设两个内存单元的偏移地址分别为 2035H 和 2045H。

要实现本例的功能,至少需要 4 条指令才能完成,如图 4.9 所示。

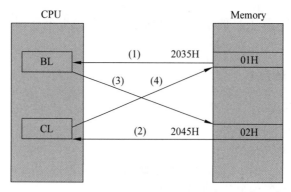

图 4.9　两个内存单元内容的交换

具体的程序段如下：

```
MOV   BL , DS:[2035H]
MOV   CL , DS:[2045H]
MOV   DS:[2045H] , BL
MOV   DS:[2035H] , CL
```

2) 进栈指令 PUSH

格式：PUSH　SRC

操作：先将堆栈指针寄存器 SP 的值减 2,再把字类型的源操作数传送到由 SP 指示的栈顶单元。传送时源操作数的高位字节存放在堆栈区的高地址单元,低位字节存放在低地址单元,SP 指向这个低地址单元。

说明：SRC 为 16 位的寄存器操作数或存储器操作数。

【例 4.15】

```
PUSH   AX        ; 将 AX 寄存器的内容压至栈顶,AX 的内容保持不变
```

3) 出栈指令 POP

格式：POP　DST

操作：先将由 SP 指示的现行栈顶的字单元内容传送给目的操作数,再将 SP 的值加 2,使 SP 指向新的栈顶。

说明：DST 为 16 位的寄存器操作数或存储器操作数,也可以是除 CS 寄存器以外的段寄存器。

【例 4.16】

```
POP   BX     ;将栈顶字单元的内容弹出到 BX 寄存器中
```

【例 4.17】

设 AX=10,BX=20,CX=30,DX=40,SP=1000H,依次执行 PUSH AX,PUSH BX,POP CX 和 POP DX 这 4 条指令后,这些寄存器的值各为多少?

根据 PUSH 和 POP 指令的功能,容易得出上述 4 条指令执行后,AX=10,BX=20,CX=20,DX=10,SP=1000H。

4) 交换指令 XCHG

格式：XCHG OPR1 , OPR2

操作：操作数 OPR1 和 OPR2 的内容互换。

说明：两个操作数的长度可均为 8 位或均为 16 位,且其中至少应有一个是寄存器操作数,因此它可以在两个寄存器之间或寄存器和存储器之间交换信息,但不允许使用段寄存器。

【例 4.18】

```
XCHG   AL , BL       ;寄存器 AL 和 BL 的内容互换
XCHG   AX , CX       ;寄存器 AX 和 CX 的内容互换
XCHG   [BX] , CX     ;BX 指向的内存字单元内容与 CX 的内容互换
```

【例 4.19】　用 XCHG 指令改进例 4.14 的两个内存字节单元内容交换的程序段,用如下 3 条指令即可实现。

```
MOV   BL , DS:[2035H]
XCHG  BL , DS:[2045H]
MOV   DS:[2035H], BL
```

2. 累加器专用传送指令

这一组的 3 条指令都必须使用 AX 或 AL 寄存器,因此称作累加器专用传送指令。

1) 换码指令 XLAT

格式：XLAT

操作：通过 AL 中的索引值在字节型数据表中查得表项内容并返回到 AL 中。

说明：XLAT 指令也称查表指令,使用该指令之前,应在数据段中定义一个字节型表,并将表起始地址的偏移量放入 BX,表的索引值放入 AL,索引值从 0 开始,最大为 255;指令执行后,在 AL 中即可得到对应于该索引值的表项内容。

【例 4.20】 如果 TAB 为数据段中一个字节型表的开始地址,则执行下列程序段后, AL＝66H。

```
TAB  DB  3FH , 06H , 5BH , 4FH , 66H   ;定义的数据表
     DB  6DH , 7DH , 07H , 7FH , 6FH
MOV  BX , OFFSET  TAB                  ;将 TAB 的偏移量送入 BX
MOV  AL , 4                            ;使 AL 中存放欲查单元的索引值 4
XLAT                                   ;查表得到的内容在 AL 中
```

在此例中,表中存放的数据恰好是共阴极 LED 数码管的输入代码(也称段码),用来控制 LED 数码管显示相应的字形符号,所以,只要事先在 AL 中放好一个十进制数字(0～9),就能通过执行上述程序段得到 LED 数码管的相应段码,将其输入到 LED 显示电路,即可显示出相应的字形符号。

2) 输入指令 IN

格式：IN AC, PORT

操作：把外设端口(PORT)的内容输入到累加器 AC(Accumulator)中。

说明：输入指令 IN 从输入端口传送一个字节到 AL 寄存器或传送一个字到 AX 寄存器。当端口地址为 0～255 时,可用直接寻址方式(即用一个字节立即数指定端口地址),也可用间接寻址方式(即用 DX 的内容指定端口地址)。当端口地址大于 255 时,只能用间接寻址方式。

【例 4.21】

```
IN   AL , 80H                          ;把 80H 端口的内容(字节)输入到 AL
IN   AX , 80H                          ;把 80H 端口的内容(字)输入到 AX
MOV  DX , 288H                         ;把端口地址 288H 送入 DX
IN   AL , DX                           ;把 288H 端口的内容(字节)输入到 AL
IN   AX , DX                           ;把 288H 端口的内容(字)输入到 AX
```

3) 输出指令 OUT

格式：OUT PORT, AC

操作：把累加器的内容输出到外设端口(PORT)。

说明：输出指令 OUT 将 AL 中的一个字节或 AX 中的一个字传送到输出端口,端口地址的寻址方式同 IN 指令。

【例 4.22】

```
OUT  80H , AL                          ;把 AL 寄存器的内容输出到 80H 字节端口
OUT  80H , AX                          ;把 AX 寄存器的内容输出到 80H 字端口
MOV  DX , 288H                         ;把端口地址 288H 送入 DX
OUT  DX , AL                           ;把 AL 寄存器的内容输出到 288H 字节端口
OUT  DX , AX                           ;把 AX 寄存器的内容输出到 288H 字端口
```

3. 地址传送指令

这一组指令传送的是地址,它们常用于表格的处理和数据指针的切换。

1) 装入有效地址指令 LEA(Load Effetive Address)

格式:LEA   REG , SRC

操作:把源操作数的有效地址(即偏移地址)装入指定寄存器。

说明:源操作数必须是存储器操作数,目的操作数必须是 16 位的通用寄存器。

【例 4.23】

```
LEA  BX ,[BX + DI + 6H]
```

若指令执行前 BX=1000H,DI=0200H,则指令执行后 BX=1206H,1206H 即是源操作数的有效地址。

请注意该指令与"MOV BX ,[BX+DI+6H]"指令功能上的区别。前者(LEA 指令)传送的是存储器操作数的有效地址,而后者(MOV 指令)传送的是存储器操作数的内容。

2) 加载数据段指针指令 LDS (Load pointer into register and DS)

格式:LDS   REG,SRC

操作:将源操作数指定的 FAR 型指针(占存储器中连续 4 个字节单元)传送给目的操作数和 DS 寄存器。

说明:目的操作数必须是 16 位的通用寄存器,传送时较低地址的两个字节装入 16 位的通用寄存器,较高地址的两个字节装入 DS 寄存器。

【例 4.24】   假设 DS=1000H,内存情况如图 4.10 所示,则执行指令"LDS   SI ,[10H]" 后,DS=1234H,SI=5678H。

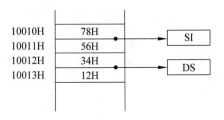

图 4.10   LDS 指令的执行

3) 加载附加段指针指令 LES (Load pointer into register and ES)

格式:LES REG , SRC

操作:将源操作数指定的 FAR 型指针传送给目的操作数和 ES 寄存器。

说明:LES 指令与 LDS 指令的操作类似,所不同的只是传送时较高地址的两个字节装入 ES 寄存器而不是 DS 寄存器。

4．标志传送指令

这组指令用来操作标志寄存器 FR。8086 中的标志寄存器是 16 位的，但 LAHF 和 SAHF 指令只对低 8 位进行操作，而 PUSHF 和 POPF 则对整个 16 位的标志寄存器进行操作。

1）LAHF 指令

格式：LAHF

操作：将标志寄存器的低 8 位送 AH 寄存器，标志寄存器本身的值不变。

2）SAHF 指令

格式：SAHF

操作：AH 寄存器送标志寄存器的低 8 位。

标志：影响标志寄存器的低 8 位。

3）PUSHF 指令

格式：PUSHF

操作：先将 SP 的值减 2，再将标志寄存器的内容传送到由 SP 所指示的栈顶，标志寄存器的内容不变。

4）POPF 指令

格式：POPF

操作：先将由 SP 指示的现行栈顶字传送到标志寄存器，然后将 SP 的值加 2 以指向新的栈顶。

标志：影响标志寄存器的所有位。

【例 4.25】 利用 PUSHF 和 POPF 指令将标志寄存器中的单步标志 TF 置 1。

```
PUSHF                    ;将标志寄存器的内容压入栈顶
POP  AX                  ;将栈顶内容弹出到 AX
OR  AX , 0100H           ;将 AX 高 8 位中的最低位(对应于 TF 位)置 1,其余位不变
PUSH  AX                 ;将 AX 的内容压入栈顶
POPF                     ;将栈顶内容弹出到标志寄存器,TF 位被置 1
```

4.3.2　算术运算指令

算术运算指令包括二进制运算指令和十进制运算指令（即十进制调整指令）两种类型，操作数有单操作数和双操作数两种，双操作数的限定同 MOV 指令，即目的操作数不允许是立即数和 CS 寄存器，两个操作数不允许同时为存储器操作数等。

算术运算指令共有 20 条。除了用来进行加、减、乘、除等算术运算的指令外，还包括进行算术运算时所需要的结果调整、符号扩展等指令。除符号扩展指令（CBW 和 CWD）外，其他指令均影响某些状态标志。这 20 条指令可分为 5 组，如表 4.7 所示。

表 4.7　算术运算指令

分组	助记符	功能	操作数类型	对状态标志位的影响					
				OF	SF	ZF	AF	PF	CF
加法	ADD	加	字节/字	×	×	×	×	×	×
	ADC	加(带进位)	字节/字	×	×	×	×	×	×
	INC	加 1	字节/字	×	×	×	×	×	−
	AAA	加法的 ASCII 调整		u	u	u	×	u	×
	DAA	加法的十进制调整		u	×	×	×	×	×
减法	SUB	减	字节/字	×	×	×	×	×	×
	SBB	减(带借位)	字节/字	×	×	×	×	×	×
	DEC	减 1	字节/字	×	×	×	×	×	−
	NEG	取补	字节/字	×	×	×	×	×	×
	CMP	比较	字节/字	×	×	×	×	×	×
	AAS	减法的 ASCII 调整		u	u	u	×	u	×
	DAS	减法的十进制调整		u	×	×	×	×	×
乘法	MUL	乘(不带符号)	字节/字	×	u	u	u	u	×
	IMUL	乘(带符号)	字节/字	×	u	u	u	u	×
	AAM	乘法的 ASCII 调整		u	×	×	u	×	u
除法	DIV	除(不带符号)	字节/字	u	u	u	u	u	u
	IDIV	除(带符号)	字节/字	u	u	u	u	u	u
	AAD	除法的 ASCII 调整		u	×	×	u	×	u
符号扩展	CBW	把字节变换成字		−	−	−	−	−	−
	CWD	把字变换成双字		−	−	−	−	−	−

注：×表示根据操作结果设置标志；u 表示操作后标志值无定义；一表示对该标志无影响。

1. 二进制算术运算指令

这组指令可以实现二进制算术运算,参加运算的操作数及运算结果都是二进制数(虽然书写源程序时可以用十进制,但汇编后仍成为二进制形式)。它们可以是 8 位/16 位的无符号数和带符号数。带符号数在机器中用补码表示,最高位为符号位,0 表示正,1 表示负。

1) 二进制加法指令

这类指令的每一条均适用于无符号数和带符号数运算。

(1) 加法指令 ADD

格式：ADD DST ，SRC

操作：DST←DST＋SRC

说明：ADD 指令运算时不加 CF,但指令的执行结果会影响 CF。

标志：影响 OF、SF、ZF、AF、PF、CF 标志。

以后除了特殊情况外,指令对标志位的影响不再一一说明,需要时可查阅 Intel 相关数据手册。

【例 4.26】

```
ADD   BL, 8
ADD   AX , 25
ADD   WORD  PTR [BX] , 01H
```

（2）带进位加法指令 ADC

格式：ADC DST，SRC

操作：DST←DST＋SRC＋CF

说明：因为指令操作时要加 CF，所以它可用于多字节或多字的加法程序。

（3）加 1 指令 INC

格式：INC OPR

操作：OPR←OPR＋1

说明：使用该指令可以方便地实现地址指针或循环次数的加 1 修改。

标志：该指令不影响 CF 标志，但影响其他 5 个状态标志。

【例 4.27】

```
INC   CL
INC   BX
```

2）二进制减法指令

这类指令的每一条均适用于无符号数和带符号数运算。

（1）减法指令 SUB

格式：SUB DST , SRC

操作：DST←DST－SRC

说明：SUB 指令运算时不减 CF，但指令的执行结果会影响 CF。

【例 4.28】

```
SUB   BL, 8
SUB   AX , 25
SUB   WORD  PTR [BX] , 100H
```

（2）带借位减法指令 SBB

格式：SBB   DST , SRC

操作：DST←DST－SRC－CF

说明：因为该指令操作时要减 CF，所以它可用于多字节或多字的减法程序。

（3）减 1 指令 DEC

格式：DEC OPR

操作：OPR←OPR－1

说明：使用该指令可以方便地实现地址指针或循环次数的减 1 修改。

标志：该指令不影响 CF 标志，但影响其他 5 个状态标志。

【例 4.29】

```
DEC  CL
DEC  BX
```

（4）比较指令 CMP

格式：CMP DST，SRC

操作：DST－SRC

说明：该指令执行减法操作，但并不回送结果，只是根据相减的结果置标志位。它常用于比较两个数的大小。

【例 4.30】

```
CMP  AX，BX
CMP  AX，[BX]
```

（5）求补指令 NEG（Negate）

格式：NEG OPR

操作：OPR←－OPR（或 OPR←0－OPR）

说明：NEG 指令把操作数（OPR）当成带符号数（用补码表示），如果操作数是正数，执行 NEG 指令则将其变成负数；如果操作数是负数，执行 NEG 指令则将其变成正数。指令的具体实现是：将操作数的各位（包括符号位）求反，末位加 1，所得结果就是原操作数的相反数（－OPR）。

【例 4.31】

若 AL＝00010001B＝$[+17]_{补}$，执行 NEG AL 指令后，AL＝11101111B＝$[-17]_{补}$；若 AL＝11010001B＝$[-47]_{补}$，执行 NEG AL 指令后，AL＝00101111B＝$[+47]_{补}$。

下面再举几个例子进一步说明二进制加法与减法指令的应用。

【例 4.32】 设 X、Y、Z、W 均为字变量（即均为 16 位二进制数，并分别存入 X、Y、Z、W 字单元中），试编写实现下列二进制运算的程序段（假设最高位不产生进位或借位）：

```
W←X＋Y＋24－Z
```

程序段如下：

```
MOV  AX，X
ADD  AX，Y            ;X＋Y
ADD  AX，24           ;＋24
SUB  AX，Z            ;－Z
MOV  W，AX            ;结果存入 W
```

【例 4.33】 编写实现两个双字长的二进制数相加的程序段，具体要求为：把偏移地址 1000H 开始的双字（低字在前）与偏移地址 2000H 开始的双字相加，和存放于 1000H 地址开始处。

程序段如下：

```
        MOV  SI , 1000H              ;取第一个数的首地址
        MOV  AX , [SI]               ;将第一个数的低 16 位送 AX
        MOV  DI , 2000H              ;取第二个数的首地址
        ADD  AX , [DI]               ;第一个数的低 16 位和第二个数的低 16 位相加
        MOV  [SI] , AX               ;存低 16 位相加结果
        MOV  AX , [SI + 2]           ;将第一个数的高 16 位送 AX
        ADC  AX , [DI + 2]           ;两个高 16 位连同进位 CF 相加
        MOV  [SI + 2] , AX           ;存高 16 位相加结果
```

思考：本例两个加数的长度均为双字,如果更多字(多倍精度)相加,这个程序将如何设计?

【例 4.34】 假设数的长度(以字计)存放于偏移地址为 2500H 的字节单元中,两个二进制数分别从偏移地址 2000H 和 3000H 开始存放(低字在前),求和并存放于 2000H 开始处,试编程实现。

程序段如下：

```
        MOV  CL , [2500H]            ;选 CL 作循环次数计数器
        MOV  SI , 2000H
        MOV  DI , 3000H
        CLC                         ;清 CF
LOOP1:  MOV  AX , [SI]
        ADC  AX , [DI]
        MOV  [SI] , AX
        INC  SI                     ;⎫
        INC  SI                     ;⎪
        INC  DI                     ;⎬ 均不影响 CF
        INC  DI                     ;⎪
        DEC  CL                     ;⎭
        JNZ  LOOP1                  ;若 CL 不为 0 则循环
        MOV  AX , 0H                ;⎫
        ADC  AX , 0H                ;⎬ 处理最高位产生的进位
        MOV  [SI] , AX              ;⎭
        HLT
```

【例 4.35】 如果 X>50,则转移到 TOO_HIGH；否则做带符号减法 X−Y,如果减法引起溢出,则转移到 OVERFLOW；否则,计算|X−Y|,并将结果存放在 RESULT 中(其中 X、Y、RESULT 均为字变量)。

注：下述程序段中使用了前面介绍的指令,也用到了后面介绍的条件转移指令,其功能已在注释中做了简单说明。

程序段如下：

```
        MOV  AX , X                 ;将 X 的值传送给 AX
        CMP  AX , 50                ;比较
        JG   TOO_HIGH               ;如果 X 大于 50,则转向 TOO_HIGH
        SUB  AX , Y                 ;否则 X−Y
        JO   OVERFLOW               ;溢出则转向 OVERFLOW
```

```
        JNS   NONNEG                      ;为正则转向 NONNEG
        NEG   AX
NONNEG: MOV   RESULT , AX
        ⋮
TOO_HIGH:
        ⋮
OVERFLOW:
        ⋮
```

3）二进制乘法指令

二进制乘法指令分为无符号数乘法指令和带符号数乘法指令两种类型。

（1）无符号数乘法指令 MUL

格式：MUL　SRC

操作：字节操作数：AX←AL×SRC

字操作数：DX：AX←AX×SRC

（操作数和乘积均为无符号数）

说明：源操作数（SRC）只能是寄存器或存储器操作数，不能是立即数。另一个乘数（目的操作数）必须事先放在累加器 AL 或 AX 中。若源操作数是 8 位的，则与 AL 中的内容相乘，乘积在 AX 中；若源操作数是 16 位的，则与 AX 中的内容相乘，乘积在 DX：AX 这一对寄存器中。

标志：影响 6 个状态标志，但仅 CF 和 OF 有意义，其他无定义。

【例 4.36】

```
MOV  AL , 6
MUL  BL                         ;AL×BL,结果在 AX 中
MOV  AX , 1000H
MUL  WORD PTR[BX]               ;AX×[BX],结果在 DX:AX 中
```

（2）带符号数乘法指令 IMUL

格式：IMUL　SRC

操作：同 MUL 指令

说明：操作数及乘积均为带符号数，乘积的符号符合一般代数运算的符号规则。

标志：同 MUL 指令。

4）二进制除法指令

二进制除法指令也分为两种类型，即无符号除法指令和带符号除法指令。

（1）无符号除法指令 DIV

格式：DIV　SRC

操作：字节除数：AL←AX /SRC 的商

AH←余数

字除数：AX←DX:AX/SRC 的商

DX←余数

说明：被除数、除数、商及余数均为无符号数。

标志：6个状态标志均无定义。

（2）带符号除法指令 IDIV

格式：IDIV　　SRC

操作：字节除数：AL←AX/SRC 的商

　　　　　　　　　　 AH←余数

　　　　字除数：AX←DX:AX/SRC 的商

　　　　　　　　　　DX←余数

说明：被除数、除数、商及余数均为带符号数，商的符号符合一般代数运算的符号规则，余数的符号与被除数相同。

标志：6个状态标志均无定义。

5）符号扩展指令

这类指令的功能是对操作数的最高位进行扩展，用于处理带符号数运算时的操作数类型匹配问题。

（1）字节扩展成字指令 CBW

格式：CBW

操作：把 AL 寄存器中的符号位扩展到 AH 中（即把 AL 寄存器中的最高位送入 AH 的所有位）。

标志：不影响任何标志位。

【例 4.37】

```
MOV   AL , 35H
CBW                              ;执行结果为 AX = 0035H
MOV   AL , 9AH
CBW                              ;执行结果为 AX = FF9AH
```

（2）字扩展成双字指令 CWD

格式：CWD

操作：把 AX 寄存器中的符号位扩展到 DX 中（即把 AX 寄存器中的最高位送入 DX 的所有位）。

标志：不影响任何标志位。

【例 4.38】

```
MOV   AX , 35H
CWD                              ;执行结果为 DX = 0, AX = 0035H
MOV   AX , 977AH
CWD                              ;执行结果为 DX = FFFFH, AX = 977AH
```

【例 4.39】　试编写实现下列二进制四则混合运算的程序段：

AX←(V − (X × Y + Z − 540))/X 的商
DX←余数
(其中 X、Y、Z、V 均为字变量)

程序段如下：

```
MOV  AX , X       ;⎫ X × Y，结果在 DX:AX 中
IMUL Y            ;⎭
MOV  CX , AX      ;⎫ 将乘积存在 BX:CX 中
MOV  BX , DX      ;⎭
MOV  AX , Z       ;⎫
CWD               ;⎪ 将符号扩展后的 Z 加到 BX:CX 中的乘积上去
ADD  CX , AX      ;⎬
ADC  BX , DX      ;⎭
SUB  CX , 540     ;⎫ 从 BX:CX 中减去 540
SBB  BX , 0       ;⎭
MOV  AX , V       ;⎫
CWD               ;⎪
SUB  AX , CX      ;⎬ 从符号扩展后的 V 中减去 BX:CX 并除以 X，商在 AX 中，余数在 DX 中
SBB  DX , BX      ;⎪
IDIV X            ;⎭
```

2. 十进制调整指令

前面介绍的算术运算指令均为二进制数的运算指令。但在大部分实用问题中，数据通常是以十进制数形式来表示的。为了让计算机能够处理十进制数，一种办法是在指令系统中专门增设面向十进制运算的指令，但那样做将会增加指令系统的复杂性，从而造成 CPU 结构的复杂；目前常用的办法是将实用问题中的十进制数在机器中以二进制编码的十进制数形式（即 BCD 数）来表示，并在机器中统一用二进制运算指令来运算和处理。但通过分析可以发现，用二进制运算指令来处理 BCD 数，有时所得结果是不对的，还必须经过适当调整才能使结果正确。为了实现这样的调整功能，在指令系统中需要专门设置针对 BCD 数运算的调整指令。这就是下面介绍的十进制调整指令。需要说明的是，由于它们仅仅是十进制调整而不是真正意义上的十进制运算，所以这组指令都需要与相应的二进制运算指令相配合才可以得到正确的结果。

另外，由于 BCD 数又分为组合 BCD 数及非组合 BCD 数两种类型，所以相应的调整指令也有两组，即组合 BCD 数调整指令及非组合 BCD 数调整指令。下面分别予以介绍。

1) 组合 BCD 数十进制调整原理

为了说明组合 BCD 数的调整原理，先看下面两个简单的例子。

【例 4.40】 18＋7＝25，在机器中用组合 BCD 数表示及运算的过程为：

```
   0 0 0 1  1 0 0 0  …… 18 的组合 BCD 数表示
 + 0 0 0 0  0 1 1 1  …… 7 的组合 BCD 数表示
 ─────────────────
   0 0 0 1  1 1 1 1  …… ?（结果不正确，低 4 位 1111 是非法 BCD 码）
```

所得结果"0001 1111"实际上是计算机执行二进制运算指令的结果。对于该结果，从二进制数的角度来看，它是正确的（等于十进制数 31）；但从组合 BCD 数角度来看，该结果是不正确的，原因就是其中的低 4 位"1111"为非法 BCD 码，必须对它进行适当变换（调整）才能使结果正确。

变换的方法就是在对应的非法 BCD 码上加 6(二进制 0110),让其产生进位,而此进位从二进制运算规则来说是"满十六进一"的,但进到了 BCD 数的高一位数字时,却将其当成了 10,似乎少了 6,但考虑前面的"加 6",则结果刚好正确。对于本例,具体实现如下:

$$
\begin{array}{r}
0001\ \ 1111 \\
+\quad 0000\ \ 0110 \quad \cdots\cdots\ \text{加 6 调整} \\
\hline
0010\ \ 0101 \quad \cdots\cdots\ 25(\text{结果正确})
\end{array}
$$

可见,在 BCD 数运算结果中,只要一位 BCD 数字所对应的二进制码为 1010~1111(超过 9),就应在其上"加 6",进行调整。

【例 4.41】 19+8=27,在机器中用组合 BCD 数表示及运算的过程为:

$$
\begin{array}{r}
0001\ \ 1001 \quad \cdots\cdots 19\text{ 的组合 BCD 数形式} \\
+\quad 0000\ \ 1000 \quad \cdots\cdots\ 8\text{ 的组合 BCD 数形式} \\
\hline
0010\ \ 0001 \quad \cdots\cdots 21(\text{结果不正确})
\end{array}
$$

运算结果之所以不对,是因为计算机在按二进制运算规则进行加法运算时,低 4 位向高 4 位产生了进位(AF=1),实际上是"满十六进一";但进到 BCD 数的高位数字时,却将其当成了 10,少了 6,需"加 6 调整",结果才能正确。具体实现如下:

$$
\begin{array}{r}
0010\ \ 0001 \\
+\quad 0000\ \ 0110 \quad \cdots\cdots\ \text{加 6 调整} \\
\hline
0010\ \ 0111 \quad \cdots\cdots\ 27(\text{结果正确})
\end{array}
$$

可见,在进行加法运算时,若 AF=1(或 CF=1),就需在低位数字(或高位数字)上进行"加 6 调整"。

综合上面的例 4.40 和例 4.41,可以概括组合 BCD 数加法的调整规则为:

如果两个 BCD 数字相加的结果是一个在 1010~1111 之间的二进制数(非法的 BCD 数字),或者有向高一位数字的进位(AF=1 或 CF=1)时,就应在现行数字上加 6(0110)调整。

注意,这种调整功能可由系统专门提供的调整指令自动完成。

2) 组合 BCD 数调整指令

8086 指令系统只提供了组合 BCD 数的加法和减法调整指令,即 DAA 指令和 DAS 指令。下面分别介绍这两条指令的格式及具体操作。

(1) 组合 BCD 数加法十进制调整指令 DAA(Decimal Adjust for Addition)

格式:DAA

操作:跟在二进制加法指令之后,将 AL 中的和数调整为组合 BCD 数格式并送回 AL。

【例 4.42】 实现 27+15=42 的功能,27 和 15 均表示为组合 BCD 数形式。

```
MOV  AL,27H     ;27H 是 27 的组合 BCD 数形式
ADD  AL,15H     ;15H 是 15 的组合 BCD 数形式,ADD 指令执行后 AL=3CH
DAA             ;调整后 AL=42H,为正确的组合 BCD 数结果
```

(2) 组合 BCD 数减法十进制调整指令 DAS(Decimal Adjust for Subtraction)

格式：DAS

操作：跟在二进制减法指令之后，将 AL 中的差数调整为组合 BCD 数格式并送回 AL。

【例 4.43】 实现 32－18＝14 的功能，32 和 18 均表示为组合 BCD 数形式。

```
MOV  AL , 32H     ;32H 是 32 的组合 BCD 数形式
SUB  AL , 18H     ;18H 是 18 的组合 BCD 数形式,SUB 指令执行后 AL = 1AH
DAS               ;调整(减 6 调整)后 AL = 14H,为正确的组合 BCD 数结果
```

需要说明的是，8086 指令系统没有提供组合 BCD 数的乘法和除法调整指令，主要原因是相应的调整算法比较复杂，所以 8086 不支持组合 BCD 数的乘除法运算。如果需要处理组合 BCD 数的乘除法问题，可以把操作数（组合 BCD 数）变换成相等的二进制数，然后使用二进制算法进行运算，运算完成后再将结果转换成组合 BCD 数形式。

3）ASCII 码或非组合 BCD 数调整指令

这组指令既适用于数字 ASCII 的十进制调整，也适用于一般的非组合 BCD 数的十进制调整。它们是：

```
加法的 ASCII 调整指令 AAA( ASCII Adjust for Addition)
减法的 ASCII 调整指令 AAS( ASCII Adjust for Subtraction)
乘法的 ASCII 调整指令 AAM( ASCII Adjust for Multiplication)
除法的 ASCII 调整指令 AAD( ASCII Adjust for Division)
```

(1) 加法的 ASCII 调整指令 AAA

格式：AAA

操作：跟在二进制加法指令之后，将 AL 中的和数调整为非组合 BCD 数格式并送回 AL。

【例 4.44】

```
MOV  AX , 0035H
MOV  BL , 39H
ADD  AL , BL
AAA
```

ADD 指令执行前，AL 和 BL 寄存器中的内容 35H 和 39H 分别为数字 5 和数字 9 的 ASCII 码。ADD 指令执行后，AL＝6EH，AF＝0，CF＝0；AAA 指令执行 ASCII 调整，使 AX＝0104H，AF＝1，CF＝1（具体调整算法略，有兴趣的读者可查阅参考文献[1]）。

(2) 减法的 ASCII 调整指令 AAS

格式：AAS

操作：跟在二进制减法指令之后，将 AL 中的差数调整为非组合 BCD 数格式并送回 AL。

【例 4.45】

```
MOV  AX , 0235H
MOV  BL , 39H
SUB  AL , BL
AAS
```

SUB 指令执行前,AL 和 BL 寄存器中的内容 35H 和 39H 分别为数字 5 和数字 9 的 ASCII 码。SUB 指令执行后,AL＝FCH,AF＝1,CF＝1；AAS 指令执行 ASCII 调整,使 AX＝0106H,AF＝1,CF＝1。

(3) 乘法的非组合 BCD 数调整指令 AAM

格式：AAM

操作：跟在二进制乘法指令 MUL 之后,对 AL 中的结果进行调整,调整后的非组合 BCD 数在 AX 中。

【例 4.46】 实现 5×9 的运算,5 和 9 必须用非组合 BCD 数表示。

```
MOV  AL , 05H
MOV  BL , 09H
MUL  BL          ;AX = 002DH
AAM              ;调整后 AX = 0405H,为正确的非组合 BCD 数结果
```

(4) 除法的非组合 BCD 数调整指令 AAD

格式：AAD

操作：AAD 指令放于二进制除法指令 DIV 之前,对 AX 中的非组合 BCD 形式的被除数进行调整,以便在执行 DIV 指令之后,在 AL 中得到非组合 BCD 形式的商,余数在 AH 中。

【例 4.47】 实现 65÷9 的运算,65 和 9 必须用非组合 BCD 数表示。

```
MOV  AX , 0605H
MOV  BL , 09H
AAD              ;在 DIV 指令执行之前,对 AX 中的被除数进行调整,调整后 AX = 0041H
DIV  BL          ;DIV 指令执行结果: AL = 07H(商),AH = 02H(余数)
```

4.3.3　逻辑运算与移位指令

逻辑运算与移位指令实现对二进制位的操作和控制,所以又称为位操作指令,共 13 条,可分为逻辑运算指令、移位指令和循环移位指令 3 组,下面分别予以介绍。

1. 逻辑运算指令

逻辑运算指令包括逻辑非(NOT)、逻辑与(AND)、逻辑或(OR)、逻辑异或(XOR)和逻辑测试(TEST)5 条指令。表 4.8 给出了这些指令的名称、格式、操作及对相应标志位的影响。

表 4.8　逻辑运算指令

名　称	格　式	操　作	对标志位的影响					
			OF	SF	ZF	AF	PF	CF
逻辑非	NOT OPR	OPR 按位求反送 OPR	—	—	—	—	—	—
逻辑与	AND DST，SRC	DST←DST∧SRC	0	×	×	u	×	0
逻辑或	OR　DST，SRC	DST←DST∨SRC	0	×	×	u	×	0
逻辑异或	XOR　DST，SRC	DST←DST∀SRC	0	×	×	u	×	0
逻辑测试	TEST OPR1∧OPR2	OPR1∧OPR2	0	×	×	u	×	0

注：—表示对该标志位无影响；×表示根据操作结果设置标志；u 表示操作后标志值无定义；0 表示清除标志位为 0。

这组指令的操作数可以为 8 位或 16 位，其中 NOT 指令是单操作数指令，但不能使用立即数作为操作数；其余 4 条指令都是双操作数指令，立即数不能作为目的操作数，也不允许两个操作数都是存储器操作数，这与前述 MOV 指令对于操作数寻址方式的限制相同。

注意，表中的"逻辑测试"指令和"逻辑与"指令的功能有所不同，"逻辑测试"指令执行后只影响相应的标志位而不改变任何操作数本身（即不回送操作结果）。

逻辑运算指令的一般用途是："逻辑非"指令常用于把操作数的每一位变反；"逻辑与"指令常用于把操作数的某些位清 0（与 0 相"与"）而其他位保持不变（与 1 相"与"）；"逻辑或"指令常用于把操作数的某些位置 1（与 1 相"或"）而其他位保持不变（与 0 相"或"）；"逻辑异或"指令常用于把操作数的某些位变反（与 1 相"异或"）而其他位保持不变（与 0 相"异或"）；"逻辑测试"指令常用来检测操作数的某些位是 1 还是 0，编程时通常在其后加上条件转移指令实现程序转移。

【例 4.48】　对 AL 中的值按位求反。

```
MOV  AL，10101010B
NOT  AL          ;指令执行后,AL = 01010101B
```

【例 4.49】　把 BL 的高 4 位清 0，低 4 位保持不变。

```
MOV  BL，11111010B
AND  BL，0FH    ;指令执行后,BL = 00001010B
```

【例 4.50】　把 8086 标志寄存器 FR 中的标志位 TF 清 0，其他位保持不变。

```
PUSHF
POP  AX          ;通过堆栈将 FR 的内容传送至 AX
AND  AX，0FEFFH ;将 AX 中对应于 TF 的位清 0
PUSH AX
POPF             ;通过堆栈将 AX 的内容传送至 FR
```

【例 4.51】　从 27H 端口输入一个字节的数据，如果该字节数据的 D2 位为 1，则转向 LABEL_1。

```
IN   AL , 27H          ;输入数据
TEST  AL , 00000100B    ;检测 D2 位
JNZ  LABEL_1           ;若为 1,则转向 LABEL_1
```

2. 移位指令

移位指令实现对操作数的移位操作,根据将操作数看成无符号数和有符号数的不同情形,又可把移位操作分为"逻辑移位"和"算术移位"两种类型。逻辑移位是把操作数看成无符号数来进行移位,右移时,最高位补 0,左移时,最低位补 0;算术移位则把操作数看成有符号数,右移时最高位(符号位)保持不变,左移时,最低位补 0。

4 条移位指令分别是逻辑左移指令 SHL(Shift Logic Left)、算术左移指令 SAL(Shift Arithmetic Left)、逻辑右移指令 SHR(Shift Logic Right)和算术右移指令 SAR(Shift Arithmetic Right)。它们的名称、格式、操作及对标志位的影响如表 4.9 所示。其中的 DST 可以是 8 位、16 位的寄存器或存储器操作数,CNT 为移位计数值,它可以设定为 1,也可以由寄存器 CL 确定其值。

表 4.9 移位指令

名　称	格　式	操　作	对标志位的影响					
			OF	SF	ZF	AF	PF	CF
逻辑左移	SHL DST , CNT	CF ← [←] ← 0	×	×	×	u	×	×
算术左移	SAL DST , CNT	CF ← [←] ← 0	×	×	×	u	×	×
逻辑右移	SHR DST , CNT	0 → [→] → CF	×	×	×	u	×	×
算术右移	SAR DST , CNT	[→] → CF	×	×	×	u	×	×

注:当 CNT=1 时,若移位操作使最高位发生改变,则 OF 置 1,否则置 0;当 CNT>1 时,OF 值无定义。

从表 4.9 中可以看出,SHL 和 SAL 指令的功能相同,在机器中它们实际上对应同一种操作。

移位指令影响标志位的情况是:执行移位操作后,AF 总是无定义的。PF、SF 和 ZF 在指令执行后被修改。CF 总是包含目的操作数移出的最后一位的值。OF 的内容在多位移位后是无定义的。在一次移位情况下,若最高位(即符号位)的值被改变,则 OF 置 1,否则置 0。

使用移位指令除了可以实现对操作数的移位操作外,还可以用来实现对一个数进行乘以 2^n 或除以 2^n 的运算,使用这种方法的运算速度要比直接使用乘除法时高得多。其中逻辑移位指令适用于无符号数运算,SHL 用来乘以 2^n,SHR 用来除以 2^n;而算术移位指令则用于带符号数运算,SAL 用来乘以 2^n,SAR 用来除以 2^n。

【**例 4.52**】 用移位指令将 AL 中的高 4 位和低 4 位内容互换。

```
MOV   AH , AL     ;将 AL 中的内容复制到 AH
MOV   CL , 4      ;设置移位次数
SHL   AL , CL     ;将 AL 中的低 4 位移至高 4 位,其低 4 位变为 0000
SHR   AH , CL     ;将 AH 中的高 4 位移至低 4 位,其高 4 位变为 0000
OR    AL , AH     ;AL 中的高、低 4 位内容互换
```

【**例 4.53**】 设 AL 中有一无符号数 X,用移位指令求 10X。

```
MOV   AH , 0
SHL   AX , 1      ;求得 2X
MOV   BX , AX     ;暂存于 BX
MOV   CL , 2      ;设置移位次数
SHL   AX , CL     ;求得 8X
ADD   AX , BX     ;8X + 2X = 10X
```

3. 循环移位指令

对操作数中的各位也可以进行循环移位。进行循环移位时,移出操作数的各位,并不像前述移位指令那样被丢失,而是周期性地返回到操作数的另一端。和移位指令一样,要循环移位的位数取自计数操作数,它可规定为立即数 1,也可由 CL 寄存器来确定。

这组指令包括循环左移指令 ROL(Rotate Left)、循环右移指令 ROR(Rotate Right)、带进位循环左移指令 RCL(Rotate through CF Left)和带进位循环右移指令 RCR(Rotate through CF Right)。表 4.10 给出了循环移位指令的名称、格式、操作及对标志位的影响,其中 DST 和 CNT 的限定同移位指令。

表 4.10 循环移位指令

名　称	格　式	操　作	对标志位的影响					
			OF	SF	ZF	AF	PF	CF
循环左移	ROL　DST，CNT	CF ←	×	—	—	—	—	×
循环右移	ROR　DST，CNT	→ CF	×	—	—	—	—	×
带进位循环左移	RCL　DST，CNT	CF ←	×	—	—	—	—	×
带进位循环右移	RCR　DST，CNT	→ CF	×	—	—	—	—	×

注:当 CNT=1 时,若移位操作使最高位发生改变,则 OF 置 1,否则置 0;当 CNT>1 时,OF 值无定义。

循环移位指令只影响进位标志 CF 和溢出标志 OF。CF 中总是包含循环移出的最后一位的值。在多位循环移位的情况下,OF 的值是无定义的。在一位循环移位中,若移位操作改变了目的操作数的最高位,则 OF 置为 1;否则置 0。

【**例 4.54**】 用循环移位指令实现例 4.52 的功能。

```
MOV   CL , 4
```

```
ROR  AL,CL      ;也可用"ROL  AL,CL"指令实现
```

【例 4.55】 将 DX:AX 中的 32 位二进制数乘以 2。

```
SHL  AX,1
RCL  DX,1
```

4.3.4 串操作指令

串操作指令对字节串或字串进行每次一个元素(字节或字)的操作,被处理的串长度可达 64K 字节。串操作包括串传送、串比较、串扫描、取串和存串等。在这些基本操作前面加一个重复前缀,就可以由硬件重复执行某一基本指令,可使串操作的速度远远大于用软件循环处理的速度。这些重复由各种条件来终止,并且重复操作可以被中断和恢复。

串操作指令如表 4.11 所示,表中还包括了串操作中可使用的重复前缀。

表 4.11 串操作指令及重复前缀

分组	名　称	格　式	操　作
串操作指令	串传送 (字节串传送,字串传送)	MOVS (MOVSB,MOVSW)	(ES:DI)←(DS:SI), SI←SI±1 或 2,DI←DI±1 或 2
	串比较 (字节串比较,字串比较)	CMPS (CMPSB, CMPSW)	(ES:DI)−(DS:SI), SI←SI±1 或 2,DI←DI±1 或 2
	串扫描 (字节串扫描,字串扫描)	SCAS (SCASB,SCASW)	AL 或 AX−(ES:DI),DI←DI±1 或 2
	取串 (取字节串,取字串)	LODS (LODSB,LODSW)	AL 或 AX←(DS:DI),SI←SI±1 或 2
	存串 (存字节串,存字串)	STOS (STOSB, STOSW)	(ES:DI)←AL 或 AX,DI←DI±1 或 2
重复前缀	无条件重复前缀	REP	使其后的串操作重复执行,每执行一次,CX 内容减 1
	相等/为 0 重复前缀	REPE/REPZ	当 ZF=1 且 CX≠0 时,重复执行其后的串操作,每执行一次,CX 内容减 1,直至 ZF=0 或 CX=0
	不相等/不为 0 重复前缀	REPNE/REPNZ	当 ZF=0 且 CX≠0 时,重复执行其后的串操作,每执行一次,CX 内容减 1,直至 ZF=1 或 CX=0

串操作指令可以显式地带有操作数,例如串传送指令 MOVS 可以写成"MOVS DST,SRC"的形式,但为了书写简洁,串操作指令通常采用隐含寻址方式。在隐含寻址方式下,源串中元素的地址一般为 DS:SI,即 DS 寄存器提供段基值,SI 提供偏移量。目的串中元素的地址为 ES:DI,即由 ES 寄存器提供段基值,DI 寄存器提供偏移量。但可以通过使 DS 和 ES 指向同一段来在同一段内进行运算。待处理的串长度必须放在 CX

寄存器中。每处理完一个元素,CPU 自动修改 SI 和 DI 寄存器的内容,使之指向下一个元素。SI 与 DI 寄存器的修改与两个因素有关,一是被处理的是字节串还是字串,二是当前的方向标志 DF 的值。总共有下述 4 种可能性:

```
W=0(字节串):
   DF=0, SI/DI←SI/DI+1
   DF=1, SI/DI←SI/DI-1
W=1(字串):
   DF=0, SI/DI←SI/DI+2
   DF=1, SI/DI←SI/DI-2
```

无条件重复前缀 REP 常与 MOVS(串传送)和 STOS(存串)指令一同使用,执行到 CX=0 时为止。重复前缀 REPE 和 REPZ 具有相同的含义,只有当 ZF=1 且 CX≠0 时才重复执行串操作;重复前缀 REPNE 和 REPNZ 具有相同的含义,只有当 ZF=0 且 CX≠0 时才重复执行串操作。这 4 种重复前缀(REPE/REPZ 和 REPNE/REPNZ)常与 CMPS(串比较)和 SCAS(串扫描)一起使用。

下面分别介绍表 4.11 中所示 5 种串操作指令(串传送、串比较、串扫描、取串和存串)的功能特点,并给出应用实例。

1. 串传送指令 MOVSB/MOVSW

串传送指令将位于 DS 段、由 SI 寄存器所指的源串所在的存储器单元的字节或字传送到 ES 段、由 DI 寄存器所指的目的串所在的存储单元中,再修改 SI 和 DI 寄存器的值,从而指向下一个单元。SI 和 DI 的修改方式前面已经说明。MOVSB 每次传送一个字节,MOVSW 每次传送一个字。

MOVSB/MOVSW 指令前面常加重复前缀 REP,若加 REP,则每传送一个串元素(字节或字),CX 寄存器减 1,直到 CX=0 为止。例如:

```
MOV  CX , 100
REP  MOVSB        ;连续传送 100 个字节
```

在使用 MOVSB/MOVSW 指令进行串传送时,要注意传送方向,即需要考虑是从源串的高地址端还是低地址端开始传送。如果源串与目的串的存储区域不重叠,则传送方向没有影响,如果源串与目的串的存储区域有一部分重叠,则只能从一个方向开始传送。如图 4.11 所示,当源串地址低于目的串地址时,则只能从源串的高地址处开始传送,且置 DF=1,以使传送过程中 SI 和 DI 自动减量修改;当源串地址高于目的串地址时,则只能从源串的低地址处开始传送,且置 DF=0,以使传送过程中 SI 和 DI 自动增量修改。

【例 4.56】 将内存从偏移地址 1000H 开始的 100 个字节数据向高地址方向移动一个字节位置。

程序段如下:

```
MOV  AX , DS
MOV  ES , AX     ;使 ES=DS
```

```
MOV   SI , 1063H   ;1063H 是源串的最高地址
MOV   DI , 1064H   ;1064H 是目的串的最高地址
MOV   CX , 64H
STD                ;DF = 1, 地址减量修改
REP   MOVSB
```

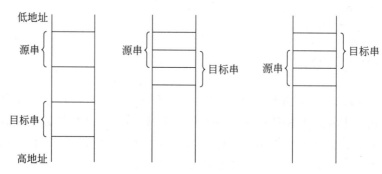

图 4.11　串传送方向示意

2. 串比较指令 CMPSB/CMPSW

串比较指令将源串的一个元素减去目标串中相对应的一个元素,但不回送结果,只是根据结果特征设置标志,并修改 SI 和 DI 寄存器的值以指向下一个元素。通常在 CMPSB/CMPSW 指令前加上重复前缀 REPZ/REPE 或 REPNZ/REPNE,以寻找目的串与源串中第一个相同或不相同的串元素。

【例 4.57】　比较分别从地址 0400H 和 0600H 开始的两个字节串是否相同(设字节串的长度为 100)。

程序段如下:

```
MOV   SI , 0400H
MOV   DI , 0600H
CLD
MOV   CX , 64H     ;重复计数为 100
REPZ   CMPSB
JZ   STR_EQU       ;若两个串完全相同,则转移到 STR_EQU 处执行
      ⋮
STR_EQU:
      ⋮
```

上述程序段用来检测两个字节串是否完全相同,若不完全相同还可由 CX 的值知道第一个不相同的字节是串中的第几个元素。

3. 串扫描指令 SCASB/SCASW

串扫描指令用 AL 中的字节或 AX 中的字与 ES:DI 所指向的内存单元的字节或字相比较,即把两者相减,但不回送结果,只根据结果特征设置标志位,并修改 DI 寄存器的

值以指向下一个串元素。通常在 SCASB/SCASW 指令前加上重复前缀 REPE/REPZ 或 REPNE/REPNE,以寻找串中第一个与 AL(或 AX)的值相同或不相同的串元素。

【例 4.58】 在 0040H 地址开始的字符串中寻找 $ 字符(设字符串的长度为 100)。

```
        CLD
        MOV   CX , 100   ;重复计数为 100
        MOV   DI , 0400H
        MOV   AL ,'$'    ;扫描的值是 $ 字符的 ASCII 码
        REPNE  SCASB      ;串扫描
        JZ   ZER          ;若找到,则转移到 ZER 处执行
          ⋮
ZER:
          ⋮
```

注意,ZF 标志并不因为 CX 寄存器在操作过程中不断减 1 而受影响,所以在上面的程序段中可用 JZ 指令来判断是否扫描到所寻找的字符。当执行到 JZ 指令时,若 ZF=1,则一定是因为扫描到'$'字符而结束扫描。

4. 取串指令 LODSB/LODSW

取串指令用来将 DS:SI 所指向的存储区的字节或字取到 AL 或 AX 寄存器中,并修改 SI 的值以指向下一个串元素。因为累加器在每次重复时都被重写,只有最后一个元素被保存下来,故这条指令前一般不加重复前缀,而常用在循环程序段中,和其他指令结合起来完成复杂的串操作功能。

【例 4.59】 下面的程序段将从地址 1000H 开始的 100 个字数据中的负数相加,其和存放到紧接着该串的下一顺序地址中。

```
        CLD
        MOV  SI , 1000H      ;首元素地址为 1000H
        MOV  BX , 0
        MOV  DX , 0
        MOV  CX , 101
LOD: DEC   CX
        JZ  STO
        LODSW                ;从源串中取一个字存入 AX
        MOV  BX , AX
        AND  AX , 8000H      ;判断该元素是否是负数
        JZ  LOD
        ADD  DX , BX
        JMP  LOD
STO: MOV   [ SI ] , DX
```

5. 存串指令 STOSB/STOSW

存串指令把 AL 或 AX 的内容存入到由 ES:DI 所指向的内存单元,并修改 DI 寄存器的值,使其指向下一目的单元。STOSB/STOSW 指令前加上重复前缀 REP 后,可以

使一段内存单元中填满相同的值。STOSB/STOSW 指令也可以前面不加重复前缀,类似 LODSB/LODSW 指令一样,同其他指令结合起来完成较复杂的串操作功能。

4.3.5 转移指令

凡属能改变指令执行顺序的指令可统称为转移指令。在 8086 程序中,指令的执行顺序由代码段寄存器 CS 和指令指针寄存器 IP 的值决定。CS 寄存器包含现行代码段的段基值,用来指出将被取出指令的 64K 存储器区域的首地址。使用 IP 作为距离代码段首地址的偏移量。CS 和 IP 的结合指出了将要取出指令的存储单元地址。转移指令根据指令指针寄存器 IP 和 CS 寄存器进行操作。改变这些寄存器的内容就会改变程序的执行顺序。

8086 指令系统的 4 组转移指令如表 4.12 所示。其中只有中断返回指令(IRET)影响 CPU 的控制标志位,然而许多转移指令的执行受状态标志位的控制和影响,即当转移指令执行时把相应的状态标志的值作为测试条件,若条件为真,则转向指令中的目标标号(LABEL)处,否则顺序执行下一条指令。

表 4.12　转移指令

分　组		格　　式	指 令 功 能	测 试 条 件
无条件 转移指令		JMP　DST CALL　DST RET	无条件转移 过程调用 过程返回	
条件 转移	根据某一 状态标志 转移	JC　　　LABEL	有进位时转移	CF=1
		JNC　　LABEL	没有进位时转移	CF=0
		JE/JZ　LABEL	等于/为 0 时转移	ZF=1
		JNE/JNZ　LABEL	不等于/不为 0 时转移	ZF=0
		JO　　　LABEL	溢出时转移	OF=1
		JNO　　LABEL	无溢出时转移	OF=0
		JNP/JPO　LABEL	奇偶位为 0 时转移	PF=0
		JP/JO　LABEL	奇偶位为 1 时转移	PF=1
		JNS　　LABEL	正数时转移	SF=0
		JS　　　LABEL	负数时转移	SF=1
	对无符 号数	JB/JNAE　LABEL	低于/不高于等于时转移	CF=1
		JNB/JAE　LABEL	不低于/高于等于时转移	CF=0
		JA/JNBE　LABEL	高于/不低于等于时转移	CF=0 且 ZF=0
		JNA/JBE　LABEL	不高于/低于等于时转移	CF=1 或 ZF=1
	对有 符号数	JL/JNGE　LABEL	小于/不大于等于时转移	SF≠OF
		JNL/JGE　LABEL	不小于/大于等于时转移	SF=OF
		JG/JNLE　LABEL	大于/不小于等于时转移	ZF=0 且 SF=OF
		JNG/JLE　LABEL	不大于/小于等于时转移	ZF=1 或 SF≠OF

分　组	格　　式	指　令　功　能	测　试　条　件
循环控制	LOOP　LABEL LOOPE/LOOPZ　LABEL LOOPNE/LOOPNZ　LABEL JCXZ　LABEL	循环 相等/为 0 时循环 不等/结果不为 0 时循环 CX 值为 0 时循环	CX≠0 CX≠0 且 ZF=1 CX≠0 且 ZF=0 CX=0
中断及 中断返回	INT INTO IRET	中断 溢出中断 中断返回	

1. 无条件转移指令

1）无条件转移指令 JMP

JMP 指令使程序无条件转移到目标地址去执行,根据目标地址寻址方式的不同,JMP 指令有几种不同的格式及操作,下面分别予以说明。

（1）段内直接短转移

格式:JMP SHORT LABEL

操作:IP←IP+8 位位移量

说明:其中 LABEL 是符号形式的转移目标地址,8 位位移量是根据转移目标地址 LABEL 确定的。转移的目标地址在汇编格式的指令中通常使用符号地址,但在机器码指令中,它是用距当前 IP 值(即 JMP 指令下一条指令的地址)的位移量来表示的。指令执行时,将当前 IP 值与该 8 位位移量之和送入 IP 寄存器。由于位移量要满足向前或向后转移的需要,所以它是一个带符号数(用补码表示),8 位补码表示的带符号数允许在距当前 IP 值-128~+127 字节范围的转移。

【例 4.60】　程序中有一条段内直接短转移指令如下所示:

```
        ⋮
    JMP   SHORT  DISPLAY
        ⋮
DISPLAY : MOV  AL , 10 H
        ⋮
```

图 4.12 给出了该转移指令及相关部分的机器码情况。由图可见,位移量=06H,当前 IP 值为 0102H,所以转向偏移地址(新的 IP 值)=0102H+06H=0108H,对应的符号地址为 DISPLAY。

（2）段内直接近转移

格式:JMP NEAR PTR LABEL

操作:IP←IP+16 位位移量

说明:段内直接近转移和段内直接短转移的操作类似,只不过其位移量为 16 位。在汇编格式的指令中 LABEL 也只需要使用符号地址,由于位移量是 16 位带符号数,所以

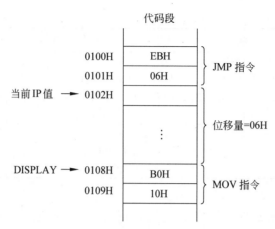

图 4.12　段内直接短转移举例

它可以实现距当前 IP 值－32768～＋32767 字节范围的转移。

（3）段内间接转移

格式：JMP WORD PTR OPR

操作：IP←(EA)

说明：其中有效地址 EA 由 OPR 的寻址方式确定。它可以采用除立即数寻址以外任何一种寻址方式，如果指定的是 16 位寄存器，则把寄存器的内容送到 IP 寄存器中；如果是存储器寻址，则把存储器中相应字单元的内容送到 IP 寄存器。

（4）段间直接转移

格式：JMP FAR PTR LABEL

操作：IP←LABEL 的段内偏移量
　　　　CS←LABEL 的段基值

说明：在汇编格式指令中 LABEL 为符号形式的目标地址，而在机器语言表示中则为对应于 LABEL 的偏移量和段基值。

（5）段间间接转移

格式：JMP DWORD PTR OPR

操作：IP←(EA)
　　　　CS←(EA＋2)

说明：其中 EA 由 OPR 的寻址方式确定，它可以使用除立即数及寄存器寻址以外的任何存储器寻址方式。根据寻址方式求出 EA 后，把从 EA 开始的低字单元的内容送到 IP 寄存器，高字单元的内容送到 CS 寄存器，从而实现段间转移。

【例 4.61】

```
JMP   DWORD PTR  [BX + SI + 10H]
```

该指令为段间间接转移，目标地址存放于由 BX＋SI＋10H 所指向的内存双字单元中。

2）过程调用指令 CALL

"过程"是能够完成特定功能的程序段,习惯上也称之为"子程序",调用"过程"的程序称作"主程序"。随着软件技术的发展,过程已成为一种常用的程序结构,尤其是在模块化程序设计中,过程调用已成为一种必要的手段。在程序设计中,使用过程调用可简化主程序的结构,缩短软件的设计周期。

8086 指令系统中把处于当前代码段的过程称作近过程,可通过 NEAR 属性参数来定义,而把处于其他代码段的过程称作远过程,可通过 FAR 属性参数来定义。过程定义的一般格式如下所示:

```
Proc_A   PROC NEAR 或 FAR
           ----------
           ----------
              ⋮
           ----------
           RET
Proc_A   ENDP
```

其中 Proc_A 为过程名,NEAR 或 FAR 为属性参数,PROC 和 ENDP 是伪指令(伪指令的概念将在第 5 章进一步说明)。

过程调用指令 CALL 迫使 CPU 暂停执行下一条顺序指令,而把下一条指令的地址压入堆栈,这个地址叫返回地址。返回地址压栈保护后,CPU 会转去执行指定的过程。等过程执行完毕后,再由过程返回指令 RET/RET n 从堆栈顶部弹出返回地址,从而从 CALL 指令的下一条指令继续执行。

根据目标地址(即被调用过程的地址)寻址方式的不同,CALL 指令有 4 种格式,表 4.13 列出了这 4 种格式及相应操作。

表 4.13 过程调用指令

名　　称	格式及举例	操　　作
段内直接调用	CALL　DST 例: CALL　DISPLAY	SP←SP−2 (SP+1,SP)←IP } 保存返回地址 IP←IP+16 位位移量　形成转移地址
段内间接调用	CALL　DST 例: CALL　BX	SP←SP−2 (SP+1,SP)←IP } 保存返回地址 IP←(EA)　　　形成转移地址 (EA——由 DST 的寻址方式计算出的有效地址)
段间直接调用	CALL　DST 例: CALL　FAR PTR　L	SP←SP−2 (SP+1,SP)←CS SP←SP−2 (SP+1,SP)←IP } 保存返回地址 IP←偏移量 CS←段基值 } 形成转移地址

续表

名　　称	格式及举例	操　　作
段间间接调用	CALL　DST 例： CALL　DWORD PTR [DI]	SP←SP−2 (SP+1,SP)←CS　}保存返回地址 SP←SP−2 (SP+1,SP)←IP IP←(EA)　}形成转移地址 CS←(EA+2)

第一种为段内直接调用，与前面介绍的"JMP DST"指令类似，CALL 指令中的 DST 在汇编格式的表示中也一般为符号地址(即被调用过程的过程名)；在指令的机器码表示中，它同样是用相对于当前 IP 值(即 CALL 指令的下一条指令的地址)的位移量来表示的；指令执行时，首先将 CALL 指令的下一条指令的地址压入堆栈，称为保存返回地址，然后将当前 IP 值与指令机器码中的一个 16 位的位移量相加，形成转移地址，并将其送入 IP 寄存器，从而使程序转移至被调过程的入口处。

第二种为段内间接调用，此时也将 CALL 指令的下一条指令的地址入栈，而调用目标地址的 IP 值则来自于一个通用寄存器或存储器两个连续字节单元中所存的内容。

第三种为段间直接调用，第四种为段间间接调用，这两种指令的操作情况如表 4.13 所示。与段内调用不同，段间调用在保存返回地址时要依次将 CS 和 IP 值都压入堆栈。

3) 过程返回指令 RET/RET n

过程返回指令 RET/RET n 也有 4 种格式，如表 4.14 所示。

表 4.14　过程返回指令

名　　称	格　　式	操　　作
段内返回 段内带立即数返回	RET (机器码为 C3H) RET n	IP←(SP+1,SP)　}弹出返回地址 SP←SP+2 IP←(SP+1,SP)　}弹出返回地址 SP←SP+2 SP←SP+n　　(n 为偶数)
段间返回 段间带立即数返回	RET (机器码为 CBH) RET n	IP←(SP+1,SP) SP←SP+2 CS←(SP+1,SP)　}弹出返回地址 SP←SP+2 IP←(SP+1,SP) SP←SP+2 CS←(SP+1,SP)　}弹出返回地址 SP←SP+2 SP←SP+n　　(n 为偶数)

由于段内调用时，不管是直接调用还是间接调用，执行 CALL 指令时对堆栈的操作

都是一样的,即将 IP 值压栈。因此,对于段内返回,RET/RET n 指令就将 IP 值弹出堆栈;而对于段间返回,RET/RET n 指令则与段间调用的 CALL 指令相呼应,分别将 CS 和 IP 值弹出堆栈。

如果主程序通过堆栈向过程传送了一些参数,过程在运行中要使用这些参数,一旦过程执行完毕返回时,这些参数也应从堆栈中作废,这就产生了"RET n"格式的指令,即 RET 指令中带立即数 n。n 就是要从栈顶作废的参数字节数。由于堆栈操作是以字为单位进行的,因此 n 必须是一个偶数。

2. 条件转移指令

条件转移指令是通过指令执行时检测由前面指令已设置的标志位来确定是否发生转移的指令。它往往跟在影响标志位的算术运算或逻辑运算指令之后,用来实现控制转移。条件转移指令本身并不影响任何标志位。条件转移指令执行时,若测试的条件满足(条件为真),则程序转向指令中给出的目标地址处;否则,顺序执行下一条指令。

8086 指令系统中,所有的条件转移指令都是短(SHORT)转移,即目标地址必须在现行代码段,并且应在当前 IP 值的 $-128 \sim +127$ 字节范围内。此外,8086 的条件转移指令均为相对转移,它们的汇编格式也都是类似的,即形如"Jcond 标号"的格式,其中的标号在汇编指令中可直接使用符号地址,但在指令的机器码表示中对应一个 8 位的带符号数(数值为目标地址与当前 IP 值之差)。如果发生转移,则将这个带符号数与当前 IP 值相加,其和作为新的 IP 值。

另外,由于带符号数的比较与无符号数的比较,其结果特征是不一样的,因此指令系统给出了两组指令,分别用于无符号数与有符号数的比较。条件转移指令共有 18 条,具体情况可参见表 4.12,这里不再赘述。

3. 循环控制指令

循环程序是一种常用的程序结构。为了加快循环程序的执行,8086 指令系统中专门设置了一组循环控制指令。从技术上讲,循环控制指令是条件转移指令,只不过它是专门为实现循环控制而设计的。循环控制指令用 CX 寄存器作为计数器。与条件转移指令一样,循环控制指令都是相对短(SHORT)转移,即只能转移到它本身的 $-128 \sim +127$ 字节范围的目标地址处。

(1) LOOP 标号

该指令执行时将 CX 寄存器的值减 1,若 CX≠0,则转移到标号地址继续循环,否则结束循环执行紧跟 LOOP 指令的下一条指令。

(2) LOOPE/LOOPZ 标号

LOOPE 和 LOOPZ 是同一条指令的不同助记符。该指令指行时将 CX 寄存器的值减 1,若 CX≠0 且 ZF 标志为 1,则继续循环;否则,顺序执行下一条指令。

(3) LOOPNE/LOOPNZ 标号

LOOPNE 和 LOOPNZ 也是同一条指令的不同助记符。该指令执行时将 CX 的值减 1,若 CX≠0 且 ZF=0,则继续循环;否则,顺序执行下一条指令。

注意,上述循环控制指令本身并不影响任何标志位。也就是说,ZF 标志位并不受 CX 减 1 的影响,即 ZF=1,CX 不一定为 0 。ZF 是由前面指令决定的。

(4) JCXZ 标号

该指令不对 CX 的值进行操作,只是根据 CX 的值控制转移。若 CX=0 则转移到标号地址处。

【例 4.62】 在 100 个字符构成的字符串中寻找第一个 $ 字符,并可以在循环出口处根据 ZF 标志和 CX 寄存器的值来确定是否找到以及找到时该字符的位置。

程序段如下:

```
        MOV  CX , 100
        MOV  SI , 0FFFH; 假设字符串从偏移地址 1000H 处开始存放
NEXT: INC  SI
        CMP  BYTE PTR  [ SI ],'$'
        LOOPNZ  NEXT
```

注意,上面程序段中 ZF 标志是由 CMP 指令设置的,而与 LOOPNZ 指令的 CX 减 1 操作无关。

在程序的循环出口处,根据 ZF 和 CX 的值可知有如下 4 种可能的结果:

```
ZF = 0   CX = 0, 在串中没有找到 $ 字符
ZF = 0   CX≠0, 还未找到,继续找
ZF = 1   CX≠0, 已找到,且由 CX 的值可确定其位置
ZF = 1   CX = 0, 已找到,位置在最后一个字符处
```

4. 中断及中断返回指令

中断及中断返回指令能使 CPU 暂停执行后续指令,而转去执行相应的中断服务程序,或从中断服务程序返回主程序。它与过程调用和返回指令有相似之处,区别在于中断类指令不直接给出服务程序的入口地址,而是给出服务程序的类型码(即中断类型码)。CPU 可根据中断类型码从中断入口地址表中查到中断服务程序的入口地址。

(1) INT 中断类型码

CPU 执行 INT 指令时,先将标志寄存器 FR 的值压栈,然后清除中断标志 IF 和单步标志 TF,从而禁止可屏蔽中断和单步中断进入,再将当前 CS 和 IP 寄存器的值压入堆栈保护,最后从中断地址入口表中取得中断服务程序的入口地址,分别装入 CS 和 IP 寄存器中。这样 CPU 就转去执行相应的中断服务程序。

(2) INTO

该指令为溢出中断指令,用来对溢出标志 OF 进行测试。若 OF=1,则产出一个溢出中断,否则执行下一条指令而不启动中断过程。系统中把溢出中断定义为类型 4,其中断服务程序的入口地址存放在中断入口地址表的 10H～13H 单元中。

INTO 指令一般跟在带符号数的算术运算指令之后,若运算发生溢出,就启动中断过程。

（3）IRET

该指令为中断返回指令,总是放在中断服务程序的末尾,执行该指令时从栈顶弹出 3 个字分别送入 IP、CS 和 FR(按中断调用时的逆序恢复断点),使 CPU 返回到程序断点处继续执行。

注意,中断返回指令 IRET 与过程返回指令 RET 的意义与执行的操作并不完全相同。

4.3.6　处理器控制指令

这组指令完成各种控制 CPU 的功能以及对某些标志位的操作,共有 12 条指令,可分为 3 组,如表 4.15 所示。

表 4.15　处理器控制指令

分　组	格　式	功　能
标志操作	STC	把进位标志 CF 置 1
	CLC	把进位标志 CF 清 0
	CMC	把进位标志 CF 取反
	STD	把方向标志 DF 置 1
	CLD	把方向标志 DF 清 0
	STI	把中断标志 IF 置 1
	CLI	把中断标志 IF 清 0
外同步	HLT	暂停
	WAIT	等待
	ESC	交权
	LOCK	封锁总线
空操作	NOP	空操作

1. 标志操作指令

各条标志操作指令的功能如表 4.15 所示,其中没有设置单步标志 TF 的指令,设置 TF 的方法在本章前面讲述 PUSHF 和 POPF 指令时已经提到。

2. 外同步指令

8086 CPU 构成最大模式系统时,可与别的处理器一起构成多微处理器系统。当 CPU 需要协处理器帮助它完在某个任务时,CPU 可用同步指令向协处理器发出请求,等它们接受这一请求,CPU 才能继续执行程序。为此,8086 指令系统中专门设置 4 条外同步指令。

（1）暂停指令 HLT

该指令使 8086 CPU 进入暂停状态。若要离开暂停状态,要靠 RESET 的触发,或靠接受 NMI 线上的不可屏蔽中断请求,或者允许中断时,靠接受 INTR 线上的可屏蔽中断请求。HLT 指令不影响任何标志位。

(2) 等待指令 WAIT

该指令使 CPU 进入等待状态,并每隔 5 个时钟周期测试一次 8086 CPU 的 TEST 引脚状态,直到 $\overline{\text{TEST}}$ 引脚上的信号变为有效为止。WAIT 指令与交权指令 ESC 联合使用,提供了一种存取协处理器 8087 数值的能力。

(3) 交权指令 ESC

该指令是 8086 CPU 要求协处理器完成某种功能的命令。协处理器平时处于查询状态,一旦查询到 CPU 发出 ESC 指令,被选协处理便可开始工作,根据 ESC 指令的要求完成某种操作。等协处理器操作结束,便在 $\overline{\text{TEST}}$ 引脚上向 8086 CPU 回送一个有效信号。CPU 查询到 $\overline{\text{TEST}}$ 有效才能继续执行后续指令。

(4) LOCK

LOCK 是一个特殊的指令前缀,它使 8086 CPU 在执行后面的指令期间,发出总线封锁信号 $\overline{\text{LOCK}}$,以禁止其他协处理器使用总线。它一般用于多处理器系统的程序设计。

3. 空操作

空操作指令 NOP 执行期间 CPU 不完成任何有效功能,只是每执行一条 NOP 指令,耗费 3 个时钟周期的时间,常用来延时或取消部分指令时用作填充存储空间。

4.4　80286~Pentium 指令系统

Intel 80x86 系列微处理器的一个重要特点是向前兼容性,这包括指令、寄存器和操作方式等多方面。从指令系统方面看,这种向前兼容性就是每种处理器的指令系统都包括了该系列早期处理器的全部指令。当然,每种新的 CPU 都对早期 CPU 的指令系统进行了增强和扩充,以提供更强大的功能和更方便的操作。指令系统的这种增强和扩充主要包括两个方面:一是对早期 CPU 已有的某些指令进行功能上的扩展和改进;二是增加早期 CPU 没有的新指令。因此,欲了解后续 80x86 CPU 的指令系统时,只需在其早期 CPU 指令系统的基础上,分别了解和掌握不同时期 CPU 指令系统的扩充部分即可。由于篇幅所限,本书不再详细介绍 80286~Pentium 系列指令系统的增强和扩充部分。需要时可查阅参考文献[1]或 Intel 相关数据手册。

习题 4

4.1　分别指出下列指令中目的操作数和源操作数的寻址方式。

(1) MOV DI, 300　　　　　　(2) MOV [SI], AX

(3) AND AX, DS:[2000H]　　(4) MOV CX, [DI+4]

（5）ADD AX，［BX+DI+7］　　　（6）PUSHF

4.2　设 CS=2500H，DS=2400H，SS=2430H，ES=2520H，BP=0200H，SI=0010H，DI=0206H，试计算下列指令源操作数的有效地址和物理地址。

（1）MOV AX，［BP+SI+4］　　　　（2）ADD AX，［DI+100H］

4.3　判断下列 8086 指令是否正确，并说明理由。

（1）MOV BL，AX　　　　　　　　（2）INC［BX］

（3）MOV BX，［AX］　　　　　　　（4）MOV AX，［BX］

（5）POP BX　　　　　　　　　　（6）POP CS

（7）MOV 5，AL　　　　　　　　　（8）ADD BYTE PTR［BX］，［DI］

（9）MOV［BX］，20H　　　　　　　（10）OUT 258H，AL

（11）MOV［50-BP］，AX　　　　　（12）MOV BP，SP

4.4　编写程序段分别实现下列运算（假设运算中各变量均为带符号字变量）。

（1）Z←X-Y-Z　　　　　　　　　（2）Z←X+（Y-6）-（W+100）

（3）Z←(W*X)/(Y+100)之商，R←余数

4.5　编写两段程序分别将标志寄存器中的单步标志置 1、清 0，并且不改变其他各标志位的值。

4.6　编写两段程序分别完成以下操作。假设题中各变量的值均为用压缩的 BCD 码表示的两位十进制数。

（1）U←V+（S-6）　　　　　　　（2）R←（X+Y）-（W-Z）

4.7　如果各变量的值均为非压缩的 BCD 码表示的一位十进制数，试完成题 4.6。

4.8　数据段从偏移地址 1000H 处开始连续存放了 200H 个字节的数据，编写一段程序将这些数据移到数据段从偏移地址 1100H 处开始的连续区域中。

4.9　编写一段程序把从 PACKED 开始的 16 位压缩 BCD 数（占 8 个字节单元）转换成非压缩的 BCD 数（占 4 个字节单元），并把结果存在从 UNPACKED 开始的单元中。

第 **5** 章

汇编语言的基本语法

本章首先介绍汇编语言程序的结构和基本语法,然后简要介绍 ROM BIOS 中断调用和 DOS 系统功能调用,最后介绍汇编语言程序上机调试的基本过程。

5.1 汇编语言的特点

用指令的助记符、符号常量、标号等符号形式书写程序的程序设计语言称为汇编语言(Assemble Language)。它是一种面向机器的程序设计语言,其基本内容是机器语言的符号化描述。

与机器语言相比,使用汇编语言来编写程序的突出优点就是可以使用符号。具体地说,就是可以用助记符来表示指令的操作码和操作数,可以用标号来代替地址,用符号表示常量和变量。助记符一般都是表示相应操作的英文字母的缩写,便于识别和记忆。不过,用汇编语言编写的程序不能由机器直接执行,而必须翻译成由机器代码组成的目标程序,这个翻译的过程称为汇编。当前绝大多数情况下,汇编过程是通过软件自动完成的。用来把汇编语言编写的程序自动翻译成目标程序的软件叫汇编程序(即汇编器Assembler)。汇编过程的示意如图 5.1 所示。

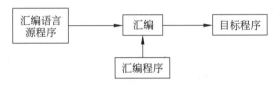

图 5.1 汇编过程示意

用汇编语言编写的程序叫汇编语言源程序。第 4 章中介绍的指令系统中的每条指令都是构成汇编语言源程序的基本语句。汇编语言的指令和机器语言的指令之间有一一对应的关系。

汇编语言是和机器硬件密切相关的,汇编代码基于特定平台,不同 CPU 的机器有不同的汇编语言。采用汇编语言进行程序设计时,可以充分利用机器的硬件功能和结构特点,从而可以有效地加快程序的执行速度,减少目标程序所占用的存储空间。

与高级语言相比,汇编语言提供了直接控制目标代码的手段,而且可以直接对输入/输出端口进行控制,实时性能好,执行速度快,节省存储空间。大量的研究与实践表明,为解决同一问题,用高级语言与用汇编语言所写的程序,经编译与汇编后,它们所占用的存储空间与执行速度存在很大差别。统计表明,汇编语言所占用的存储空间要节省30%,执行速度要快 30%。所以,对这两方面要求都很高的实时控制程序往往用汇编语言编写。另外,要了解计算机是如何工作的,也要学习汇编语言。汇编语言的出现是计算机技术发展的一个重要里程碑。它迈出了走向今天我们所使用的高级语言的第一步。

汇编语言的缺点是编程效率较低,又由于它紧密依赖于机器结构,所以可移植性较差,即在一种机器系统上编写的汇编语言程序很难直接移植到不同的机器系统上去。

尽管如此,由于利用汇编语言进行程序设计具有很高的时空效率并能够充分利用机器的硬件资源等方面的特点,使其在需要软、硬件结合的开发设计中尤其是计算机底层软件的开发中,仍有着其他高级语言所无法替代的作用。

早期的汇编语言程序设计主要是在 DOS 环境下进行的,随着计算机软、硬技术的发展,目前在 Windows、Linux、UNIX 环境下的汇编语言程序设计技术已引起人们普遍的关注和重视。汇编程序(汇编器)的功能也在不断增强,版本不断更新,早期有 8086 汇编程序 ASM-86,后来出现宏汇编程序 MASM-86,目前广泛使用的是 MASM 5.X、MASM 6.X 等。

5.2 汇编语言程序结构和基本语法

5.2.1 示例程序

为了更好地介绍汇编语言程序的格式和基本语法,下面给出一个完整的汇编语言源程序示例。该程序的具体功能是将程序中定义的 16 位二进制数转换为 4 位十六进制数,并输出到显示器上去。

```
DATA   SEGMENT                        ;数据段
    NUM   DW   0011101000000111B       ;即 3A07H
    NOTES  DB   'The result is:', '$'
DATA   ENDS
STACK   SEGMENT   STACK                ;堆栈段
    STA   DB   50 DUP (?)
    TOP   EQU   LENGTH STA
STACK   ENDS
CODE   SEGMENT                         ;代码段
    ASSUME   CS:CODE , DS: DATA , SS:STACK
BEGIN: MOV   AX , DATA
       MOV   DS , AX                   ;为 DS 赋初值
       MOV   AX , STACK
       MOV   SS , AX                   ;为 SS 赋初值
       MOV   AX , TOP
       MOV   SP , AX                   ;为 SP 赋初值
       MOV   DX , OFFSET NOTES         ;显示提示信息
       MOV   AH , 09H
       INT   21H
       MOV   BX , NUM                  ;将数据装入 BX
       MOV   CH , 4                    ;共 4 个十六进制数字
ROTATE:MOV   CL , 4                    ;CL 为移位位数
       ROL   BX , CL
       MOV   AL , BL
       AND   AL , 0FH                  ;AL 中为一个十六进制数
       ADD   AL , 30h                  ;转换为 ASCII 码值
       CMP   AL , '9'                  ;是 0~9 的数码
       JLE   DISPLAY
```

```
        ADD   AL , 07H              ;在 A~F 之间
DISPLAY:MOV   DL , AL              ;显示这个十六进制数
        MOV   AH , 2
        INT   21H
        DEC   CH
        JNZ   ROTATE
        MOV   AX , 4C00H           ;退出程序并回到 DOS
        INT   21H
CODE  ENDS                         ;代码段结束
      END   BEGIN                  ;程序结束
```

从这个示例程序可以清楚地看到汇编语言源程序的两个组成特点：分段结构和语句行。下面简要说明这两个特点。

1. 分段结构

汇编语言源程序是按段来组织的。通过第 3 章的介绍我们已经知道,8086 汇编源程序最多可由 4 种段组成,即代码段、数据段、附加段和堆栈段,并分别由段寄存器 CS、DS、ES 和 SS 中的值(段基值)来指示段的起始地址,每段最大可占 64K 字节单元。

从示例程序可以看到,每段有一个名字,并以符号 SEGMENT 表示段的开始,以 ENDS 作为段的结束符号。两者的左边都必须有段的名字,而且名字必须相同。

示例程序中共有 3 个段,分别是数据段(段名为 DATA)、堆栈段(段名为 STACK)和代码段(段名为 CODE)。

2. 语句行

汇编语言源程序的段由若干语句行组成。语句是完成某种操作的指示和说明,是构成汇编语言程序的基本单位。上述示例程序共有 38 行,即共有 38 个语句行。汇编语言程序中的语句可分为 3 种类型：指令语句、伪指令语句和宏指令语句。

需要指出的是,对于指令语句,汇编程序将把它翻译成机器代码,并由 CPU 识别和执行；而对于伪指令语句(又称指示性语句),汇编程序并不把它翻译成机器代码,它仅向汇编程序提供某种指示和引导信息,使之在汇编过程中完成相应的操作,如给特定符号赋予具体数值,将特定存储单元放入所需数据等；关于宏指令的特点,将在后面 5.2.5 节作具体介绍。

5.2.2 基本概念

下面结合示例程序,详细介绍汇编语言程序设计中的几个基本概念。

1. 标识符

标识符也叫名字,是程序员为了使程序便于书写和阅读所使用的一些字符串。例如示例程序中的数据段名 DATA,代码段名 CODE,程序入口名 BEGIN,标号名 DISPLAY

等。定义一个标识符有如下几点要求：

(1) 标识符可以由字母 A～Z,a～z,数字 0～9,专用字符?,·,@,$,_等符号构成；

(2) 标识符不能以数字开始,如果用到字符"·"则必须是第一个字符；

(3) 标识符长度不限,但是宏汇编程序仅识别前 31 个字符。

2. 保留字

保留字(也称关键字)是汇编语言中预先保留下来的具有特殊含义的符号,只能作为固定的用途,不能由程序员任意定义。例如示例程序中的 SEGMENT、MOV、INT、END等。所有的寄存器名、指令操作助记符、伪指令操作助记符、运算符和属性描述符等都是保留字。

3. 数的表示

在没有 8087、80287、80387 等数学协处理器的系统中,所有的常数必须是整数。表示一个整数应遵循如下的规则：

(1) 默认情况下是十进制,但可以使用伪指令"RADIX n"来改变默认基数,其中 n 是要改变成的基数。

(2) 如果要用非默认基数的进位制来表示一个整数,则必须在数值后加上基数后缀。字母 B,D,H,O 或 Q 分别是二进制、十进制、十六进制、八进制的基数后缀。例如示例程序中的 0011101000000111B、21H 等整数。

(3) 如果一个十六进制数以字母开头,则必须在前面加数字 0。例如,十六进制数 F应表示为 0FH。

(4) 可以用单引号括起一个或多个字符来组成一个字符串常数,如示例程序中的'The result is：'。字符串常数以串中字符的 ASCII 码值存储在内存中,如'The'在内存中就是 54H、68H、65H。

在有数学协处理器的系统中,可以使用实数。实数的类型有多种,但其一般的表示形式如下：

$$\pm\text{整数部分}.\text{小数部分 E}\pm\text{指数部分}$$

例如,实数 5.213×10^{-6} 表示为 5.213E−6。

4. 表达式和运算符

表达式由运算符和操作数组成,可分为数值表达式和地址表达式两种类型。

操作数可以是常数、变量名或标号等,在内容上可能代表一个数据,也可能代表一个存储单元的地址。变量名和标号都是标识符。例如示例程序中的变量名 NUM、NOTES和标号 BEGIN、ROTATE 等。

数值表达式能被计算产生一个数值的结果。而地址表达式的结果是一个存储器的地址,如果这个地址的存储区中存放的是数据,则称它为变量;如果存放的是指令,则称它为标号。

汇编语言程序中的运算符的种类很多,可分为算术运算符、逻辑运算符、关系运算符、分析运算符、综合运算符、分离运算符、结构和记录中专用运算符和其他运算符等几类,如表5.1所示。

表 5.1 表达式中的运算符

类型	符号	功 能	实 例	运算结果
算术运算符	+	加法	2+7	9
	—	减法	9—7	2
	*	乘法	2 * 7	14
	/	除法	14/7	2
	MOD	取模	16/7	2
	SHL	按位左移	0010B SHL 2	1000B
	SHR	按位右移	1100B SHR 1	0110B
逻辑运算符	NOT	逻辑非	NOT 0110B	1001B
	AND	逻辑与	0101B AND 1100B	0100B
	OR	逻辑或	0101B OR 1100B	1101B
	XOR	逻辑异或	0101B XOR 1100B	1001B
关系运算符	EQ	相等	2 EQ 11B	全0
	NE	不等	2 NE 11B	全1
	LT	小于	2 LT 10B	全0
	LE	小于等于	2 LE 10B	全1
	GT	大于	2 GT 10B	全0
	GE	大于等于	2 GE 10B	全1
分析运算符	SEG	返回段基值	SEG DA1	
	OFFSET	返回偏移地址	OFFSET DA1	
	LENGTH	返回变量单元数	LENGTH DA1	
	TYPE	返回变量的类型	TYPE DA1	
	SIZE	返回变量总字节数	SIZE DA1	
综合运算符	PTR	指定类型属性	BYTE PTR 〔DI〕	
	THIS	指定类型属性	ALPHA EQU THIS BYTE	
分离运算符	HIGH	分离高字节	HIGH 2277H	22H
	LOW	分离低字节	LOW 2277H	77H
专用运算符	.	连接结构与字段	FRM.YER	
	< >	字段赋值	< , 2 , 7>	
	MASK	取屏蔽	MASK YER	
	WIDTH	返回记录/字段所占位数	WIDTH YER	
其他运算符	SHORT	短转移说明	JMP SHORT LABEL2	
	( )	改变运算优先级	(7—2) * 2	10
	[ ]	下标或间接寻址	ARY〔4〕	
	段前缀	段超越前缀	CS:〔BP〕	

如果在一个表达式中出现多个上述的运算符,将根据它们的优先级别由高到低的顺序进行运算,优先级别相同的运算符则按从左到右的顺序进行运算。运算符的优先级别如表5.2所示。

表5.2 运算符的优先级别

优先级别		运　算　符
高级	0	圆括号( ),方括号[ ],尖括号< >,点运算符·LENGTH,WIDTH,SIZE,MASK
	1	PTR,OFFSET,SEG,TYPE,THIS 段超越前缀
	2	HIGH,LOW
	3	*,/,MOD,SHL,SHR
	4	+,−
	5	EQ,NE,LT,LE,GT,GE
	6	NOT
	7	AND
低级	8	OR,XOR
	9	SHORT

下面对各种运算符做简单说明。

(1) 算术运算符

算术运算符的运算对象和运算结果都必须是整数。其中求模运算MOD就是求两个数相除后的余数。移位运算SHL和SHR可对数进行按位左移或右移,相当于对此数进行乘法或除数运算,因此归入算术运算符一类。注意,8086指令系统中也有助记符为SHL和SHR的指令,但与表达式中的移位运算符是有区别的。表达式中的移位运算符是伪指令运算符,它是在汇编过程中由汇编器进行计算的;而机器指令中的移位助记符,它是在程序运行时由CPU执行的操作。例如:

```
MOV  AL , 00011010B SHL 2        ;相当于 MOV AL , 01101000B
SHL  AL , 1                      ;移位指令,执行后 AL 中为 D0H
```

本例第一行中的"SHL"是伪指令的移位运算符,它在汇编过程中由汇编器负责计算;第二行中的"SHL"是机器指令的移位助记符,它在程序运行时由CPU负责执行。

(2) 逻辑运算符

逻辑运算符对操作数按位进行逻辑运算。指令系统中也有助记符为NOT、AND、OR、XOR的指令,两者的区别同上述"移位运算符"与"移位指令助记符"的区别一样。例如:

```
MOV  AL , NOT 10100101B          ;相当于 MOV  AL , 01011010B
NOT  AL                          ;逻辑运算指令
```

(3) 关系运算符

关系运算符对两个操作数进行比较,若条件满足,则运算结果为全"1";若条件不满

足,则运算结果为全"0"。例如:

```
MOV   AX , 5 EQ 101B
MOV   BH , 10H GT 16
MOV   BL , 0FFH EQ 255
MOV   AL , 64H GE 100
```

等效于:

```
MOV   AX , 0FFFFH
MOV   BH , 00H
MOV   BL , 0FFH
MOV   AL , 0FFH
```

(4)分析运算符

分析运算符可以"分析"出运算对象的某个参数,并把结果以数值的形式返回,所以又叫数值返回运算符。主要有 SEG、OFFSET、LENGTH、TYPE 和 SIZE 5 个分析运算符,下面分别予以介绍。

① SEG 运算符加在某个变量或标号之前,返回该变量或标号所在段的段基值。

② OFFSET 运算符加在某个变量或标号之前,返回该变量或标号的段内偏移地址。

③ LENGTH 运算符加在某个变量之前,返回的数值是一个变量所包含的单元(可以是字节、字、双字等)数,对于变量中使用 DUP 的情况,将返回以 DUP 形式表示的第一组变量被重复设置的次数;而对于其他情况则返回 1。

④ TYPE 运算符加在某个变量或标号之前,返回变量或标号的类型属性,返回值与类型属性的对应关系如表 5.3 所示。

表 5.3 TYPE 运算符的返回值

变量类型	返回值	标号类型	返回值
字节(BYTE)	1	近(NEAR)	−1(FFH)
字(WORD)	2	远(FAR)	−2(FEH)
双字(DWORD)	4		
四字(QWORD)	8		
十字节(TBYTE)	10		

⑤ SIZE 运算符加在某个变量之前,返回数值是变量所占的总字节数,且等于 LENGTH 和 TYPE 两个运算符返回值的乘积。

例如:

```
K1  DB  4 DUP(0)
K2  DW  10 DUP(?)
MOV  AH , LENGTH K1          ;LENGTH K1 = 4
MOV  AL , SIZE K1            ;TYPE K1 = 1, SIZE K1 = LENGTH K1 × TYPE K1 = 4 × 1 = 4
MOV  BH , LENGTH K2          ;LENGTH K2 = 10
MOV  BL , SIZE K2            ;TYPE K2 = 2, SIZE K2 = LENGTH K2 × TYPE K2 = 10 × 2 = 20
```

四条 MOV 指令分别等效于：

```
MOV  AH , 4
MOV  AL , 4
MOV  BH , 10
MOV  BL , 20
```

（5）综合运算符

综合运算符可用于指定变量或标号的属性，因此也叫属性运算符。其主要有 PTR 和 THIS 两个综合运算符，下面分别予以介绍。

① PTR 运算符用来规定内存单元的类型属性，格式是：

```
类型  PTR  符号名
```

其含义是将 PTR 左边的类型属性赋给其右边的符号名。例如：

指令"MOV BYTE PTR［1000H］, 0 "使 1000H 字节单元清 0；

指令"MOV WORD PTR［1000H］, 0 "使 1000H 和 1001H 两个字节单元清 0。

② THIS 运算符可以用来改变存储区的类型属性。格式是：

```
符号名  EQU  THIS  类型
```

其含义是将 THIS 右边的类型属性赋给 EQU 左边的符号名，并且使该符号名的段基值和偏移量与下一个存储单元的地址相同。THIS 运算符并不为它所在语句中的符号名分配存储空间，其功能是为下一个存储单元另起一个名字并另定义一种类型，从而可以使同一地址单元具有不同类型的名字，便于引用。例如：

```
A  EQU  THIS  BYTE
B  DW  1234H
```

此时，A 的段基值和偏移量与 B 完全相同。相当于给变量 B 起了个别名叫 A，但 A 的类型是字节型，而 B 的类型为字型；以后当用名字 A 来访问存储器数据时，实际上访问的是 B 开始的数据区，但访问的类型是字节。换句话说，对于 B 开始的数据区既可用名字 A 以字节类型来访问，也可用名字 B 以字的类型来访问。如对于上面的例子，可有如下的访问结果：

```
MOV  AL , A                    ;指令执行后, AL = 34H
MOV  AX , B                    ;指令执行后, AX = 1234H
```

当 THIS 语句中的符号名代表一个标号时，则能够赋予该标号的类型为 NEAR 或 FAR，例如：

```
BEGIN  EQU  THIS  FAR
       ADD  CX , 100
```

从而使 ADD 指令有一个 FAR 属性的地址 BEGIN，于是允许其他段通过 JMP 指令（如"JMP FAR PTR BEGIN"）远跳转到这里来。

注意，PTR 运算符只在使用它的语句中有效，而 THIS 运算符则影响从使用处往后的程序段。

（6）分离运算符

HIGH 运算符用来从运算对象中分离出高字节，LOW 运算符用来从运算对象中分离出低字节。例如：

```
MOV  AL , HIGH  1234H              ;相当于 MOV AL,12H
MOV  AL , LOW  1234H               ;相当于 MOV AL,34H
```

（7）其他运算符

① 短转移说明运算符 SHORT 用来说明一个转移指令的目标地址与本指令的字节距离为 $-128 \sim +127$。例如：

```
JMP  SHORT  LABEL2
```

② 圆括号运算符()用来改变运算符的优先级别，()中的运算符具有最高的优先级，与常见的算术运算的()的作用相同。

③ 方括号运算符[]常用来表示间接寻址。例如：

```
MOV  AX , [BX]
MOV  AX , [BX + SI]
```

④ 段超越前缀运算符"："表示后跟的操作数由指定的段寄存器提供段基值。例如：

```
MOV  BL , DS : [BP]                ;把 DS: BP 单元中的值送 BL
```

5．语句

和任何高级语言一样，语句是构成汇编语言程序的基本单位。汇编语言程序中的每个语句由四项组成，一般格式如下：

[名字项] 操作项 [操作数项][; 注释]

其中除"操作项"外，其他部分都是可选的。"名字项"是一个标识符，它可以是一条指令的标号或一个操作数的符号地址等；操作项是某种操作的助记符，例如加法指令的助记符 ADD 等；而"操作数项"由一个或多个操作数组成，它给所执行的操作提供原始数据或相关信息；注释由分号"；"开始，其后可为任意的文本。若一行的第一个字符为分号，则整行被视为注释。也可用 COMMENT 伪操作定义多行注释。注释会被汇编程序忽略，但对于读、写和调试源程序有很大帮助。提倡在源程序中给出充分的、恰如其分的注释。

程序中语句之间以及一条语句的各项之间都必须用分隔符分隔。其中分号"；"是注释开始的分隔符，冒号"："是标号与汇编指令之间的分隔符，逗号"，"用来分隔两个操作数，"空格"（ Space 键 ）和"制表符"(Tab 键）则可用于为了表示的清晰而在任意两部分之间插入若干个空格或制表符。

前面已指出，汇编语言程序中的语句分为指令语句、伪指令语句和宏指令语句三种，下面分别详细介绍。

5.2.3 指令语句

指令语句是要求 CPU 执行某种操作的命令,可由汇编程序翻译成机器代码。指令语句的格式如图 5.2 所示。

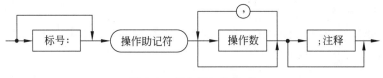

图 5.2 指令语句的格式

1. 标号

标号是一个标识符,是给指令所在地址取的名字。标号后必须跟冒号“：”。标号具有三种属性：段基值、偏移量及类型(NEAR 和 FAR)。

2. 操作助记符

操作助记符表示本指令的操作类型。它是指令语句中唯一不可缺少的部分。必要时可在指令助记符的前面加上一个或多个前缀,从而实现某些附加操作。

3. 操作数

操作数是参加指令运算的数据,可分为立即操作数、寄存器操作数、存储器操作数 3 种。有的指令不需要显式的操作数,如指令 XLAT；有的指令则需要不止一个的显式操作数,这时需用逗号“,”分隔两个操作数,如指令“ADD AX,BX”。

关于操作数,还有下面几个术语和概念应进一步说明,它们是常数、常量、变量、标号及偏移地址计数器 $ 。

(1) 常数

编程时已经确定其值,程序运行期间不会改变其值的数据对象称为常数。80x86 CPU 允许定义的常数类型有整数、字符串及实数。前面已经提到,在没有协处理器的环境中它不能处理实数,只能处理整数及字符串常数。整数可以有二进制、八进制、十进制、十六进制等不同表示形式。字符串常数可以用单引号括起一个或多个字符来组成。

(2) 常量

常量是用符号表示的常数。它是程序员给出的一个助记符作为一个确定值的标识,其值在程序执行过程中保持不变。常量可用伪指令语句 EQU 或“＝”来定义。例如：

    A EQU 7 或 A ＝ 7 都可将常量 A 的值定义为常数 7

（3）变量

编程时确定其初始值，程序运行期间可修改其值的数据对象称为变量。实际上，变量代表的就是存储单元。与存储单元有其地址和内容两重特性相对应，变量有变量名和值两个侧面，其中变量名与存储单元的地址相联系，变量的值则对应于存储单元的内容。

变量可由伪指令语句 DB、DW、DD 等来定义，通常定义在数据段和附加段。所谓定义变量，其实就是为数据分配存储单元，且对这个存储单元取一个名字，即变量名。变量名实际上就是存储单元的符号地址。存储单元的初值由程序员来预置。

变量有如下属性：

① 段基值：指变量所在段的段基值；

② 偏移地址：指变量所在的存储单元的段内偏移地址；

③ 类型：指变量所占存储单元的字节数。例如，用 DB 定义的变量类型属性为 BYTE（字节），用 DW 定义的变量类型属性为 WORD（字），用 DD 定义的变量类型属性为 DWORD（双字）等。

（4）标号

需要时可给指令的地址取名字，标号就是指令地址的名字，也称指令的符号地址。标号定义在指令的前面（通常是左边），用冒号作为分隔符。标号只能定义在代码段中，它代表其后第一条指令的第一个字节的存储单元地址，用于说明指令在存储器中的存储位置，可作为转移类指令的直接操作数（转移地址）。例如，在下列指令序列中的 L 就是标号，它是 JNZ 指令的直接操作数（转移地址）。

```
    MOV  CX, 2
L: DEC  CX
    JNZ  L
```

标号有如下的属性：

① 段基值：即标号后面第一条指令所在代码段的段基值；

② 偏移地址：即标号后面第一条指令首字节的段内偏移地址；

③ 类型：也称距离属性，即标号与引用该标号的指令之间允许距离的远、近。近标号的类型属性为 NEAR（近），这样的标号只能被本段的指令引用；远标号的类型属性为 FAR（远），这样的标号可被任何段的指令引用。

（5）偏移地址计数器 ＄

汇编程序在对源程序进行汇编的过程中，用偏移地址计数器 ＄ 来保存当前正在汇编的指令的偏移地址或伪指令语句中变量的偏移地址。用户可将 ＄ 用于自己编写的源程序中。

在每个段开始汇编时，汇编程序都将 ＄ 清为 0。以后，每处理一条指令或一个变量，＄ 就增加一个值，此值为该指令或该变量所占的字节数。可见，＄ 的内容就是当前指令或变量的偏移地址。

在伪指令中,$ 代表其所在地的偏移地址。例如,下列语句中的第一个 $＋4 的偏移地址为 A＋4,第二个 $＋4 的偏移地址为 A＋10。

```
A  DW  1,2,$+4,3,4,$+4
```

如果 A 的偏移地址是 0074H,则汇编后,该语句中第一个 $＋4＝(A＋4)＋4＝(0074H＋4)＋4＝007CH,第二个 $＋4＝(A＋10)＋4＝(0074H＋0AH)＋4＝0082H。

于是,从 A 开始的字数据将依次为:

0001H,0002H,007CH,0003H,0004H,0082H

在机器指令中,$ 无论出现在指令的任何位置,都代表本条指令第一个字节的偏移地址。例如,"JZ $＋6"的转向地址是该指令的首地址加上 6,$＋6 还必须是另一条指令的首地址。

例如,在下述指令序列中:

```
    DEC  CX
    JZ   $+5
    MOV  AX,2
LAB: ...
```

因为 $ 代表 JZ 指令的首字节地址,而 JZ 指令占 2 个字节,相继的 MOV 指令占 3 个字节,所以,在发生转移时,JZ 指令会将程序转向 LAB 标号处的指令,且标号 LAB 可省。

5.2.4　伪指令语句

伪指令语句又称作指示性(directive)语句,它没有对应的机器指令,在汇编过程中不形成机器代码,这是伪指令语句与指令语句的本质区别。伪指令语句不要求 CPU 执行,而是让汇编程序在汇编过程中完成特定的功能,它在很大程度上决定了汇编语言的性质及其功能。伪指令语句的格式如图 5.3 所示。

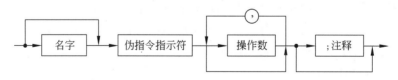

图 5.3　伪指令语句的格式

从图 5.3 可以看出,伪指令语句与指令语句很相似,不同之处在于伪指令语句开始是一个可选的名字字段,它也是一个标识符,相当于指令语句的标号。但是名字后面不允许带冒号":",而指令语句的标号后面必须带冒号,这是两种语句形式上最明显的区别。伪指令语句很多,下面一一介绍。

1. 符号定义语句

汇编语言中所有的变量名、标号名、过程名、记录名、指令助记符、寄存器名等统称为"符号",这些符号可由符号定义语句来定义,也可以定义为其他名字及新的类型属性。符号定义语句有三种,即 EQU 语句、＝语句和 PURGE 语句。

(1) EQU 语句

EQU 语句给符号定义一个值,或定义为别的符号,甚至可定义为一条可执行的指令、表达式的值等。EQU 语句的格式为:

符号名　EQU　表达式

例如:

```
PORT1   EQU   78
PORT2   EQU   PORT1 + 2
COUNTER EQU   CX
CBD EQU   DAA
```

这里,COUNTER 和 CBD 分别被定义为寄存器 CX 和指令助记符 DAA。

经 EQU 语句定义的符号不允许在同一个程序模块中重新定义。另外,EQU 语句只作为符号定义用,它不产生任何目标代码,也不占用存储单元。

(2) ＝语句

＝语句与 EQU 语句功能类似,但此语句允许对已定义的符号重新定义,因而更灵活方便。其语句格式如下:

符号名　=　表达式

例如:

```
A = 6
A = 9
A = A + 2
```

(3) PURGE (取消)语句

PURGE 语句的格式为:

PURGE 符号名 1[,符号名 2[,…]]

PURGE 语句取消被 EQU 语句定义的符号名,然后即可用 EQU 语句再对该符号名重新定义。例如,可用 PURGE 语句实现如下操作:

```
A   EQU   7
PURGE   A                    ;取消 A 的定义
A   EQU   8                  ;重新定义
```

2. 数据定义语句

数据定义语句为一个数据项分配存储单元,用一个符号与该存储单元相联系,并可以为该数据项提供一个任选的初始值。数据定义语句 DB、DW、DD、DQ、DT 可分别用来定义字节、字、双字、四字、十字节变量,并可用复制操作符 DUP 来复制数据项。例如:

```
FIRST   DB   27H
SECOND  DD   12345678H
THIRD   DW   ? , 0A2H
FORTH   DB   2 DUP(2 DUP(1 , 2) , 3)
```

其中问号"?"表示相应存储单元没有初始值。上面定义的变量在存储器中的存放格式如图 5.4 所示。

数据项也可以写成字符串形式,但只能用 DB 和 DW 来定义,且 DW 语句定义的串只允许包含两个字符。例如:

```
ONE   DB   'AB'
TWO   DW   'AB','CD'
THREE  DB   'HELLO'
```

上述变量的存放格式如图 5.5 所示,注意 DB'AB'与 DW'AB'的存放格式不同。

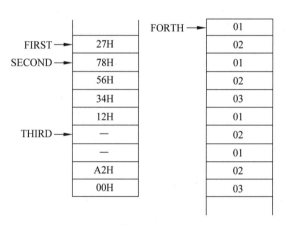

图 5.4　数据变量存储格式

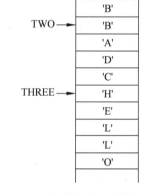

图 5.5　字符串变量存储格式

可以用 DW 语句把变量或标号的偏移地址存入存储器。也可以用 DD 语句把变量或标号的段基值和偏移地址都存入存储器,此时低位字存偏移地址,高位字存段基值。例如:

```
      VAR DB   34H
LABL: MOV  AL , 04H
      ⋮
      PRV DD   VAR
      PRL DW   LABL
```

其存放格式如图 5.6 所示。

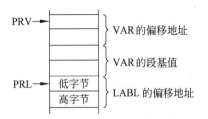

图 5.6　地址变量的存放格式

【例 5.1】　执行下列程序后,CX=_____。

```
DATA  SEGMENT
  A  DW  1,2,3,4,5
  B  DW  5
DATA  ENDS
CODE  SEGMENT
  ASSUME  CS: CODE , DS: DATA
START:
  MOV  AX , DATA
  MOV  DS , AX
  LEA  BX , A
  ADD  BX , B
  MOV  CX , [BX]
  MOV  AH , 4CH
  INT  21H
CODE ENDS
  END  START
```

在例 5.1 所示程序中,当执行指令"LEA BX , A"时,将 A 相对数据段首址的偏移量 0 送入 BX 寄存器;执行指令"ADD BX , B"后,BX=5;再执行指令"MOV CX ,[BX]"时,由于源操作数是寄存器间接寻址方式且该指令为字传送指令,因此应将相对数据段首址偏移量为 5 的字单元内容 0400 送入 CX 寄存器。所以上述程序执行完成后,CX=0400。

3. 段定义语句

段定义语句指示汇编程序如何按段组织程序和使用存储器,主要有 SEGMENT、ENDS、ASSUME、ORG 等。下面分别予以介绍。

1) 段开始语句 SEGMENT 和段结束语句 ENDS

一个逻辑段的定义格式如下:

段名 SEGMENT [定位类型] [组合类型] '类别'
　　⋮
段名 ENDS

整个逻辑段以 SEGMENT 语句开始,以 ENDS 语句结束。

其中段名是程序员指定的,SEGMENT 左边的段名与 ENDS 左边的段名必须相同。定位类型、组合类型和类别是赋给段名的属性,且都可以省略,若不省略则各项顺序不能错。

(1) 定位类型表示此段的起始地址边界要求,有 PAGE、PARA、WORD 和 BYTE 4 种方式,默认值为 PARA。它们的边界要求如下:

```
PAGE ×××  ××××  ××××  0000    0000
PARA ×××  ××××  ××××  ××××    0000
WORD ×××  ××××  ××××  ××××    ×××0
BYTE ×××  ××××  ××××  ××××    ××××
```

即分别要求地址的低 8 位为 0(页边界)、低 4 位为 0(节边界)、最低位为 0(字边界)及地址任意(字节边界)。

(2) 组合类型告诉连接程序本段与其他段的关系。有 NONE、PUBLIC、COMMON、STACK、MEMORY 和"AT 表达式"共 6 种,分别介绍如下:

① NONE 表示本段与其他段逻辑上不发生关系,每段都有自己的段基地址。这是默认的组合类型。

② PUBLIC 告诉连接程序首先把本段与用 PUBLIC 说明的同名同类别的其他段连接成一个段,所有这些段用一个相同的段基地址。

③ COMMON 表示本段与同名同类别的其他段共用同一段基地址,即同名同类段相重叠,段的长度是其中最长段的长度。

④ STACK 表示本段是堆栈段,连接方式同 PUBLIC。被连接程序中必须至少有一个堆栈段,有多个堆栈段时采用覆盖方式进行组合。连接后的段基地址在 SS 寄存器中。

⑤ MEMORY 表示该段在连接时被放在所有段的最后(最高地址)。若有几个 MEMORY 组合类型的段,汇编程序认为所遇到的第一个为 MEMORY,其余为 COMMON 型。

⑥ "AT 表达式"告诉连接程序把本段装在表达式的值所指定的段基地址处。例如:"AT 1234H"表示该段的段基地址为 12340H。

(3) 类别是用单引号括起来的字符串,可以是长度不超过 40 个字符的串。连接程序只使相同类别的段发生关联。典型的类别如'STACK'、'CODE'、'DATA'等。

2) 段分配语句 ASSUME

段分配语句 ASSUME 用来告诉汇编程序当前哪 4 个段分别被定义为代码段、数据段、堆栈段和附加段,以便对使用变量或标号的指令生成正确的目标代码。其格式是:

ASSUME 段寄存器:段名[,段寄存器:段名,…]

注意,使用 ASSUME 语句只是告诉汇编程序有关段寄存器将被设定为哪个段的段基值,而段基值的真正设定必须通过给段寄存器赋值的指令语句来完成。例如:

CODE   SEGMENT

```
ASSUME  DS: DATA , ES: DATA , CS: CODE , SS: STACK
    MOV  AX , DATA
    MOV  DS , AX
    MOV  ES , AX
    MOV  AX , STACK
    MOV  SS , AX
        ⋮
```

段寄存器 CS 的值是由系统设置的,因此程序中不必进行赋值。

3）定位语句 ORG

定位语句 ORG 的格式为:

```
ORG  表达式
```

用来指出其后的程序块或数据块从表达式之值作为存放的起始地址(偏移地址)。若没有 ORG 语句则从本段的起始地址开始存放。

4. 过程定义语句

过程是程序的一部分,可被主程序调用。每次可调用一个过程,当过程中的指令执行完后,控制返回调用它的地方。

利用过程定义语句可以把程序分成若干独立的程序模块,便于理解、调试和修改。过程调用对模块化程序设计是很方便的。

8086 系统中过程调用和返回指令是 CALL 和 RET,可分为段内和段间操作两种情况。段间操作把过程返回地址的段基值和偏移地址都压栈(通过执行 CALL 指令实现)或退栈(通过执行 RET 指令实现),而段内操作则只把偏移地址压栈或退栈。过程定义语句的格式为:

```
过程名 PROC [NEAR/FAR]
        ⋮
过程名 ENDP
```

其中,过程名是一个标识符,是给被定义过程取的名字。过程名像标号一样,有 3 重属性:段基值、偏移地址和距离属性(NEAR 或 FAR)。

NEAR 或 FAR 指明过程的距离属性。NEAR 过程只允许段内调用,FAR 过程则允许段间调用。默认时为 NEAR 过程。

过程内部至少要设置一条返回指令 RET,以作为过程的出口。允许一个过程中有多条 RET 指令,而且可以出现在过程的任何位置上。

5. 其他伪指令语句

除了上面已介绍的伪指令语句外,汇编语言程序中还有一些其他的伪指令语句。

① 模块开始伪指令语句 NAME 指明程序模块的开始,并指出模块名,其格式为:

```
NAME  模块名
```

该语句在一个程序中不是必需的,可以不写。

② 模块结束伪指令语句 END 标志整个源程序的结束,汇编程序汇编到该语句时结束。其格式为:

```
END  [标号]
```

其中标号是程序中第一个指令性语句(或第一条指令)的符号地址。注意,当程序由多个模块组成时,只需在主程序模块的结束语句(END 语句)中写出该标号,其他子程序模块的结束语句中则可以省略。

③ 对准伪指令语句 EVEN 要求汇编程序将下一语句所指向的地址调整为偶地址,使用时直接用伪指令名 EVEN 就可以了。例如,下述 EVEN 伪指令将把字数组 ARY 调整到偶地址开始处。

```
EVEN
ARY  DW  100 DUP(?)
```

又如,下述伪指令序列:

```
ORG  1000H
A  DB  12H , 34H , 56H
EVEN
B  DB  78H
```

其中,ORG 1000H 将 A 的偏移地址指定为 1000H,从 A 开始存放 3 个字节变量,占用地址 1000H、1001H 和 1002H,B 的偏移地址本应是 1003H,但 EVEN 伪指令会将其调整为偶数地址 1004H。

说明:由于 80x86 系统在存储器结构上所采用的设计技术,使得对于 8086 这样的 16 位 CPU,如果从偶地址开始访问一个字,可以在一个总线周期内完成;但如果从奇地址开始访问一个字,则由于对两个字节必须分别访问,所以要用两个总线周期才能完成。同样,对于 80386 以上的 32 位 CPU,如果从双字边界(地址为 4 的倍数)开始访问一个双字数据,可以在一个总线周期内完成,否则需用多个总线周期。因此,在安排存储器数据时,为了提高程序的运行速度,最好将字型数据从字边界(偶地址)开始存放,双字数据从双字边界开始存放。对准伪指令 EVEN 就是专门为实现这样的功能而设置的。

④ 默认基数伪指令语句 RADIX,其作用在 5.2.2 节讲述数的表示时已有说明,其格式为:

```
RADIX  表达式
```

⑤ LABEL 伪指令语句可用来给已定义的变量或标号取一个别名,并重新定义它的属性,以便于引用。其格式为:

```
变量名/标号名 LABEL  类型
```

对于变量名,类型可为 BYTE、WORD、DWORD、QWORD、TBYTE 等。对于标号名,类型可为 NEAR 和 FAR。例如:

```
VARB  LABEL  BYTE              ;给下面的变量 VARW 取了一个新名字 VARB,并赋予另外的属性 BYTE
VARW  DW  4142H , 4344H
PTRF LABEL  FAR               ;给下面的标号 PTRN 取了一个新名字 PTRF, 并赋予另外的属性 FAR
PTRN:  MOV  AX , [DI]
```

注意,LABEL 伪指令的功能与前述 THIS 伪指令类似,两者均不为所在语句的符号分配内存单元,区别是使用 LABEL 可以直接定义,而使用 THIS 伪指令则需要与 EQU或"="连用。

⑥ COMMENT 伪指令语句用于书写大块注释,其格式为:

COMMENT 定界符 注释 定界符

其中定界符是自定义的任何非空字符。例如:

```
COMMENT /
    注释文
        /
```

⑦ TITLE 伪指令语句为程序指定一个不超过 60 个字符的标题,以后的列表文件会在每页的第一行打印这个标题。SUBTTL 伪指令语句为程序指定一个小标题,打印在每一页的标题之后。格式如下:

```
TITLE    标题
SUBTTL   小标题
```

⑧ PAGE 伪指令语句指定列表文件每页的行数(10~255)和列数(60~132),默认值是每页 66 行 80 列。其格式如下:

```
PAGE   行数,列数
```

⑨ 模块连接伪指令语句主要解决多模块的连接问题。一个大的程序往往要分模块来完成编码、调试的工作,然后再整体连接和调试。它们的格式如下:

```
PUBLIC   符号名[,符号名,…]
EXTERN   符号名:类型[,符号名:类型,…]
INCLUDE   模块名
组名   GROUP   段名[,段名,…]
```

其中符号名可以是变量名、标号、过程名、常量名等。

以变量名为例,一个程序模块中用 PUBLIC 伪指令定义的变量可由其他模块引用,否则不能被其他模块引用;在一个模块中引用其他模块中定义的变量必须在本模块用EXTERN 伪指令进行说明,而且所引用的变量必须是在其他模块中用 PUBLIC 伪指令定义的。换句话说,如果要在"使用模块"中访问其他模块中定义的变量,除要求该变量在其"定义模块"中定义为 PUBLIC 类型外,还需在"使用模块"中用 EXTERN 伪指令说明该变量,以通知汇编器该变量是在其他模块中定义的。

例如,一个应用程序包括 A、B、C 三个程序模块,而 VAR 是定义在模块 A 数据段中的一个变量,其定义格式如下:

```
PUBLIC   VAR
```

由于 VAR 被定义为 PUBLIC,所以在模块 B 或 C 中也可以访问这个变量,但必须在模块 B 或 C 中用 EXTERN 伪指令说明这个变量。其格式如下所示:

```
EXTERN   VAR: Type
```

注意,汇编器并不能检查变量类型 Type 和原定义是否相同,这需要编程者自己维护。

INCLUDE 伪指令告诉汇编程序把另外的模块插入本模块该伪指令处一起汇编,被插入的模块可以是不完整的。

GROUP 伪指令告诉汇编程序把其后指定的所有段组合在一个 64K 的段中,并赋予一个名字——组名。组名与段名不可相同。

5.2.5　宏指令

在汇编语言源程序中,有的程序段可能要多次使用,为了使在源程序中不重复书写这一程序段,可以用一条宏指令来代替,在汇编时由汇编程序进行宏扩展而产生所需要的代码。本节专门讨论宏指令的概念及相关伪指令语句。

1. 宏定义语句

宏指令的使用过程就是宏定义、宏调用和宏扩展的 3 个过程,下面分别予以说明。

(1) 宏定义

宏定义由伪指令 MACRO 和 ENDM 来定义,其语句格式为:

```
宏指令名   MACRO   [形式参数,形式参数, …]
              ⋮  }宏体
           ENDM
```

其中宏指令名是一个标识符,是程序员给该宏指令取的名字。MACRO 是宏定义的开始符,ENDM 是宏定义的结束符,两者必须成对出现。注意,ENDM 左边不需加宏指令名。MACRO 和 ENDM 之间的指令序列称为宏定义体(简称宏体),即要用宏指令来代替的程序段。

宏指令具有接受参数的能力,宏体中使用的形式参数必须在 MACRO 语句中出现。形式参数可以没有,也可以有多个。当有两个以上参数时,需用逗号隔开。在宏指令被调用时,这些参数将被给出的一些名字或数值所替代,这里的名字或数值称为"实参数"。实际上,形式参数只是指出了在何处以及如何使用实参数的方法。形式参数的使用使宏指令在参数传递上更加灵活。

例如,移位宏指令 SHIFT 可定义如下:

```
SHIFT  MACRO  X
```

```
        MOV  CL , X
        SAL  AL , CL
        ENDM
```

其中 SHIFT 为宏指令名,X 为形式参数。

（2）宏调用

经过宏定义后,在源程序中的任何位置都可以直接使用宏指令名来实现宏指令的引用,称为宏调用。它要求汇编程序把宏定义体（程序段）的目标代码复制到调用点。如果宏定义是带参数的,就用宏调用时的实参数替代形式参数,其位置一一对应。宏调用的格式为:

```
宏指令名    [实参数,实参数,…]
```

其中实参数将一一对应地替代宏定义体中的形式参数。同样,当有两个以上参数时,需用逗号隔开。注意,并不要求形式参数个数与实在参数一样多。若实在参数多于形式参数,多余的将被忽略;若实在参数比形式参数少,则多余的形式参数变为空（NULL）。

例如,调用前面定义的宏指令 SHIFT 时,可写为:

```
SHIFT  6 ;用参数6替代宏体中的参数X,从而实现宏调用
```

（3）宏扩展

在汇编宏指令时,宏汇编程序将宏体中的指令插入到源程序宏指令所在的位置上,并用实参数代替形式参数,同时在插入的每一条指令前加一个"＋",这个过程称为宏扩展。

例如,上例的宏扩展为:

```
＋ MOV  CL , 6
＋ SAL  AL , CL
```

又如,假设有下列的宏定义:

```
SHIFT  MACRO  X , Y
        MOV  CL , X
        SAL  Y , CL
        ENDM
```

那么宏调用"SHIFT 4，AL"将被扩展为:

```
＋ MOV  CL , 4
＋ SAL  AL , CL
```

另外,形式参数不仅可以出现在指令的操作数部分,而且可以出现在指令操作助记符的某一部分,但这时需在相应形式参数前加宏操作符 ＆,宏扩展时将把 ＆ 前后两个符号合并成一个符号。例如,对于下面的宏定义:

```
SHIFT  MACRO  X , Y , Z
       MOV  CL , X
       S&Z  Y , CL
       ENDM
```

则下面两个宏调用

```
SHIFT  4 , AL , AL
SHIFT  6 , BX , AR
```

将被宏扩展为如下的指令序列：

```
+ MOV  CL , 4
+ SAL  AL , CL
+ MOV  CL , 6
+ SAR  BX, CL
```

实际上，这个例子中的宏指令 SHIFT 带上合适的参数可以对任一个寄存器进行任意的移位操作（算术/逻辑左移，算术右移，逻辑右移），而且可以移位任意指定的位数。

2. 局部符号定义语句

当含有标号或变量名的宏指令在同一个程序中被多次调用时，根据宏扩展的功能，汇编程序会把它扩展成多个同样的程序段，也就会产生多个相同的符号名，这就违反了汇编程序对名字不能重复定义的规定，从而出现错误。局部符号定义语句用来定义仅在宏定义体内引用的符号，这样可以防止在宏扩展时引起符号重复定义的错误。其格式为：

```
LOCAL   符号[,符号…]
```

汇编时，对 LOCAL 伪指令说明的符号每宏扩展一次便建立一个唯一的符号，以保证汇编生成名字的唯一性。

需要注意的是，LOCAL 语句必须是 MACRO 伪指令后的第一个语句，且与MACRO 之间不能有注释等其他内容。

3. 注销宏定义语句

该语句用来取消一个宏指令定义，然后就可以重新定义。其格式为：

```
PURGE   宏指令名[,宏指令名…]
```

由以上对宏指令的介绍可以看出，宏指令与子程序有某些相似之处，但两者也有区别，表现在以下几个方面：

① 在处理的时间上，宏指令是在汇编时进行宏扩展，而子程序是在执行时由 CPU 处理的。

② 在目标代码的长度上,由于采用宏指令方式时的宏扩展是将宏定义体原原本本地插入到宏指令调用处,所以它并不缩短目标代码的长度,而且宏调用的次数越多,目标代码长度越长,所占内存空间也就越大;而采用子程序方式时,若在一个源程序中多次调用同一个子程序,则在目标程序的主程序中只有调用指令的目标代码,子程序的目标代码在整个目标程序中只有一段,所以采用子程序方式可以缩短目标代码的长度。

③ 子程序每次执行都要进行返回地址的保护和恢复,因此延长了执行时间,而宏指令方式不会增加这样的时间开销。

④ 两者在传递参数的方式上也有所不同。宏指令是通过形式参数和实参数的方式来传递参数的,而子程序方式则是通过寄存器、堆栈或参数表的方式来进行参数的传递。可以根据使用需要在子程序方式和宏指令方式之间进行选择。

一般来说,当要代替的程序段不很长,执行速度是主要矛盾时,通常采用宏指令方式;当要代替的程序段较长,额外操作(返回地址的保存、恢复等)所增加的时间已不明显,而节省存储空间是主要矛盾时,通常宜采用子程序方式。

5.2.6 简化段定义

MASM 5.0 以上版本的宏汇编程序提供了简化段定义伪指令,Borland 公司的 TASM 也支持简化段。简化段伪指令根据默认值来提供段的相应属性,采用的段名和属性符合 Microsoft 高级语言的约定。简化段使编写汇编语言程序更为简单、不易出错,且更容易与高级语言相连接。表 5.4 给出了简化段伪指令的名称、格式及操作描述。其中的伪指令 MODEL 指定的各种存储模式及其使用环境如表 5.5 所示。关于简化段的其他详细内容可参阅相关文献。

表 5.4 简化段伪指令

名　称	格　式	操 作 描 述
. MODEL	. MODEL mode	指定程序的内存模式为 mode,mode 可取 Tiny、Small、Medium、Compact、Large、Huge、Flat
. CODE	. CODE[name]	代码段
. DATA	. DATA	初始化的近数据段
. DATA?	. DATA?	未初始化的近数据段
. STACK	. STACK[size]	堆栈段,大小为 size 字节,默认值为 1K 字节
. FARDATA	. FARDATA[name]	初始化的远数据段
. FARDATA?	. FARDATA? [name]	未初始化的远数据段
. CONST	. CONST	常数数据段,在执行时无须修改的数据

表 5.5　存储模式

存储模式	使用条件和环境
Tiny	用来建立 MS-DOS 的 .COM 文件,所有的代码、数据和堆栈都在同一个 64KB 段内,DOS 系统支持这种模式
Small	建立代码和数据分别用一个 64KB 段的 .exe 文件,MS-DOS 和 Windows 支持这种模式
Medium	代码段可以有多个 64KB 段,数据段只有一个 64KB 段,MS-DOS 和 Windows 支持这种模式
Compact	代码段只有一个 64KB 段,数据段可以有多个 64KB 段,MS-DOS 和 Windows 支持这种模式
Large	代码段和数据段都可以有多个 64KB 段,但是单个数据项不能超过 64KB,MS-DOS 和 Windows 支持这种模式
Huge	同 Large,并且数据段里面的一个数据项也可以超过 64KB,MS-DOS 和 Windows 支持这种模式
Flat	代码和数据段可以使用同一个 4GB 段,Windows 32 位程序使用这种模式

下面给出一个使用简化段定义的程序例子。

```
.MODEL Small                           ;定义存储模式为 Small
.DATA                                  ;数据段
    STRING DB 'Hello World !' , 0AH , 0DH , '$'
.STACK 100H                            ;100H 字节的堆栈段
.CODE                                  ;代码段
    ASSUME CS: _TEXT , DS: _DATA , SS: STACK
START PROC FAR
    MOV AX , _DATA
    MOV DS , AX
    MOV DX , OFFSET STRING
    MOV AH , 9
    INT 21H
    MOV AH , 4CH
    INT 21H
START ENDP
    END START
```

5.3　ROM BIOS 中断调用和 DOS 系统功能调用

80x86 微机系统通过 ROM BIOS 和 DOS 提供了丰富的系统服务子程序,用户可以很容易地调用这些系统服务软件,给程序设计带来很大方便。

5.3.1　ROM BIOS 中断调用

80x86 微型计算机的系统板中装有 ROM,其中从地址 0FE00H 开始的 8KB 为 ROM BIOS(Basic Input Output System)。驻留在 ROM 中的 BIOS 例行程序提供了

系统加电自检、引导装入以及对主要 I/O 接口控制等功能。其中对 I/O 接口的控制，主要是指对键盘、磁带、磁盘、显示器、打印机、异步串行通信接口等的控制。此外，BIOS 还提供了最基本的系统硬件与软件间的接口。

ROM BIOS 为程序员提供了很大的方便。程序员可以不必了解硬件的详细接口特性，而是通过直接调用 BIOS 中的例行程序来完成对主要 I/O 设备的控制管理。BIOS 由许多功能模块组成，每个功能模块的入口地址都在中断向量表中。通过软件中断指令"INT n"可以直接调用这些功能模块。CPU 响应中断后，把控制权交给指定的 BIOS 功能模块，由它提供相应服务。

BIOS 中断调用的入口参数和出口参数均采用寄存器传送。若一个 BIOS 子程序能完成多种功能，则用功能号来加以区分，并将相应的功能号预置于 AH 寄存器中。BIOS 中断调用的基本方法如下：

(1) 将所要调用功能的功能号送入 AH 寄存器；

(2) 根据所调用功能的规定设置入口参数；

(3) 执行"INT 中断号"指令，进入相应的服务子程序；

(4) 中断服务子程序执行完毕后，可按规定取得出口参数。

【例 5.2】 利用"INT 1AH"的 1 号功能将时间计数器的当前值设置为 0。

```
MOV   AH , 1                              ;设置功能号
MOV   CX , 0          ;⎫
MOV   DX , 0          ;⎭ 设置入口参数
INT   1AH                                 ;BIOS 中断调用
```

5.3.2 DOS 系统功能调用

BIOS 常驻在系统板的 ROM 中，独立于任何操作系统。DOS 则以 BIOS 为基础，为用户提供了一组可以直接使用的服务程序。这组服务程序共用 21H 号中断入口，也以功能号来区分不同的功能模块。这一组服务程序就称为 DOS 系统功能调用。

DOS 系统功能调用的方法与 BIOS 中断调用类似，只是中断号固定为 21H。

【例 5.3】 利用 6 号 DOS 系统功能调用在屏幕上输出字符"＄"。

```
MOV   AH , 6                              ;设置功能号为 6
MOV   DL , '$'                            ;设置入口参数
INT   21H                                 ;DOS 系统功能调用
```

虽然 BIOS 比 DOS 更接近硬件，但机器启动时 DOS 层功能模块是从系统硬盘装入内存的，它的功能比 BIOS 更齐全、完整，其主要功能包括文件管理、存储管理、作业管理及设备管理等。DOS 层子程序是通过 BIOS 来使用设备的，从而进一步隐蔽了设备的物理特性及其接口细节，所以在调用系统功能时总是先采用 DOS 层功能模块，如果这层内容达不到要求，再进一步考虑选用 BIOS 层的子程序。

关于 DOS 功能调用和 BIOS 中断调用的详细情况可以参见附录 A 和附录 B 或

DOS/BIOS 手册,这里不再一一说明。

5.4　汇编语言程序的上机调试

编好汇编语言源程序后,要想使它完成预定功能,还须经过建立源文件、汇编、连接等过程。如果出现错误,还要进行跟踪调试。

5.4.1　建立源文件

上机开始,首先要使用编辑程序完成源程序的建立和修改工作。编辑程序可分为行编辑程序和全屏幕编辑程序。现在一般都使用全屏幕编辑程序。DOS 5.0 以上版本提供了全屏幕编辑软件 EDIT。

启动 EDIT 的常用命令格式如下:

```
EDIT  [文件名]
```

其中文件名是可选的,若为汇编语言源文件,其扩展名必须是. ASM。

例如,输入如下命令行:

```
C:\ tools > EDIT  EXAM.ASM  (↙)
```

即可进入编辑源文件 EXAM. ASM 的过程,若该文件不存在时则开始建立它。用 File 选项的存盘功能可保存文件;最后可通过 File 的 Exit 选项退出 EDIT。

另外,如果 EDIT 是从 Windows 环境下的 MS-DOS 方式进入的,则在 DOS 提示符后面输入 EXIT 即可退出 DOS 返回 Windows。

5.4.2　汇编

经过编辑程序建立和修改的汇编语言源程序(扩展名为 . ASM)要在机器上运行,必须先由汇编程序(汇编器)把它转换为二进制形式的目标程序。汇编程序的主要功能是对用户源程序进行语法检查并显示出错信息,对宏指令进行宏扩展,把源程序翻译成机器语言的目标代码。经汇编程序汇编后的程序可建立三个文件:一是扩展名为.OBJ 的目标文件;二是扩展名为.LST 的列表文件,它把源程序和目标程序制表以供使用;三是扩展名为.CRF 的交叉索引文件,它给出源程序中的符号定义和引用的情况。在 DOS 提示符下,输入 MASM 并回车,屏幕的显示输出和相应的输入操作如下(以用汇编器 MASM V 5.00 汇编 5.2.1 示例程序 EXAM. ASM 为例):

```
C:\ tools > MASM  (↙)
Microsoft (R)  Macro  Assembler  Version 5.00
Copyright (C)  Microsoft  Corp 1981 – 1985,1987.  All  rights  reserved.
Source  filename[.ASM]: EXAM  (↙)
```

```
Object  filename[EXAM.OBJ]:  (↙)
Source  Listing[NUL.LST]:   (↙)
Cross - Reference[NUL.CRF]:  (↙)
    50972 + 416020  Bytes  symbol  space  free
        0  Warning  Errors
        0  Severe   Errors
```

以上各处需要输入的地方除源程序文件名 EXAM 必须输入外,其余都可直接按
Enter 键。其中目标文件 EXAM. OBJ 是必须要产生的;NUL 表示在默认的情况下不产
生相应的文件,若需要产生则应输入文件的名字部分,其扩展名将按默认情况自动产生。
若汇编过程中出错,将列出相应的出错行号和出错提示信息以供修改。显示的最后部分
给出"警告错误数"(Warning Errors)和"严重错误数"(Severe Errors)。

另外,也可以直接用命令行的形式一次顺序给出相应的 4 个文件名,具体格式如下:

C:\ tools > MASM 源文件名,目标文件名,列表文件名,交叉索引文件名;

命令行中的 4 个文件名均不必给出扩展名,汇编程序将自动按默认情况处理。若不
想全部提供要产生文件的文件名,则可在不想提供文件名的位置用逗号隔开;若不想继
续给出剩余部分的文件名,则可用分号结束。例如,对于源文件 EXAM. ASM,若只想产
生目标文件和列表文件,则给出的命令行及相应的显示信息如下:

```
C:\tools > MASM EXAM , EXAM , EXAM; (↙) [或 C:\tools > MASM EXAM , , EXAM; (↙) ]
    Microsoft (R) Macro Assembler Version 5.00
    Copyright (C) Microsoft Corp 1981 - 1985, 1987. All rights reserved.
        50970 + 416022 Bytes symbol space free
            0 Warning Errors
            0 Severe Errors
```

产生的列表文件 EXAM. LST 的详细内容如下:

```
▢ Microsoft (R) Macro Assembler Version 5.00              12/4/7
Page    1 - 1
    1  0000                DATA  SEGMENT
    2  0000  3A07              NUM  DW  0011101000000111B
    3  0002  54 68 65 20 72 65 73 NOTES  DB  'The result is:', '$ '
    4        75 6C 74 20 69 73 3A
    5        24
    6  0011                DATA  ENDS
    7  0000                STACK  SEGMENT  STACK
    8  0000  0032[              STA  DB  50 DUP (?)
    9    ??
   10              ]
   11
   12  0032                STACK  ENDS
   13  0000                CODE  SEGMENT
   14                  ASSUME  CS:CODE , DS:DATA , SS:STACK
   15  0000                BEGIN:
   16  0000  B8 ---- R          MOV  AX , DATA
```

```
17  0003  8E D8          MOV   DS , AX
18  0005  BA 0002 R      MOV   DX , OFFSET  NOTES
19  0008  B4 09          MOV   AH , 9H
20  000A  CD 21          INT   21H
21  000C  8B 1E 0000 R   MOV   BX , NUM
22  0010  B5 04          MOV   CH , 4
23  0012                 ROTATE:
24  0012  B1 04          MOV   CL , 4
25  0014  D3 C3          ROL   BX , CL
26  0016  8A C3          MOV   AL , BL
27  0018  24 0F          AND   AL , 0FH
28  001A  04 30          ADD   AL , 30H
29  001C  3C 39          CMP   AL , '9'
30  001E  7E 02          JLE   DISPLAY
31  0020  04 07          ADD   AL , 07H
32  0022                 DISPLAY:
33  0022  8A D0          MOV   DL , AL
34  0024  B4 02          MOV   AH , 2
35  0026  CD 21          INT   21H
36  0028  FE CD          DEC   CH
37  002A  75 E6          JNZ   ROTATE
38  002C  B8 4C00        MOV   AX , 4C00H
39  002F  CD 21          INT   21H
40  0031          CODE  ENDS
41                       END   BEGIN
```

☐ Microsoft (R) Macro Assembler Version 5.00   12/4/7
Symbols – 1
Segments and Groups:

Name	Length	Align	Combine Class
CODE	0031	PARA	NONE
DATA	0011	PARA	NONE
STACK	0032	PARA	STACK

Symbols:

Name	Type	Value	Attr	
BEGIN	L NEAR	0000	CODE	
DISPLAY	L NEAR	0022	CODE	
NOTES	L BYTE	0002	DATA	
NUM	L WORD	0000	DATA	
ROTATE	L NEAR	0012	CODE	
STA	L BYTE	0000	STACK	Length = 0032
@FILENAME	TEXT	EXAM		

```
    36 Source  Lines
    36 Total   Lines
    11 Symbols
 49772 + 416996 Bytes symbol space free
     0 Warning Errors
     0 Severe  Errors
```

上述列表文件 EXAM. LST 共分两部分,在第一部分中,分 4 列对照列出了源程序语句和目标程序代码。其中,左边第一列是行号,第二列是目标程序的段内偏移地址,第三列是目标程序代码,第四列是源程序语句。只有当要求生成.CRF文件时才会在.LST文件中给出行号,且.LST文件中的行号可能和源程序文件中的行号不一致。在.LST文件中,所有的数都是十六进制数,"R"的含义是"可再定位的"或"浮动的",含有"R"的行是汇编程序不能确定的行,"R"左边的数需要由连接程序确定或者修改。

在第二部分中,给出了每个段的名称、长度、定位类型、组合类型和"类别"类型,随后又给出了程序员定义的其他名字的类型、值及其段归属。其中,定位类型的PARA表示该段开始的偏移地址为0000H;组合类型NONE表示各个段之间不进行组合;组合类型STACK表示本段按堆栈段的要求进行组合;L NEAR表示是近标号;L BYTE表示是字节变量;L WORD表示是字变量;F PROC表示是远过程,等等。

5.4.3 连接

虽然经过汇编程序处理而产生的目标文件已经是二进制文件了,但它还不能直接在机器上运行,还必须经连接程序连接后才能成为扩展名为.EXE的可执行文件。这主要是因为汇编后产生的目标文件中还有需再定位的地址要在连接时才能确定下来,另外连接程序还有一个更重要的功能就是可以把多个程序模块连接起来形成一个装入模块,此时每个程序模块中可能有一些外部符号的值是汇编程序无法确定的,必须由连接程序来确定。因此连接程序需完成的主要功能是:

(1) 找到要连接的所有模块;

(2) 对要连接的目标模块的段分配存储单元,即确定段地址;

(3) 确定汇编阶段不能确定的偏移地址值(包括需再定位的地址及外部符号所对应的地址);

(4) 构成装入模块,将其装入内存。

使用连接程序的一般操作步骤是,在DOS提示符下,打入连接程序名LINK,运行后会先显示版本信息,然后依次给出4个提示信息请求输入,如下所示:

```
C:\tools > LINK  (↙)
 Microsoft (R) Overlay  Linker Version 3.60
 Copyright (C) Microsoft Corp 1983 - 1987.  All  rights  reserved.
Object Modules [.OBJ]: EXAM (↙)
Run File [EXAM.EXE]:  (↙)
List File [NUL.MAP ]: EXAM (↙)
Libraries [.LIB]:  (↙)
```

给出的4个提示信息分别要求输入目标文件名、可执行文件名、内存映像文件名和库文件名。注意,目标文件(.OBJ文件)和库文件(.LIB文件)是连接程序的两个输入文件,而可执行文件(.EXE文件)和内存映像文件(.MAP文件)是它的两个输出文件。

第一个提示应该用前面汇编程序产生的目标文件名回答(不需输入扩展名.OBJ,这里是EXAM),也可以用加号"+"来连接多个目标文件;第二个提示要求输入将要产生的可执行文件名,通常可直接按 Enter 键,表示确认系统给出的默认文件名;第三个是产生内存映像文件的提示,默认情况为不产生,若需要则应输入文件名(这里是 EXAM);第四个是关于库文件的提示,通常直接按 Enter 键,表示不使用库文件。

回答上述提示后,连接程序开始连接,若连接过程中有错会显示错误信息。这时需修改源程序,再重新汇编、连接,直到无错。

说明:若用户程序中没有定义堆栈或虽然定义了堆栈但不符合要求时,会在连接时给出警告信息:"LINK:Warning L4021:no stack segment"。但该警告信息不影响可执行程序的生成及正常运行,运行时会自动使用系统提供的默认堆栈。

按上述对四个提示的回答,目标文件 EXAM. OBJ 连接后将在当前目录下产生 EXAM. EXE 和 EXAM. MAP 两个文件。其中的. MAP 文件是连接程序的列表文件,它给出每个段在内存中的分配情况。EXAM. MAP 文件的具体内容如下:

```
Start    Stop    Length  Name    Class
00000H   00010H  0011H   DATA
00020H   00051H  0032H   STACK
00060H   00090H  0031H   CODE
Program entry   point   at  0006:0000
```

其中 Start 列是段起始地址,Stop 列是段结束地址,Length 列是段长度,Name 列是段名。最后一行给出了该程序执行时的入口地址。

5.4.4 运行

经连接生成. EXE 文件后,即可直接输入该文件名来运行程序(不需输入扩展名. EXE)。对于前面的例子,输入的命令行及程序的相应显示输出信息如下:

```
C:\tools> EXAM  (↙)
  The  result  is: 3A07
```

如果得不到正确结果或程序中未安排显示输出的操作,则可通过调试工具 DEBUG 来进行调试或跟踪检测。

5.4.5 调试

汇编语言源程序经汇编、连接成功后,并不一定就能正确地运行,程序中还可能存在各种逻辑错误,这时就需要用调试程序来找出这些错误并改正。

DEBUG 程序是 DOS 系统提供的一种基本的调试工具,其具体使用方法可参见附录 C。此外还有 Code View,Turbo Debugger 等调试工具,它们的功能比 DEBUG 要强,使用起来也更方便。

这些工具软件一般都有较完善的联机帮助功能,因此这里仅简要介绍 DEBUG 程序中的几个常用命令。

1）DEBUG 的启动

下面以 EXAM1.EXE（例 5.1 源程序生成的可执行代码）的调试情况为例，来具体说明 DEBUG 程序的启动过程，输入的命令行及相应的显示输出如下所示：

```
C:\tools > DEBUG   EXAM1.EXE   (↙)
-
```

此时，DEBUG 将 EXAM1.EXE 装入内存并给出提示符"－"，等待输入各种操作命令。

另外，若在 Windows 图形界面下启动 DEBUG，只需双击 DEBUG 图标，当屏幕上出现 DEBUG 提示符"－"后，紧接其后输入 N 命令及被调试程序的文件名，然后输入 L 命令，装入后即可进行相关调试。

例如，若在 Windows 环境下装入 EXAM1.EXE 进行调试，在双击 DEBUG 图标并出现 DEBUG 提示符"－"后，再做如下两步操作即可完成 DEBUG 启动过程。

```
- N   EXAM1.EXE   (↙)
- L   (↙)
-
```

2）DEBUG 的主要命令

DEBUG 命令是在提示符"－"下由键盘输入的。每条命令以单个字母的命令符开头，其后是命令的操作参数（如果有）。命令符与操作参数之间用空格隔开，操作参数与操作参数之间也用空格隔开，所有的输入/输出数据都是十六进制形式，不用加字母"H"作后缀。下面分别介绍 DEBUG 命令中最常用的 R、U、T、G、D 和 Q 等命令，有关这些命令和其他命令的详细用法请见附录 C 或其他参考资料。

（1）R 命令

用 R 命令可以显示或修改 CPU 内部各寄存器的内容及标志位的状态，并给出下一条要执行指令的机器码及其汇编形式，同时给出该指令首字节的逻辑地址（段基值：偏移量）。例如，如果在装入 EXAM1.EXE 文件后，第一次输入的命令是"R"命令，则会显示：

```
- R
AX = 0000   BX = 0000   CX = 0080   DX = 0000   SP = 0020   BP = 0000   SI = 0000   DI = 0000
DS = 10DE ES = 10DE SS = 10EF CS = 10F1  IP = 0000  NV  UP  DI  PL  NZ  NA  PO  NC
10F1:0000  B8EE10  MOV  AX,10EE
```

其中的 NV、UP、DI、PL、NZ、NA、PO 和 NC 表示标志寄存器各位（不包括 TF 位）的当前值，如表 5.6 所示。显示出的各个段寄存器的内容在不同的计算机上也可能不同。

表 5.6 标志寄存器中各标志位值的符号表示

标 志 位	OF	DF	IF	SF	ZF	AF	PF	CF
为 0 时的符号	NV	UP	DI	PL	NZ	NA	PO	NC
为 1 时的符号	OV	DN	EI	NG	ZR	AC	PE	CY

（2）U 命令

用 U 命令可以反汇编(Unassemble)可执行代码。例如,若在执行上述 R 命令后,再输入 U 命令,就会有如下的显示输出:

```
-U
10F1 : 0000    B8EE10      MOV   AX , 10EE
10F1 : 0003    8ED8        MOV   DS , AX
10F1 : 0005    8D1E0000    LEA   BX , [0000]
10F1 : 0009    031E0A00    ADD   BX , [000A]
10F1 : 000D    8B0F        MOV   CX , [BX]
10F1 : 000F    B44C        MOV   AH , 4C
10F1 : 0011    CD21        INT   21
10F1 : 0013    0000        ADD   [BX + SI] , AL
10F1 : 0015    0000        ADD   [BX + SI] , AL
10F1 : 0017    0000        ADD   [BX + SI] , AL
```

在上面的反汇编输出中,最左边的部分给出了指令首址的段基值:偏移量,接着是对应指令的机器码,最后是反汇编出来的汇编形式指令。与汇编源程序不同的是,这里的数据一律用不带后缀的十六进制表示,地址直接用其值而不用符号形式表示。

另外,也可在 DOS 提示符下按下述步骤对给定的可执行代码(如 EXAM1. EXE)进行反汇编操作:

```
C:\ tools > DEBUG  EXAM1.EXE  (↙)
-U  (↙)
10F1 : 0000    B8EE10      MOV   AX , 10EE
10F1 : 0003    8ED8        MOV   DS , AX
10F1 : 0005    8D1E0000    LEA   BX , [0000]
10F1 : 0009    031E0A00    ADD   BX , [000A]
10F1 : 000D    8B0F        MOV   CX , [BX]
10F1 : 000F    B44C        MOV   AH , 4C
10F1 : 0011    CD21        INT   21
10F1 : 0013    0000        ADD   [BX + SI] , AL
10F1 : 0015    0000        ADD   [BX + SI] , AL
10F1 : 0017    0000        ADD   [BX + SI] , AL
```

（3）T(Trace)命令

T 命令也称"追踪"命令,用它可以跟踪程序的执行过程。T 命令有两种格式,即单步追踪和多步追踪。

① 单步追踪,格式为:

```
T [ = 地址]
```

该命令从指定的地址处执行一条指令后停下来,显示各寄存器的内容和标志位的状态,并给出下一条指令的机器码及其汇编形式,同时给出该指令首字节的逻辑地址。若命令中没有指定地址,则执行当前 CS:IP 所指向的一条指令。

例如,在执行前面的 R 命令后,再输入 T 命令,则会执行 R 命令后显示的一条指令

（即 MOV AX，10EE），并输出如下信息：

```
-T
AX=10EE   BX=0000   CX=0080   DX=0000   SP=0020   BP=0000   SI=0000   DI=0000
DS=10DE   ES=10DE   SS=10EF   CS=10F1   IP=0003   NV UP DI PL NZ NA PO NC
10F1:0003  8ED8  MOV DS,AX
```

② 多步追踪，格式为：

```
T[=地址][值]
```

该命令与单步追踪基本相同，所不同的是它在执行了由[值]所规定的指令条数后停下来，并显示相关信息。

例如，在执行前面的 R 命令后，输入如下命令行即可从指定地址 10F1：0000 开始相继执行两条指令停下来，并显示相关信息。

```
-T=10F1:0000  2
```

（4）G（Go）命令

G 命令也称运行命令，格式为：

```
G[=地址 1][地址 2[地址 3…]]
```

其中，地址 1 规定了执行的起始地址的偏移量，段地址是 CS 的值。若不规定起始地址，则从当前 CS：IP 开始执行。后面的若干地址是断点地址。

例如，在启动 DEBUG 并装入 EXAM1.EXE 后，输入如下命令行即可从起始地址 10F1：0000 开始执行至断点处 10F1：000F 停下来，并显示相关信息。

```
-G=10F1:0000  000F  (↙)
AX=10EE   BX=0005   CX=0400  DX=0000   SP=0020  BP=0000  SI=0000  DI=0000
DS=10EE  ES=10DE  SS=10EF  CS=10F1   IP=000F  NV UP DI PL NZ NA PE NC
10F1:000F  B44C  MOV AH,4C
```

（5）D 命令

D 命令也称转储（Dump）命令，格式为：

```
D 段基值:偏移地址
```

它从给定的地址开始依次从低地址到高地址显示内存 80 个字节单元的内容。显示时，屏幕左边部分为地址（段基值：偏移量）；中间部分为用十六进制表示的相应字节单元中的内容；右边部分给出可显示的 ASCII 码字符。如果该单元的内容不是可显示的 ASCII 码字符，则用圆点"."表示。例如，如果在相继执行"Debug EXAM1.EXE"和"-U"命令后，再输入"D 1109：0000"命令，则会出现如下所示的显示内容：

```
1109:0000  B8 03 11 8E D8 BA 02 00 - B4 09 CD 21 8B 1E 00 00   8...x:..5.M!....
1109:0010  B5 04 B1 04 D3 C3 8A C3 - 24 0F 04 30 3C 39 7E 02   5.1.SC.C$..0<9~.
1109:0020  04 07 8A D0 B4 02 CD 21 - FE CD 75 E6 B8 00 4C CD   ...P5.M!~Muf8.LM
1109:0030  21 00 00 00 00 00 00 00 - 00 00 00 00 00 00 00 00   !..............
```

```
1109:0040   00 00 00 00 00 00 00 00 00 - 00 00 00 00 00 00 00 00 00      ..............
```

（6）Q 命令

执行 Q 命令将退出 DEBUG 环境，返回到 DOS 操作系统，如下所示：

```
-Q  （↙）
C:\tools>
```

习题 5

5.1 判别下列标识符是否合法：

Y3.5，3 DATA，BCD♯，(one)，PL＊1，ALPHA－1，PROC－A，AAA

5.2 下列语句在存储器中分别为变量分配多少字节？

```
(1) VAR1  DW  10
(2) VAR2  DW  5 DUP(2)，0
(3) VAR3  DB  'HOW ARE YOU?'，'$'
(4) VAR4  DB  2 DUP(0，4 DUP(?))，0
(5) VAR5  DD  -1，1，0
```

5.3 下列指令各完成什么功能？

```
(1) MOV  AX，00FFH AND 1122H+2233H
(2) MOV  AL，15 GE 1111B
(3) AND  AX，0F00H AND 1234H OR 00FFH
(4) OR   AL，50 MOD 4+20
(5) ADD  WORD PTR [BX]，1122H AND 00FFH
```

5.4 若定义 DAT DD 12345678H，则(DAT＋1)字节单元的数据是_____。

    A. 12H   B. 34H   C. 56H   D. 78H

5.5 执行下面的程序段后，AX＝_____。

```
TAB    DW  1，2，3，4，5，6
ENTRY  EQU  3
MOV    BX，OFFSET  TAB
ADD    BX，ENTRY
MOV    AX，[BX]
```

    A. 0003H   B. 0300H   C. 0400H   D. 0004H

5.6 根据下面的数据定义，指出数据项 $＋10 的值(用十六进制表示)。

```
       ORG  10H
DAT1  DB  10  DUP (?)
DAT2  EQU  12H
DAT3  DW  56H，$+10
```

5.7　若程序中数据定义如下：

```
PARTNO   DW   ?
PNAME   DB   16 DUP (?)
COUNT   DD   ?
PLENTH   EQU $ - PARTNO
```

则 PLENTH＝_____。

5.8　下列程序段运行后，A 单元的内容为_____。

```
DSEG   SEGMENT
    A   DW   0
    B   DW   0
    C   DW   230H , 20H , 54H
DSEG   ENDS
SSEG   SEGMENT   STACK
    DB   256 DUP(?)
SSEG   ENDS
CSEG   SEGMENT
        ASSUME   CS: CSEG , DS: DSEG , SS: SSEG
START: MOV   AX, DSEG
        MOV   DS , AX
        MOV   BX, OFFSET   C
        MOV   AX , [BX]
        MOV   B , AX
        MOV   AX , 2[BX]
        ADD   AX , B
        MOV   A , AX
CSEG   ENDS
        END   START
```

5.9　执行下面的程序后，CX＝_____。

```
DATA   SEGMENT
    A   DW   1 , 2 , 3 , 4 , 5
    B   DW   5
DATA   ENDS
CODE   SEGMENT
    ASSUME   CS:CODE , DS:DATA
START:   MOV   AX , DATA
        MOV   DS , AX
        LEA   BX , A
        ADD   BX , B
        MOV   CX , [BX]
        MOV   AH , 4CH
        INT   21H
CODE   ENDS
        END   START
```

5.10 试编写一完整的汇编源程序,其功能为在 CHAR 为首址的 26 个字节单元中依次存放'A'～'Z'。

5.11 在数据段中从偏移地址 BUF 开始连续存放着 100 个字符,编写一完整汇编源程序,将该字符串中所有的字母 A 都替换成字母 B(要求在显示器上分别显示替换前及替换后两个不同的字符串)。

第

6

章

汇编语言程序设计及应用

本章首先介绍汇编语言程序设计的基本方法及典型应用,然后对 Windows 环境下的汇编语言程序设计以及汇编语言与高级语言混合编程技术作简要介绍。

6.1 汇编语言程序设计的基本方法

6.1.1 程序设计的基本步骤

一个好的程序不仅仅要能正常运行,还应该易读、易调试,结构良好,以便于维护。当然还应执行速度快,存储容量小。这些要求有时是互相矛盾的,必须有所取舍。为了能较好地设计出一个程序,通常采用下面介绍的基本步骤。

1. 分析问题

分析问题就是要弄清问题的性质、目的、已知数据以及运算精度要求、运算速度要求等内容,抽象出一个实际问题的数学模型。

2. 确定算法

把问题转化为计算机求解的步骤和方法,并且尽量选择逻辑简单、速度快、精度高的算法。

3. 画流程图

流程图一般是利用一些带方向的线段、框图等把解决问题的先后次序等直观地描述出来,如图 6.1 所示。对于复杂问题,可以画多级流程图,即先画粗框图,再逐步求精。

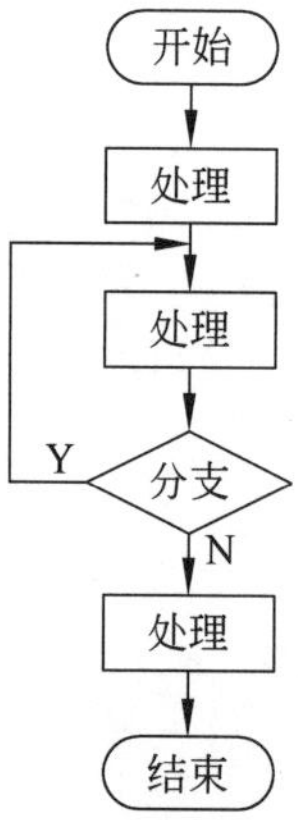

4. 编写程序

按汇编语言程序的格式将算法和流程图描述出来。编程中应注意内存工作单元和寄存器的合理分配。

5. 静态检查

静态检查就是在程序非运行状态下检查程序。良好的静态检查可以节省很多上机调试的时间,并常常能检查出一些较隐蔽的问题。

6. 上机调试

这是程序设计的最后一步,目的在于发现程序的错误并设法更正。应注意在上机调试中积累经验,以提高调试的效率。

图 6.1 流程图示意

6.1.2 程序的基本结构形式

程序的基本结构形式有 3 种：顺序结构、分支结构和循环结构。

1. 顺序结构

该结构指从程序起始地址开始顺序执行各条指令直至程序结束，无分支，无循环，无转移。这种结构在逻辑上是很简单的，所以又叫简单结构。

2. 分支结构

实际程序中经常会要求计算机作出判断，并根据判断结果做不同的处理。这种根据不同情况分别做处理的程序结构就是分支结构。通常有两种分支结构，即 IF-THEN-ELSE 结构和 CASE 结构，如图 6.2 所示。

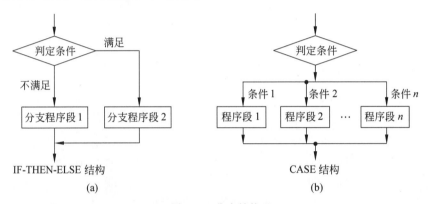

图 6.2 分支结构

由图 6.2 可以看出，对于 IF-THEN-ELSE 结构，先判定条件是否满足，若满足则转向一个分支进行处理，否则顺序执行（进入另一个分支进行处理），可见这是一种双分支结构；对于 CASE 结构，其可能的条件有 n 种，但每次只能有一个条件满足，例如满足条件 1，则进入程序段 1 进行处理。无论进入哪个程序段，执行完后都将从同一个出口出去。常见的菜单程序就是 CASE 结构的一种典型应用。

3. 循环结构

实现重复执行某一程序段的结构叫循环结构。循环结构的程序通常有下列几个组成部分：

（1）初始化部分：它为循环操作做准备工作，如设置地址指针、设置循环计数的初值等。

（2）循环体：这是整个循环结构的主体，包括全部需要重复执行的操作，以及循环控制参数的修改部分。修改部分包括地址指针的修改、循环计数器的修改等，为下一次循环作准备。

(3) 循环控制部分：它检测循环条件是否满足。若满足,则执行循环体；否则退出循环,执行循环结构的后继语句。

有两种基本的循环结构,即 WHILE-DO 结构和 REPEAT-UNTIL 结构,如图 6.3 所示。WHILE-DO 结构是"先判断,后执行"的结构,即把循环条件的检测放在循环的入口处,先检测循环条件,若满足(例如循环次数不为 0)则执行循环体,否则退出循环；REPEAT-UNTIL 结构则是"先执行,后判断"的结构,即把循环条件的检测放在循环的出口处,先执行循环体然后检测循环条件,若满足循环条件则继续执行循环体,否则退出循环。

不难看出,"先执行,后判断"的结构至少执行一次循环体；而"先判断,后执行"的结构,则依据循环条件可能循环体一次也不被执行。这两种循环结构一般可以随使用习惯来选取,但对于允许 0 次循环(可能循环体一次也不执行)的情况下则必须使用 WHILE-DO 结构。

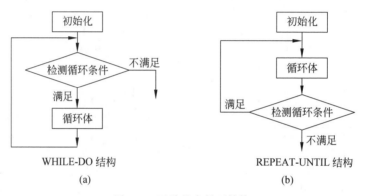

图 6.3　两种基本循环结构

【例 6.1】　分析下列程序段的结构特点,并指出其功能。

```
        MOV  CX , 0
        MOV  AX , DS:[2000H]
CONT :TEST  AX , 0FFFFH
        JE   EXIT
        JNS  SKIP
        INC  CX
SKIP : SHL  AX , 1
        JMP  CONT
EXIT :
```

由所给程序段可以看出,在完成初始化设置(程序段的第一行和第二行)后,首先进行条件检测(判定 AX 中是否有"1"),若条件不满足(AX 中无"1"),则退出；否则,进入循环体,进行循环处理。显然,这是一个属于"先判断,后执行"的 WHILE-DO 结构的循环程序段。该程序段的功能是：检测内存 2000H 字单元中"1"的个数,并将检测结果存放于 CX 寄存器中。

【例 6.2】 编程实现将偏移地址 1000H 开始的 100 个字节单元数据传送到偏移地址 2000H 开始的单元中。

程序如下:

```
CODE   SEGMENT
       ASSUME  CS : CODE
START:
       MOV  SI , 1000H      ;┐
       MOV  DI , 2000H      ; ├初始化
       MOV  CX , 100        ;┘
  LOP:MOV  AL , [SI]       ;┐
       MOV  [DI] , AL       ; │
       INC  SI              ; ├循环体
       INC  DI              ; │
       DEC  CX              ;┘
       JNE  LOP            ;循环控制
       MOV  AH , 4CH
       INT  21H
CODE   ENDS
       END  START
```

容易看出,该程序属于"先执行,后判断"的 REPEAT-UNTIL 循环结构。

6.1.3 子程序设计

子程序又称过程(Procedure),CALL 指令和 RET 指令分别实现子程序的调用和返回。调用和返回分为段内操作和段间操作,可通过 NEAR 和 FAR 属性参数来定义,两种操作在堆栈处理时有所不同。

一般来说,有两种类型的程序段适合编成子程序:一种是多次重复使用的,编成子程序可以节省存储空间;另一种是具有通用性、便于共享的,例如键盘管理程序、字符串处理程序等。

对于一个大的程序,为了便于编码和调试,也常常把具有相对独立性的程序段编成子程序。下面说明子程序设计中需要注意的几个问题。

1. 现场的保护与恢复

如果在子程序中要用到某些寄存器或存储单元,为了不破坏原有信息,要将它们的内容压入堆栈加以保护,这就叫保护工作现场。保护可以在主程序中实现,也可以在子程序中实现。现场恢复是指子程序完成特定功能后弹出压在堆栈中的信息,以恢复到主程序调用子程序时的现场。由于堆栈是后进先出的工作方式,要注意保护与恢复的顺序,即先保护入栈的后恢复,后保护入栈的先恢复。

2. 参数的传递

参数的传递是指主程序与子程序之间相关信息或数据的传递,传递的参数分为入口

参数和出口参数。入口参数是主程序调用子程序之前向子程序提供的信息,是主程序传递给子程序的;而出口参数是子程序执行完毕后提供给主程序使用的执行结果,是子程序返回给主程序的。

参数传递的方法一般有三种:用寄存器传送、用参数表传送和用堆栈传送。无论用哪种方法,都要注意主程序与子程序的默契配合,特别要注意参数的先后次序。

(1)用寄存器传递参数

用寄存器传递参数适用于参数较少的场合。主程序将子程序执行时所需要的参数放在指定的寄存器中,子程序的执行结果也放在规定的寄存器中。

(2)用参数表传递参数

这种方法适用于参数较多的情况。它是在存储器中专门规定某些单元放入口参数和出口参数,即在内存中建立一个参数表,这种方法有时也称约定单元法。

(3)用堆栈传递参数

该方法适用于参数多并且子程序有多重嵌套或有多次递归调用的情况。主程序将参数压入堆栈,子程序通过堆栈的参数地址取得参数,并在返回时使用"RET n"指令调整 SP 指针,以删除栈中已用过的参数,保证堆栈的正确状态及程序的正确返回。

3.嵌套与递归

子程序中调用别的子程序称为子程序嵌套,如图 6.4 所示。设计嵌套子程序时要注意正确使用 CALL 和 RET 指令,并注意寄存器的保护和恢复。只要堆栈空间允许,嵌套层次不限。

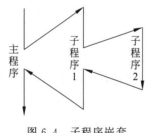

图 6.4　子程序嵌套

子程序调用它本身称为递归调用。在图 6.4 中,当子程序 1 与子程序 2 是同一个程序时,就是递归调用。设计递归子程序的关键是防止出现死循环,注意脱离递归的出口条件。

下面给出一个包括了子程序嵌套和递归调用的例子。该程序求一个数的阶乘 $n!$。$n!$ 定义如下:

$$n! = \begin{cases} 1 & n = 0,1 \\ n(n-1)! & n > 1 \end{cases}$$

求 $n!$ 本身可以设计成一个子程序,由于 $n!$ 是 n 和 $(n-1)!$ 的乘积,而求 $(n-1)!$必须递归调用求 $n!$ 子程序,但每次调用所用参数都不相同。因为递归调用过程中,必须保证不破坏以前调用时所用的参数和中间结果,所以通常都把每次调用的参数、中间结果以及子程序中使用的寄存器内容放在堆栈中。此外,递归子程序中还必须含基数的设置,当调用的参数等于基数时则实现递归退出,保证参数依次出栈并返回主程序。求 $n!$的具体程序如下:

```
DATA  SEGMENT          ;数据段
  n DW 4               ;定义n值
  RESULT  DW  ?        ;结果存于 RESULT 中
```

```
DATA    ENDS
STACK   SEGMENT  STACK           ;堆栈段
   DB 100   DUP (?)
STACK   ENDS
CODE    SEGMENT                   ;代码段
    ASSUME  CS: CODE, DS: DATA, SS:STACK
MAIN  PROC   FAR                  ;主程序
START:
        MOV  AX , DATA
        MOV  DS , AX
        MOV  AX , n
        CALL  FACT                ;调用 n!递归子程序
        MOV  RESULT , CX
        MOV  AH , 4CH             ;返回 DOS 系统
        INT  21H
MAIN  ENDP
FACT  PROC   NEAR                 ;定义 n!递归子程序
        CMP  AX , 0
        JNZ  MULT
        MOV  CX , 1               ;0! = 1
        RET
MULT: PUSH  AX
        DEC  AX
        CALL  FACT
        POP  AX
        MUL  CX                   ;DX:AX←AX × CX
        MOV  CX , AX
        RET
FACT  ENDP
CODE  ENDS
        END  START
```

对于上述递归调用程序,可以分析子程序的调用情况和堆栈变化情况。图 6.5 画出了递归调用求 4! 时的堆栈变化情况。

| 子程序返回地址(IP 值) |
| 1 (AX) |
| 子程序返回地址(IP 值) |
| 2 (AX) |
| 子程序返回地址(IP 值) |
| 3 (AX) |
| 子程序返回地址(IP 值) |
| 4 (AX) |
| 主程序返回地址(IP 值) |
| |

图 6.5 递归调用求 4 ! 时的堆栈变化情况

6.2 汇编语言的编程应用

前面介绍了汇编语言程序设计的基本方法。本节着重介绍汇编语言程序设计的实际应用,如 I/O 与通信、声音与时钟、键盘 I/O、鼠标器编程及图形显示等。

6.2.1 I/O 与通信

在计算机系统中,外部设备是以实现人机交互和计算机之间进行通信为目的一些机电设备。计算机需要控制外设,需要往外设输出数据或从外设输入数据。计算机与外设之间是通过称为 I/O 接口的专门部件来进行联系和通信的,它们之间的信息交换是通过读写 I/O 接口中的专门寄存器来实现的,这些寄存器也称 I/O 端口(I/O PORT)。80x86 系统中用专门的输入/输出指令(IN 指令和 OUT 指令)在累加器和 I/O 端口之间传送数据。

CPU 与外设之间交换的信息包括数据、状态和控制信息。状态信息是指表示外部设备工作状态的信息,如是否准备好(Ready)或是否忙(Busy)的信息。控制信息则用来控制外部设备的动作。一般每个 I/O 接口都有自己的数据寄存器、状态寄存器和控制寄存器来存放相应的三种信息,读/写 I/O 端口实际上就是读/写这三种寄存器。

CPU 与外部设备进行数据传送的控制方式可分为三种:程序控制方式、中断控制方式及直接存储器访问(DMA)方式。这三种方式将在后续章节做具体介绍。下面举一个例子,是用并行打印机打印寄存器 AL 中字符的过程:

```
PRINT  PROC  NEAR
       PUSH  AX              ;保护所用到的寄存器
       PUSH  DX
       MOV  DX , 378H        ;数据端口地址 378H
       OUT  DX , AL          ;输出要打印的字符
       MOV  DX , 379H        ;状态端口地址 379H
  WAIT:IN  AL , DX           ;读打印机状态
       TEST  AL , 80H        ;检查打印机是否忙
       JE   WAIT
       MOV  DX , 37AH        ;控制端口 37AH
       MOV  AL , 0DH         ;选通打印机
       OUT  DX , AL
       MOV  AL , 0CH         ;关打印机选通
       OUT  DX , AL
       POP  DX               ;恢复寄存器
       POP  AX
       RET
PRINT  ENDP
```

从上面介绍的例子中可以看出,这里的所谓输入/输出实际上就是计算机与外部设

备之间进行联系与通信。如果与计算机 I/O 接口相连的是另一台计算机的 I/O 接口,则可实现计算机与计算机之间的通信。

6.2.2 声音与时钟

声音实际上就是物体以一定的频率振动在一定的时间所产生的物理效应。为了产生特定的声音,先看看 IBM PC 中的扬声器驱动电路的工作情形,如图 6.6 所示。

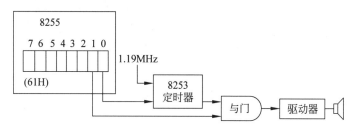

图 6.6　扬声器驱动系统

由图 6.6 可以看出,定时器/计数器 8253 产生一定频率的脉冲信号,经由驱动和放大电路,就可以使扬声器发声。并行输入/输出接口芯片 8255 用来控制 8253 是否能够工作以及工作时所产生的脉冲信号是否送到扬声器。8255 端口 B 的端口号为 61H,其数据寄存器的最低两位就是用来实现这种控制功能的。因此,通过交替地设置这两位的值就可以实现打开扬声器和关闭扬声器,就可以控制发声的时间,即控制音长。

8253 内部有 3 个计数器,其中计数器 0 用于系统时钟,计数器 1 用作 DMA 的定时控制,计数器 2 是一个方波发生器,其输出经一个与门连接到扬声器,扬声器发声的频率就是该方波的频率。这样,通过改变计数器 2(端口地址为 42H)产生的方波的频率,就可以控制扬声器发声的频率,即控制音调。

在 ROM BIOS 中有一个 BEEP 子程序,是当加电自检出错后使扬声器发出“嘟嘟”声的。它设置 8253 计数器 2 的计数值为 533H(即 1331),8253 的输入时钟为 1.193180MHz,因此它产生的嘟嘟声的频率为 1.19MHz/1331=894Hz。同样,若要产生频率为 f 的方波,则计数值应为 1234DCH÷f(1193180 的十六进制表示就是 1234DCH)。

上面讲述了发声的原理,下面仿照 BEEP 给出一个实例,它可以产生频率范围为 19~65535Hz 的声音,持续时间是 10ms 的倍数,在 0.01~656.35s 之间。

```
;入口参数: DI 中为要发声音的频率值
;BX 中为发声时间(10ms 的倍数)
    SOUND  PROC  NEAR
      PUSH  AX              ;保护寄存器的值
      PUSH  BX
      PUSH  CX
      PUSH  DX
      PUSH  DI
      MOV   AL , 0B6H       ;初始化 8253,使其计数器 2 产生方波信号
```

```
        OUT   43H , AL          ;43H 是 8253 控制寄存器的端口地址
        MOV   DX , 12H          ;DX:AX 中的值设为 1234DCH
        MOV   AX , 34DCH
        DIV   DI                ;计算 8253 计数器 2 的计数值,存放于 AX 中
        OUT   42H , AL          ;设置 8253 计时器 2 的计数初值,42H 为 8253 计数器 2 的端口地址
        MOV   AL , AH
        OUT   42H , AL
        IN    AL , 61H          ;读入 8255 端口 61H 的原值并保存在 AH 中
        MOV   AH , AL
        OR    AL , 3            ;开扬声器(将 8255 端口 61H 的低两位置 1)
        OUT   61H , AL
DELAY:  MOV   CX , 0FFFFH
DL10MS:LOOP   DL10MS            ;延时 10ms
        DEC   BX
        JNZ   DELAY             ;延时 = BX 值×10ms
        MOV   AL , AH           ;恢复 8255 端口 61H 的原值
        OUT   61H , AL          ;关扬声器
        POP   DI
        POP   DX
        POP   CX
        POP   BX
        POP   AX
        RET
SOUND   ENDP
```

以上面的过程为基础,就可以编写出乐曲程序了(详见 6.2.3 节)。

上述程序中有关并行接口 8255 和定时器/计数器 8253 的具体技术,在后面第 9 章和第 11 章中还将详细介绍。

6.2.3 乐曲程序

通过调用上面的发声程序(SOUND 过程),即可编写演奏乐曲的程序。由于在一首乐曲中,每个音符的音调和音长分别与频率和持续时间(节拍)有关,所以只要事先把控制频率的参数送入 DI 寄存器,把控制持续时间(节拍)的参数送入 BX 寄存器,然后调用发声过程 SOUND,就可演奏出特定音调和音长的音符来。

表 6.1 给出了两个音阶(一个音阶是 8 个音符)的音符名及其对应的频率(Hz)。低音阶从"低 1"(130.8Hz)到"中 1"(261.7Hz),高音阶从"中 1"到"高 1"(523.3Hz)。

表 6.1 音符-频率表

音 符 名	频率(Hz)	音 符 名	频率(Hz)
1	131	4	175
2	147	5	196
3	165	6	220

续表

音 符 名	频率(Hz)	音 符 名	频率(Hz)
7̇	247	5	392
1	262	6	440
2	294	7	494
3	330	1̇	524
4	350		

　　音符的频率值和持续时间是乐曲程序所需要的两个关键数据。音符的频率值可以从表 6.1 中获得,音符的持续时间(节拍)可根据乐曲的速度和每个音符的节拍数来确定。例如,在 4/4(四四拍)中,四分音符为一拍,每小节 4 拍,全音符持续 4 拍,二分音符持续 2 拍,四分音符持续 1 拍,八分音符持续半拍等。假设给全音符分配 1s 的时间,则二分音符的持续时间为 0.5s(50×10ms),四分音符的持续时间为 0.25s(25×10ms),八分音符的持续时间为 0.125s(12.5×10ms)。

　　确定了音符与频率和持续时间的关系后,就可以根据特定的乐谱将每个音符所对应的频率和持续时间定义成两个数据表,然后编写程序依次取出数据表中的频率值和时间值,并通过调用发声程序(SOUND 过程),即可按乐谱演奏出动听的乐曲了。

　　下面以图 6.7 中给出的曲谱为例,说明编写乐曲程序的一般方法和过程。

图 6.7 《浏阳河》曲谱

编写乐曲程序的主要步骤如下:

(1) 定义演奏乐曲的频率表和节拍时间表(设表名分别为 MUS_FREQ 和 MUS_TIME)。

```
MUS_FREQ DW 392, 440, 524, 440, 392, 330, 392, 330, 294, 262, 262, 294, 392, 440, 392, 330,
         DW 294, 262
         DW 392, 330, 392, 440, 392, 330, 392, 330, 294, 330, 294, 262, 220, 196, 262
         DW − 1
MUS_TIME DW 2500, 6 DUP(1250), 2500, 5000, 2500, 6 DUP(1250), 2500, 5000, 2500,
         DW 2 DUP(1250), 3750, 1250, 3750,1250, 5000, 4 DUP (1250), 2 DUP (2500),7500
```

（2）分别将频率表和节拍时间表的偏移地址送入 SI 和 BP 寄存器。

```
LEA   SI , MUS_FREQ
LEA   BP, DS:MUS_TIME
```

（3）取出表中的频率值送入 DI，节拍时间值（10ms 的倍数）送入 BX。

```
MOV   DI , [SI]
MOV   BX , DS: [BP]
```

频率表中的最后一个数据-1作为乐曲的结束符，也可采用其他的特定值。

注意：这里的 10ms 是由 CPU 执行一小段循环程序产生的延迟时间构成的。显然，对于不同主频的机器，该循环程序所产生的延迟时间是不相同的，从而会造成节拍时间和演奏速度的不同。这可通过改变循环程序中的循环次数（CX 的初值）或按比例整体增/减节拍时间表中的各初始数值（如 2500、1250 等）来进行调整，从而使乐曲以合适的节拍时间和速度进行演奏。

（4）调用 SOUND 过程产生特定音调和节拍的乐音。

【例 6.3】《浏阳河》演奏程序。

```
DATA   SEGMENT; 建立频率表 MUS_FREQ 和节拍时间表 MUS_TIME
    MUS_FREQ DW 392, 440, 524, 440, 392, 330, 392, 330, 294, 262, 262, 294, 392, 440, 392, 330
             DW 294, 262, 392, 330, 392, 440, 392, 330, 392, 330, 294, 330, 294, 262, 220
             DW 196, 262
             DW - 1
    MUS_TIME DW 2500, 6 DUP(1250), 2500, 5000, 2500, 6 DUP(1250), 2500, 5000, 2500,
             DW 2 DUP(1250), 3750, 1250, 3750,1250, 5000, 4 DUP (1250), 2 DUP (2500),7500
DATA   ENDS
STACK SEGMENT STACK
    DB 128 DUP (?)
STACK ENDS
CODE   SEGMENT
       ASSUME  CS:CODE , SS:STACK , DS:DATA
BEGIN:
       MOV   AX , DATA
       MOV   DS , AX
       LEA   SI , MUS_FREQ     ;将频率表偏移地址送 SI
       LEA   BP , MUS_TIME     ;将节拍时间表偏移地址送 BP
 FREQ:
       MOV   DI , [SI]         ;取频率值送入 DI
       CMP   DI , - 1
       JE    END_MUS
       MOV   BX , DS:[BP]      ;取节拍时间值送入 BX
       CALL SOUND              ;调用发声过程 SOUND
       ADD   SI , 2
       ADD   BP , 2
       JMP   FREQ
SOUND  PROC  NEAR
```

```
        PUSH   AX              ;保护寄存器的值
        PUSH   BX
        PUSH   CX
        PUSH   DX
        PUSH   DI
        MOV    AL , 0B6H       ;初始化 8253,使其计数器 2 产生方波信号
        OUT    43H , AL        ;43H 是 8253 控制寄存器的端口地址
        MOV    DX , 12H        ;DX:AX 中的值设为 1234DCH
        MOV    AX , 34DCH
        DIV    DI              ;计算 8253 计数器 2 的计数值,存放于 AX 中
        OUT    42H , AL        ;设置 8253 计时器 2 的计数初值,42H 为 8253 计数器 2 的端口地址
        MOV    AL , AH
        OUT    42H , AL
        IN     AL , 61H        ;读入 8255 端口 61H 的原值并保存在 AH 中
        MOV    AH ,AL
        OR     AL , 3          ;开扬声器(将 8255 端口 61H 的低两位置 1)
        OUT    61H , AL
DELAY : MOV    CX , 0FFFFH
DL10ms : LOOP  DL10ms         ;延时 10ms
        DEC    BX
        JNZ    DELAY           ;延时 = BX 值×10ms
        MOV    AL , AH          ;恢复 8255 端口 61H 的原值
        OUT    61H , AL        ;关闭扬声器
        POP    DI              ;恢复寄存器的值
        POP    DX
        POP    CX
        POP    BX
        POP    AX
        RET
SOUND   ENDP
        END_MUS:
        MOV    AX , 4C00H      ;返回 DOS 系统
        INT    21H
CODE    ENDS
        END    BEGIN
```

如果希望演奏另一首乐曲,只需把数据段定义中的 MUS_FREQ 和 MUS_TIME 两个表中的数据换成另一首乐曲的频率值和节拍时间值就可以了。

6.2.4 键盘 I/O

键盘是计算机系统中最基本的人机对话输入设备。键盘由一组排列成矩阵形式的按键开关组成,通常有编码键盘和非编码键盘两种类型。编码键盘中的某一个键按下后,能够直接提供与该键相对应的字符编码信息(如 ASCII 码),其缺点是所需硬件会随着键数的增加而增加。而非编码键盘不直接提供与按下键相对应的字符编码信息,而是提供某种中间代码(如反映按键位置信息的代码或键号等),然后由系统中的软件将中间

代码转换成相应的字符编码。非编码键盘为系统软件在定义键盘的某些操作上提供了更大的灵活性。

IBM PC 的通用键盘采用电容式无触点式按键,连接成 16 行×8 列的矩阵。通过键盘内部的单片机的控制,以"行列扫描法"获得按键扫描码(一种反映按键位置信息的中间代码)。键盘通过电缆与主机板上的键盘接口相连,以串行方式将扫描码送往接口,再由接口中的移位寄存器组装,然后向 CPU 请求中断。CPU 以并行方式从接口中读取按键扫描码。系统中的按键处理程序通过查表,将扫描码转换为 ASCII 码,并将转换后的 ASCII 码及其扫描码一起放入键盘缓冲区。每个字符占两个字节单元,一个放它的 ASCII 码,另一个放扫描码。

用户可以通过系统提供的 BIOS 键盘中断(INT 16H)从键盘缓冲区中得到字符的 ASCII 码及其相应的扫描码,以供程序使用。

同使用其他 BIOS 中断调用类似,在执行 BIOS 中断调用 INT 16H 之前,也需将相应的功能号置入 AH 寄存器中。INT 16H 的主要功能有 3 种,如表 6.2 所示。

表 6.2　INT 16H 的 3 种功能

功能号	功　　能	出　口　参　数
00H	等待从键盘读一个字符	AL＝字符的 ASCII 码　　AH＝扫描码
01H	读键盘缓冲区字符	ZF＝0,键盘缓冲区不空,AL＝字符的 ASCII 码,AH＝扫描码; ZF＝1,键盘缓冲区空
02H	取键盘状态字节	AL＝键盘状态字节

键盘上的 Shift、Ctrl、Alt、Scroll Lock、Num Lock、Caps Lock 和 Ins 不具有相应的 ASCII 码,但当它们被按下时会改变其他键所产生的代码,通常称这些键为变换键。键盘状态字节所表示的就是这些键的对应状态信息。通过 INT 16H 的 02H 号功能调用可以把键盘状态字节回送到 AL 寄存器。AL 中键盘状态字节各位($D_7 \sim D_0$)含义如下:

$D_7 = 1$，Insert 状态改变　　　　$D_3 = 1$，按下 Alt 键
$D_6 = 1$，Caps Lock 状态改变　　$D_2 = 1$，按下 Ctrl 键
$D_5 = 1$，Num Lock 状态改变　　$D_1 = 1$，按下左 Shift 键
$D_4 = 1$，Scroll Lock 状态改变　$D_0 = 1$，按下右 Shift 键

【例 6.4】　从键盘接收 10 个字符,将其存放于 W 开始的缓冲区中,然后把缓冲区的内容送显示器输出。

```
DATA  SEGMENT
   W  DB  10  DUP(?)
DATA  ENDS
CODE  SEGMENT
   ASSUME  CS: CODE , DS: DATA
START:
       MOV  AX , DATA
       MOV  DS , AX
       MOV  CX , 10
```

```
        MOV   SI , OFFSET  W
LP:     MOV   AH , 0                      ;等待从键盘接收字符
        INT   16H
        MOV   [SI] , AL                   ;将接收的字符保存在缓冲区中
        INC   SI                          ;修改地址指针
        LOOP  LP
        MOV   BYTE PTR [SI],'$ '          ;将'$ '作为字符串结尾
        LEA   DX , W                      ;将缓冲区偏移地址送DX
        MOV   AH , 09H                    ;显示字符串,功能号为09H
        INT   21H
        MOV   AH , 4CH                    ;返回DOS
        INT   21H
CODE  ENDS
        END   START
```

【例 6.5】 判断是否有键按下,若没有键按下,则继续执行程序,否则退出。

```
START: …
        MOV   AH ,1                       ;判断是否有键按下
        INT   16H
        JE    START                      ;没有键按下则继续执行程序
        MOV   AH , 4CH                    ;否则,退出
        INT   21H
```

上面介绍的 BIOS 键盘中断(INT 16H),它能同时回送按键的 ASCII 码和扫描码,这对于需使用功能键和变换键的程序应用显然是很重要的。

但对于一般的键盘访问,使用 DOS 功能调用(INT 21H)可能更方便。我们知道,DOS 功能调用提供了 01H、06H、07H、08H、0AH、0BH、3FH 这 7 个有关键盘访问的子功能。通过它们可以实现键盘字符的读入、回显、直接控制台 I/O 等多种功能,给键盘的访问和使用带来很大方便。但需要说明的是,这些 DOS 功能调用并不直接访问键盘本身,而只是读/写 32 字节的键盘缓冲区,所以这种访问是不够灵活的,尤其是对于希望使用具有完整功能的现代键盘则是无能为力了。到底采用哪一种键盘访问方式(BIOS 中断还是 DOS 功能调用),则需根据具体应用来确定。

6.2.5　鼠标器编程

鼠标器(Mouse)简称鼠标,它是除键盘之外的另一种重要的人机交互输入设备。与键盘类似,鼠标也是以串行方式与主机进行通信。在鼠标的控制板上通常都配有微处理器,其主要作用是判断鼠标是否工作,工作时组织输出 X、Y 方向的位移数据给主机。主机上的软件则根据这些位移数据在 X 方向和 Y 方向移动显示在屏幕上的光标到希望停留的位置。当单击或双击鼠标上的左键或右键时,则将相应的击键信号码输入到主机中,作为消息来驱动相应事件。

鼠标通常采用 7 位数据位、1 位停止位、无奇偶校验的异步格式传送数据,传送速率

一般为 1200/2400bps。Microsoft 规定的鼠标数据为三字节，具体格式如表 6.3 所示。

表 6.3　鼠标数据格式

	D_7	D_6	D_5	D_4	D_3	D_2	D_1	D_0
第一字节	×	1	LB	RB	Y_7	Y_6	X_7	X_6
第二字节	×	0	X_5	X_4	X_3	X_2	X_1	X_0
第三字节	×	0	Y_5	Y_4	Y_3	Y_2	Y_1	Y_0

Microsoft 鼠标为二键式鼠标，表 6.3 中的 LB 和 RB 分别表示鼠标的左键或者右键按下。$X_7 \sim X_0$ 和 $Y_7 \sim Y_0$ 均为 8 位带符号整数，表示相对于上一位置的位移量，位移量单位为 1/200 英寸（或 0.13mm）。

为了编程应用鼠标，可利用鼠标中断调用 INT 33H。INT 33H 实际上是程序员与鼠标驱动程序之间的一个软件界面，通过它不仅可以检测鼠标指针的位置及按下鼠标键的次数，而且还可以定义鼠标指针的形状及动作特性等。INT 33H 有多种功能，可通过在 AX 寄存器中设置功能号来选择。表 6.4 列出了鼠标中断 INT 33H 的常用功能及其使用说明，其余可查阅相关手册。

表 6.4　鼠标中断 INT 33H 功能表

功　　能	入 口 参 数	出 口 参 数	说　　明
00H 检测鼠标是否安装并复位鼠标至标准值	AX＝00H	AX＝−1，已安装鼠标 AX＝0，未安装鼠标 BX＝2（2 键） BX＝3（3 键）	该功能确定鼠标是否安装并复位鼠标至其标准设置。鼠标的按键数目返回在 BX 中
01H 显示光标/光标标志加 1	AX＝01H	显示鼠标光标	该功能是将光标标志加 1。如果光标标志为 0，则在屏幕上显示光标。平时光标标志为 −1
02H 清除光标/光标标志减 1	AX＝02H	清除鼠标光标	该功能是将光标标志减 1，并清除屏幕上的光标。如果光标标志为 0，则在屏幕上显示光标。平时光标标志为 −1
03H 获取按键状态及光标位置	AX＝03H	BX＝1（左键按下） BX＝2（右键按下） BX＝4（中间键按下） CX＝光标位置 X 值 DX＝光标位置 Y 值	该功能是获取鼠标按键的当前状态及鼠标光标在屏幕上的当前位置
04H 设置光标位置	AX＝04H CX＝光标位置 X 值 DX＝光标位置 Y 值		该功能是设置鼠标光标在屏幕上的位置

功　　能	入　口　参　数	出　口　参　数	说　　明
05H 获取按键次数及光标位置	AX＝05H BX＝1（检测左键） BX＝2（检测右键） BX＝4（检测中间键）	AX＝1（左键按下） AX＝2（右键按下） AX＝4（中间键按下） BX＝按键次数（0～32767） CX＝光标位置 X 值 DX＝光标位置 Y 值	该功能是检测指定按键按下的次数以及最后按键时光标的位置
06H 获取按键释放次数及光标位置	AX＝06H BX＝1（检测左键） BX＝2（检测右键） BX＝4（检测中间键）	AX＝1（左键按下） AX＝2（右键按下） AX＝4（中间键按下） BX＝释放次数（0～32767） CX＝光标位置 X 值 DX＝光标位置 Y 值	该功能是检测指定按键自上次检测以来释放的次数以及最后释放时光标的位置
07H 设定光标横向移动范围	AX＝07H CX＝X 最小值 DX＝X 最大值		光标移动不能超出这个范围，配合 08H 功能，可以定义一个光标窗口
08H 设定光标纵向移动范围	AX＝08H CX＝Y 最小值 DX＝Y 最大值		光标移动不能超出这个范围，配合 07H 功能，可以定义一个光标窗口
09H 定义图形光标的形状	AX＝09H BX＝动作基点水平范围（－16～＋16） CX＝动作基点垂直范围（－16～＋16） DX＝屏蔽缓冲区偏移量 ES＝屏蔽缓冲区段基值		
0BH 读鼠标移动计数值	AX＝0BH CX＝水平距离（－32768～＋32767） DX＝垂直距离（－32768～＋32767）		该功能是读取鼠标移动的计数值，从而确定鼠标移了多远，单位为 1/200 英寸（或0.13mm）

【例 6.6】　检测鼠标，若未安装则显示"没找到鼠标"；若已安装，则检测是左键还是右键按下，并显示相应信息。

```
DATA  SEGMENT
    MSG1  DB  'No  mouse  present!', '$'
    MSG2  DB  'Left  button  has  been  pressed!', '$'
    MSG3  DB  'Right  button  has  been  pressed!', '$'
```

```
        DATA   ENDS
        STACK   SEGMENT   STACK
            DB   256   DUP(?)
        STACK   ENDS
        CODE   SEGMENT
            ASSUME   DS: DATA , CS: CODE, SS: STACK
        START: MOV   AX , DATA
                MOV   DS , AX
                MOV   AX , 00H              ;确定鼠标是否安装
                INT   33H
                CMP   AX, - 1
                JNZ   DISP1
          LP1: MOV   AX , 05H
                MOV   BX , 1                ;检测左键
                INT   33H
                CMP   AX , 1
                JZ    DISP2                 ;左键按下
                MOV   AX , 05H
                MOV   BX , 2                ;检测右键
                INT   33H
                CMP   AX , 2
                JZ    DISP3                 ;右键按下
                JMP   LP1
        DISP1: MOV   AH , 09H
                MOV   DX , OFFSET   MSG1
                INT   21H                  ;显示未安装鼠标信息
                JMP   EXIT
        DISP2: MOV   AH , 09H
                MOV   DX , OFFSET   MSG2
                INT   21H                  ;显示左键按下信息
                JMP   EXIT
        DISP3: MOV   AH , 09H
                MOV   DX , OFFSET   MSG3
                INT   21H                  ;显示右键按下信息
        EXIT: MOV   AH , 4CH
                INT   21H
        CODE   ENDS
                END   START
```

6.2.6 图形显示

让计算机能够输出丰富而有趣的图形、图像信息,从而实现更方便有效的人机交互,是现代计算机的基本设计目标之一。由于处理由成千上万个图像元素(像素,Pixel)组成的一幅图像,需要执行大量的指令才能完成,所以在图形、图像处理方面,汇编语言具有独特的优势。就速度而言,汇编语言比高级语言快得多,所以复杂的图形、图像显示(如实现动画效果),往往用汇编语言设计更有效。

显示器是 PC 最常用的一种输出设备,它可以用来显示字符、图形和图像信息。显示器分为单色显示器和彩色显示器两种类型。其工作方式也有文本方式和图形方式之分。单色显示器只能显示黑白字母、数字及字符图形,它是以文本方式工作的;彩色显示器能以文本和图形两种方式工作,既可显示黑白图形又可显示由多种颜色构成的彩色图形。

在 PC 系统中,有关显示器显示方式的选择、光标的控制以及字符属性的读写等功能均是借助于 BIOS 中断调用 INT 10H 来实现的,通过给 AH 寄存器设置适当的值来选择所需的功能号,同时将相关调用参数(即入口参数)置于适当的寄存器中,然后发 INT 10H 中断调用,即可控制在 PC 屏幕上显示所期望的文本或图形。

1. 文本方式

文本方式通常在屏幕上显示字母、数字以及一些字符图形。与屏幕上每个字符位置相对应的是两个存储器字节单元,一个存放字符的 ASCII 码,另一个存放字符属性。字符的属性规定了要显示字符的特性,例如在文本方式下规定字符是否闪烁显示,是否加强亮度,是否反相显示等。单色文本方式的属性字节格式如图 6.8 所示。

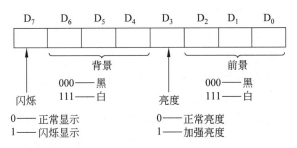

图 6.8　单色文本方式的属性字节

例如,正常单色显示是黑底白字,即背景为黑色(000),前景为白色(111),闪烁位为 0(正常显示),亮度位为 0(正常亮度),其属性字节为 00000111B(07H);若要变成反相显示,则应使背景为白色(111),前景为黑色(000),即属性字节应变成 01110000B(70H)。

对于彩色文本方式,其属性字节的格式与单色文本方式类似,也包括闪烁、前景颜色(显示字符的颜色)和背景颜色,但其前景颜色可以选择 16 种颜色之一,背景有 8 种颜色可以选择。图 6.9 是彩色文本方式的属性字节格式。

图 6.9　彩色文本方式的属性字节

前景的 16 种颜色由属性字节的 $D_0 \sim D_3$ 位编码表示,R、G、B 位分别表示红(Red)、绿(Green)、蓝(Blue),BL 位表示闪烁,I 位表示亮度。闪烁和亮度只应用于前景。表 6.5 是文本方式 16 种颜色的编码表示,它也适用于图形方式。

表 6.5　文本方式的 16 种颜色

颜　　色	IRGB	颜　　色	IRGB
黑	0000	灰	1000
蓝	0001	浅蓝	1001
绿	0010	浅绿	1010
青	0011	浅青	1011
红	0100	浅红	1100
品红	0101	浅品红	1101
棕	0110	黄	1110
白	0111	亮白	1111

从表 6.5 可以看出,其中的后 8 种颜色的 I 位为 1,表示高亮度,所以它是在前 8 种颜色的基础上加亮的结果。显示屏幕的背景颜色只能是表 6.5 中 I 位为 0 的 8 种颜色。如果前景和背景是同一种颜色,则显示出的字符是看不见的,但属性字节中的 D_7 位可以使字符闪烁(BL 位为 1)。

在 PC 显示适配器中均配有 ROM,其中存有视频 BIOS 程序,主要包括初始化程序、相关参数、实现中断功能的例行程序和字符集等。系统启动后,系统板 BIOS 调用视频 BIOS 的初始化程序,初始化视频系统,修改中断向量地址完成视频中断 INT 10H 的安装。视频中断 INT 10H 有多种功能,可通过在 AH 寄存器中设置功能号来选择。例如,AH=00H 为设置显示方式,AH=02H 为设置光标位置等。

在设计字符显示程序时,彩色显示和单色显示类似。例如 INT 10H 的 09H 号功能是在当前光标位置显示字符。调用该功能时,在文本方式下需将显示字符的 ASCII 码作为入口参数置于 AL 寄存器中,把显示的页号置于 BH 寄存器中,还要把显示字符的属性值(闪烁、反相及亮度)置入 BL 寄存器中;对于图形方式,BL 寄存器中应置入前景和背景的彩色属性值。另外,INT 10H 的 09H 号功能还规定,用 CX 寄存器指明将字符写到屏幕上的次数。

【例 6.7】　在屏幕上当前光标位置以蓝色背景显示 20 个浅红色的 $ 字符。

```
CODE    SEGMENT
    ASSUME  CS: CODE
START:
        MOV  AH , 09H              ;设置功能号
        MOV  AL , '$'             ;显示 $ 字符
        MOV  BH , 0                ;在第 0 页显示
        MOV  BL , 1CH              ;设置彩色属性:蓝色背景浅红色字
        MOV  CX , 20              ;显示 20 次
        INT  10H                   ;BIOS 中断调用
        MOV  AH , 4CH             ;设置功能号
        INT  21H                   ;返回 DOS 系统
CODE    ENDS
        END  START
```

另外,还可以利用 INT 10H 的 13H 号功能在屏幕的指定位置上显示字符串。此时,根据 AL 寄存器的值可以选择 4 种工作方式,其中前两种方式(AL=0,1)需指定整个显示字符串的属性,后两种方式(AL=2,3)必须指定每个字符的属性。主要调用参数及相关功能为:

ES:BP=串地址,CX=串长度,DH、DL=起始行、列,BH=页号;AL=0 时,BL=串中所有字符的属性,串格式为:字符,字符,…,光标返回起始位置;AL=1 时,BL=串中所有字符属性,串格式为:字符,字符,…,光标跟随移动;AL=2 时,串格式为:字符,属性,字符,属性,…,光标返回起始位置;AL=3 时,串格式为:字符,属性,字符,属性,…,光标跟随移动。

【例 6.8】 在屏幕上以蓝底白字显示"Hello World!"。

程序如下:

```
.MODEL   SMALL
.DATA                           ;数据段
    STRING  DB  'Hello  World!', 0DH , 0AH
    LEN  EQU  $ - STRING
.STACK  100H                    ;堆栈段
.CODE                           ;代码段
     ASSUME  CS:_TEXT, DS:_DATA, ES:_DATA, SS: STACK
START  PROC  FAR
       MOV  AX , _DATA
       MOV  DS , AX
       MOV  ES , AX
       MOV  AL , 3              ;80×25 彩色方式
       MOV  AH , 0              ;设置功能号
       INT  10H                 ;设置显示方式
       MOV  BP , OFFSET  STRING ;ES: BP = 串地址
       MOV  CX , LEN            ;CX = 串长度
       MOV  DX , 0              ;DH、DL = 起始行、列 (0 行 0 列)
       MOV  BL ,17H             ;串色彩属性: 蓝底白字
       MOV  AL , 1              ;串格式为: 字符,字符,…,光标跟随移动
       MOV  AH , 13H
       INT  10H                 ;蓝底白字显示"Hello World !"
       MOV  AH , 4CH
       INT  21H
START  ENDP
       END  START
```

2. 图形显示

文本方式一般用于显示字符信息,然而利用 ASCII 码字符集中的一些方块图形字符,也可以在文本方式下显示一些简单的图形。这样显示的图形通常称为字符图形。其显示的方法和显示一般字符相同,也是通过调用 BIOS 字符显示功能来实现的,例如 INT 10H 的 09H 和 0AH 功能调用等。对单色文本还可以选择闪烁、反相和高亮度等属性;

对彩色文本可以选择前景和背景颜色。

为了使显示的图形移动,达到动画的效果,可以按以下的步骤进行:

(1) 在屏幕上显示某个图形;

(2) 延迟一个适当的时间;

(3) 清除这个图形;

(4) 改变图形显示的行、列坐标;

(5) 返回步骤(1),重复上述过程。

为了得到更为精细和准确的图像,可以调用 INT 10H 中断的 0BH 和 0CH 号功能,这样就可以在屏幕上的指定坐标处显示特定属性的点(像素)。通过大量点的显示,就可以得到精细的图形。实际上,通常的图形显示均是通过像素来产生彩色图形的。

另外,屏幕上显示的字符(文本方式)或像素(图形方式)的属性都存储在一段存储器(称之为显示存储器 VRAM)中,通过编程改变这一段存储器区域的内容,就可以改变显示的字符或图形。这种对 VRAM 直接编程的方式是最直接、最快速的,但对硬件的依赖性很大。其具体方法请参阅相关文献。

6.3 Windows 环境下汇编语言程序设计

本节首先介绍 Windows 环境下汇编语言程序设计的几个基本概念,然后给出 Windows 应用程序的基本架构,最后编写一个简单的 Win32 汇编语言程序,并说明相关的汇编环境及汇编、链接方法。

6.3.1 Windows API 函数

前面详细介绍了 DOS 环境下的编程接口,即在程序设计中可以利用系统中提供的 BIOS 中断调用和 DOS 功能调用来实现所需功能。BIOS 中断调用和 DOS 功能调用提供的系统服务为用户在 DOS 环境下的应用编程提供了很大的方便。

Windows 是一种支持多任务的图形界面操作系统,它为编写应用程序提供了功能更加强大的系统资源。在 Windows 环境下,一种新的编程接口替代了 DOS 的软件中断调用,这就是 Windows 提供的应用程序编程接口(Application Programming Interface,API)。API 是一个函数的集合,通常包含一个或多个提供特定功能的动态链接库(Dynamic Link Library,DLL),应用程序可以使用不同的编程语言来调用这些动态链接库提供的 API 函数,以实现与操作系统、操作系统组件或其他应用程序之间的数据交换和协调工作。常见的 DLL 如 Kernel32. dll、User32. dll 和 gdi32. dll 等。其中 Kernel32. dll 中的函数主要处理内存管理和进程调度,User32. dll 中的函数主要控制用户界面,gdi32. dll 中的函数则负责图形方面的操作等。

Windows API 已从早期的 Windows 3.1 使用的 Win16 API 发展为目前广泛使用的 Win32 API。实际上,Win32 API 不仅为应用程序所调用,它也是 Windows 操作系统自身的一部分，Windows 的运行也调用这些 API 函数。

6.3.2　动态链接库

动态链接库是 Windows 程序为了减少内存消耗而采用的一种技术。在 Windows 中，由于有多个程序同时运行，所以往往需要占用较大的内存空间。所谓动态链接是指当程序已在内存中运行时，仅在调用某函数时才将其调入内存进行链接。动态链接库中存放着大量的通用函数，当多个程序先后调用某函数时，内存中仅有该函数在动态链接库中的唯一一份副本。这样就可以避免采用静态链接时内存中包括多份相同函数代码而导致浪费内存空间的现象。

要正确使用动态链接库，还必须知道要调用的函数是否在库中。此外还需要知道该函数的参数个数和参数类型，以便在编译和链接时把重定位等信息插入到执行代码中。为此建立了导入库(import library)，导入库里面保存了与它相对应的那个动态链接库里面所有导出函数的位置信息，链接时将从中提取相关信息放入到可执行文件中去。

当 Windows 加载应用程序检查到有动态链接库时，加载工具会查找该库文件，并把它映射到进程的地址空间，并修正函数调用语句的地址。如果没有查到，将在显示相应的出错信息后退出。

6.3.3　指令集选择

在 Windows 汇编源程序开始处，需要通过一条如".386"形式的伪指令来告诉汇编器，程序中将使用哪种处理器的指令系统。除了.386 伪指令外，类似的伪指令还有 .8086、.186、.286、.386P、.486/.486P、.586/.586P、.mmx 等。其中带 P 的伪指令表示要使用处理器的特权指令(也称系统控制指令)。特权指令是为处理器工作在保护模式下而设置的，并且这些特权指令必须在特权级 0 上运行。通常，特权级 0 是赋给操作系统中最重要的一小部分核心程序，即操作系统的内核，如存储管理、保护和访问控制等关键软件。

6.3.4　工作模式选择

在 Windows 汇编源程序中，还需要用.model 伪指令来指示当前程序的工作模式，一般格式为：

.model　存储模式 [,语言模式] [其他模式]

例如：.model　flat ,stdcall
上述一般格式中的"存储模式"位置的参数告诉汇编器当前程序使用何种存储模式。不同的存储模式，对存储器的数据访问方式各不相同，最终将生成不同的可执行文件。

各种存储模式及其使用环境在第 5 章表 5.5 中已详细给出,在此不再赘述。

对于 Win32 程序,只使用 Flat 存储模式("平坦"存储模式)。由于 Win32 程序都工作在处理器的保护模式下,所以在采用这种存储模式时,每个 Win32 程序都把自己的代码段、数据段以及一些共享段放在属于自己的独立的 4GB 虚拟地址空间中。

另外,. model 伪指令还设定了程序中使用的语言模式(即子程序或函数的调用方式)。语言模式规定了程序中函数的参数压栈顺序,压栈顺序可以从左到右也可以从右到左。此外还指出了最后由谁来恢复堆栈(保持栈的平衡)。使用 stdcall 语言模式进行参数传递时,和 Windows 函数的参数传递模式相同,即参数是从右往左压栈,最后由子程序负责恢复堆栈。其他语言模式的详细情况请查阅相关资料。

6.3.5 函数的原型定义

函数原型定义告诉汇编器和链接器该函数的属性,以便在汇编和链接时对该函数作相关的类型检查。Win32 汇编语言通过 PROTO 伪指令定义函数原型(与 C 语言中函数的原型定义相似),其格式如下:

函数名 PROTO [参数名]: 数据类型,[参数名]: 数据类型,…

例如:

ExitProcess PROTO uExitCode: DWORD

其中,ExitProcess 是 API 函数名,参数 uExitCode 是程序的退出码,其数据类型为 DWORD。

另外,由于函数的原型定义和对应模块的信息分别处于相应的头文件和库文件中,如本例就分别处于 Kernel32. inc 头文件和 Kernel32. lib 库文件中,因此在汇编语言源程序中必须用 include 语句把这两个文件包括进来(参见下面 Windows 应用程序基本结构框架中的 include 语句)。

6.3.6 Windows 应用程序的基本结构框架

用 Win32 汇编语言编写 Windows 应用程序的基本结构框架如下:

```
. 386                          ;定义指令集
.model     flat, stdcall       ;定义存储模式和语言模式
option     casemap: none       ;指明编译器对程序中关键字大小写敏感
include    windows.inc         ;
include    user32.inc          ;
includelib user32.lib          ;    定义头文件及库文件
include    kernel32.inc        ;
includelib kernel32.lib
.data                          ;数据部分
.code                          ;代码部分
```

```
start:                              ;程序的入口处
end    start                        ;表示整个程序的结束
```

Windows 应用程序是从 end 之后的标识符所指向的第一条语句开始执行的,如上述结构框架中就是从 start 开始执行。若程序要退出,则必须用 invoke 伪指令调用 ExitProcess API 函数来实现(参见下面例 6.9)。

6.3.7 Win32 汇编语言应用程序实例

这里给出一个简单、完整的 Windows 32 位汇编语言应用程序实例,从中可以更具体地看到 Win32 汇编语言源程序的基本结构及相关的语法规则。

【例 6.9】 编写一个简单的 Win32 汇编语言程序,在屏幕上显示一个消息框,消息框的标题为"欢迎进入 Win32 汇编语言世界!",消息框中显示的正文为"Hello world!"。

本程序需调用两个 API 函数,分别为 MessageBox 和 ExitProcess,其中函数 MessageBox 用于在屏幕上产生一个消息框,函数 ExitProcess 则用于结束其所在的进程。

具体程序如下:

```
; >>>>>>>>>>>>>>>>>>>>>>>>>>>>>>>>>>>>
; The program name: Hello.asm
; 功能: 显示一个消息框
; >>>>>>>>>>>>>>>>>>>>>>>>>>>>>>>>>>>>
; 使用下列命令进行编译和连接:
; ml  /c  /coff  Hello.asm
; link  /subsystem:windows  Hello.obj
; >>>>>>>>>>>>>>>>>>>>>>>>>>>>>>>>>>>>
. 386
. model  flat, stdcall
option  casemap: none
; >>>>>>>>>>>>>>>>>>>>>>>>>>>>>>>>>>>>
; include 文件定义
include  \masm32\include\windows. inc
include  \masm32\include\user32. inc
includelib  \masm32\lib\user32. lib
include  \masm32\include\kernel32. inc
includelib  \masm32\lib\kernel32. lib
; >>>>>>>>>>>>>>>>>>>>>>>>>>>>>>>>>>>>
. data
MsgBoxCaption db'欢迎进入 Win32 汇编语言世界 !', 0
MsgBoxText db'Hello World!', 0
; >>>>>>>>>>>>>>>>>>>>>>>>>>>>>>>>>>>>
. code
start:
    invoke  MessageBox , NULL , offset  MsgBoxText , offset MsgBoxCaption , MB_OK
    invoke  ExitProcess , NULL
end    start
```

程序中调用的 MessageBox 是一个 Windows API 函数，属于动态链接库 User32
.dll，其功能是显示一个消息框。它的第一个参数是消息框父窗口的句柄（句柄代表引用
该窗口的一个地址指针），这里使用"NULL"表示没有父窗口；第二个参数"offset
MsgBoxText"是一个字符串指针，指向消息框中显示的正文；第三个参数"offset
MsgBoxCaption"也是一个字符串指针，指向消息框的窗口标题；第四个参数用于指定消
息框中显示的按钮或提示图标的类型，这里使用 MB_OK，在消息框中显示一个 OK（确
定）按钮。MB_OK 为一常量，它在 Windows.inc 文件中有定义。

调用 MessageBox 函数显示消息框以后，再调用 ExitProcess 函数终止程序的执行，
函数 ExitProcess 的功能是终止当前进程。

上述 Hello.asm 源程序经汇编、连接后产生可执行程序 Hello.exe，程序运行的结果
如图 6.10 所示。

图 6.10　Win32 汇编语言程序运行结果

6.3.8　MASM 32 汇编与连接命令

在汇编工具包 MASM 32 的 Bin 目录下，对源程序（如 Hello.asm）的汇编、连接命令
及相关的输出信息如下所示：

```
ml  /c  /coff  hello.asm (↙)
   Microsoft<R>Macro Assembler Version  6.14.8444
   Copyright<C>Microsoft Corp 1981 - 1997.   All rights reserved. Assembling: hello.asm
Link  /subsystem: windows hello.obj (↙)
   Microsoft<R>Incremental  Linker  Version 6.6.8078
   Copyright<C>Microsoft Corp 1992 - 1998.   All rights reserved
```

上面汇编命令中的/c 选项表示只汇编不自动进行连接，/coff 选项表示产生的 obj 文
件格式为 COFF(Common Object File Format)格式。

连接命令中的/subsystem:windows 选项表示连接器生成 Windows 可执行文件。

6.4　汇编语言与高级语言的混合编程

今天，完全用汇编语言来开发整个系统已不多见了，通常是采用汇编语言和高级语
言一起进行编程（即混合编程）的方法进行开发。

汇编语言与各种高级语言各有自己的优缺点。汇编语言程序执行速度快，能直接访
问所有计算机硬件，但其编程效率较低，容易出错。高级语言程序编写、调试容易，但执

行效率低,占用存储空间大。如果对程序中的关键部分(如要求快速执行,直接访问 I/O 设备等)以及用高级语言难以实现或实现效率不高的部分用汇编语言编写,而其他大部分则用高级语言编写,这样就可充分发挥各自的优点,取得较好的效果。

汇编语言与高级语言混合编程的一种方法是将高级语言的目标程序与汇编语言的目标程序直接进行连接。高级语言编译程序的输出是带 OBJ 扩展名的目标文件,这种目标文件与汇编程序输出的目标文件没有区别。连接程序可以直接将几个目标文件(包括高级语言程序的目标文件和汇编语言程序的目标文件)连接而建立一个可执行的.EXE文件。汇编语言程序与高级语言程序的连接应遵守共同的原则,如存储模式、控制在两种语言的程序间转移等,特别是参数的传送(包括输入参数和输出参数),不同的高级语言在细节上可能不同。例如 C 语言中参数是按从右到左的顺序压栈,而 PASCAL 语言中参数是按从左到右的顺序压栈等。具体情况可参考相应的使用手册。

混合编程时主要应解决的问题是两种语言的接口问题,常见的解决方法有内嵌汇编(即在高级语言程序中直接嵌入汇编语句)、高级语言程序直接调用汇编语言子程序以及在汇编语言程序中调用高级语言函数等。下面以汇编语言与 C 语言的混合编程为例,介绍这几种典型的接口方法。

6.4.1　内嵌汇编

所谓内嵌汇编(inline assembly),就是指不脱离 C 语言环境,在 C 程序中直接嵌入汇编语句,用汇编指令去执行某一操作。基本方法是在嵌入的汇编语句前用关键字 asm 进行说明,有如下两种格式:

(1) 每条汇编指令之前加 asm 关键字。例如:

```
asm   MOV   AL , 2;
asm   MOV   DX , 0D007H;
asm   OUT   AL , DX;
```

(2) 简单 asm 块。例如:

```
asm
{
MOV   AL , 2;
MOV   DX , 0D007H;
OUT   AL , DX;
}
```

嵌入的汇编语句用分号或换行符结束。如果在该语句后边需加注释,则必须用 /＊…＊/的形式来标记注释。注意,这里不能像纯汇编语言程序那样用分号(;)作为注释的开始。此外,还需注意一条汇编语句不能跨两行。

【例 6.10】　在 C 程序中内嵌汇编语句显示一个 ＄ 字符,设 C 程序名为 display.c。
C 程序如下:

```
/* The program name: display.c */
main ()
    {
    asm   mov   ah , 2;/* 2 号 DOS 功能调用：显示输出 */
    asm   mov   dl ,'$';
    asm   int   21h;
    printf("\ n   This is a program with inline assembly statement");
    return   0;
    }
```

【例 6.11】 从键盘接收并显示 1~9 中的一个字符,忽略其他所有字符。设 C 程序
名为 inout.c。

C 程序如下:

```
/* The  program  name: inout.c */
main ( ) {
asm {
mov  ah , 7;                      /* 7 号 DOS 功能调用：键盘输入(无回显) */
int  21h
cmp  al ,'0'
jb   exit
cmp  al ,'9'
ja   exit
mov  dl , al
mov  ah , 2;                      /* 2 号 DOS 功能调用：显示输出 */
int  21 h
      }
exit: {; }
return  0 ;
         }
```

6.4.2   在 C 程序中直接调用汇编子程序

混合编程时,如果需要用汇编语言完成较多的工作,一种更有效的方法是把需要用
汇编语言实现的工作设计成汇编子程序,然后由 C 程序调用。

采用这种方法进行混合编程时,需注意以下几方面的问题:

1. 正确使用 Public 和 Extern

编写汇编子程序时,对于 C 程序调用的汇编子程序或变量,应在汇编语言程序中用
Public 进行声明,且子程序名和变量名前应带有下画线,如下所示:

```
Public_子程序名
Public_变量名
```

而在 C 语言程序中则应将其声明为 extern,如下所示:

```
extern 子程序名
extern 函数名
```

注意：这里不能在子程序名或变量名前加下画线。

2. 参数的传递

C 程序调用汇编子程序时，参数是通过堆栈传递给汇编子程序的，要注意 C 语言程序参数入栈的顺序是从右至左；另外，在 C 程序执行调用汇编子程序操作时还要将返回地址压入堆栈。由于堆栈是向下生长的，所以每做一次入栈操作，栈指针都相应减小，出栈时则刚好相反。要特别注意栈操作过程中栈指针 SP 值的变化情况。

当汇编子程序要使用堆栈中的参数时，应通过 BP 寄存器作为基址寄存器，并加上相应的位移量来对栈中的数据进行存取。在汇编子程序开始处应先将 BP 寄存器原来的值压栈保存，然后把堆栈指针 SP 的值传送给 BP，如下所示：

```
PUSH  BP
MOV   BP , SP
```

执行上述两条指令后，堆栈中的内容如图 6.11 所示。

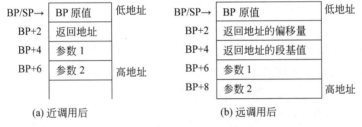

图 6.11　堆栈中的内容

之后就可用 BP 作为基址寄存器，并根据相应参数在栈中的位置以"MOV REG，[BP＋X]"的形式来获取参数，其中 X 是相应参数距 BP 所指处的位移（以字节计），REG 为某一个通用寄存器，通常为 AX 寄存器。

在返回 C 程序之前，还应正确恢复 BP 寄存器原先的值，然后执行 RET 指令返回 C 程序，做法如下：

```
POP   BP
RET
```

由于 C 程序能够自动进行栈指针 SP 的调整，所以不需在汇编子程序的末尾通过带参数的返回指令"RET n"来调整 SP 值。

3. 汇编子程序的返回值

当 C 程序调用汇编子程序后，如果汇编子程序有返回值给 C 程序，则是通过 AX 和 DX 寄存器进行传递的。若返回值是 16 位二进制值，则放于 AX 寄存器中；若返回值为

32 位值,则高 16 位在 DX 寄存器中,低 16 位在 AX 寄存器中。如果返回值大于 32 位,则存放于变量存储区中,该存储区的指针存放于 DX 和 AX 寄存器中,其中 DX 存放指针的段基值,AX 存放偏移量。

4. C 程序执行现场的保护和恢复

如同一般的子程序调用一样,用 C 程序调用汇编子程序,也需特别注意对 C 程序执行现场的保护和恢复。所谓现场的保护,就是对汇编子程序中可能用到的寄存器(如 BP 寄存器)必须在使用它之前将其内容压栈保护,并在返回 C 程序之前弹出到原来的寄存器中。这只要通过正确使用 PUSH 和 POP 指令即可完成,并需特别注意并仔细计算栈指针 SP 值的变化情况。否则将会造成错误的堆栈操作,从而产生不可预知的错误后果。

5. 编译和连接

对于用上述方法分别编写的 C 语言程序和汇编语言子程序,要想将它们组合在一个系统中并能正确工作,必须对它们进行编译和连接,从而生成一个可执行文件。通常可采用的方法有如下两种:

1) 以工程(PROJECT)的方法进行

第一步:在 DOS 环境下,用汇编程序(如 MASM. EXE)将汇编语言子程序汇编成相应的. OBJ 文件;

第二步:在工程文件中(如 xx. prj)中加入将要编译连接的 C 语言源程序及其调用的汇编语言子程序的目标文件名;

第三步:对工程文件进行编译连接,生成一个. exe 可执行文件。

2) 以命令行的方式进行编译连接

采用这种方法,首先要对 C 源程序和汇编语言子程序分别进行编译和汇编,使各自生成相应的. obj 文件,然后用 LINK 程序把这些. obj 文件连接起来生成一个. exe 可执行文件。

【例 6.12】 检测内存单元中"1"的个数并显示输出。要求检测"1"个数的功能由汇编子程序来完成,主程序由 C 程序实现。

C 程序如下:

```
/* The  program  name: testnum1.c */
# include < stdio. h>
int  extern  testnum2 ( int var )
main ( )
    {
int  i ;
i = testnum2(38);              /* 设被检测的数据为 38 */
printf  ( "\ n  The number of numberal one is % d", i ) ;
return  0
    }
```

汇编子程序如下:

```
;The  program  name: testnum2.asm
. model  small
. code
 public  _testnum2
 _testnum2  proc  near
 push  bp
 mov  bp , sp
 push  cx
 mov  cx , 0                    ;计数器清 0
 mov  ax , [ bp + 4 ]          ;从堆栈中取数据(所取数据与指针 bp 的字节距离为 4)
 cont:  test  ax , 0ffffh       ;检查是否为全 0
 jz  exit                       ;为全"0"则退出
 jns  skip
 inc  cx                        ;计"1"的个数
 skip:  shl  ax , 1
 jmp  cont
 exit: mov  ax , cx             ;ax 中存放返回值
 pop  cx
 pop  bp
 ret                            ;返回 C 程序
 _testnum2  endp
            end
```

对上述程序的编译连接步骤如下。

(1) 在 DOS 环境下,用 MASM 将汇编子程序(testnum2. asm)汇编生成目标文件 testnum2. obj。

(2) 在 Turbo C++界面下,选择主菜单中的工程(project)项,再选中子项 Open project,输入一个扩展名为. prj 的工程文件(如 testnum. prj),然后通过主菜单下方的 Add 命令使工程文件中包括需要编译连接的 C 语言源程序文件(本例为 tsetnum1. c)和被它调用的汇编语言子程序的目标文件(即第(1)步生成的目标文件 testnum2. obj)。

(3) 关闭大小写敏感开关,即通过菜单选项 Options→Linker→Settings,将 Case sensitive link 的选择框[]置为空(不选)。

(4) 按 F9 键对工程文件进行编译连接,生成一个. exe 文件,本例为 testnum. exe。

(5) 在主菜单 File 选项中选取 DOS shell 子项,通过 DOS 命令从当前目录转入 OUTPUT 目录,然后输入 testnum 即可执行该程序,程序执行后的正确输出结果为:

```
The number of numberal one is 3
```

6. 4. 3 汇编语言程序调用 C 函数

在汇编语言程序中调用 C 函数也应注意两种编程语言间的接口及相应的编程约定,主要包括以下 3 个方面:

(1) 在汇编语言程序中,对所调用的 C 函数必须用 EXTRN 伪指令声明。若所调用

的 C 函数为 NEAR 型,则 EXTRN 语句可以放在代码段中;若为 FAR 型,则要放在所有段之外。

（2）对于汇编语言程序中所调用 C 函数,必须在该函数的名字前加下画线。

（3）可以通过堆栈或变量来传递参数。如果通过堆栈进行参数的传递,则如前所述,要注意参数入栈的顺序;如果通过变量来传递参数,则是在 C 程序中定义变量,在汇编程序中需用"EXTRN 变量名：size"的形式进行说明,其中 size 要根据变量的类型来定,例如 int 型为 2,long 型为 4 等。

习题 6

6.1 试编写完整汇编源程序,比较数据段中的 3 个数据,若 3 个数互不相等,则置 F 为 0;若 3 个数仅有两个数相等,则置 F 为 1;若 3 个数全相等,则置 F 为 2。其中 F 为一个字节变量。

6.2 编写循环程序统计给定数组中负元素的个数。

6.3 试用子程序结构编写一个完整的汇编源程序,使其具有以十六进制形式显示内存字单元中二进制数据的功能。

6.4 如何在程序中检测键盘是否有键按下？

6.5 编程实现从键盘接收信息"Good morning!",将其存放于 buffer 开始的缓冲区中,然后将缓冲区中收到的信息送显示器输出。

6.6 为了在 PC 中编程应用鼠标器,需使用哪种中断调用？

6.7 说明如何编程检测在计算机中是否安装了鼠标。

6.8 如何编程检测鼠标的右键是否被按下？

6.9 编程在屏幕上当前光标位置以绿色背景显示 10 个黄色的字母 A。

6.10 编程在屏幕上以蓝底红字显示"Hello friends!"。

6.11 在 PC 上利用 DOS 功能调用实现简单的输入输出,具体功能为:

从键盘输入一个字符,将其 ASCII 码加 1 后在屏幕上显示,按 Esc 键后返回 DOS。参考流程图如图 6.12 所示。

6.12 参考例 6.3 编写一个乐曲演奏程序(乐谱自选),并上机调试成功。

提示：若乐曲演奏速度过快,可能是由于机器主频过高而引起的,可通过适当加大程序中时间表中的参数值予以调整。

6.13 参考例 6.9 编写一个简单的 Win32 汇编语言程序,在屏幕上显示输出一个消息框,消息框的标题和消息框中显示的正文自定,并上机调试成功。

提示：上机调试时需使用 MASM32 汇编工具包,无须安装,直接进入其 Bin 目录即可进行汇编和连接(参见 6.3.8 节给出的汇编、连接命令)。

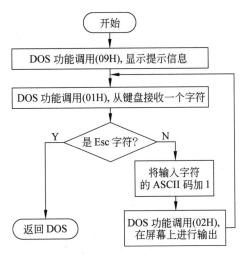

图 6.12　题 6.11 参考流程图

第7章

存储器及其接口

本章首先介绍存储器的基本概念,包括存储系统的层次结构、内存储器的结构及数据组织等,然后介绍存储器接口技术,包括存储器接口中片选信号的产生及存储器接口的分析与设计等;此外,本章还简要介绍改进存储器性能的相关技术,如双端口存储器、高速缓存技术及虚拟存储器等。

7.1 概述

7.1.1 存储系统的层次结构

从计算机的应用需要来说,总是希望存储器的存储容量要大,存取速度要快,而价格/位要便宜。但由于技术或经济方面的原因,存储器的这些性能指标往往是相互矛盾、互相制约的。例如,主存的存取速度较快,但其容量较小、价格/位较高;辅存的存储容量较大、价格/位较低,但存取速度较慢。所以,单独用同一种类型的存储器很难同时满足容量大、速度快及价格低这三方面的要求。

为了发挥各种不同类型存储器的长处,避开其弱点,应把它们合理地组织起来,这就出现了存储系统层次结构的概念。实际上,在计算机发展的初期,人们就已经意识到要扩大存储器的存储容量并兼顾存取速度的要求,仅靠单一结构的存储器是行不通的,至少需要由主存和辅存这两种类型的存储器形成二级存储器结构,把存储容量有限、存取速度较快的存储器作为主存储器(内存储器),而把存储容量大但存取速度较慢的存储器作为主存储器的后备存储器,即辅助存储器(外存储器)。两种类型的存储器合理组织、协同工作,从而最大限度地提高计算机系统的整体性能。实际计算机系统中的存储器层次结构如图 7.1 所示。

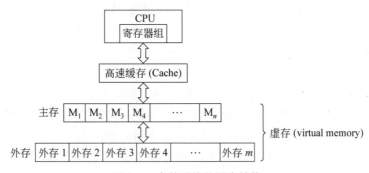

图 7.1 存储系统的层次结构

由图 7.1 可见,整个存储系统分为 4 级:寄存器组、高速缓存、主存(由多个主存模块构成)及外存(由多个外存设备构成),整体上是一个金字塔结构。通过下面的分析将会看到,在这个金字塔结构中,越靠近 CPU 的存储器,其存储容量越小,存取速度越快,价格/位越高;越远离 CPU 的存储器,其存储容量越大,存取速度越慢,价格/位越低。

第一级存储器是位于 CPU 内部的寄存器组,处于整个存储系统层次结构的最高级。

它距离 CPU 最近,且由高速逻辑电路构成,所以 CPU 能以极高的速度来访问这些寄存器,一般在单时钟周期内即可完成。一个拥有较多内部通用寄存器的微处理器(如 RISC 型微处理器),有利于提高系统的总体性能。从整体结构上来说,设置微处理器内部的一系列寄存器是为了尽可能减少微处理器直接访问其外部存储器的次数。但由于这些寄存器位于微处理器内部,受芯片面积、功耗以及管理等方面的限制,所以内部寄存器的数量不可能太多,但要求它们要有很高的工作速度。

第二级存储器是高速缓存(Cache)。高速缓存的概念和技术在早期大、中型计算机设计中就已采用。在现代微处理器及微型计算机设计中是从 80386 开始引入 Cache 技术的,开始时其容量很小,只有几千字节,并且主要是以片外 Cache 的形式出现的。目前高速缓存的容量已达几兆字节,不仅具有片外 Cache,并且自 80486 开始为进一步提高访问速度,在微处理器内部也集成了一小部分 Cache,称为第一级 Cache 或片内 Cache;而将位于微处理外部的 Cache 称为第二级 Cache 或片外 Cache。高速缓存往往采用存取速度较高的静态 RAM(SRAM)存储芯片构成。

第三级存储器是计算机系统的主存储器,简称主存或内存。主存用于存放计算机运行时正在使用的程序和数据。主存实际上是高速缓存的后备存储器,这与辅存是主存的后备存储器的情况是类似的。所以,主存就可以采用存取速度较慢(相对 Cache)、价格便宜的存储芯片构成,通常是采用动态 RAM(DRAM)构成,从而提高存储系统的整体性能价格比。另外,主存除大部分使用动态 RAM 外,还包括少量保存固化程序和数据(如 BIOS 程序)的只读存储器 ROM。这些只读存储器常使用 EPROM 及 EEPROM 构成,现代计算机通常使用闪存(Flash)来存放这些固化程序和数据,可以方便地实现系统的在线更新与升级。

第四级存储器是大容量的外部存储器(外存),即计算机系统中由磁带、磁盘及光盘等设备构成的存储器。这些存储器通常已不属于半导体存储器的范畴,但近年来随着 Flash 存储技术的崛起,也可采用具有很高存储密度的 Flash 存储器(半导体存储器)替代传统的机械式软盘及小容量的硬盘。目前外存的容量可达几十吉字节,甚至更高,每位的平均价格便宜,但存取速度比主存要慢得多。

上述 4 级存储系统也可看成两个二级系统:① 高速缓存－主存;② 主存－外存。但请注意,这两个二级系统的基本功能和设计目标是不相同的,前者的主要目的是为提高 CPU 访问存储器的速度,而后者是为了弥补主存容量的不足。

另外,这两个二级存储系统的数据通路和控制方式也不相同,其中"高速缓存－主存"的通路是:

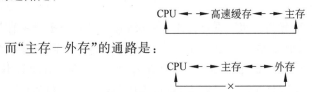

而"主存－外存"的通路是:

可以看到,在"主存－外存"的存储系统中,CPU 与外存之间没有直接的数据通路,外存必须通过主存才能与 CPU 交换数据。

此外,在现代微型计算机中,通常已具有虚拟存储器(简称虚存,virtual memory)的管理能力。这时的外存空间用来作为主存空间的延续或扩展,可以使程序员在比实际主存空间大得多的存储空间上编写程序。虚存主要由操作系统软件并结合适当硬件(存储管理部件 MMU)来实现。而高速缓存则有所不同,它是由专门的硬件(Cache 控制器)来实现,且对程序员(包括应用程序员和系统程序员)是完全透明的。

7.1.2 内存储器的基本结构及其数据存储格式

1. 内存储器基本结构

计算机内存储器的基本结构及其与 CPU 的连接情况如图 7.2 所示,其中虚线框内为内存储器。该图中表示了内存储器与 CPU 之间的地址、数据以及控制信息的流动概况。

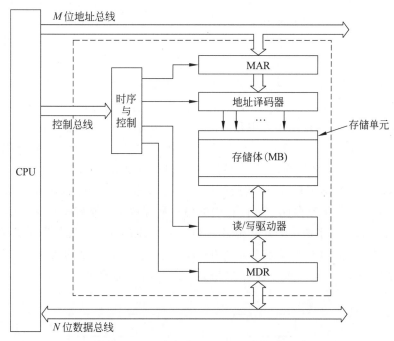

图 7.2 计算机内存储器基本结构

在内存储器中,存储体(Memory Bank,MB)是存储二进制信息的存储电路的集合体。内存储器通过 M 位地址线、N 位数据线及一组控制信号线与 CPU 交换信息。存储体由一系列(2^M 个)存储单元构成,每个存储单元的位数为 N 位。M 位地址线经过译码后选择所访问的存储单元,N 位数据线用来在 CPU 和内存之间传送数据信息,而 CPU 对内存的读写操作均是在控制信号的作用下完成的。

当 CPU 进行读存储器操作时,首先将地址码经过地址总线送入存储器地址寄存器 MAR,MAR 中的地址码经"地址译码器"译码后选中相应的存储单元,然后读控制信号 $\overline{\text{RD}}$ 有效,被选中的存储单元中的内容经"读/写驱动器"读入存储器数据寄存器 MDR,最后通过数据总线送入 CPU 的内部寄存器中。

当 CPU 执行写存储器操作时,同样先输出地址到 MAR,紧接着将数据放置到数据总线上,然后使写控制信号 $\overline{\text{WR}}$ 有效,随即才将数据写入所选内存单元。

为了保证可靠的读/写操作,必须充分满足存储器的时序要求,即严格按照存储芯片厂家规定的时序参数安排读/写时序。

另外,在实际的计算机系统中,整个存储器往往又由若干个存储模块构成。一个存储模块早期可能是一块存储器插件板,目前通常就是特定规格的内存条。

2. 内存储器中的数据存储格式

在计算机系统中,作为一个整体一次读出或写入存储器的数据称为"存储字"。不同机器的存储字的位数有所不同,例如 8 位机(如 8080/8085)的存储字是 8 位(即 1 字节);16 位机(如 8086)的存储字是 16 位;32 位机(如 80386、80486 及 Pentium 等)的存储字是 32 位……在现代计算机系统中,特别是微机系统中,内存储器通常都是以字节编址的,即一个内存地址对应 1 字节存储单元。这样一个 16 位存储字就占了连续的两个字节存储单元;32 位存储字就占了连续的 4 字节存储单元……

一个多字节的存储字在内存中的存放情况通常有两种不同的格式。一种是如在 Intel 80x86 系统中那样,一个多字节的存储字的地址是多个连续字节单元中最低端字节单元的地址,而此最低端存储单元中存放的是多字节存储字中最低字节。例如,32 位(4 字节)的存储字 11223344H 在内存中的存放情况如图 7.3(a)所示,整个存储字占有 10000H~10003H 4 个字节单元,其中最低字节 44H 存放在 10000H 单元中,则该 32 位存储字的地址即是 10000H。这种数据存放格式有人称为"小端存储格式"(little-endian memory format);多字节存储字在内存中的另一种存放格式刚好是相反的排列情况,如在 Motorola 的 680x0 系统中,32 位存储字 11223344H 的存放情况如图 7.3(b)所示,最高字节数据 11H 存放在最低地址单元 10000H 中,32 位的存储字的地址 10000H 指向最高字节的存储单元。有人称这种存放格式为"大端存储格式"(big-endian[①] memory format)。

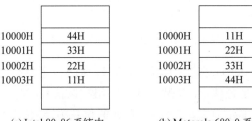

(a) Intel 80x86 系统中　　　　(b) Motorola 680x0 系统中

图 7.3　多字节存储字的两种不同存放格式

---

① 英文词 little-endian 和 big-endian 源自《格列佛游记》中的一个故事。在这个故事中,两个集团为了在打碎蛋壳时应从大头打还是从小头打发生争论,从而引发了一场战争。

有的机器(如 Power PC)既支持大端存储格式,也支持小端存储格式,称为双序机器。这种结构的机器允许软件开发人员在将操作系统和应用程序由另一种机器装入时,选取某种存储格式。

7.2 半导体存储器的结构及工作原理

从存储器工作特点及功能的角度,半导体存储器又可分为读写存储器 RAM 和只读存储器 ROM 两大类,其具体分类如图 7.4 所示。本节将对 RAM 和 ROM 的工作原理及典型芯片进行分析和介绍。

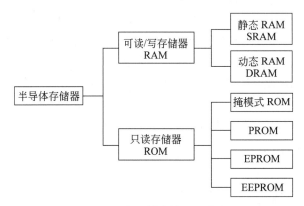

图 7.4 半导体存储器的分类

7.2.1 可读写存储器 RAM

可读写存储器 RAM 分为双极型和 MOS 型两种类型。双极型存储器由于集成度低、功耗大,在微型计算机系统中使用不多。目前可读写存储器 RAM 芯片几乎全是 MOS 型的。MOS 型 RAM 又包括静态 RAM(Static RAM)和动态 RAM(Dynamic RAM)两种类型。

1. 静态 RAM(SRAM)

1)静态 RAM 的基本存储单元

基本存储单元(cells)也称位元,是组成存储器的基础和核心,用于存储一位二进制代码 0 或者 1。静态 RAM 的基本存储单元通常由 6 个 MOS 管组成,如图 7.5 所示。图中 T_1、T_2 为放大管,T_3、T_4 为负载管,这 4 个 MOS 管共同组成一个双稳态触发器。若 T_1 导通,则 A 点为低电平,这样 T_2 截止,B 点为高电平,又保证 T_1 导通;与此类似,T_1 截止而 T_2 导通时,又是一种稳定状态。不妨规定 A 点为高电平、B 点为低电平时代表 1,B 点为高电平、A 点为低电平时代表 0,即这个双稳态触发器可以保存一位二进制数据。图中 T_5、T_6、T_7 和 T_8 为控制管。T_5、T_6 的栅极接到 X 地址译码线上,T_7、T_8 的栅极接到 Y 地址译码线上。当基本存储单元未被选中时,T_5、T_6、T_7 和 T_8 管截止,A、B 点电平保持不变,存储信息不受影响。T_7、T_8 的漏极分别接到读写电路 I/O 的正反端。T_7、T_8 被一列中所有基本存储单元所共用,它们不属于任何一个存储单元。

对基本存储单元写操作时,X、Y 地址译码线均为高电平,使 T_5、T_6、T_7、T_8 控制管导通。写入 1 时,I/O 线和 $\overline{\text{I/O}}$ 线上分别输入高、低电平,通过 T_7、T_5 置 A 点为高电平,通过 T_8、T_6 置 B 点为低电平。当写信号和地址译码信号撤去后,T_5、T_6、T_7、T_8 重新处于截止状态,于是 T_1、T_2、T_3、T_4 组成的双稳态触发器保存数据 1。写入数据 0 的过程与写入 1 时类似,所不同的是 I/O 线和 $\overline{\text{I/O}}$ 线上所输入的电平与写入 1 时相反。

对基本存储单元读操作时,X、Y 地址译码线均为高电平,使 T_5、T_6、T_7、T_8 控制管导通。当该基本存储单元存放的数据是 1 时,A 点的高电平、B 点的低电平分别传给 I/O 线和 $\overline{\text{I/O}}$ 线,于是读出数据 1。存储数据被读出后,基本存储单元原来的状态保持不变。当基本存储单元存放的数据是 0 时,其读操作与读出数据 1 时类似。

静态 RAM 存储电路 MOS 管较多,集成度不高,同时由于 T_1、T_2 管必定有一个导通,因而功耗较大。静态 RAM 的优点是不需要刷新电路,从而简化了外部控制逻辑电路,此外静态 RAM 存取速度比动态 RAM 快,因而通常用作计算机系统中的高速缓存(Cache)。

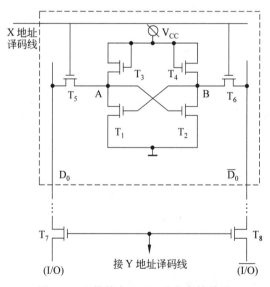

图 7.5　六管静态 RAM 基本存储单元

2) 静态 RAM 芯片举例

常用的静态 RAM 芯片主要有 6116、6264、62256、628128 等,下面重点介绍 6116 芯片。6116 芯片是 2K×8 位的高速静态 CMOS 可读写存储器,片内共有 16384 个基本存储单元。在 11 条地址线中,7 条用于行地址译码输入,4 条用于列地址译码输入,每条列地址译码线控制 8 个基本存储单元,从而组成了 128×128 的存储单元矩阵。

6116 芯片的引脚如图 7.6 所示,在 24 个引脚中有 11 条地址线($A_0 \sim A_{10}$)、8 条数据线($I/O1 \sim I/O8$)、1 条电源线(V_{CC})和 1 条地线(GND),此外还有 3 条控制线:片选 $\overline{CS}$、输出允许 $\overline{OE}$、写允许 $\overline{WE}$。$\overline{CS}$、$\overline{OE}$ 和 $\overline{WE}$ 的组合决定了 6116 的工作方式,如表 7.1 所示。

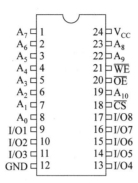

图 7.6　6116 芯片引脚图

表 7.1　6116 芯片的工作方式

$\overline{CS}$	$\overline{OE}$	$\overline{WE}$	工 作 方 式
0	0	1	读
0	1	0	写
1	×	×	未选

6116 芯片的内部功能框图如图 7.7 所示,芯片的工作情况如下:

读操作时,地址线 $A_0 \sim A_{10}$ 译码选中 8 个基本存储单元,控制线 $\overline{CS}$、$\overline{OE}$ 和 $\overline{WE}$ 分别是低电平、低电平和高电平,列 I/O 输出的 8 个三态门导通,被选中的 8 个基本存储单元所保存的 8 位数据(1 字节)经列 I/O 电路和三态门,到达 $I/O1 \sim I/O8$ 输出。

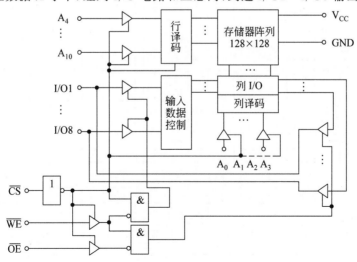

图 7.7　6116 芯片内部功能框图

写操作与读操作类似,控制线 $\overline{CS}$、$\overline{OE}$ 和 $\overline{WE}$ 分别是低电平、高电平和低电平,"输入数据控制"的输入三态门导通,从 I/O1~I/O8 输入的 8 位数据经三态门、输入数据控制、列 I/O 输入到被选中的 8 个基本存储单元中。

无读写操作时 $\overline{CS}$ 为高电平,输入输出三态门均为高阻态,6116 芯片脱离系统总线,无数据由 I/O1~I/O8 读出或写入。

3) 静态 RAM 组成的存储矩阵和存储模块

在微型计算机系统中,常利用存储矩阵和存储模块组织内存空间。下面简单介绍如何使用静态 RAM 构造存储矩阵和存储模块。

2141 芯片是 4K×1 位的静态 RAM,即它有 4K 个存储单元,每个存储单元的位数为 1 位,其引脚布局如图 7.8 所示。图 7.9 则是利用 2141 芯片构造 16K×8 位存储矩阵的框图。

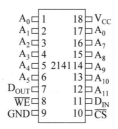

图 7.8 2141 芯片引脚图

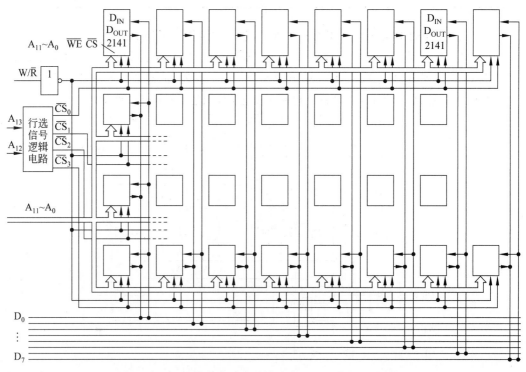

图 7.9 用 4K×1 位 2141 芯片组成 16K×8 位存储矩阵

在图 7.9 所示的存储矩阵中,A_{13}、A_{12} 的译码输出作为行(组)选择信号,$A_{11} \sim A_0$ 作为片内地址。当某一行上的 8 个 2141 芯片被 A_{13}、A_{12} 译码输出的行选信号选中时,在此行上的每个 2141 芯片再根据 $A_{11} \sim A_0$ 决定在 4K 个存储单元中输入或输出哪个单元中的 1 位数据。由于 2141 芯片上数据输入线和数据输出线是分离的,所以在存储矩阵内部数据读出和写入是独立的单向数据线。

当存储器容量较大时,就需要在存储矩阵的基础上采用模块式结构组织整个内存空间,图 7.10 给出了一个 64K×8 位静态 RAM 模块的具体线路图。

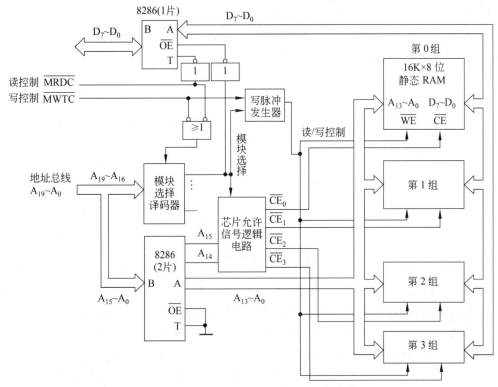

图 7.10 一个 64K×8 位静态 RAM 存储模块

图 7.10 中的 64K×8 位存储模块由两部分组成:(1)4 个 16K×8 位的存储组;(2)总线驱动器和外围电路。对于每个存储组而言,芯片允许信号 $\overline{CE}$、写允许 $\overline{WE}$ 和数据端 $D_7 \sim D_0$ 状态的关系可由表 7.2 表示。总线驱动器是存储器和系统总线的接口部件,在图 7.10 中用一块 8286 芯片构成数据总线驱动器,用两块 8286 芯片构成地址总线驱动器。外围电路包括"模块选择译码器"、"写脉冲发生器"和"芯片允许信号逻辑电路"。

表 7.2 $\overline{CE}$、$\overline{WE}$ 和数据端状态的关系

$\overline{CE}$	$\overline{WE}$	功　　能	数据端 $D_7 \sim D_0$
1	×	芯片未被选中	高阻状态
0	1	读出	往数据线输出数据
0	0	写入	从数据线取出数据

注:表中"×"表示可以为 0 或 1。

图 7.10 中的 8286 是三态输出的 8 位双向总线收发器。它的双向数据端一面为 $A_1 \sim A_8$(图中简记为 A),另一面为 $B_1 \sim B_8$(图中简记为 B)。另有两个控制端,即输出允许控制端 $\overline{OE}$ 及传输方向控制端 T。

另外,由图 7.10 可以看到,整个存储模块是由 4 个存储组来构成。对于一个存储组而言,可以由一片 16K×8 位的存储芯片构成,也可以由多个存储芯片构成,例如若用 16K×1 位的芯片,则一组需要 8 片。注意,当用多个存储芯片构成一组时,该组中各芯片的"芯片允许信号"CE 端是连在一起的,并受"芯片允许信号逻辑电路"(实为一个"2-4"译码器)的输出之一控制,某一输出有效,则选中对应组中的所有芯片。另外,图中的"模块选择译码器"在整个存储系统中只需一个,而不是每个存储模块各有一个。"模块选择译码器"的输入是地址信号的高 4 位 $A_{19} \sim A_{16}$,意味着整个存储系统最多可由 16 个模块构成。

在图 7.10 所示的这种存储器模块结构中,CPU 输出的地址信号实际上被划分为 3 个层次(字段)来使用:高 4 位地址($A_{19} \sim A_{16}$)作"模块选择"之用,接下来的 2 位(A_{15}、A_{14})作为"组选择",剩下的 14 位($A_{13} \sim A_0$)作为存储芯片的片内地址,片内地址用以选择芯片中的存储单元。整个地址的分配情况如图 7.11 所示。当然,对于存储系统的不同设计方案,地址分配情况是不相同的。

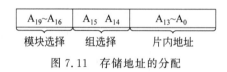

图 7.11 存储地址的分配

【例 7.1】 某计算机内存系统由 32K×1 位的 SRAM 芯片构成,内存容量为 1M 字节,采用模块结构,每个模块 128K 字节,每个模块分 4 组,试计算为构成该存储器所需的芯片数,并给出地址分配情况("模块选择"、"组选择"、"片内地址"各占哪几位)。

解 为构成该存储器共需给定芯片:$1M \times 8/32K \times 1 = 256$(片)

由于内存容量为 1M 字节,所以内存地址为 20 位($A_{19} \sim A_0$)。根据本题条件,20 位地址的具体分配如图 7.12 所示。

图 7.12 例 7.1 的地址分配

2. 动态 RAM(DRAM)

1) DRAM 基本存储单元电路

与静态 RAM 一样,动态 RAM 也是由许多"基本存储单元"(cells)按行、列形式构成的二维存储矩阵来组成的。早期曾有"4 管动态 RAM 基本存储单元电路"和"3 管动态 RAM 基本存储单元电路"的电路结构。目前,动态 RAM 基本存储单元是由一个 MOS 管和一个小电容构成,故称"单管动态 RAM 基本存储单元电路",其结构如图 7.13 所示。

在这个基本存储单元电路中,二进制信息保存在电容 C 上,C 上充有电荷表示 1,C 上无电荷表示 0,即动态 RAM 是利用电容存储电荷的原理来保存信息的。

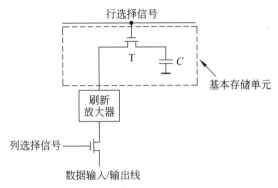

图 7.13　单管动态 RAM 基本存储单元电路

对单管动态 RAM 存储电路进行读操作时,通过"行地址译码器"使某一条行选择线为高电平,则该行上所有基本存储单元中的 MOS 管 T 导通。这样,各列上的刷新放大器便可读取相应电容上的电压值。刷新放大器灵敏度很高,放大倍数很大,可将电容上的电压转换为逻辑 1 或 0,并控制将其重写到存储电容上。"列地址译码器"电路产生列选择信号,使选中行和该列上的单管动态 RAM 存储电路受到驱动,从而输出数据。

在进行写操作时,被行选择、列选择所选中的单管动态 RAM 存储电路的 MOS 管 T 导通,通过刷新放大器和 T 管,外部数据输入/输出线上的数据被送到电容 C 上保存。

由于任何电容均存在漏电效应,所以经过一段时间(10～100ms)后电容上的电荷会流失殆尽,所存信息也就丢失了。尽管每进行一次读/写操作实际上是对单管动态存储电路信息的一次恢复或增强,但是读/写操作的随机性不可能保证在一定时间内内存中所有的动态 RAM 基本存储单元都会有读/写操作。对电容漏电而引起信息丢失这个问题的解决办法是定期地对内存中所有动态 RAM 存储单元进行刷新(refresh),使原来表示逻辑 1 电容上的电荷得到补充,而原来表示逻辑 0 的电容仍保持无电荷状态。即刷新操作并不改变存储单元的原存内容,而是使其能够继续保持原来的信息存储状态。

刷新是逐行进行的,当某一行选择信号为高电平时,选中了该行,则该行上所连接的各存储单元中电容上的电压值都被送到各自对应的刷新放大器,刷新放大器将信号放大后又立即重写到电容 C。显然,某一时间段内只能刷新某一行,即这种刷新操作只能逐行进行。由于按行刷新时列选择信号总是为低电平,则由列选择信号所控制的 MOS 管不导通,所以电容上的信息不会被送到外部数据输入/输出线上。

一个由单管基本存储单元电路及相关外围控制电路构成的动态 RAM 存储阵列如图 7.14 所示。由该图可见,整个存储阵列由 n 行、m 列构成。行译码器的输出直接控制相应的字线(Word Line,WL),同一行上的 MOS 管的栅极连至相应 WL 线上;列译码器的输出通过"I/O 门控电路"及刷新放大器控制一对位线(Bit Line,BL)及 $\overline{BL}$。图 7.14 动态 RAM 存储器阵列写入的一位二进制数据由 D_{IN} 输入,读出的一位二进制数据由 D_{OUT} 输出。

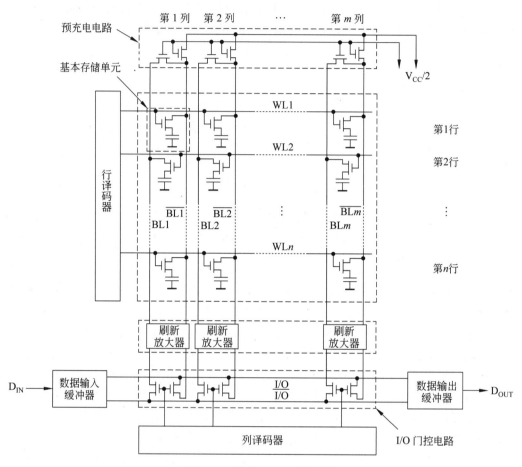

第1列　第2列　…　第m列

预充电电路

基本存储单元

行译码器

第1行

第2行

第n行

刷新放大器　刷新放大器　刷新放大器

D_{IN}　数据输入缓冲器　$\dfrac{I/O}{I/O}$　数据输出缓冲器　D_{OUT}

列译码器　　I/O 门控电路

图 7.14　动态 RAM 存储阵列

　　与静态 RAM 相比,动态 RAM 基本存储电路所用的 MOS 管少,从而可以提高存储器的信息存储密度并降低功耗。动态 RAM 的缺点是存取速度比静态 RAM 慢;需要定时刷新,因此需增加相应的刷新支持电路;此外,在刷新期间 CPU 不能对内存模块启动读/写操作,从而损失了一部分有效存储器访问时间。但由于 DRAM 的高存储密度、低功耗及每位价格便宜的突出优点,使之非常适用于在需要较大存储容量的系统中作为主存储器。现代 PC 均采用各种类型的 DRAM 作为可读写主存。

　　2) DRAM 芯片的引脚信号及读写操作

　　为了具体理解动态 RAM 存储器的工作机理,清楚地了解 DRAM 芯片的主要引脚信号及其读写特性是十分必要的。下面以一个 1M×1 位的 DRAM 芯片为例进行概要说明。该芯片的引脚信号情况如图 7.15 所示。

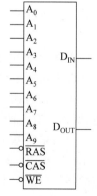

A_0
A_1
A_2
A_3
A_4
A_5
A_6
A_7
A_8
A_9
$\overline{RAS}$
$\overline{CAS}$
$\overline{WE}$

D_{IN}

D_{OUT}

图 7.15　DRAM 芯片引脚信号

（1）D_{IN} 和 D_{OUT} 分别是数据输入和数据输出信号引脚，DRAM 芯片通常将数据输入和输出分开。

（2）$A_0 \sim A_9$ 是地址信号引脚，用于传送行地址和列地址。对于 $1M(2^{20})$ 个存储单元，芯片应有 20 个地址信号引脚，但由于 DRAM 容量通常较大，不希望芯片的引脚数太多，所以大多数 DRAM 芯片均采用分时复用的方式传输地址，即把地址分为行地址和列地址两部分分时在地址线上传送。对于本芯片，就是用地址线 $A_0 \sim A_9$ 先传送低 10 位地址 $A_0 \sim A_9$（行地址），再传送高 10 位地址 $A_{10} \sim A_{19}$（列地址）。

（3）$\overline{RAS}$(Row Address Strobe)是行地址选通信号。$\overline{RAS}$ 有效表明要对 DRAM 进行读/写操作，并且当前地址线上传送的是行地址。DRAM 芯片在该信号的作用下将地址线上的行地址锁存入"行地址锁存器"。

（4）$\overline{CAS}$(Column Address Strobe)是列地址选通信号。$\overline{CAS}$ 有效表明要对 DRAM 进行读/写操作，并且当前地址线上传送的是列地址。DRAM 芯片在该信号的作用下将地址线上的列地址锁存入"列地址锁存器"。请注意，因为有了行、列地址选通信号，所以 DRAM 芯片不再需要专门的片选信号。这一点与 SRAM 芯片有所不同。

（5）$\overline{WE}$(Write Enable)是写允许（写使能）信号，高电平为读操作，低电平为写操作。DRAM 芯片的读/写操作时序如图 7.16 所示。由图可见，首先在地址线上出现有效的行地址，然后 $\overline{RAS}$ 有效（变为低电平），将行地址锁存入"行地址锁存器"；经过一段时间后，地址线上的行地址撤销，出现有效的列地址，且 $\overline{CAS}$ 有效，将列地址锁存入"列地址锁存器"。$\overline{WE}$ 信号进行读写操作控制。图 7.16 中表示的是先进行了一次写操作（$\overline{WE}$ 为低电平），之后进行了一次读操作（$\overline{WE}$ 为高电平）。

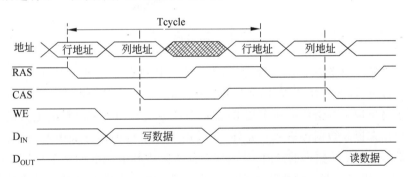

图 7.16　DRAM 芯片的操作时序

3. 同步 DRAM (SDRAM)

随着 CPU 主频的进一步提高以及多媒体技术的广泛使用，对内存的访问速度提出了更高的要求，于是同步 DRAM(SDRAM)应运而生。原来的 DRAM 芯片内的定时通常是由独立于 CPU 系统时钟的内部时钟提供的。而 SDRAM 的操作同步于 CPU 提供的时钟，存储器的许多内部操作均在该时钟信号的控制下完成，CPU 可以确定地知道下一个动作的时间，因而可以在此期间去执行其他的任务。例如，CPU 在锁存行地址和列地址之后去执行其他任务。此时 DRAM 在与 CPU 同步的时钟信号控制下执行读/写操作。在连续存取时,SDRAM 用一个 CPU 时钟周期即可完成一次数据访问和刷新,因而可以大大提高数据传输率。

SDRAM 可以采用双存储体或四存储体结构,内含多个交叉的存储阵列,CPU 对一个存储阵列进行访问的同时,另一个存储阵列已准备好读/写数据,通过多个存储阵列的快速切换,存取效率成倍提高。

4. DDR SDRAM

DDR(Double Data Rate) SDRAM,即双倍数据速率 SDRAM,简称 DDR。它是在 SDRAM 的基础上发展起来的,经过改进,又先后推出 DDR2 和 DDR3。图 7.17 给出了 DDR 内存条的外观图示。不同品种的 DDR 在实现技术上有许多共同之处,例如为提高数据传输率,都是利用外部时钟的上升沿和下降沿两次传输数据;为保证数据选通的精确定时,都采用了延时锁定环(delay-locked loop)技术来处理外部时钟信号等。下面对 DDR 的基本工作原理和技术特点作简要介绍。

图 7.17　DDR 内存条

当 SDRAM 技术发展到一定程度时,由于半导体制造工艺的限制,已很难进一步提升存储核心部分(即存储矩阵部分)的工作频率,而 I/O 缓冲部分的工作频率的提升则相对容易。于是出现了双倍数据速率技术,即如前所述的利用外部时钟的上升沿和下降沿两次传输数据来提高数据传输率。此外,又采用了流水线操作方式中的"预取"概念,在 I/O 缓冲器向外部传输数据的同时,从内部存储矩阵中预取相继的多个存储字到 I/O 缓冲器中,并以几倍于内部存储矩阵工作频率的外部时钟频率将 I/O 缓冲器中的数据选通输出,从而有效地改善存储器的读/写带宽(即数据传输率)。

图 7.18 以 DDR1-400 和 DDR2-533 为例给出了它们各自的存储矩阵工作频率、外部时钟频率(即 I/O 工作频率)及数据总线上的数据传输率。如图 7.18 所示,从内部存储矩阵读出的数据先输入至 I/O 缓冲器,再从 I/O 缓冲器输出到数据总线上。DDR1 支持预取 2 位,内部存储矩阵的工作频率和外部时钟频率一致,其内部存储矩阵通过两路连接到 I/O 缓冲器上,由于可以在时钟信号的上升沿和下降沿传输数据,因此 DDR1-400 的数据传输率达到 400Mbps,是外部时钟频率的 2 倍;DDR2 支持预取 4 位,其内部存储矩阵通过 4 路连接到 I/O 缓冲器上,外部时钟频率是内部存储矩阵工作频率的 2 倍,因

此,虽然 DDR2-533 的内部存储矩阵的工作频率只有 133MHz,但其数据传输率却达到 533Mbps。

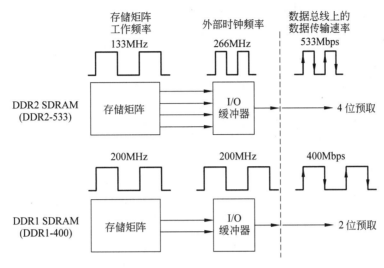

图 7.18 DDR 的工作机理

采取预取结构 DDR 的写操作的基本工作原理是,来自外部数据总线的数据先送至 I/O 缓冲器寄存起来,待数据到齐后,再以相应的内部数据总线的宽度写到存储矩阵中。

此外,由于采用更先进的制造工艺以及内部电路结构的改进,DDR SDRAM 的工作电压呈现下降的趋势,DDR2 和 DDR3 的工作电压分别为 +1.8V 和 +1.5V,意味着在相同存储容量的情况下,存储芯片的功耗得以大幅度降低。

目前,DDR 已经成为市场上占主流地位的内存产品。

7.2.2 只读存储器 ROM

ROM 是只读存储器的简称,ROM 中的信息是预先写入的,在使用过程中只能读出不能写入。ROM 属非易失性存储器,即信息一经写入,即便掉电,写入的信息也不会丢失。ROM 的用途是存放不需要经常修改的程序或数据,如 BIOS 程序、系统监控程序、显示器字符发生器中的点阵代码等。ROM 从功能和工艺上可分为掩模式 ROM、PROM、EPROM、EEPROM 以及 FLASH 等几种类型。

1. 掩模式 ROM

掩模式 ROM 通常采用 MOS 工艺制作。图 7.19 是一个简单的 4×4 位的 MOS 型 ROM 存储阵列。由该图可见,在矩阵的行、列交叉处有的连有 MOS 管,有的没有连接 MOS 管,是否连接 MOS 管由芯片制造厂家根据用户提供的要写入 ROM 的程序或数据来确定。在工艺实现时,是由二次光刻版的图形(掩模)所决定的,因此称为掩模式 ROM。掩模式 ROM 中的内容制成后用户则不能修改。

图 7.19 所示的 ROM 采用单向(横向)译码结构,两位地址线 A_1A_0 译码后产生的 4 个输出分别对应于 4 条字线(字线 0~字线 3),可分别选中 4 个 ROM 存储单元之一,每个单元 4 位($D_3 \sim D_0$),分别对应于 4 条位线(位线 3~位线 0)。

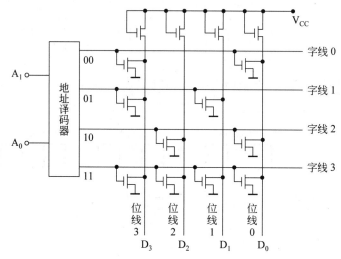

图 7.19　4×4 位的掩模式 ROM

若输入的地址线 $A_1A_0 = 00$,则地址译码器对应于字线 0 的输出为高电平,从而使该字线上连接的 MOS 管导通,相应的位线(位线 3 和位线 0)输出为 0;相反,该字线上未连接 MOS 管的相应位线(位线 2 和位线 1)输出为 1。整个存储矩阵的内容如表 7.3 所示。

表 7.3　掩模 ROM 存储矩阵的内容

位 单元	D_3	D_2	D_1	D_0
0	0	1	1	0
1	0	1	0	1
2	1	0	1	0
3	0	0	0	0

掩模式 ROM 的主要特点有:

(1) 存储的内容由制造厂家一次性写入,写入后便不能修改,灵活性差;

(2) 存储内容固定不变,可靠性高;

(3) 少量生产时造价较高,因而只适用于定型批量生产。

2. 可编程只读存储器 PROM(Programmable ROM)

可编程只读存储器 PROM 便于用户根据自己的需要来写入特定的信息。厂家生产的 PROM 芯片事先并不存入任何程序和数据,存储矩阵的所有行、列交叉处均连接有二极管或三极管。PROM 芯片出厂后,用户可以利用芯片的外部引脚输入地址,对存储矩阵中的二极管或三极管进行选择,使其中的一些被烧断,其余的保持原状,这样就向存储矩阵中写入了特定的二进制信息(可定义烧断处为 0,未烧断处为 1,或相反),即完成了所谓"编程"(Programming)。与掩膜式 ROM 类似,PROM 中的存储内容一旦写入就无法更改,是一种一次性写入的只读存储器。不同的是,这种编程写入的操作是由用户而不是厂家完成的。

3. 可擦除可编程只读存储器 EPROM(Erasable PROM)

实际工作中的程序或数据可能需要多次修改,EPROM 作为一种可以多次擦除和重写的 ROM,克服了掩膜式 ROM 和 PROM 只能一次性写入的缺点,使用比较广泛。

EPROM 的基本存储单元大多采用浮空栅(简称浮栅)MOS 管 FAMOS (Floating gate Avalanche injection MOS,浮栅雪崩注入 MOS 管)构成。FAMOS 管有 P 沟道和 N 沟道两种,P 沟道浮栅 MOS 管 EPROM 存储电路如图 7.20(a)所示。

P 沟道浮栅 MOS 管 EPROM 存储电路与普通 P 沟道增强型 MOS 管有些相似,不同之处是栅极由一层多晶硅构成,被 SiO_2 绝缘层完全包围,使多晶硅置于浮空的状态,它不引出电极。在初始状态时,浮栅上没有电荷,管子内没有导电沟道,S(源极)和 D(漏极)不导通。EPROM 管子用于存储矩阵时的存储单元如图 7.20(b)所示。S 和 D 不导通则存储单元的"位线输出"为 1。写入时,在 D 和 S 两极间加上较高负电压,另外加上编程脉冲,D 和 S 之间瞬时产生雪崩击穿,大量电子穿过绝缘层注入到浮空栅,当高压电源撤去后,由于浮栅被绝缘层所包围,注入的电子在室温、无光照的条件下可以长期保存在浮栅中。于是在 D 和 S 之间形成了导电沟道,浮栅管导通,存储单元的"位线输出"为 0。

EPROM 芯片上方有一个石英玻璃窗口,当用一定波长(如 2537Å)一定光强(如 $12000\mu W/cm^2$)的紫外线透过窗口照射时,所有存储电路中浮栅上的电荷会形成光电流泄放掉,使浮栅恢复初态。一般照射 20~30min 后,读出各单元的内容均为 FFH,说明 EPROM 中内容已被擦除。

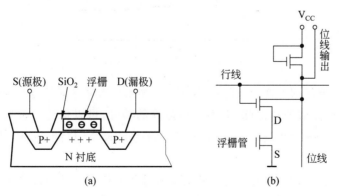

图 7.20 P 沟道浮栅 MOS 管 EPROM 的存储电路

4. 电可擦除可编程只读存储器 EEPROM(Electrically EPROM)

EPROM 虽然可以多次编程,具有较好的灵活性,但在整个芯片中即使只有一个二进制位需要修改,也必须将芯片从机器(或板卡)上拔下来利用紫外线光源擦除后重写,因而给实际使用带来不便。

电可擦除可编程只读存储器 EEPROM 也称 E^2PROM。E^2PROM 管子的结构示意图如图 7.21 所示。它的工作原理与 EPROM 类似,当浮空栅上没有电荷时,管子的漏极和源极之间不导通,若通过某种方法使浮空栅带上电荷,则管子就导通。但在 E^2PROM 中,使浮空栅带上电荷与消去电荷的方法与 EPROM 是不同的。在 E^2PROM 中,漏极上面增加了一个隧道二极管,它在第二栅极(控制栅)与漏极之间的电压 V_G 的作用下(实际为电场作用下),可以使电荷通过它流向浮空栅,即起编程作用;若 V_G 的极性相反也可以使电荷从浮空栅流向漏极,即起擦除作用。编程与擦除所用的电流是极小的,可用普通的电源供给。

与 EPROM 擦除时把整个芯片的内容全变成 1 不同,E^2PROM 的擦除可以按字节分别进行,这是 E^2PROM 的优点之一。字节的编程和擦除都只需 10ms,并且不需要将芯片从机器上拔下以及诸如用紫外线光源照射等特殊操作,因此可以在线进行擦除和编程写入。这就特别适合在现代嵌入式系统中用 E^2PROM 保存一些偶尔需要修改的少量数据。

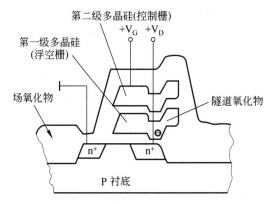

图 7.21 E^2PROM 结构示意图

为了编程和擦除的方便,有些 E^2PROM 芯片把其内部存储器分页(或分块),可以按字节擦除、按页擦除或整片擦除,对不需要擦除的部分,可以保留。常见的 E^2PROM 芯片有 2816、2832、2864 等,图 7.22 所示的是容量为 $32K \times 8$ 位的 28256 芯片的外部引脚信号图。

容易看到,它与 SRAM 芯片的外部引脚信号基本相同。其中,$\overline{CE}$ 为片选信号。$\overline{WE}$ 为读/写控制信号,$\overline{OE}$ 为输出允许信号,$A_{14} \sim A_0$ 为地址信号,$D_7 \sim D_0$ 为数据信号(双向)。

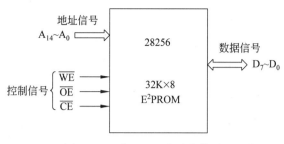

图 7.22 $E^2 PROM$ 的引脚信号

5. 闪存(Flash Memory)

闪存也称快擦写存储器,有人也称之为 Flash 存储器。从基本工作原理上看,闪存属于 ROM 型存储器,但由于它又可以随时改写其中的信息,所以从功能上看,它又相当于随机存储器 RAM。从这个意义上说,传统的 ROM 与 RAM 的界限和区别在闪存上已不明显。

1) 闪存的主要特点

(1) 可按字节、行或页面快速进行擦除和编程操作,也可按整片进行擦除和编程,其页面访问速度可达几十至 200ns;

(2) 片内设有命令寄存器和状态寄存器,因而具有内部编程控制逻辑,当进行擦除和编程写入时,可由内部逻辑控制操作;

(3) 采用命令方式可以使闪存进入各种不同的工作方式,例如整片擦除、按页擦除、整片编程、分页编程、字节编程、进入备用方式、读识别码等;

(4) 可进行在线擦除与编程,擦除和编程写入均无需把芯片取下;

(5) 某些产品可自行产生编程电压(V_{PP}),因而只用 V_{CC} 供电,在通常的工作状态下即可实现编程操作;

(6) 可实现很高的信息存储密度。

2) 闪存的单元电路结构

闪存的基本存储单元电路结构、逻辑符号及存储阵列情况如图 7.23 所示。容易看出,它与 $E^2 PROM$ 类似,但工作机理有所不同。一个基本存储单元电路是由一个带有控制栅(CG)的浮栅 MOS 管所构成,通过沉积在衬底上被场氧化物包围的多晶硅浮空栅来保存电荷,以此维持衬底上源极(S)、漏极(D)之间的导电沟道的存在,从而实现单元电路的信息存储。若浮空栅上保存有电荷,则在源极(S)、漏极(D)之间形成导电沟道,达到一种稳定状态,可以定义该基本存储单元电路保存信息 0;若浮空栅上没有电荷存在,则在源极、漏极之间无法形成导电沟道,为另一种稳定状态,可以定义它保存信息 1。

上述两种稳定状态(0、1)可以相互转换:状态 0 到状态 1 的转换过程是将浮空栅上的电荷移走的过程,如图 7.24(a)所示,若在源极与控制栅极之间加上一个正向电压 $V_{GS}=12V$(或其他规定值),则浮空栅上的电荷将向源极扩散,从而导致浮空栅的部分电荷丢

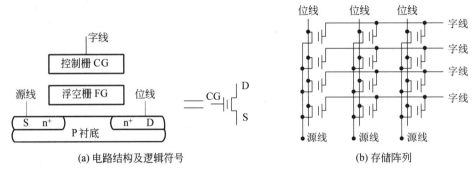

(a) 电路结构及逻辑符号   (b) 存储阵列

图 7.23　闪存的基本存储单元电路结构、逻辑符号及存储阵列

失,不能在源极、漏极之间形成导电沟道,由此完成状态转换,该转换过程称为对闪存的擦除;相反,当要进行状态 1 到状态 0 的转换时,如图 7.24(b)所示,在源极与控制栅之间加上一个反向电压 V_{SG}(与上述 V_{GS} 电压极性相反),而在漏极与源极之间加上一个正向电压 V_{SD},并保证 $V_{SG} > V_{SD}$,此时,来自源极的电荷将向浮空栅扩散,使浮空栅带上电荷,于是源极、漏极之间形成导电沟道,由此完成状态转换,该转换过程称为对闪存的编程。进行通常的读取操作时只需撤销 V_{SG},加上一个适当的 V_{SD} 即可。据测定,浮空栅上的编程电荷在正常使用条件下可以保存 100 年而不丢失。

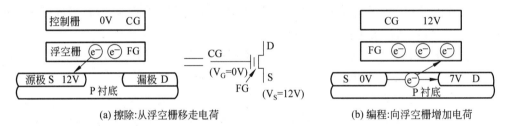

(a) 擦除:从浮空栅移走电荷   (b) 编程:向浮空栅增加电荷

图 7.24　闪存的擦除与编程

　　由于闪存只需一个晶体管即可保存一位二进制信息,因此可实现很高的信息存储密度。这与 DRAM 电路有些类似,不过由于在 DRAM 中用于存储信息的小电容存在漏电现象,所以需要动态刷新电路不断对电容进行电荷补偿,否则所存信息将会丢失。而闪存并不需要刷新操作即可长久保存信息。

　　由于闪存在关掉电源后保存在其中的信息并不丢失,所以它具有非挥发性存储器的特点。另外,如上所述,对其擦除和编程时只需在浮栅 MOS 管的相应电极之间加上合适的正向电压即可,可以在线进行擦除与编程,所以它又具有 E^2PROM 的特点。总之,闪存是一种具有较高存储容量、较低价格、可在线擦除与编程的新一代只读存储器。它的独特性能使其广泛应用于包括嵌入式系统、电信交换机、仪器仪表、汽车器件以及新兴的语音、图像数据产品中。在便携式 PC 中,用闪存可以取代传统的机械式软盘或小容量的硬盘装置,因而有"硅盘(Silicon Disks)"之称。

6. NOR Flash 与 NAND Flash

NOR Flash 和 NAND Flash 是目前两种主要的闪存技术,其名称原意分别来源于"或非门(Not OR)"和"与非门(Not AND)",这与两种存储器内部结构有关。Intel 公司于 1988 年首先开发出 NOR Flash 技术。紧接着,1989 年,东芝公司发表了 NAND Flash 结构,强调降低每比特的成本,更高的性能,并且像磁盘一样可以通过接口轻松升级。下面分别介绍这两种闪存的结构和性能特点。

1) NOR Flash 的布局结构

NOR Flash 的电路布局结构如图 7.25 所示。由图可见,在这种阵列式结构中,一列上的多个存储位元(cells)的漏极(D)分别连接到一条共用的位线 BL 上,多条位线构成了存储矩阵的 I/O 线;一条字线 WL 作用于一行所有存储位元的控制栅极(CG)上,每条位线上有一个对应的存储位元。这种布局结构允许以并行方式一次访问多个存储位元(字节或字),从而可以提供快速的读/写访问性能。不同的 NOR Flash 技术,擦除方法可能不同。

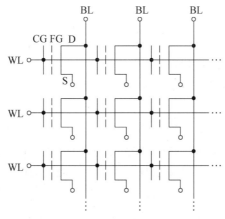

图 7.25 NOR Flash 阵列

2) NAND Flash 的布局结构

NAND Flash 的电路布局结构如图 7.26 所示。由图可见,它与 NOR Flash 的布局结构明显不同。如前所述,NOR Flash 的存储位元能够以并行方式访问,而对 NAND Flash 的访问必须以串行方式进行。这种串行访问方式导致了很长的随机读出时间。例如,东芝公司的 16M BNAND Flash 的随机读出时间要比同等规模的 NOR Flash 高出两个数量级(前者为 $15\mu s$,后者为 70ns)。

NAND Flash 的编程与擦除方法也不同于 NOR Flash。东芝公司采用专门的制造工艺来实现这两种操作。在编程时需施加很高的电压(20V)到控制栅(CG)上,擦除时则需将高电压加到衬底上,如图 7.27 所示。这种高电压的存在显然会增加器件可靠性风险。隧道氧化物的损毁概率也会增加。事实上,NAND Flash 也确实为此而付出了每页中额外的差错校正开销。

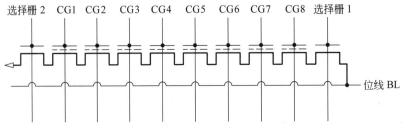

图 7.26　NAND Flash 阵列

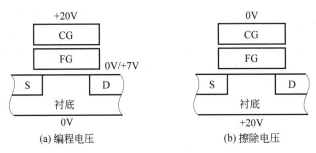

(a) 编程电压　　　　　　　　(b) 擦除电压

图 7.27　NAND Flash 位元的编程与擦除电压

3) NOR Flash 与 NAND Flash 的性能比较

NOR Flash 与 NAND Flash 的主要技术差异是由它们的电气和接口特性决定的,具体表现在以下 6 个方面。

(1) 接口类型: NOR Flash 带有 SRAM 接口,有足够的地址引脚实现寻址,可以很容易地存取内部的每一个字节;而 NAND Flash 使用复杂的 I/O 接口串行地存取数据,8 个引脚用来传送控制、地址和数据信息。不同产品或厂商的存取方法可能不同。

(2) 访问方式: NOR Flash 可以直接以字节为单位进行读/写,而 NAND Flash 必须以页为单位。NOR Flash 支持芯片内执行(eXecute In Place,XIP),应用程序可以直接在 NOR Flash 内运行,不必把代码读到系统内存中;而 NAND Flash 把擦写块分成页(page),页是读/写操作的基本单位,通常一页的大小是 512 字节或 2K 字节,这里的页和磁盘操作中的块类似。

(3) 容量: 由于 NAND Flash 的单元尺寸几乎是 NOR Flash 的一半,生产过程简单,NAND Flash 可以在给定的模具尺寸内提供更高的容量,并且降低了价格。

(4) 寿命: Flash 的寿命与其制造工艺有直接关系。一般来说,NOR Flash 擦写块的最大可擦写次数在十万次左右;而 NAND Flash 擦写块的最大可擦写次数在百万次左右。

(5) 软件需求: NOR Flash 在出厂时不存在坏块,而 NAND Flash 出厂时允许一定数量的坏块存在。NAND Flash 中的坏块是随机存在的,所以需要软件在对介质进行初始化时扫描以发现坏块,并将坏块记为不可用。另外,在 NOR Flash 上运行代码可以不需要任何软件支持;而在 NAND Flash 进行同样操作时,通常需要专门的驱动程序支持。

（6）用途：NOR Flash 可以直接运行代码，适用于存储可执行程序，如固件、引导程序、操作系统以及一些很少变化的数据，在 PAD 和手机中广泛使用；而 NAND Flash 存储密度高，适合于存储数据，常用在 MMC（多媒体存储卡）、数码相机和 MP3 中。

7.3 存储器接口

7.3.1 存储器接口中的片选控制

1. 地址译码器

CPU 对存储器进行读写时，首先要对存储芯片进行选择（称为片选），然后从被选中的存储芯片中选择所要读写的存储单元。片选是通过地址译码来实现的，74LS138 是一种常用的译码器电路，其引脚和逻辑电路图如图 7.28 所示。

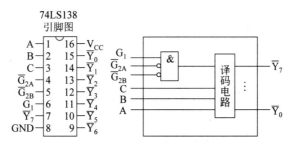

图 7.28　74LS138 引脚和逻辑电路图

地址译码器 74LS138 是"3-8 译码器"，当控制输入端 $G_1 = 1$，$\overline{G_{2A}} = 0$，$\overline{G_{2B}} = 0$ 时芯片处于译码状态，3 个译码输入端 C、B、A 决定 8 个输出端 $\overline{Y_7}$、$\overline{Y_6}$、$\cdots$、$\overline{Y_0}$ 的状态。由于通常片选是低电平选中相应的存储芯片，因此 74LS138 输出也是低电平有效。74LS138 的功能表如表 7.4 所示。

表 7.4　74LS138 的功能表

G_1	$\overline{G_{2A}}$	$\overline{G_{2B}}$	C	B	A	译码器的输出
1	0	0	0	0	0	$\overline{Y_0} = 0$，其余均为 1
1	0	0	0	0	1	$\overline{Y_1} = 0$，其余均为 1
1	0	0	0	1	0	$\overline{Y_2} = 0$，其余均为 1
1	0	0	0	1	1	$\overline{Y_3} = 0$，其余均为 1
1	0	0	1	0	0	$\overline{Y_4} = 0$，其余均为 1
1	0	0	1	0	1	$\overline{Y_5} = 0$，其余均为 1
1	0	0	1	1	0	$\overline{Y_6} = 0$，其余均为 1
1	0	0	1	1	1	$\overline{Y_7} = 0$，其余均为 1
其余情况			$\times$	$\times$	$\times$	$\overline{Y_7} \sim \overline{Y_0}$ 全为 1

2. 实现片选控制的 3 种方式

根据对地址总线的高位地址译码方案的不同,存储器接口中实现片选控制的方式通常有 3 种,即全译码方式、部分译码方式及线选方式。下面分别介绍它们的各自特点及应用举例。

1) 全译码方式

全译码方式就是除了将地址总线的低位地址直接连至各存储芯片的地址线外,将所有余下的高位地址全部用于译码,译码输出作为各存储芯片的片选信号。采用全译码方式的优点是存储器中每一存储单元都有唯一确定的地址。缺点是译码电路比较复杂(相对于部分译码)。

2) 部分译码方式

所谓部分译码方式就是只选用地址总线高位地址的一部分(而不是全部)进行译码,以产生存储器芯片的片选信号。

采用部分译码方式,存在一个存储单元有多个地址与其对应的"地址重叠"现象。例如,若有一位地址不参加译码,则一个存储单元将有两个地址与其对应。显然,如果有 n 位地址不参加译码,则一个存储单元将有 2^n 个地址与其对应。

部分译码方式是介于全译码方式与下面介绍的线选方式之间的一种片选控制方式。它的优点是片选译码电路比较简单,缺点是存储空间中存在地址重叠区,使用时应予以注意。

3) 线选方式

线选方式就是将地址总线的高位地址不经过译码,直接将某些高位地址线作为片选信号接至各存储芯片的片选输入端,即采用线选方式根本不需要使用片选译码器。

线选方式的突出优点是无须使用片选译码器;缺点是存储地址空间被分成了相互隔离的区段,造成地址空间的不连续(片选线多于一位为 0 以及片选线为全 1 的地址空间不能使用),给编程带来不便。

线选方式通常适用于存储容量较小且不要求存储容量扩充的小系统中。

7.3.2　存储器接口分析与设计举例

这里所说的存储器接口分析,是指对于给定的现成存储器接口电路,正确指出存储器的存储容量以及构成该存储器的各个存储芯片的地址范围;而存储器接口设计,则是指根据给定的存储芯片及存储容量和地址范围的要求,具体构成(设计)所要求的存储器子系统。显然,它是存储器接口分析的相反的过程。

【例 7.2】已知一个存储器子系统如图 7.29 所示,试指出其中 RAM 和 EPROM 的存储容量以及各自的地址范围。

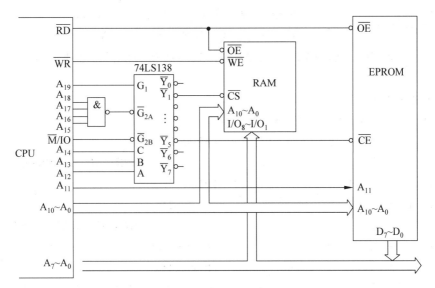

图 7.29 例 7.2 连接图

解

$$A_{19} A_{18} A_{17} A_{16} A_{15} A_{14} A_{13} A_{12} A_{11} A_{10} \quad \sim \quad A_0$$

RAM 地址范围
$$\begin{cases} 1\ 1\ 1\ 1\ 1\ 1\ 0\ 0\ 1\ 0\ 0 \sim 0 \quad (\text{F9000H}) \\ \vdots \\ 1\ 1\ 1\ 1\ 1\ 0\ 0\ 1\ 0\ 1 \sim 1 \quad (\text{F97FFH}) \end{cases} \bigg\} 2\text{KB}$$

或
$$\begin{cases} 1\ 1\ 1\ 1\ 1\ 0\ 0\ 1\ 1\ 0 \sim 0 \quad (\text{F9800H}) \\ \vdots \\ 1\ 1\ 1\ 1\ 1\ 0\ 0\ 1\ 1\ 1 \sim 1 \quad (\text{F9FFFH}) \end{cases} \bigg\} 2\text{KB}$$

EPROM 地址范围
$$\begin{cases} 1\ 1\ 1\ 1\ 1\ 1\ 0\ 1\ 0\ 0 \sim 0 \quad (\text{FD000H}) \\ \vdots \\ 1\ 1\ 1\ 1\ 1\ 1\ 0\ 1\ 1\ 1 \sim 1 \quad (\text{FDFFFH}) \end{cases} \bigg\} 4\text{KB}$$

所以,RAM 的存储容量为 2KB,地址范围为 F9000H~F97FFH 或 F9800H~F9FFFH。由于 A_{11} 未参与 RAM 的地址译码,所以 RAM 存储区存在"地址重叠"现象,一个 RAM 单元对应 2 个地址。

EPROM 的存储容量为 4KB,地址范围为 FD000H~FDFFFH。

【例 7.3】 利用 EPROM 2732(4K×8 位)、SRAM 6116(2K×8 位)及译码器 74LS138 设计一个存储容量为 16KB ROM 和 8KB RAM 的存储子系统。要求 ROM 的地址范围为 F8000H~FBFFFH,RAM 的地址范围为 FC000H~FDFFFH。系统地址总线为 20 位($A_0 \sim A_{19}$),数据总线为 8 位($D_0 \sim D_7$),控制信号为 $\overline{\text{RD}}$、$\overline{\text{WR}}$、$\text{M}/\overline{\text{IO}}$(低为访问存储器,高为访问 I/O 接口)。片选控制采用全译码方式。

解 (1) 所需存储芯片数及地址信号线的分配。

16KB ROM 需用 4 片 2732 构成,8KB RAM 需用 4 片 6116 构成。

2732 容量为 4K×8 位:
$$\begin{cases} \text{用 12 条地址线作片内地址}(A_0 \sim A_{11}); \\ \text{用 8 条地址线作片外地址}(A_{12} \sim A_{19}); \end{cases}$$

6116 容量为 2K×8 位：$\begin{cases} 用 11 条地址线作片内地址（A_0 \sim A_{10}）；\\ 用 9 条地址线作片外地址（A_{11} \sim A_{19}）。\end{cases}$

用 74LS138 作片选译码器，其输入、输出信号的接法依存储芯片的地址范围要求而定。

（2）地址范围。

$A_{19}\ A_{18}\ A_{17}\ A_{16}\ A_{15}\ A_{14}\ A_{13}\ A_{12}\ A_{11}\ A_{10}\quad \sim\quad A_0$

$\begin{array}{l} 1\ 1\ 1\ 1\ 1\ 0\ 0\ 0\ 0\ 0\quad \sim\quad 0\quad (\text{F8000H}) \\ \qquad\qquad\vdots \\ 1\ 1\ 1\ 1\ 1\ 0\ 1\ 1\ 1\ 1\quad \sim\quad 1\quad (\text{FBFFFH}) \end{array}\Big\}$ EPROM1 ～ EPROM4(16KB)

$\begin{array}{l} 1\ 1\ 1\ 1\ 1\ 1\ 0\ 0\ 0\ 0\quad \sim\quad 0\quad (\text{FC000H}) \\ \qquad\qquad\vdots \\ 1\ 1\ 1\ 1\ 1\ 1\ 0\ 0\ 1\ 1\quad \sim\quad 1\quad (\text{FCFFFH}) \end{array}\Big\}$ SRAM1、SRAM2(4KB)

$\begin{array}{l} 1\ 1\ 1\ 1\ 1\ 1\ 0\ 1\ 0\ 0\quad \sim\quad 0\quad (\text{FD000H}) \\ \qquad\qquad\vdots \\ 1\ 1\ 1\ 1\ 1\ 1\ 0\ 1\ 1\ 1\quad \sim\quad 1\quad (\text{FDFFFH}) \end{array}\Big\}$ SRAM3、SRAM4(4KB)

（3）逻辑图（如图 7.30 所示）。

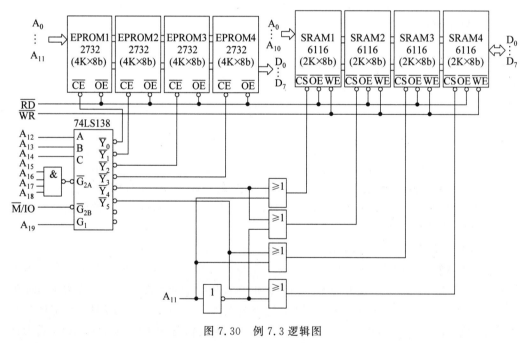

图 7.30　例 7.3 逻辑图

7.3.3　双端口存储器

常规的存储器是单端口存储器，它只有一套数据、地址和读/写控制电路，每次只接收一个地址,访问一个编址单元,从中读出或写入该单元中的数据。这样,当 CPU 执行双操作数的指令时,就需要分两次存取操作数,工作速度较低。主存储器是整个计算机系统的信息交换中心,一方面,CPU 要频繁地访问主存,从中读取指令,存取数据;另一方面,外围设备也需经常与主存交换信息。而单端口存储器每次只能接受一个访存者,或者是读,或者是写,这也影响了系统的工作速度。针对这种情况,在某些系统或部件中采取双端口存储器,并已有集成芯片可用,如 IDT 7132 是 2K×8 位的双端口 RAM 芯片,IDT 7133 是 2K×16 位的双端口 RAM 芯片等。

双端口存储器是指同一个存储器具有两组相互独立的数据、地址和读/写控制电路,由于能够进行并行的独立操作,所以是一种高速工作的存储器。图 7.31 给出了双端口存储器的结构框图,它具有两个彼此独立的读/写端口,每个端口都有一套独立的地址寄存器和译码电路,可以并行地独立工作。两个端口可以按各自接收的地址,从译码后选定的存储器单元中读出或写入数据。

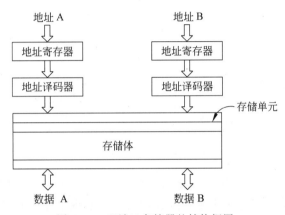

图 7.31　双端口存储器的结构框图

需要指出的是,双端口存储器与两个独立的存储器并不相同,它的两套读/写端口的访问空间是相同的,可以并行访问同一区间或同一单元。当然,当两个端口同时访问同一存储单元时,很可能会发生读、写冲突;例如当一个端口要更新(写)某存储单元内容时,另一个端口希望读出该单元更新前的内容。此时,更新操作需延迟进行。对此,可通过设置 BUSY 标志的办法来解决,由片上的判断逻辑决定让哪个端口优先进行操作,而暂时关闭另一个被延迟访问的端口。

双端口存储器常应用在如下场合:在运算器中采用双端口存储器芯片作为通用寄存器组,能快速提供双操作数或快速实现寄存器间的传送。另一种应用是让双端口存储器的一个读/写端口面向 CPU,另一个读/写端口面向外围设备的 I/O 接口,从而提高系统的整体信息吞吐量。此外,在多处理机系统中常采用双端口存储器甚至多端口存储器,作为各 CPU 的共享存储器,实现多 CPU 之间的通信。

目前,在嵌入式系统开发中,双端口存储器也有广泛的应用。

7.4 高速缓存(Cache)

7.4.1 Cache 基本原理

1. 程序访问的局部性

对大量典型程序的运行情况的分析结果表明,在一个较短的时间间隔内,由程序产生的地址往往集中在存储器逻辑地址空间的很小范围内。指令地址的分布本来就是连续的,再加上循环程序段和子程序段要重复执行多次。因此,对这些地址的访问就自然具有时间上集中分布的倾向。数据分布的这种集中倾向不如指令明显,但对数组的存储和访问以及工作单元的选择都可以使存储器地址相对集中。这种对局部范围的存储地址频繁访问,而对此范围以外的地址访问甚少的现象,称为"程序访问的局部性"(locality of reference)。

程序访问的局部性通常有两种不同的形式,即时间局部性(temporal locality)和空间局部性(spatial locality)。在一个具有良好时间局部性的程序中,被访问过的一个存储单元很可能在不远的将来再被多次访问。在一个具有良好空间局部性的程序中,如果一个存储单元被访问过一次,那么程序很可能在不远的将来访问附近的一个存储单元。

程序访问的局部性是 Cache 技术的基本依据。

2. 设置 Cache 的基本目的与方法

静态 RAM(SRAM)的工作速度很快,目前一般为 20ns 左右,但其价格较贵;动态 RAM(DRAM)则要便宜得多,但其速度较慢。为了实现主存与 CPU 之间的速度匹配,在 CPU 和主存之间增设一个容量不大但操作速度很高的存储器——高速缓存,以达到既有较高的存储器访问速度,又有较为合适的性能价格比。这就是设置高速缓存 Cache 的基本目的。

目前,实现这一目的的基本方法就是采用高速、小容量的 SRAM 作为高速缓存,用相对低速、容量较大但价格/位便宜的 DRAM 作为高速缓存的后备存储器(即主存),从而形成一个由 SRAM 和 DRAM 共同构成的组合存储系统,使之兼有 SRAM 和 DRAM 两方面的优点——SRAM 的速度(性能),DRAM 的价格,从而提高整个存储系统的性能价格比。

3. Cache 系统的组成及基本工作过程

Cache 功能主要通过硬件来实现,并且对程序员完全透明。就整个 Cache 存储系统而言,它主要包括 Cache 模块(SRAM)、Cache 控制器、主存(DRAM) 3 个组成部分,如图 7.32 所示。

在 Cache 存储系统中,主存中保存着机器运行时全部现行程序和数据。当 CPU 第一次执行一个程序段时,指令相继从主存中取出并予以执行。同时,最近取出的指令被

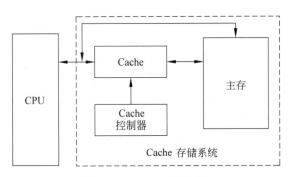

图 7.32　Cache 存储系统

自动保存在 Cache 之中，即 Cache 中存放着主存中程序的部分副本。图 7.33 表示了保存在主存中的一个循环程序段的首次执行情况。在程序执行时，循环程序段被复制到 Cache 中。当循环程序的指令被重复执行时，CPU 将通过使用保存在 Cache 中的指令来再次访问该子程序，而不是从主存中再次读取这些指令。这样就极大地减少了对低速主存的访问次数，加快了程序的整体执行速度；另外，在循环程序执行期间，要访问的数据（操作数）也同样能被缓存于 Cache 中。如果在循环程序执行时再次访问这些操作数，那么同样是从 Cache 中而不是从主存中将它们读出（或写入）。这就进一步减少了该程序段的执行时间。

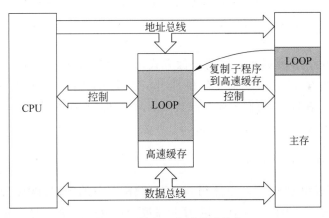

图 7.33　缓存一个循环子程序

让我们来进一步看一下 Cache 的基本工作过程。当 CPU 要访问存储器并把要访问存储单元的地址输出到地址总线上时，Cache 控制器首先要检查并确定要访问的信息是存放在主存中还是在 Cache 中。如果是在 Cache 中，则不启动访问主存的总线周期，而是直接访问已存储在 Cache 中的信息副本，这种情况称为 Cache"命中"（Cache hit）；相反，如果输出到地址总线上的地址并不与被缓存的信息相对应，则称为 Cache"缺失"（Cache miss），此时，CPU 就将从主存中读取指令代码或数据，并同时将其写入（复制）到相应的 Cache 单元中。之后再访问这些信息时，就可以直接在 Cache 中进行而不必访问低速的主存。

命中率是高速缓存系统操作有效性的一种测度。命中率被定义为 Cache 命中次数与存储器访问总次数之比,用百分率来表示。即命中率为:

$$命中率＝(命中次数/访问总次数)×100\%$$

较高的命中率来自于较好的高速缓存设计。如果设计和组织得很好,那么程序运行时所用的大多数指令代码和数据都可在 Cache 中找到,即在大多数情况下能命中 Cache。例如,若高速缓存的命中率为 90%,则意味着 CPU 可以用 90% 的存储器总线周期直接访问 Cache。换句话说,仅有 10% 的存储器访问是对于主存进行的。具体而言,Cache 的命中率和 Cache 容量大小、组织方式以及 Cache 的更新控制算法等因素有关。当然,还和所执行的程序有关。即对于同一种高速缓存设计,不同的应用程序,其 Cache 命中率可能是完全不同的值。

在 80386 系统中,使用组织得较好的 Cache 系统,命中率可达 95%;在大型计算机 IBM 360 系统中,Cache 命中率达 99%。

7.4.2　Cache 的组织方式

在 Cache 系统中,主存总是以行(也称块)为单位与 Cache 进行映像的。在 32 位的微机系统中,通常采用的行大小为 4 字节,即一个双字(32 位)。CPU 访问存储器时,如果所需要的字节不在 Cache 中,则基于程序访问局部性,Cache 控制器会把该字节所在的整个行(4 字节)从主存复制到 Cache 中,以后就可以直接从 Cache 中进行相邻字节的访问。

主存和 Cache 之间有各种不同的映像方式,如"全相联映像方式"、"直接映像方式"以及"组相联映像方式"等。按照主存和 Cache 之间的不同映像方式,也有各种不同的 Cache 组织方式。在这里,我们主要介绍其中的两种,即"直接映像"(direct mapped)组织方式及"两路组相联"(two way set associative)组织方式。

1."直接映像"组织方式

"直接映像"组织方式也称"单路组相联"。64K 字节的"直接映像"高速缓存的组织方式如图 7.34 所示。由图可见,Cache 存储器被安排成一个单一的 64K 字节的存储体,而将主存看成 64K 字节的页序列,依次标为 page 0～page n。注意,在这种直接映像的 Cache 系统中,主存所有页中具有相同偏移量的存储行(图中标为 X(0)～X(n)),均映像到 Cache 存储阵列中标为 X 的同一存储行。也就是说,主存的一个 64K 字节页的每个行映像到 64K 字节 Cache 存储器的各个对应行。

与其他映像方式相比,直接映像方式的优点是比较容易实现;Cache 控制器相对简单,成本低;其缺点是每个主存行只能固定地映像到 Cache 中一个特定位置的行中。如果两个主存行都要映像到同一位置的行中,就要发生行冲突,这会导致一些主存行要在同一 Cache 行中不断地交替存放,使 Cache 命中率大大降低。而且在发生行冲突时,即使当时 Cache 中有很多空闲行也用不上,因而其 Cache 利用率也较低。

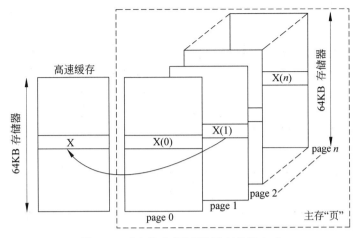

图 7.34 "直接映像"高速缓存组织方式

2. "两路组相联"组织方式

"两路组相联"高速缓存的组织方式如图 7.35 所示。由图可见,64K 字节的 Cache 存储器分成了两个 32K 字节的存储体。即 Cache 阵列被分成了两路:BANK A 和 BANK B。主存被看成大小等于 Cache 中一个 BANK 容量的页序列。但由于此时一个 BANK 为 32K 字节,所以主存的页数是直接映像方式的两倍。这样,主存每页中特定偏移量的存储行,可映像到 BANK A 或 BANK B 的相同存储行。例如,X(2)单元既可映像到 X(A),也可映像到 X(B)。

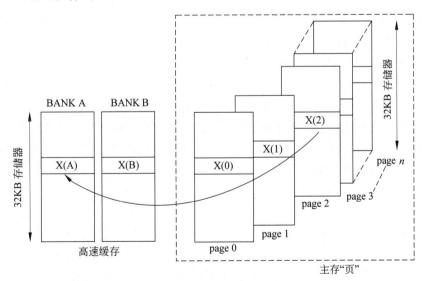

图 7.35 "两路组相联"高速缓存的组织方式

与"直接映像"组织方式相比,"两路组相联"的组织方式可形成较高的 Cache 操作命中率。其缺点是 Cache 控制器较复杂。

7.4.3　Cache 的更新方式及替换算法

1. 更新方式

我们已经知道,Cache 中所存信息实际上是主存所存信息的部分副本。也就是说,在 Cache 系统中,同样一个数据可能既存在于主存中,也存在于 Cache 中。因此,当数据更新时,有可能 Cache 已更新,而主存未更新。这就造成了 Cache 与主存数据的不一致;另外,在多处理器环境或具有 DMA 控制器的系统中,有多个总线主可以访问主存,这时,可能其中有些部件是直接访问主存的,也可能每个处理器配一个 Cache,于是又会产生主存中的数据已被某个总线主更新过,而某个处理器所配 Cache 中的内容未更新。这也会造成 Cache 与主存数据的不一致。无论是上述两种情况的哪一种,都导致了主存和 Cache 中数据的不一致。如果不能保证主存和 Cache 数据的一致性,那么接下去的程序运行就可能出现问题。

对于前一种不一致性问题(即 Cache 已更新而主存未更新),常见的解决办法有:

1) 通写法(write-through)

通写法也称全写法,即每当 CPU 把数据写到 Cache 中时,Cache 控制器会同时把数据写入主存对应位置,使主存中的原本和 Cache 中的副本同时修改。这样,主存随时跟踪 Cache 的最新版本,因此也就不会出现 Cache 更新而主存未更新的不一致性问题。此种方法的优点是控制简单;缺点是,每次 Cache 内容更新,都会产生对主存的写入操作,从而造成总线活动频繁,影响系统性能。另外,采用这种方法,写操作的速度仍被低速的主存所限制,未能在写操作方面体现出 Cache 的优越性。

2) 缓冲通写法(buffered write-through)

缓冲通写法是在主存和 Cache 之间增设一些缓冲寄存器,每当作 Cache 数据更新时,也对主存作更新,但是 CPU 要先把写入的数据和地址送入缓冲寄存器,在 CPU 进入下一个操作时,再由这些缓冲寄存器将数据自动写入主存,以使 CPU 不至于在写回主存时处于等待状态而浪费时间。不过采用此方法,缓冲寄存器只能保持一次写入的数据和地址,如果有两次连续写操作,CPU 还需要等待。

3) 回写法(write-back)

采用回写法,是暂时只向 Cache 写入(不写主存),并用一位写标志置 1 来加以注明,直到该经过修改的副本信息必须从 Cache 中替换出去时才一次写回主存,代替未经修改的原本信息。也就是说,只有写标志置 1 的行才最后从 Cache 中一次写回主存,所以真正写入主存的次数将少于程序的总写入次数,从而提高了系统性能。但在写回主存之前,主存中的原本信息由于未能及时修改,所以仍存在 Cache 与主存数据不一致的隐患。另外,采用这种方法,Cache 控制器比较复杂。

对于后一种不一致性问题(即主存已更新,而 Cache 未更新),通常有下述解决办法:

（1）总线监视法

采用总线监视法时，由 Cache 控制器随时监视系统的地址总线，如某部件将数据写到主存，并且写入主存的行（块）正好是 Cache 中行的对应位置，那么，Cache 控制器会自动将 Cache 中的行标为"无效"。Cache 控制器 82385 就是利用这种方法来保护 Cache 内容的一致性的。

（2）广播法

在多处理器环境中，可能每个处理器均配备各自的 Cache。当一个 Cache 有写操作时，新数据既复制到主存，也复制到其他所有 Cache 中，从而防止 Cache 数据过时。此种方法即所谓广播法。

（3）划出不可高速缓存的存储区法

采用这种方法，是将主存地址区划分为"可高速缓存"和"不可高速缓存"两部分，并将不可高速缓存区域作为多个总线主的共享区，该区域中的内容永远不能取到 Cache 中。当然各个总线主对此区域的访问也必须是直接的，而不能通过 Cache 来进行。Cache 控制器 82385 采用的就是这种方法，它是通过在外部电路中对不可高速缓存区域中的地址进行译码，并使其不可高速缓存输入信号（NCA）变为逻辑 0，从而对这些存储单元形成非高速缓存的总线周期。以此解决在多处理器环境或具有 DMA 控制器系统中的 Cache 数据一致性问题。

2. 替换算法

当新的主存行需要写入 Cache 而 Cache 的可用空间已被占满时，就需要替换掉 Cache 中的数据。在直接映像方式下，Cache 访问缺失时则从主存中访问并将数据写入 Cache 缺失的行中，而在组相联映像和全相联映像方式下，主存中的数据可写入 Cache 中若干位置，这就有一个选择替换掉哪一个 Cache 行的问题，这就是所谓 Cache 替换算法。

选择替换算法的依据是存储器的总体性能，主要是 Cache 访问命中率。常用的替换算法有随机法（RANDom，RAND）、先进先出法（First-In-First-Out，FIFO）、最近最少使用法（Least Recently Used，LRU）等。

随机法是随机地确定替换的行。该算法比较简单，可以用一个随机数产生器产生一个随机的替换行号，但随机法没有根据"程序访问局部性"原理，所以不能提高系统的 Cache 访问命中率。

先进先出法（FIFO 算法）是替换最早调入的存储行，Cache 中的行就像一个队列一样，先进入的先调出。这种替换算法不需要随时记录各个行的使用情况，所以容易实现，开销小。但它也没有根据"程序访问局部性"原理，因为最早调入的存储信息可能是近期还要用到的，或者是经常要用到的。

最近最少使用法（LRU 算法）能比较正确地利用"程序访问局部性"原理，替换出最近用得最少的 Cache 行，因为最近最少访问的数据，很可能在最近的将来也最少访问。但 LRU 算法的实现比较复杂，需要随时记录各个行的使用情况并对访问概率进行统计。一般采用简化的算法，如"近期最久未使用算法"就是把近期最久未被访问的行作为替换的行。它只要记录每个行最近一次使用的时间即可。LRU 算法应该比上述两种算法(随机法及 FIFO 算法)性能好,但它也不是理想的方法。因为它仅仅根据过去访存的频率来估计未来的访存情况,所以也只是推测的方法。

7.5 虚拟存储器

7.5.1 虚拟存储器的工作原理

随着微处理器的不断升级,使机器指令可寻址的地址空间越来越大。如果仅用增加实际内存容量的方法来满足程序设计中对存储空间的需求,则成本高而且利用率低。虚拟存储器技术提供了一个经济、有效的解决方案:通过存储管理部件(硬件)和操作系统(软件)将"主存-辅存"构成的存储层次组织成一个统一的整体,从而提供一个比实际内存大得多的存储空间(虚拟存储空间)供编程者使用。

如果说"Cache-主存"存储层次解决了存储器访问速度与成本之间的矛盾,那么,通过软、硬件结合,把主存和辅存有机结合而形成的虚拟存储器系统,其速度接近于主存,而容量接近于辅存,每位平均价格接近于廉价的辅存平均价格。这种"主存-辅存"层次结构的虚拟存储器则解决了存储器大容量的要求和低成本之间的矛盾。

从工作原理上看,尽管"主存-辅存"和"Cache-主存"是两个不同存储层次的存储体系,但在概念和方法上有不少相同之处:它们都是基于程序访问的局部性原理,都是把程序划分为一个个小的信息块,运行时都能自动地把信息块从低速的存储器向高速的存储器调度,这种调度所采用的地址变换、映像方法及替换策略,从原理上看也是相同的。虚拟存储系统所采用的映像方式同样有"直接映像""全相联映像"及"组相联映像"等方式;替换策略也多采用 LRU 算法。然而,由"主存-辅存"构成的虚拟存储系统和"Cache-主存"存储系统也有很多不同之处:虽然两个不同存储层次均以信息块为基本信息传输单位,但 Cache 每块只有几个到几十字节(如 82385 控制下的 Cache 传送块为 4 字节),而虚拟存储器每块长度通常在几百到几百千字节;CPU 访问 Cache 比访问主存快 5~10 倍,而虚拟存储器中主存的工作速度要比辅存快 100~1000 倍以上;另外,Cache 存储器的信息存取过程、地址变换和替换策略全部用硬件实现且对程序员(包括应用程序员和系统程序员)是完全透明的。而虚拟存储器基本上是操作系统软件再辅以一些硬件来实现的,它对系统程序员(尤其是操作系统设计者)并不是透明的。

虚拟存储器的地址称为虚地址或逻辑地址,而实际主存的地址称为物理地址或实存地址。虚地址经过转换形成物理地址。虚地址向物理地址的转换是由存储管理部件 MMU(Memory Management Unit)自动实现的。编程人员在写程序时,可以访问比实际配置大得多的存储空间(虚拟地址空间),但不必考虑地址转换的具体过程。

在虚拟存储器中,通常只将虚拟地址空间的访问最频繁的一小部分映射到主存储器,虚拟地址空间的大部分是映射到辅助存储器(如大容量的硬盘)上。当用虚地址访问虚拟存储器时,存储管理部件首先查看该虚地址所对应单元的内容是否已在主存中。若已在主存中,就自动将虚地址转换为主存物理地址,对主存进行访问;若不在主存中,就通过操作系统将程序或数据由辅存调入主存(同时,可能将一部分程序或数据从主存送回到辅存),然后再进行访问。因此,每次访问虚拟存储器都必须进行虚地址向物理地址的转换。

为了便于虚地址向物理地址的转换以及主存和辅存之间信息的交换,虚拟存储器一般采用二维或三维的虚拟地址格式。在二维地址格式下,虚拟地址空间划分为若干段或页,每个段或页则由若干地址连续的存储单元组成。在三维地址格式下,虚拟地址空间划分为若干段,每个段划分为若干页,每个页再由若干地址连续的存储单元组成。根据虚拟地址格式的不同,虚拟存储器分为"段式虚拟存储器""页式虚拟存储器"和"段页式虚拟存储器"3 种。这 3 种虚拟存储器的虚地址格式分别为:

"段式虚拟存储器"虚地址格式:

段号	段内地址

"页式虚拟存储器"虚地址格式:

页号	页内地址

"段页式虚拟存储器"虚地址格式:

段号	页号	页内地址

另外,在虚拟存储器中采用了所谓"按需调页"的存储管理方法。所谓"按需调页"就是程序中的各页仅在需要时才调入主存。这种管理方法的依据仍然是"程序访问的局部性"原理。一个程序本身可以很长,处理的数据也可能很多,产生的结果可能很庞杂,但在一个较短的时间间隔内,由程序产生的地址常常集中在一个较小的地址空间范围内。所以,在 CPU 执行程序时并不需要同时将程序的所有各页均装入主存,只需装入 CPU 正在执行的指令所在的页及其附近几页即可,其余各页仍在辅存中。当程序执行到某一时刻需要转到没有调入主存中的页时,或者要处理的数据不在主存中的页上时,就发出"缺页"中断信号,由操作系统将所需的页从辅存调入主存。

7.5.2 80x86 的虚拟存储技术

80x86 微机共有 3 种工作模式:实地址模式(简称实模式)、虚地址保护模式(简称保护模式)和虚拟 8086 模式(简称 V86 模式)。8086/8088 只支持实地址模式,80286 支持实地址模式和虚地址保护模式,80386 以上的微机系统则支持实地址模式、虚地址保护模式及虚拟 8086 模式。

在实地址方式下,使用低 20 位地址线($A_0 \sim A_{19}$),寻址空间 1MB。任何一个存储单元的地址由"段地址"和"段内偏移量"两部分组成。段地址是由某个段寄存器的值(16 位)左移 4 位而形成的 20 位的段基地址。然后 20 位的段基地址与 16 位的段内偏移量相加形成某一存储单元的实际地址。在实地址方式下,系统有两个保留存储区域:在 FFFF0H～FFFFFH 保留的是系统初始化区,在此存放一条段间无条件转移指令,这样,每次系统复位时,自动转移到系统初始化程序入口处执行上电自检和自举程序。在 00000H～003FFH 保留的是中断向量表,为 256 个中断服务程序提供入口。

在虚地址保护方式下,80286～80486 可实现虚拟存储和保护功能。80286 采用的是段式虚拟存储技术:在 80286 中,程序中可能用到的各种段(如代码段、数据段、堆栈段、附加段)的段基地址和其他的段属性信息集中在一起,成为驻留在存储器中的"段描述符表"。80286 段寄存器中存储的不再是 16 位的段基值,而是段描述符的选择符(也称选择子)。由段寄存器中的选择符从"段描述符表"中取出相应的段描述符,得到 24 位段基地址,再与 16 位偏移量相加形成寻址单元的物理地址。80286 虚地址保护方式下存储器寻址如图 7.36 所示。

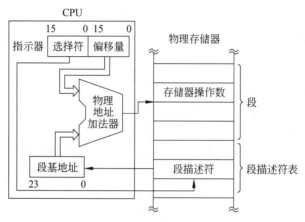

图 7.36　80286 虚地址保护方式下存储器寻址

80386、80486 采用的是段页式虚拟存储技术,虚拟地址到物理地址转换过程如图 7.37 所示。首先使用分段机制,由段寄存器中存储的段描述符选择符从"段描述符表"中得到段基地址,再与 32 位的偏移量相加形成一个中间地址称为"线性地址"。当分页机制被禁止时,线性地址就是物理地址;否则,再用分页机制把线性地址转换为物理地址。

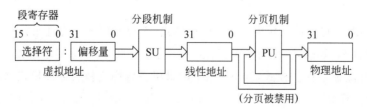

图 7.37　80386、80486 虚地址保护方式下的地址转换

80286～80486 的保护功能包括两个方面:一是任务间的保护,即给每一个任务分配

不同的虚地址空间,使不同的任务彼此隔离;二是任务内的保护,即通过设置特权级别,保护操作系统不被应用程序所破坏。

虚拟 8086 方式是 80386、80486 的一种新的工作方式,这种工作方式可以在有存储管理机制、保护和多任务环境下,创建一个虚拟的 8086 工作环境,从而可以运行 8086 的各种软件。在虚拟 8086 方式下,各种 8086 的任务可以与 80386、80486 的其他任务同时运行,相互隔离并受到保护。

习题 7

7.1 请画图说明现代计算机系统中的存储器层次结构,并说明"Cache-主存"和"主存-辅存"这两个存储层次的区别。

7.2 有一双字 87654321H 的地址为 30101H,画出其在字节编址的内存中的两种不同存放情况。

7.3 简述半导体存储器的基本分类。

7.4 以六管静态 RAM 为例,说明静态 RAM 基本存储单元的数据读/写过程。

7.5 简述动态 RAM(DRAM)的优、缺点。

7.6 动态 RAM 为什么必须定时刷新?

7.7 简述掩膜式 ROM、PROM、EPROM 及 E^2PROM 的主要特点及应用场合。

7.8 试从接口类型、访问方式及容量和价格方面比较 NOR Flash 和 NAND Flash。

7.9 实现片选控制通常有哪几种方式?分别说明它们的优缺点。

7.10 某微机系统中内存的首地址为 60000H,末地址为 63FFFH,求其内存容量。

7.11 某存储系统的地址译码电路如图 7.38 所示,为使 EPROM 芯片能够选中工作,试说明图中给出的有关地址及控制信号应具有的状态,并计算 EPROM 芯片的存储容量及地址范围。

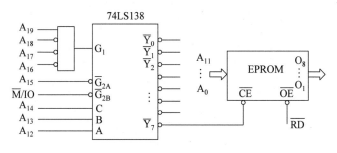

图 7.38 习题 7.11 图示

7.12 利用 EPROM 2732、SRAM 6116、译码器 74LS138 及必要的门电路构成一个存储容量为 16KB ROM(地址范围为 00000H～03FFFH)、8KB RAM(地址范围为 04000H～05FFFH) 的存储器。系统地址总线信号为 A_0～A_{19},数据总线信号为 D_0～D_7,

控制信号为 $\overline{\text{RD}}$、$\overline{\text{WR}}$、M/$\overline{\text{IO}}$。要求片选控制采用全译码方式。

7.13 说明"程序访问的局部性"原理及其在 Cache 中的应用情况。

7.14 解释高速缓存系统采用"直接映像"及"两路组相联"组织方式的区别。

7.15 给出常见的 Cache 更新方法及替换策略,并具体说明"直写式"Cache 更新方法的优、缺点。

第 **8** 章

I/O接口技术

I/O 接口是计算机的基本组成部件之一。本章将对 I/O 接口的功能、结构及操作等方面的概念进行具体介绍。另外，本章还将详细介绍 DMA 技术以及中断系统的概念和技术。

8.1 I/O 接口概述

8.1.1 I/O 接口的基本功能

早期的计算机并没有单独的 I/O 接口电路，那时的 I/O 操作是在累加器的直接控制下完成的。这种方式的缺点是，当累加器忙于 I/O 处理时，它就不能做其他的计算和操作。这样，当程序中有较多的 I/O 处理时，其运行速度就被低速的 I/O 操作所限制。为解决此问题，人们做了许多有意义的研究工作。

后来，出现了带缓冲器的 I/O 装置并且得到了普遍采用。这里的缓冲器是指通过一个或几个单独的寄存器，实现主机与外设之间的数据传送。这样，由于外设不是与累加器直接进行通信，所以在 I/O 处理过程中累加器还可用于其他的计算和操作。

在现代微型计算机中，这种缓冲器装置被发展改进而形成功能更强的 I/O 接口电路。这种 I/O 接口的主要功能是作为主机与外设之间传送数据的"转接站"，同时提供主机与外设之间传送数据所必需的状态信息，并能接受和执行主机发来的各种控制命令。

总地来说，I/O 接口的基本作用就是使主机与外设能够协调地完成 I/O 操作。具体地说，它应具有如下 6 方面的功能。

(1) 数据缓冲：接口电路中通常都有数据缓冲寄存器，用以解决主机与外设在工作速度上的矛盾，避免因速度不一致而造成数据丢失。

(2) 提供联络信息：为使主机与外设间的数据交换取得协调与同步，接口电路应提供数据传输联络用的状态信息，如数据输入缓冲寄存器"准备好"，数据输出缓冲寄存器"空"等。

(3) 信号与信息格式的转换：由于外设所提供的接口信号及信息格式往往与 CPU 总线不兼容，因此接口电路应完成必要的转换功能，包括模/数（A/D）、数/模（D/A）转换，串/并、并/串转换以及电平转换等。

(4) 设备选择：微机系统一般带有多台外设，而 CPU 在同一时间内只能与一台外设交换信息，这就需要利用接口电路中的地址译码电路进行寻址，以选择相应的外设进行 I/O 操作。

(5) 中断管理：当外设以中断方式与主机进行通信时，接口中需设有专门的中断控制逻辑，以处理有关的中断事务（如产生中断请求信号，接收中断回答信号，以及提供中断类型码等）。

(6) 可编程功能：现代微机的 I/O 接口多数是可编程接口，这样在不改动任何硬件的情况下，只要修改控制程序就可改变接口的工作方式，大大增加了接口功能的灵活性。

8.1.2　I/O 接口的基本结构

I/O 接口的基本结构如图 8.1 所示。

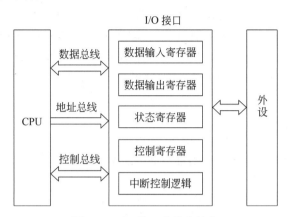

图 8.1　I/O 接口的基本结构

由图 8.1 可以看出,每个 I/O 接口内部都包括一组寄存器,通常有数据输入寄存器、数据输出寄存器、状态寄存器和控制寄存器。有的 I/O 接口中还包括中断控制逻辑电路。这些寄存器也被称为 I/O 端口,每个端口有一个端口地址(也称端口号)。主机就是通过这些端口与外设之间进行数据交换的。

数据输入寄存器用于暂存外设送往主机的数据;数据输出寄存器用于暂存主机送往外设的数据;状态寄存器用于保存 I/O 接口的状态信息。CPU 通过对状态寄存器内容的读取和检测可以确定 I/O 接口的当前工作状态,如上一次的处理是否完毕,是否可以发送或接收数据等,以便 CPU 能够根据设备的状态确定是否可以向外设发送数据或从外设接收数据;控制寄存器用于存放 CPU 发出的控制命令字,以控制接口和设备所执行的动作,如对数据传输方式、速率等参数的设定,数据传输的启动、停止等;中断控制逻辑电路用于实现外设准备就绪时向 CPU 发出中断请求信号,接收来自 CPU 的中断响应信号以及提供相应的中断类型码等功能。

由图 8.1 还可以看到,I/O 接口有两个接口面,其中一面是计算机总线,另一面是外设。外设一侧的接口面应与所连接的外设的信号格式相一致,包括信号电平的规定,时序关系以及信号的功能定义等。由于外设种类繁多,接口信号格式多样,所以通常采用可编程 I/O 接口,以适应与不同规格的外设连接的需要。

计算机总线一侧的接口面应与所使用的总线结构相一致。由于具体的总线结构随微处理器的不同而不同,所以若使用与 CPU 为同一系列的接口电路,则较为方便;当然也可以把某一机型系列的接口电路连接到其他机型系列的系统总线上,但有时需要增加附加逻辑。因此,应尽量选择那些具有一定通用性的 I/O 接口电路,以易于实现与计算机系统的连接。

8.1.3 I/O 端口的编址方式

我们已经知道,I/O 接口包含一组称为 I/O 端口的寄存器。为了让 CPU 能够访问这些 I/O 端口,每个 I/O 端口都需有自己的端口地址(或端口号)。那么,在一个计算机系统中,如何编排这些 I/O 接口的端口地址,即所谓 I/O 端口的编址方式。常见的 I/O 端口编址方式有两种,一种是 I/O 端口和存储器统一编址,也称存储器映像的 I/O (Memory-Mapped I/O)方式;另一种是 I/O 端口和存储器分开单独编址,也称 I/O 映像的 I/O (I/O-Mapped I/O) 方式。

1. I/O 端口和存储器统一编址

I/O 端口和存储器统一编址的地址空间分布情况如图 8.2 所示。

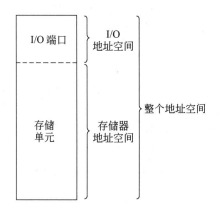

图 8.2 I/O 端口和存储器统一编址

这种编址方式是把整个存储地址空间的一部分作为 I/O 设备的地址空间,给每个 I/O 端口分配一个存储器地址,把每个 I/O 端口看成一个存储器单元,纳入统一的存储器地址空间。CPU 可以利用访问存储器的指令来访问 I/O 端口,使在指令系统上对存储器和 I/O 端口不加区别,因而不需设置专门的 I/O 指令。这时,存储单元和 I/O 端口之间的唯一区别是所占用的地址不同。例如,可以用指令"MOV AL ,[2000H]"来对地址为 2000H 的 I/O 端口进行输入操作。

这种编址方式的优点是:由于 CPU 对 I/O 端口的访问是使用访问存储器的指令,而访问存储器的指令功能比较齐全,不仅有一般的传送指令,还有算术、逻辑运算指令,以及各种移位、比较指令等,因而可以实现直接对 I/O 端口内的数据进行处理,而不必采取先把数据送入 CPU 寄存器等步骤。这样,可以使访问 I/O 端口进行输入/输出的操作灵活、方便,有利于改善程序效率,提高总的 I/O 处理速度;例如,若一个存储器映像的 I/O 端口地址为 3000H,则可以直接用指令"ADD BH,[3000H]"对端口的内容进行算术运算。另外,这种编址方式可以将 CPU 中的 I/O 操作与访问存储器操作统一设计为一套控制逻辑,CPU 的引脚数目也可以减少一些。

这种编址方式的缺点是：由于 I/O 端口占用了一部分存储器地址空间，因而使用户的存储地址空间相对减小；另外，由于利用访问存储器的指令来进行 I/O 操作，指令的长度通常比单独 I/O 指令要长，因而指令的执行时间也较长。

微处理器 MC6800 系列、6502 系列以及 MC680x0 系列采用这种编址方式。

2. I/O 端口和存储器单独编址

I/O 端口和存储器单独编址的地址空间分布如图 8.3 所示。

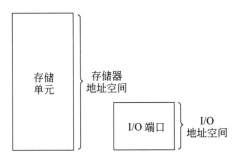

图 8.3　I/O 端口和存储器单独编址

这种编址方式的基本思想是：将 I/O 端口地址和存储器地址分开单独编址，各自形成独立的地址空间（两者的地址编号可以重叠）。指令系统中分别设立面向存储器操作的指令和面向 I/O 操作的指令（IN 指令和 OUT 指令），CPU 使用专门的 I/O 指令来访问 I/O 端口。

由于在采用公共总线的微型计算机结构中，地址总线为存储器和 I/O 端口所共享，所以在这种编址方式下，存在地址总线上的地址信息究竟是给谁的问题，是给存储器的，还是给 I/O 端口的？一般是通过在 CPU 芯片上设置专门的控制信号线来解决。典型的方法是用一条称之为 M/$\overline{\text{IO}}$ 的控制线加以标识，用该控制线的低电平表示 I/O 操作，高电平表示存储器操作。通常，CPU 是使用地址总线的低位对 I/O 端口寻址。例如，若使用地址总线的低 8 位，则可提供 $2^8 = 256$ 个 I/O 端口地址；若使用地址总线的低 16 位，则可提供 $2^{16} = 65536$（64 K）个 I/O 端口地址。

这种编址方式的优点是：第一，I/O 端口不占用存储器地址，故不会减少用户的存储器地址空间；第二，单独 I/O 指令的地址码较短，地址译码方便，I/O 指令短，执行速度快；第三，由于采用单独的 I/O 指令，所以在编制程序和阅读程序时容易与访问存储器型指令加以区别，使程序中 I/O 操作和其他操作层次清晰，便于理解。

这种编址方式的缺点是：第一，单独 I/O 指令的功能有限，只能对端口数据进行 I/O 操作，不能直接进行移位、比较等其他操作；第二，由于采用了专用的 I/O 操作时序及 I/O 控制信号线，因而增加了微处理器本身控制逻辑的复杂性。

微处理器 Z80 系列、Intel 80x86 系列采用了这种编址方式。

8.1.4 I/O接口的地址译码及片选信号的产生

在一个微机系统中通常具有多台外设,当CPU与外设进行通信时,需要对各个设备所对应的接口芯片进行逻辑选择,从而实现与相应的设备进行数据交换。这种逻辑选择功能是由I/O接口电路中的地址译码器实现的。地址译码器是I/O接口电路的基本组成部分之一。

与CPU和存储器相连时的地址译码方法类似,I/O接口的地址译码方法也是灵活多样的,目前常见的一种做法是:先通过对I/O端口地址的某几位高位地址进行译码,产生有效的片选信号,从而选中对应的接口芯片,再利用I/O端口地址的低位地址作为对接口芯片内部有关寄存器的选择。

例如,在IBM-PC/XT微机中,其系统板上有数片I/O接口芯片,其中包括DMA控制器8237、中断控制器8259A、并行接口8255A、计数器/定时器8253等。这些接口芯片必须是在相应的片选信号有效时才能工作。图8.4所示的就是在该微机系统中片选信号的产生电路。

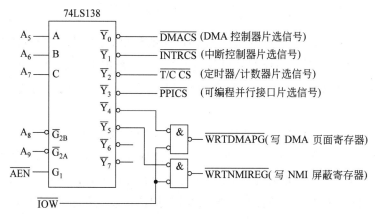

图8.4 片选信号的产生

由图8.4可以看到,接口芯片的片选信号是由一块"3-8译码器"电路(74LS138)产生的。当CPU控制系统总线时,$\overline{AEN}=1$,若此时地址信号$A_9=A_8=0$时,则74LS138的3个控制端(G_1、$\overline{G_{2B}}$、$\overline{G_{2A}}$)均处于有效电平,于是该译码器电路处于允许状态,并根据3位地址输入信号A_7、A_6、A_5进行译码,在8个输出端($\overline{Y_7} \sim \overline{Y_0}$)的某一端产生低电平的片选信号,而其他7个输出端均处于高电平。对于地址信号A_7、A_6、A_5的8种代码组合,可以得到相应的8个低电平译码输出信号,用来作为8个片选信号分别接到各接口芯片的片选输入端$\overline{CS}$,从而实现对接口电路的逻辑选择。地址信号的低4位($A_3 \sim A_0$)作为接口电路内部寄存器的选择,其具体分配情况依各个接口芯片内部寄存器的结构及数量等不同而有所不同。

8.1.5 I/O 指令

前面已经指出,对于采用 I/O 端口和存储器单独编址的计算机,指令系统中设有专门的 I/O 指令(IN 指令和 OUT 指令),CPU 通过执行这样的 I/O 指令来实现与 I/O 接口之间的通信。在第 4 章讨论指令系统时,已经具体介绍了 IN 指令和 OUT 指令的格式与功能,这里不再作专门介绍。

8.2 I/O 控制方式

在计算机中,主机与外设之间的数据传送控制方式(即 I/O 控制方式)通常有 3 种:程序控制方式、中断控制方式和直接存储器访问(DMA)方式。本节将分别予以介绍。

8.2.1 程序控制方式

程序控制方式是指在程序控制下进行的数据传送方式。它又分为无条件传送和程序查询传送两种。

1. 无条件传送方式

无条件传送方式是在假定外设已经准备好的情况下,直接利用输入指令(IN 指令)或输出指令(OUT 指令)与外设传送数据,而不去检测(查询)外设的工作状态。这种传送方式的优点是控制程序简单。但它必须是在外设已准备好的情况下才能使用,否则传送就会出错。所以在实际应用中无条件传送方式使用较少,只用于对一些简单外设的操作,如对开关信号的输入,对 LED 显示器的输出等。

2. 程序查询传送方式

程序查询传送方式也称条件传送方式。采用这种传送方式时,CPU 通过执行程序不断读取并检测外设的状态,只有在外设确实已经准备就绪的情况下,才进行数据传送,否则还要继续查询外设的状态。程序查询传送比无条件传送要准确和可靠,但在此种方式下 CPU 要不断地查询外设的状态,占用了大量的时间,而真正用于传送数据的时间却很少。例如用查询方式实现从终端键盘输入字符信息的情况,由于输入字符的流量是非常不规则的,CPU 无法预测下一个字符何时到达,这就迫使 CPU 必须频繁地检测键盘输入端口是否有进入的字符,否则就有可能造成字符的丢失。实际上,CPU 浪费在与字符输入无直接关系的查询时间达 90% 以上。

对于程序查询传送方式来说,一个数据传送过程可由下述 3 步完成:

(1) CPU 从接口中读取状态信息;

(2) CPU 检测状态字的对应位是否满足"就绪"条件,如果不满足,则回到前一步继续读取状态信息；

（3）如果状态字表明外设已处于"就绪"状态，则传送数据。

为此，接口电路中除了有数据端口外，还需有状态端口。对于输入过程来说，如果"数据输入寄存器"中已准备好新数据供 CPU 读取，则使状态端口中的"准备好"标志位置 1；对于输出过程来说，外设取走一个数据后，接口就将状态端口中的对应标志位置 1，表示"数据输出寄存器"已经处于"空"状态，可以从 CPU 接收下一个输出数据。程序查询传送方式的程序流程如图 8.5 和图 8.6 所示。

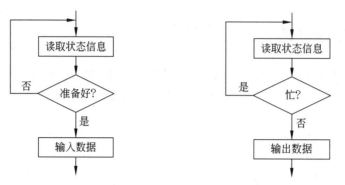

图 8.5　查询式输入程序流程图　　　　图 8.6　查询式输出程序流程图

例如，一个典型的查询式输入程序段如下所示（其中 0AH 为状态端口号，0BH 为数据端口号）。

```
STATE:IN    AL , 0AH              ;输入状态信息
      TEST  AL , 02H              ;测试"准备好"位
      JZ    STATE                ;未准备好,继续查询
      IN    AL , 0BH              ;准备好,输入数据
```

程序查询方式有两个明显的缺点。第一，CPU 的利用率低。因为 CPU 要不断地读取状态字和检测状态字，如果状态字表明外设未准备好，则 CPU 还要继续查询等待。这样的过程占用了 CPU 的大量时间，尤其是与中速或低速的外设交换信息时，CPU 真正花费于传送数据的时间极少，绝大部分时间都消耗在查询上。第二，不能满足实时控制系统对 I/O 处理的要求。因为在使用程序查询方式时，假设一个系统有多个外设，那么 CPU 只能轮流对每个外设进行查询，但这些外设的工作速度往往差别很大。这时 CPU 很难满足各个外设随机对 CPU 提出的输入/输出服务要求。

8.2.2　中断控制方式

为了提高 CPU 的工作效率以及对实时系统的快速响应，产生了中断控制方式的信息交换。所谓中断，是指程序在运行中，出现了某种紧急事件，CPU 必须中止现在正在执行的程序而转去处理紧急事件（执行一段中断处理子程序），并在处理完毕后再返回原运行程序的过程。

类似于上述中断过程的日常生活实例很多。例如,你在办公室内处理日常公务,其间突然有人敲门来访;此时你放下手中的工作,转去与来访者交谈,谈完之后又回到原位继续处理公务。这就是一个类似于计算机中断处理的过程。

一个完整的中断处理过程包括中断请求、中断判优、中断响应、中断处理和中断返回。中断请求是指中断源(引起中断的事件或设备)向 CPU 发出的申请中断的要求。当有多个中断源发出中断请求时,需要通过适当的办法决定究竟先处理哪一个中断请求,这就是中断判优。只有优先级别最高的中断源的中断请求才首先被 CPU 响应。中断响应是指 CPU 根据中断判优后获准的中断请求,从中止现行程序(也称主程序)到转至中断服务程序的过程。中断处理就是 CPU 执行中断服务程序。中断服务程序结束后,返回到原先被中断的程序称为中断返回。为了能正确返回到原来程序被中断的地方(也称断点,即主程序中当前指令下面一条指令的地址),在中断服务程序末尾应专门安排一条中断返回指令。

另外,为了使中断服务程序不影响主程序的运行,即让主程序在返回后仍能从断点处继续正确运行,需要把主程序运行至断点处时有关寄存器的内容保存起来,称之为保护现场。通常采用程序的办法,在中断服务程序的开头把有关寄存器(即在中断服务程序中可能被破坏的寄存器)的内容用 PUSH(压入)指令压入堆栈来实现现场保护;在中断服务程序操作完成后要把所保存寄存器的内容送回 CPU 中的原来位置,称之为恢复现场。通常在中断服务程序的末尾处,用几条 POP(弹出)指令按与进栈时方向相反的顺序将所保存的现场信息弹出堆栈。

CPU 与外设间采用中断传送方式交换信息,就是当外设处于就绪状态时,例如,当输入设备已将数据准备好或者输出设备可以接收数据时,便可以向 CPU 发出中断请求,CPU 暂时停止当前执行的程序而和外设进行一次数据交换。当输入操作或输出操作完成后,CPU 再继续执行原来的程序。采用中断传送方式时,CPU 不必总是去检测或查询外设的状态,因为当外设就绪时,会主动向 CPU 发出中断请求信号。通常 CPU 在执行每一条指令的末尾处,会检查外设是否有中断请求。如果有,那么在中断允许的情况下,CPU 将保留下一条指令的地址(断点)和当前标志寄存器的内容,转去执行中断服务程序,执行完中断服务程序后,CPU 会自动恢复断点地址和标志寄存器的内容,又可以继续执行原来被中断的程序。

总之,与程序查询方式相比,中断控制方式的数据交换具有如下特点。

(1) 提高了 CPU 的工作效率;

(2) 外设具有申请服务的主动权;

(3) CPU 可以和外设并行工作;

(4) 可适合实时系统对 I/O 处理的要求。

关于中断控制方式的更具体的讨论,将在 8.4 节进行。

8.2.3 DMA方式

1. DMA 的基本概念

通过前面的介绍可以看到,采用程序控制方式以及中断方式进行数据传送时,都是靠 CPU 执行程序指令来实现数据的输入/输出的。具体地说,CPU 要通过取指令,对指令进行译码,然后发出读/写信号,从而完成数据传输。另外,在中断方式下,每进行一次数据传送,CPU 都要暂停现行程序的执行,转去执行中断服务程序。在中断服务程序中,还需要有保护现场及恢复现场的操作,虽然这些操作和数据传送没有直接关系,但仍要花费 CPU 的许多时间。也就是说,采用程序控制方式及中断方式时,数据的传输率不会很高。所以,对于高速外设,如高速磁盘装置或高速数据采集系统等,采用这样的传送方式,往往满足不了其数据传输率的要求。例如,对于磁盘装置,其数据传输率通常在 20 万字节/秒以上,即传输一个字节的时间要小于 $5\mu s$。而我们知道,对于通常的 PC 来说,执行一条程序指令平均需要几微秒时间。显然,采用程序控制或中断方式不能满足这种高速外设的要求。由此产生不需要 CPU 参与(不需 CPU 执行程序指令),而在专门硬件控制电路控制之下进行的外设与存储器间直接数据传送的方式,称为直接存储器访问(Direct Memory Access,DMA)方式。这一专门的硬件控制电路称为 DMA 控制器(DMAC)。

在 DMA 方式下实现的外设与存储器间的数据传送路径和 CPU 执行程序指令的数据传送路径不同,图 8.7 表示了两种不同的数据传送路径。由图 8.7 可以看出,执行程序指令的数据传送必须经过 CPU,而采用 DMA 方式的数据传送不需要经过 CPU,而且数据传送是在硬件控制之下完成的。由于传送数据时不用 CPU 执行指令,而通过专门的硬件电路发出地址及读/写控制信号,所以比靠执行程序指令来完成的数据传输要快得多。

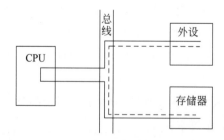

—— 执行程序指令的数据传送路径
------- DMA 方式的数据传送路径

图 8.7　两种不同的数据传送路径

2. 几种不同形式的 DMA 传送

在 DMAC 的控制之下,可以实现外设与内存之间、内存与内存之间以及外设与外设之间的高速数据传送,如图 8.8 所示。

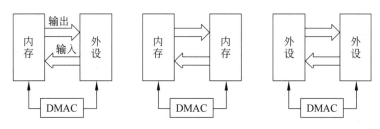

图 8.8　DMA 传送的几种形式

目前,随着 I/O 接口技术的发展,DMA 技术也得到了更广泛的应用。在高速网络适配器(网卡)以及各种高速接口电路中,往往采用 DMA 技术来获得高速率的数据传输。

关于 DMA 接口技术的具体内容,如 DMA 控制器的基本功能、结构及 DMA 传送的具体工作过程等,将在 8.3 节详细介绍。

8.3　DMA 技术

8.3.1　DMA 控制器的基本功能

通过系统总线传送一个字节或字所涉及的全部活动时间称为一个总线周期。在任何给定的总线周期内,允许接在系统总线上的系统部件之一来控制总线,通常称这个控制系统总线的部件为主部件,而称与其通信的其他部件为从部件。CPU 及其总线控制逻辑通常是主部件,其他部件可通过向 CPU 发出"总线请求"信号来获得总线的控制权。CPU 在完成现行总线周期后,将向发出总线请求信号的部件发出"总线回答"信号,从而使该部件成为主部件。主部件负责指挥总线的活动与操作,包括把地址放到地址总线上,以及发出读/写控制信号等。能够成为主部件的部件,除了 CPU 以外,常见的还有 DMA 控制器(DMAC)。

8.2.3 节已经指出,DMA 控制器是用于实现以 DMA 方式进行数据传送的专门的硬件电路。在它控制之下进行的数据传送,当然也要使用地址总线、数据总线和控制总线。但如上所述,系统总线通常是由 CPU 及其总线控制逻辑所管理的,所以,DMA 控制器要想得到总线控制权,必须向 CPU 发出"总线请求"信号;CPU 在接到这一信号后,如果同意让出总线控制权,则会在完成现行总线周期后,向 DMA 控制器发出"总线回答"信号,并将 CPU 自己的总线输出信号处于高阻状态,从而把总线控制权交给 DMA 控制器。从此时开始,DMA 控制器将对系统总线实施有效的控制,包括发出地址信号及读/写控制信号等,以完成 DMA 方式的数据传送。在 DMA 操作过程结束时,DMA 控制器向 CPU 发出撤销总线请求信号,将总线控制权交还给 CPU。

另外,DMA 控制器还要与相应的 I/O 接口结合在一起工作,I/O 接口与外设相连。在外设及 I/O 接口准备好的情况下,I/O 接口将向 DMA 控制器发出 DMA 请求信号,DMA 控制器收到此信号后,再向 CPU 发出总线请求信号,接着将按前述的工作过程完成 DMA 方式的数据传送。

归纳起来,DMA 控制器通常应具备如下几方面功能:

(1) 能接收 I/O 接口的 DMA 请求,并向 CPU 发出总线请求信号;

(2) 当 CPU 发出总线回答信号后,接管对总线的控制,进入 DMA 传送过程;

(3) 能实现有效的寻址,即能输出地址信息并在数据传送过程中自动修改地址;

(4) 能向存储器和 I/O 接口发出相应的读/写控制信号;

(5) 能控制数据传送的字节数,控制 DMA 传送是否结束;

(6) 在 DMA 传送结束后,能释放总线给 CPU,恢复 CPU 对总线的控制。

8.3.2 DMA 控制器的一般结构

前面已指出,DMA 控制器要与 I/O 接口结合在一起工作,从而实现存储器与外设之间的直接数据传送。一个 DMA 控制器可以设计成只与单个 I/O 接口连接,也可以设计成与几个 I/O 接口连接。通常,将 DMA 控制器中和某个接口有联系的部分称为一个 DMA 通道(Channel)。也就是说,一个 DMA 控制器可以由一个或几个 DMA 通道构成。

一个单通道 DMA 控制器的一般结构及其与 I/O 接口的连接如图 8.9 所示。图 8.9 的上半部分是 I/O 接口,下半部分是 DMA 控制器。DMA 控制器内部除了包含一个控制寄存器和一个状态寄存器外,还有一个地址寄存器和一个字节计数寄存器。控制寄存器和状态寄存器的功能与一般 I/O 接口电路中的控制寄存器和状态寄存器的功能类似,即:控制寄存器用于存放控制字,其具体内容可由 CPU 写入(也称编程设定);状态寄存器用于存放 DMA 控制器工作时的状态信息,其内容可由 CPU 读出;而地址寄存器则是用来存放 DMA 传送时所要读/写的内存单元地址,其初始值即是要传送的数据块的起始地址或结束地址。为使 DMA 控制器具有自动修改地址的能力,地址寄存器需具备自动加 1 或减 1 的功能(具体是加 1 还是减 1,可编程设定);字节计数寄存器用来记录 DMA 传送时的字节数,其初始值即为要传送的数据块大小,在传送过程中,字节计数寄存器不断减 1,直至为 0,表示 DMA 传送结束。因此,字节计数寄存器应具有减 1 计数的功能。

由图 8.9 可以看到,DMA 控制器外部连接信号主要有数据总线、地址总线、控制总线(其中包括"总线请求"和"总线回答"两个信号线)、DMA 请求、DMA 响应以及"计数结束信号"等。数据总线、地址总线和控制总线用于实现 DMA 控制器与其他系统部件的连接及通信;DMA 请求和 DMA 响应是 I/O 接口与 DMA 控制器间的一对联络信号。DMA 请求信号是在 I/O 接口已经准备好(如输入过程中"数据输入寄存器"已接收好一个字节数据或输出过程中"数据输出寄存器"已经腾空)的情况下,向 DMA 控制器发出的请求信号。这一请求信号实际上是一个 DMA 传送过程的启动信号。DMA 响应信号则是 DMA 控制器在收到 I/O 接口发来的 DMA 请求信号后,在适当时刻向 I/O 接口发出

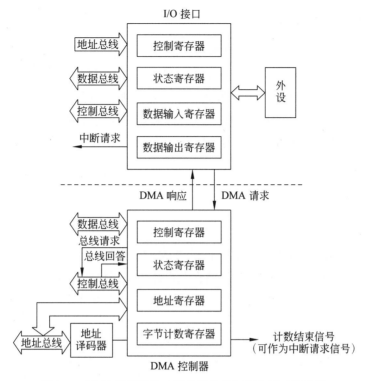

图 8.9　DMA 控制器的一般结构及其与 I/O 接口的连接

的回答信号。"总线请求"和"总线回答"是 DMA 控制器与当前系统主部件(如 CPU)之间的一对联络信号;"计数结束信号"是当字节计数寄存器减 1 计数到 0 时,由 DMA 控制器发出的信号,它表示一个数据块传输过程的结束。在需要时,可用此信号作为向 CPU 或专门的中断控制器(如 8259A)发出的中断请求信号。

　　从图 8.9 中还可以看到,I/O 接口的地址线是单向的,而 DMA 控制器的地址线是双向的。这主要是由于 I/O 接口只能接收地址,以实现主部件访问 I/O 接口时对其内部寄存器(即 I/O 端口)的寻址。因此,I/O 接口的地址线是单向的;而对于 DMA 控制器来说,当它为系统从部件时,它像普通 I/O 接口一样,接收主部件送出的地址,此时地址线为输入;而当 DMA 控制器为系统主部件时,是由它往地址总线上送出地址,此时地址线为输出。因此,DMA 控制器的地址线是双向的。关于这一点,请在学习和了解 DMA 控制器的基本组成结构时,特别予以注意。

8.3.3　DMA 控制器的工作方式

　　DMA 控制器的工作方式通常有"单字节传输方式""块传输方式"以及"请求传输方式"等。

1. 单字节传输方式

在单字节传输方式下,DMA 控制器每次请求总线只传送一个字节数据,传送完后即释放总线控制权。在此种传输方式下,由于 DMA 控制器每传送完一个字节即交还总线控制权给 CPU,这样 CPU 至少可以得到一个总线周期,并可进行有关的操作。也就是说,在此方式下,总线控制权处于 CPU 与 DMA 控制器交替控制之中,其间,总线控制权经过多次交换。因此这种方式适用于相对来说较慢速的 I/O 设备与内存之间的数据传输。

2. 块传输方式

块传输方式(也称成组传输方式),是指 DMA 控制器每次请求总线即连续传送一个数据块,待整个数据块全部传送完成后再释放总线控制权。

在块传输方式中,由于 DMA 控制器在获得总线控制权后连续传输数据字节,所以可实现比单字节方式更高的数据传输率。但此间 CPU 无法进行任何需使用系统总线的操作,只能保持空闲。

3. 请求传输方式

此方式与块传输方式基本类似,不同的是每传输完一个字节,DMA 控制器都要检测由 I/O 接口发来的 DMA 请求信号是否仍然有效,如果该信号仍有效,则继续进行 DMA 传输;否则,就暂停传输,交还总线控制权给 CPU,直至 DMA 请求信号再次变为有效,数据块传输则从刚才暂停的那一点继续进行下去。这样,就允许 I/O 接口的数据来不及提供时,暂停传输。换句话说,采用请求传输方式,通过控制 DMA 请求信号的有效或无效,可以把一个数据块分几次传送,以允许接口的数据没准备好时,暂时停止传送。

上面是 DMA 控制器的 3 种基本工作方式。除此之外,有的 DMA 控制器还可实现称为"联级"的工作方式,关于它的具体情况,本书不再详细介绍,需要时可查阅参考文献[1]或 Intel 公司相关数据手册。

8.3.4 DMA 工作过程

以 DMA 方式进行外设与内存间的数据传送,既可将外设中的数据经 I/O 接口输入至内存,也可将内存中的数据经 I/O 接口输出至外设。例如对磁盘设备的读写操作就属于这种情形。另外,在 DMA 方式下,往往传送的是一个数据块,但传送这个数据块的具体操作方式,可以采用上面介绍的单字节传输方式,也可采用块传输或请求传输方式。

下面先以从内存往外设输出 1 字节数据的 DMA 传送过程为例,具体说明 DMA 的操作过程。然后再给出以 DMA 方式从外设往内存输入一个数据块的工作过程。以

DMA 方式从内存往外设输出一个字节数据的具体工作过程（输出过程）如图 8.10 中第①～⑨步所示。

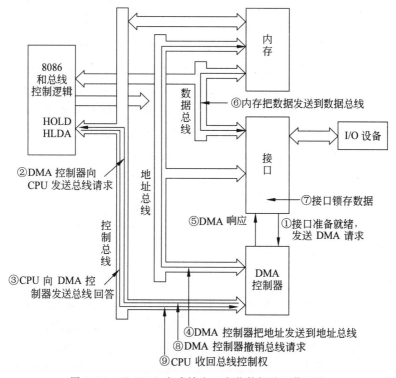

图 8.10 以 DMA 方式输出 1 字节数据的工作过程

若从外设往内存输入一个数据块（输入过程），在单字节传输方式下，其主要工作过程为：

(1) I/O 接口准备就绪，向 DMA 控制器发"DMA 请求"信号；

(2) DMA 控制器向 CPU 发送"总线请求"信号；

(3) CPU 向 DMA 控制器发送"总线回答"信号；

(4) DMA 控制器把地址发送到地址总线上；

(5) DMA 控制器向 I/O 接口发送"DMA 响应"信号；

(6) DMA 控制器发送读 I/O 接口信号，令 I/O 接口把数据送到数据总线上；

(7) DMA 控制器发送写存储器信号，将数据写入由地址总线上的地址所指向的内存单元；

(8) DMA 控制器撤销总线请求；

(9) CPU 收回总线控制权；

(10) 地址寄存器加 1；

(11) 字节计数寄存器减 1；

(12) 如果字节计数寄存器的值不为 0，则返回第(1)步，否则结束。

8.3.5 可编程 DMA 控制器 8237

Intel 8237 是一种功能很强的可编程 DMA 控制器,目前仍在微机系统中广泛应用(置于南桥芯片中)。采用 5MHz 时钟时,其传输速率可达 1.6MB/s;一片 8237 内部有 4 个独立的 DMA 通道,每个通道一次 DMA 传送的最大长度可达 64KB;每个通道的 DMA 请求都可以分别允许和禁止;不同通道的 DMA 请求有不同的优先级,优先级可以是固定的,也可以是循环的(可编程设定);4 个通道可以分时地为 4 个外部设备实现 DMA 传送,也可以同时使用其中的通道 0 和通道 1 实现存储器到存储器的直接传送,还可以用多片 8237 进行级联,从而构成更多的 DMA 通道。

由于篇幅所限,本书不再具体介绍 Intel 8237 的组成结构及编程细节,需要时可查阅参考文献[1]或 Intel 公司相关数据手册。

8.4 中断系统

中断概念最早出现于 1957 年 MIT 研制的 TX-2 计算机中。中断概念出现之初,是为了计算机系统中的多台输入/输出设备同 CPU 并行工作,从而提高计算机系统的工作效率。后来,随着计算机技术的发展,尤其是机器运算速度的迅速提高,对计算性能的要求也愈来愈高。希望计算机能随时发现各种错误;出现意外事件时要求计算机能及时地、妥善地处理;一些低速的外部设备与主机交换信息时,希望能很好地发挥主机高速运算的性能。因此,各种计算机系统中的中断功能也愈来愈强。

本节首先简要介绍有关中断及中断处理的基本概念,然后介绍 80x86 实模式下的中断系统。

8.4.1 基本概念

1. 中断

在程序运行时,系统外部、内部或现行程序本身出现紧急事件,处理器必须中止现行程序的运行,改变机器的工作状态并启动相应的程序来处理这些事件,然后再恢复原来的程序运行。这一过程称为中断(interrupt)。

在通用计算机中,为了提高系统的效率,采用 CPU 与外设并行工作的方式,中断就作为外设和 CPU 之间联系的手段。随着计算机系列化产品和操作系统的出现,中断系统的地位更加重要。

1) 中断源

能够向 CPU 发出中断请求的中断来源称为中断源。常见的中断源有:

(1) 一般的输入/输出设备,如键盘、鼠标、打印机等;

（2）数据通道，如磁盘、磁带等；

（3）实时时钟，如定时器芯片 8253 输出的定时中断信号；

（4）故障信号，如电源掉电等；

（5）软件中断，如为调试程序而设置的中断源。

2）现代计算机采用的中断系统的主要目的

（1）维持系统的正常工作，提高系统效率；

（2）实时处理；

（3）为故障处理作准备。

2．中断响应和处理的一般过程

每个中断源向 CPU 发出的中断请求信号通常是随机的，而大多数 CPU 都是在现行指令周期结束时，才检测有无中断请求信号到来。故在现行指令执行期间，各中断源必须把中断请求信号锁存起来，并保持到 CPU 响应这个中断请求后，才清除中断请求。

CPU 在执行每条指令的最后一个机器周期的最后一个时钟周期，检测中断请求信号输入线。若发现中断请求信号有效，对于可屏蔽中断还必须 CPU 开放中断，则在下一总线周期进入中断响应周期。进入中断响应周期后，中断响应和处理的一般过程如下。

1）关中断

CPU 在响应中断时，发出中断响应信号 $\overline{\text{INTA}}$，同时内部自动地关中断，以禁止接受其他的中断请求。

2）保存断点

把断点处的指令指针 IP 值和 CS 值压入堆栈，以使中断处理完后能正确地返回主程序断点。

3）识别中断源

CPU 要对中断请求进行处理，必须找到相应的中断服务程序的入口地址，这就是中断的识别。

4）保护现场

为了不使中断服务程序的运行影响主程序的状态，必须把断点处有关寄存器（指在中断服务程序中要使用的寄存器）的内容以及标志寄存器的状态压入堆栈保护。

5）执行中断服务程序

在执行中断服务程序中，可在适当时刻重新开放中断，以便允许响应较高优先级的中断。

6）恢复现场并返回

即把中断服务程序执行前压入堆栈的现场信息弹回原寄存器，然后执行中断返回指令，从而返回主程序继续运行。

需要说明的是，在上述中断响应及处理的 6 项操作中，前 3 项是中断响应过程，一般由中断系统硬件负责完成；后 3 项是中断处理过程，通常是由用户或系统程序设计者编制的中断处理程序（软件）负责完成。也就是说，整个中断过程是由中断响应硬件和中断处理软件密切配合,共同实现的。针对一个具体的系统或机型,中断服务程序设计者应该清楚该系统在中断响应时,中断响应硬件完成了哪些操作(如程序状态字 PSW 是否已被压入堆栈),还需中断处理软件(中断服务程序)完成哪些操作。

3. 中断优先级和中断嵌套

1) 中断优先级

在实际系统中,多个中断请求可能同时出现,但中断系统只能按一定的次序来响应和处理。这时 CPU 必须确定服务的次序,即根据中断源的重要性和实时性,照顾到系统处理的方便,对中断源的响应次序进行确定。这个响应次序称为中断优先级(priority)。

通常,可用软件查询法确定中断优先级,也可用硬件组成中断优先级编码电路来实现。现代 PC 中多采用可编程中断控制器(如 8259A)来处理中断优先级问题。

(1) 软件查询法确定中断优先级

采用软件查询法解决中断优先级只需要少量硬件电路。如图 8.11 所示,系统中有多种外部设备,将这些设备的中断请求信号相"或",从而产生一个总的中断请求信号 INTR 发给 CPU。这时,只要这些设备中有一个产生中断请求,就会向 CPU 发出中断请求信号。

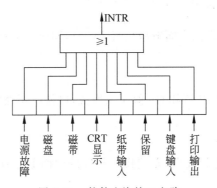

图 8.11　软件查询接口电路

当 CPU 响应中断请求进入中断处理程序后,必须在中断处理程序的开始部分安排一段带优先级的查询程序,查询的先后顺序就体现了不同设备的中断优先级,即先查的设备具有较高的优先级,后查的设备具有较低的优先级。一般来说总是先查速度较快或实时性较高的设备。软件查询的流程如图 8.12 所示。

(2) 菊花链优先级排队电路

菊花链(Daisy Chain)优先级排队电路是一种优先级管理的简单硬件方案。它是在每个设备接口设置一个简单的逻辑电路,以便根据优先级顺序来传递或截留 CPU 发出的中断响应信号 $\overline{\text{INTA}}$,以实现响应中断的优先顺序。

(3) 可编程中断控制器

中断优先级管理的第三种方法是利用专门的可编程中断控制器,如可编程中断控制器 8259A。

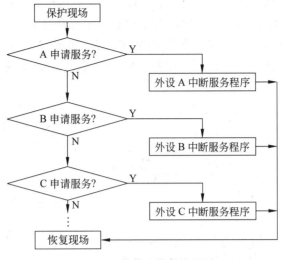

图 8.12　软件查询的流程图

2）中断嵌套

当 CPU 正在执行优先级较低的中断服务程序时，允许响应比它优先级高的中断请求，而将正在处理的中断暂时挂起，这就是中断嵌套。此时，CPU 首先为级别高的中断服务，待优先级高的中断服务结束后，再返回到刚才被中断的较低的那一级，继续为它进行中断服务，如图 8.13 所示。

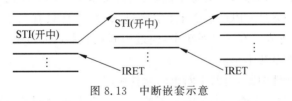

图 8.13　中断嵌套示意

中断嵌套的深度（中断服务程序又被中断的层次）受到堆栈容量的限制。所以在编写中断服务程序时，必须考虑有足够的堆栈单元来保留多次中断的断点信息及有关寄存器的内容。

8.4.2　80x86 实模式的中断系统

1. 中断的分类

中断分类的方式很多。根据其重要性和紧急程度可分为可屏蔽中断和不可屏蔽中断，根据中断源的位置可分为内部中断和外部中断，根据进入中断的方式可分为自愿中断和强迫中断等。

实模式下的 80x86 有一个简单而灵活的中断系统，每个中断都有一个中断类型码（也叫中断类型号），以供 CPU 进行识别。实模式下的 80x86 最多能处理 256 种不同的中断,对应的中断类型码为 0～255。中断可以由 CPU 外的硬设备启动,也可由软件中断指令启动,在某些情况下,也可由 CPU 自身启动。根据中断源的位置,将实模式下的 80x86 系统的中断分为内部中断和外部中断两大类,如图 8.14 所示。内部中断来自 CPU 内部,包括指令中断 INT n、溢出中断(INTO)、除法错(除数为 0)中断、单步中断、断点中断(INT 3)等几种。

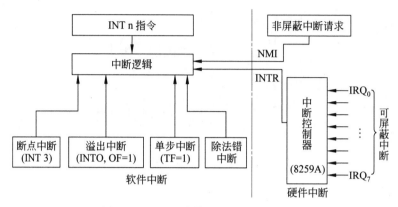

图 8.14　80x86 实模式系统的中断分类

80x86 实模式系统中可引入的外部中断分为可屏蔽中断和不可屏蔽中断两大类。不可屏蔽中断也叫非屏蔽中断,通过 CPU 的 NMI(Non-Maskable Interrupt)引脚进入,它不受中断允许标志 IF 的屏蔽,一般将比较紧急、需要系统立即响应的中断定义为非屏蔽中断。可屏蔽中断是通过 CPU 的 INTR 引脚进入的,并且只有当中断允许标志 IF=1 时,可屏蔽中断才能进入。在一个系统中,通过中断控制器(如 8259A)的配合工作,可屏蔽中断可以有几个甚至几十个。

外部中断也叫硬件中断,内部中断也叫软件中断。

需要说明的是,对于工作于保护模式下的 80386 以上微处理器,把外部中断称为"中断",把内部中断称为"异常"(exception)。关于保护模式下的中断和异常的相关概念和操作过程,本书不做专门介绍,有兴趣的读者可查阅参考文献[1]或其他参考资料。

2. 中断向量表

所谓中断向量,实际上就是中断服务程序的入口地址,每个中断类型对应一个中断向量。每个中断向量占 4 字节的存储单元。其中,前两个字节单元存放中断服务程序入口地址的偏移量(IP),低字节在前,高字节在后;后两个字节单元存放中断服务程序入口地址的段基值(CS),也是低字节在前,高字节在后。80x86 实模式系统允许引入的中断可达 256 个,因此需占用 1K 字节的存储空间来存放这 256 个中断服务程序入口地址。80x86 实模式系统把中断服务程序入口地址信息设置在存储器的最低端,即从 00000H～003FFH 的 1K 字节存储空间中。这一存储空间中存储的信息就是中断向量表,如图 8.15 所示。

在中断向量表中,各中断向量按中断类型码从 0 到 255 顺序存放。这样,知道了中

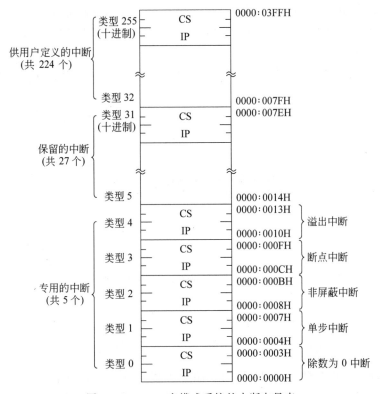

图 8.15 80x86 实模式系统的中断向量表

断类型码,很快就可算出相应中断向量的存放位置,从而取出中断向量。例如,中断类型码为 27H 的中断所对应的中断向量应存放在从 0000H:009CH 开始的 4 个连续字节单元中。如果相应存储单元的内容如图 8.16 所示,那么 27H 号中断的中断服务程序的入口地址便为 8765H:4321H。

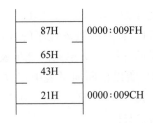

图 8.16 中断向量的存放格式

也就是说,由于中断向量在中断向量表中是按中断类型码(也称中断向量号)顺序存放的,所以每个中断向量的地址可由中断类型码乘以 4 计算出来。CPU 响应中断时,只要把中断类型码 N 左移 2 位(乘以 4),即可得到中断向量在中断向量表中的对应地址 4N(该中断向量所占 4 个字节单元的第一个字节单元的地址),然后把由此地址开始的两个低字节单元的内容装入 IP 寄存器:IP ← (4N, 4N+1);再把两个高字节单元的内容装入 CS 寄存器:CS ← (4N+2, 4N+3)。

这就是使程序转入中断类型码为 N 的中断服务程序的控制过程,如例 8.1 所示。至于中断类型码 N 的来源,对于不同的中断类型(内部中断、外部中断),情况有所不同,详见后述。

【例 8.1】 若中断类型码为 3,则由中断类型码取得中断服务程序入口地址的过程如图 8.17 所示。

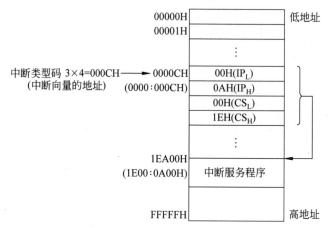

图 8.17 根据中断类型码取得中断服务程序入口地址

【例 8.2】 中断类型码为 20H,则中断服务程序的入口地址存放在中断向量表从 0000∶0080H 开始的 4 个字节单元中。若这 4 个字节单元的内容分别为

    (0000∶0080H) = 10H
    (0000∶0081H) = 20H
    (0000∶0082H) = 30H
    (0000∶0083H) = 40H

试指出相应的中断服务程序的入口地址。

解 中断服务程序的入口地址为 4030H∶2010H。

【例 8.3】 中断类型码为 17H,若中断服务程序的入口地址为 2340H∶7890H,试指出中断向量表中存放该中断向量的 4 个字节单元的地址及内容。

解 由于中断类型码为 17H,所以中断向量表中存放相应中断向量的 4 个字节单元的地址分别为 0000∶005CH、0000∶005DH、0000∶005EH、0000∶005FH,4 个字节单元的内容分别为 90H、78H、40H、23H。

从图 8.15 可以看出,256 个中断可分为 3 部分。

前 5 个中断是专用中断,它们有固定的定义和处理功能。类型 0 是除法错中断(也称除数为 0 中断),当进行除法运算时,若除数为 0 或除数太小使得商数超过相应寄存器的表示范围,都被称作除法出错,将产生 0 号中断;类型 1 是单步中断,当单步标志 TF=1 时,CPU 每执行完一条指令便自动产生类型 1 中断,CPU 响应类型 1 中断后,暂停执行下条指令,而将 CPU 内部各寄存器的当前内容送屏幕显示,以供程序员逐条跟踪程序的执行过程,从而可发现程序中的错误,因此这是一种很有价值的调试程序的手段;类型 2

是非屏蔽中断,凡是由 CPU 的 NMI 引脚进入的外部中断均属这一类型;类型 3 是断点中断,在调试程序期间,为了跟踪程序的执行,可在程序的关键位置上设置断点,程序执行到断点处就暂停执行后续指令,而进入 3 号中断的中断服务程序,显示当前各寄存器的内容;类型 4 是溢出中断,当算术运算产生了溢出时,将在 INTO 指令控制下发生 4 号中断。

从类型 5 到类型 31(1FH)共 27 个中断是保留的中断,供系统使用。这是 Intel 公司为软、硬件开发保留的中断类型,即使有些保留中断在现有系统中可能没有用到,但为了保持系统之间的兼容性以及当前系统和未来的 Intel 系统之间的兼容性,用户一般不应对这些中断自行定义。

其余类型的中断,即从类型 32(20H)到类型 255(FFH)的中断原则上可供用户使用。但实际上其中有些中断类型已经有了固定的用途,例如类型 21H 的中断已用作操作系统 MS-DOS 的系统功能调用。这部分中断可由用户定义为软中断,由 INT n 指令引入。也可以是通过 CPU 的 INTR 引脚直接引入的或者是通过中断控制器 8259A 引入的可屏蔽中断,使用时用户要在中断向量表中自行填写相应的中断服务程序入口地址。

3. 外部中断

由外部的中断请求信号启动的中断,称为外部中断,也称硬件中断。

80x86 CPU 为外部中断提供两条引线,即 NMI 和 INTR,用来输入中断请求信号。

1) 非屏蔽中断

从 NMI 引脚进入的中断为非屏蔽中断,它不受中断允许标志 IF 的影响。非屏蔽中断的类型码为 2,因此,非屏蔽中断处理子程序的入口地址存放在 08H、09H、0AH 和 0BH 这 4 个字节单元中。

当 NMI 引脚上出现中断请求时,不管 CPU 当前正在做什么事情,都会响应这个中断请求而作出相应的处理。正因为如此,除了系统中有十分紧急的情况以外,应该尽量避免引起这种中断。在实际系统中,非屏蔽中断一般用来处理系统的重大故障,例如系统掉电及存储器读写错等。

2) 可屏蔽中断

一般外部设备请求的中断都是从 CPU 的 INTR 端引入的可屏蔽中断。当 CPU 接收到一个可屏蔽中断请求时,如果中断允许标志 IF 为 1,那么 CPU 就会在执行完当前指令后响应这一中断请求。至于 IF 的设置和清除,则可以通过指令或调试工具来实现。

CPU 响应外部可屏蔽中断时,往 $\overline{\text{INTA}}$ 引脚上先后发两个负脉冲。外设接口收到第二个负脉冲以后,立即往数据总线上送出中断类型码,以供 CPU 读取。

4. 内部中断

如前所述,内部中断也称软件中断,它是由于 CPU 执行了 INT n(含 INT 3)、INTO 指令,或者由于除法出错以及进行单步操作所引起的中断,主要包括 INT n 指令中断、断点中断、溢出中断、除法错中断以及单步中断。

1）INT n 指令中断

80x86 系统提供了直接调用中断处理子程序的手段,这就是中断指令 INT n。指令中的中断类型码 n 告诉 CPU 调用哪个中断处理子程序。除了类型为 0 的中断不能用中断指令来产生外,中断指令中的中断类型码可以为 1~255 中的任何一个。所以用执行中断指令的方法可以调用除了 0 号中断以外的任何一个中断服务程序。也就是说,即使某个中断服务子程序原先是为某个外部设备的硬件中断请求而设计的,一旦将其装配到内存之后,也可以通过软件中断的方法进入这样的中断服务程序。

2）除法错中断(类型 0)

在执行除法指令 DIV 或 IDIV 后,若所得的商超出了目标寄存器所能表示的范围,例如用数值 0 作除数,则 CPU 立即产生一个 0 型中断。

3）溢出中断(类型 4)

若上一条指令执行的结果使溢出标志位 OF 置 1,则紧接着执行 INTO 指令时,将引起类型为 4 的内部中断,CPU 将转入溢出错误处理;若 OF＝0 时,则 INTO 指令执行空操作,即 INTO 指令不起作用。INTO 指令通常安排在算术运算指令之后,以便在发生溢出时能及时处理。

4）单步中断(类型 1)

当把 CPU 标志寄存器中的 TF 位置为 1 以后,CPU 便处于单步工作方式。在单步工作方式下,CPU 每执行完一条指令,就会自动产生一个 1 型中断,进入 1 型中断处理程序。此处理程序显示 CPU 内部各寄存器的内容并告知某些附带的信息。因此,单步中断一般用在调试程序时逐条执行用户程序,从而可以详细地跟踪一个程序的具体执行过程,确定问题之所在。

5）断点中断(类型 3)

和单步中断类似,断点中断也是一种调试程序的手段,并且常常和单步中断结合使用。对一个大的程序,不可能对整个程序全部用单步方式来调试,而只能先将程序中的某一错误确定在程序中的一小段中,再对这一小段程序用单步方式跟踪调试。断点中断就是用来达到这个目的的。

内部中断的特点是:

(1) 中断类型码由 CPU 内部自动提供(含从 INT n 指令中自动提取),不需要执行中断响应总线周期(INTA 总线周期)去读取中断类型码。

(2) 除单步中断外,所有内部中断都不可以用软件的方法来禁止(屏蔽)。单步中断可以通过软件将 TF 标志置 1 或清 0 来予以允许或禁止。

(3) 除单步中断外,所有内部中断的优先级都比外部中断高。

5. 中断响应和中断处理过程

这里,以可屏蔽中断的响应和处理过程为例,具体介绍中断响应和处理的基本原理和工作过程。图 8.18 给出了可屏蔽中断从中断请求信号产生到中断服务程序结束并返回被中断程序的全过程。

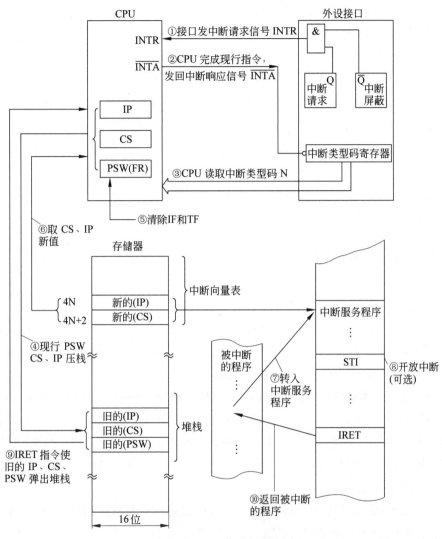

图 8.18 可屏蔽中断全过程

由图 8.18 可见,首先由外设接口产生中断请求信号送往 CPU 的 INTR 引脚上。CPU 是否响应取决于其内部的中断允许标志位 IF,如果 IF 为 0,则在 IF 变成 1 以前 CPU 不会响应该中断请求;如果 IF 为 1,则 CPU 在完成正在执行的指令后,便开始响应中断,从 $\overline{\text{INTA}}$ 引脚发出中断响应信号 $\overline{\text{INTA}}$ 给外设接口,该响应信号将使外设接口(或专门的中断控制电路如 8259A)把 8 位的中断类型码通过数据总线送给 CPU。之后相继完成下列步骤:

(1) CPU 读取中断类型码 N;

(2) 依次把 PSW、CS 和 IP 的当前内容压入堆栈;

（3）清除 IF 和 TF 标志；

（4）把字存储单元 4N 的内容送入 IP,4N＋2 的内容送入 CS。

此时,将从新的 CS:IP 值所指处开始执行中断服务程序。若允许中断嵌套,则可在中断服务程序中保存相关寄存器的内容之后安排一条开放中断指令 STI。这是因为 CPU 响应中断后便自动清除了 IF 和 TF 标志位,当中断服务程序执行了 STI 指令后,IF 标志位又被重新置 1,以便让优先级较高的中断请求能够得到响应;在中断服务程序的最后安排一条中断返回指令 IRET,控制 CPU 返回到被中断的程序。

CPU 响应外部非屏蔽中断 NMI 或各种内部中断时的操作顺序基本上与上述过程相同,不同之处是响应这些中断时不需要从外部读取中断类型码,它们的中断类型码是由 CPU 内部自动产生或直接从指令流中获取的。一旦 CPU 识别 NMI 中断请求或内部中断请求时,便会自动转入它们各自的中断服务程序。

8.4.3 可编程中断控制器 8259A

8259A 是一种典型的可编程中断控制器。利用单片 8259A 能控制 8 级中断(IRQ$_0$～IRQ$_7$),通过级联方式最多可构成 64 级的中断系统。8259A 能判断一个中断请求输入信号是否有效,是否符合信号的电气规定,是否被屏蔽,并能进行优先级的判决。CPU 响应中断后,8259A 还能在中断响应周期将被响应中断的中断类型码送给 CPU。

8259A 是一个设计十分成功的可编程中断控制器。早在 8 位微处理器(如 8080,8085)的年代就已经推出了,并被广泛应用于 80x86 系统中。虽然在现代 PC 主板上已经看不到单独的 8259A 芯片,但实际上它已被集成到专门的芯片组之中。今天,8259A 的结构及功能逻辑,仍然是人们学习可编程中断控制器、熟悉和理解中断响应和处理过程的典型结构和基本电路。

由于篇幅所限,本书不再具体介绍 8259A 的组成结构及编程细节,需要时可查阅参考文献[1]或 Intel 公司相关数据手册。

8.4.4 中断服务程序设计

1. 中断服务程序的一般结构

中断服务程序的一般结构如图 8.19 所示。由该图可见,在中断服务程序的开始部分,通常要安排几条 PUSH 指令,把将要在中断服务程序中用到的寄存器的内容压入堆栈保存,以便在中断服务结束时再从堆栈中弹出,恢复原先的内容,这通常称为"保存现场"。在 80386 以上的处理器环境下,也可以用一条 PUSHA 指令将所有寄存器的内容压入堆栈保存。

```
PUSH    XX      ;  ⎫
PUSH    YY      ;  ⎬ 保存现场
PUSH    ZZ      ;  ⎭
STI             ;     开中断(允许中断嵌套)

    ⋮           ;  ⎫ 中断服务程序的主体
                   ⎭

POP     ZZ      ;  ⎫
POP     YY      ;  ⎬ 恢复现场
POP     XX      ;  ⎭
IRET            ;  中断返回
```

图 8.19　中断服务程序的一般结构

由于进入中断处理程序时 IF 已被清除,所以在执行中断处理程序的过程中,将不再响应其他外部可屏蔽中断请求。如果希望在当前这个中断处理过程中能够响应更高级的中断请求,实现中断嵌套,则需用 STI 指令把 IF 置 1,重新开放中断。

接下来是中断服务程序的主体部分,即中断服务程序应完成的主要操作,它要完成的任务是各色各样的,这与实际的应用有关。如果它的任务是某种出错处理,一般要显示输出一系列信息。如果它是对一个 I/O 设备进行服务,就按 I/O 设备的端口地址输入或输出一个单位(字节或字)的数据。

在中断服务程序的末尾需恢复原来的程序环境,需用几条 POP 指令(或一条 POPA 指令)从堆栈中弹出被保护寄存器的内容。这称为"恢复现场"。

中断服务程序的最后一条指令必须是 IRET 指令。执行 IRET 指令将从堆栈中弹出旧的 IP、CS 以及标志寄存器 FR 的内容。这样就恢复了原来的程序环境,程序将从被中断的地点继续执行。

2. 在中断向量表中置入中断向量

采用中断操作方式,除了正确编写中断服务程序外,还有另外一件非常重要的操作需要完成,即要把中断服务程序的入口地址(中断向量)置入中断向量表的相应表项中。这又分为几种不同的情形:对于由系统提供的中断服务程序,通常是由系统负责完成此项操作,例如对于由 BIOS 提供的中断服务程序,其中断向量是在系统加电时,由 BIOS 设置的;对于由 DOS 提供的中断服务程序,其中断向量是启动 DOS 时由 DOS 负责设置的;而对于由用户自己开发的中断服务程序,其中断向量则应当由用户程序(通常是在主程序中)进行设置的。有几种不同方法可完成此项操作,下面介绍常用的两种。

1) 用 MOV 指令直接进行传送

所谓用 MOV 指令直接进行传送即利用 MOV 指令直接将中断服务程序的入口地址送入中断向量表的相应地址单元中。具体地说,就是将中断服务程序入口地址的偏移量存放到物理地址为 4N(N 为中断类型码)的字单元之中,将中断服务程序入口地址的段基值存放到物理地址为 4N+2 的字单元中。如下列程序段所示:

```
       MOV   AX , 0
       MOV   ES ,   AX
       MOV   BX , N * 4
       MOV   AX , OFFSET INTHAND
       MOV   ES:WORD PTR[BX], AX          ;置入中断服务程序入口地址的偏移量
       MOV   AX , SEG   INTHAND
       MOV   ES: WORD PTR[BX + 2], AX     ;置入中断服务程序入口地址的段基值
               ⋮
INTHAND:
               ⋮
       IRET                              ;中断处理程序
```

2) 利用 DOS 功能调用法

DOS 功能调用(INT 21H)专门提供了在中断向量表中存、取中断向量的手段,功能号分别是 25H 和 35H。下面先简要介绍这两种功能调用的基本使用方法,然后给出利用它们进行中断向量存取的实例。

(1) 设置中断向量(25H 功能调用)

25H 功能调用把由 AL 指定中断类型的中断向量(预先置于 DS:DX 中)放置在中断向量表中。其基本使用方法为:

预置:AH =25H

　　　AL=中断类型号

　　　DS : DX =中断向量

执行:INT 21H

【例 8.4】

```
PUSH  DS                        ;保存 DS
MOV   AX , SEG INTHAND
MOV   DS , AX                   ;将中断服务程序入口地址的段基值预置于 DS 中
MOV   DX , OFFSET INTHAND       ;将中断服务程序入口地址的偏移量预置于 DX 中
MOV   AL , N                    ;送中断类型码 N
MOV   AH , 25H
INT   21H                       ;在中断向量表中设置中断向量
POP   DS                        ;恢复 DS
```

执行上述程序段,即可把对应于中断类型码 N 的中断向量置于中断向量表之中。

(2) 取中断向量(35H 功能调用)

35H 功能调用把由 AL 指定中断类型的中断向量从中断向量表中取到 ES:BX 中。其基本使用方法为:

预置:AH =35H

　　　AL=中断类型号

执行:INT 21H

返回参数:ES:BX=中断向量

例如:

```
MOV   AL , N                    ;送中断类型号 N
MOV   AH , 35H
INT   21H                       ;取中断向量,存放于 ES: BX 中
```

如果用自己编写的中断处理程序代替系统中的中断处理功能时,要注意保存原中断向量。在设置新的中断向量时,应先保存原中断向量再设置新的中断向量,并于程序结束前恢复原中断向量。如下例所示。

【例 8.5】 使用 DOS 功能调用存、取中断向量。

```
       ⋮
MOV   AL, N
MOV   AH, 35H                   ;取类型 N 的原中断向量(段基值和偏移量),存放于 ES:BX 中
INT   21H
PUSH  ES
PUSH  BX                        ;保存类型 N 的原中断向量到堆栈中
PUSH  DS                        ;保存 DS
MOV   AX , SEG INTHAND
MOV   DS , AX
MOV   DX , OFFSET INTHAND       ;设置类型 N 的中断向量(段基值和偏移量)
MOV   AL, N
MOV   AH , 25H
INT   21H
POP   DS                        ;恢复 DS
  ⋮
POP   DX
POP   DS
MOV   AL , N                    ;恢复类型 N 的原中断向量
MOV   AH , 25H
INT   21H
RET
INTHAND:                        ;中断处理程序
       ⋮
   IRET
```

3. 中断服务程序设计

1) 主程序应做的准备工作

与中断服务程序密切相关的是主程序。主程序通常要为中断服务程序做必要的准备工作,除了上面介绍的中断向量的设置外,还应包括清除设备中断屏蔽位以及使 CPU 中断允许标志 IF 置 1(开中断)等操作。通常,在主程序中应完成的操作包括如下 3 个方面:

(1)设置中断向量;

(2)清除设备的中断屏蔽位;

(3)CPU 开中断(使 IF=1)。

2）中断服务程序设计举例

【例8.6】 现用一单脉冲电路产生中断请求信号给中断控制器8259A 的 IRQ$_7$,要求每按动一次单脉冲开关即进入一次中断处理,并在 PC 显示器上输出"This is a interrupt request!"信息,中断10次后程序退出,返回 DOS。

设 8259A IRQ$_7$ 的中断类型码为0FH,8259A 的端口地址为20H,21H。主程序应使 8259A 中断屏蔽寄存器 IMR 对应位清 0(允许本级中断),中断服务程序末尾需向 8259A 输出中断结束(End Of Interrupt, EOI)命令进行中断结束处理,中断结束返回 DOS 前应将 IMR 对应位置 1(关闭本级中断)。试编写实现上述功能要求的中断服务程序及相应的主程序段。

解 参考程序:INT. ASM

```
DATA  SEGMENT
   MESS  DB  'This is a interrupt request !', 0AH , 0DH , '$'
DATA  ENDS
CODE  SEGMENT
       ASSUME CS: CODE , DS:DATA
START:MOV  AX , CS              ;使数据和代码处于同一段
       MOV  DS , AX
       MOV  DX , OFFSET INT7
       MOV  AH , 25H
       MOV  AL , 0FH            ;送中断类型码
       INT  21H                ;设置 IRQ7 的中断向量
       IN  AL , 21H            ;读 8259A 中断屏蔽寄存器 IMR
       AND  AL , 7FH
       OUT  21H , AL           ;将 8259A IMR 的 M7 位置 0,开放 IRQ7 中断
       MOV  CX , 10            ;CX 作中断次数计数器
       STI                    ;开中断
HERE: JMP  HERE
INT7: MOV  AX , DATA           ;中断服务程序
       MOV  DS , AX
       MOV  DX , OFFSET  MESS
       MOV  AH , 09H
       INT  21H                ;显示提示信息

       MOV  AL , 20H           ;
       OUT  20H , AL           ; 向 8259A 发出中断结束(EOI)命令,结束中断
       LOOP NEXT
       IN  AL , 21H           ;读 8259A 中断屏蔽寄存器 IMR
       OR  AL , 80H
       OUT  21H , AL          ;将 8259A IMR 的 M7 位置 1,关闭 IRQ7 中断
       MOV  AH , 4CH
       INT  21H                ;返回 DOS
NEXT: IRET
CODE  ENDS                    ;代码段结束
       END  START              ;程序结束
```

习题 **8**

8.1　I/O 接口的主要功能是什么？它的基本结构如何？

8.2　I/O 端口的编址方式有哪两种？各自的优缺点是什么？

8.3　CPU 如何实现对多台外设所对应的 I/O 接口及其内部寄存器（端口）的逻辑选择？

8.4　试说明 IN 指令和 OUT 指令的格式及功能。

8.5　主机与外设之间的数据传送控制方式通常有哪几种？各自的特点是什么？

8.6　请画出查询式输入和查询式输出的程序流程图。

8.7　试说明 DMA 控制器（DMAC）的基本功能。

8.8　画出 DMA 控制器的一般结构图。

8.9　普通 I/O 接口的地址总线是单向的，而 DMA 控制器的地址总线是双向的，为什么？

8.10　DMA 控制器通常有哪几种工作方式？各自的特点是什么？

8.11　说明以 DMA 方式从外设往内存输入一个字节数据的具体工作过程。

8.12　说明以单字节传输方式从内存往外设输出一个数据块的 DMA 传送工作过程。

8.13　80x86 实模式的中断可分为哪几类？

8.14　CPU 响应可屏蔽中断 INTR 与响应其他类型的中断相比，有何特点？

8.15　说明 INT n 指令中断的主要功能及特点。

8.16　简要解释下列名词术语的含义：

（1）中断　（2）中断向量、中断向量表　（3）非屏蔽中断、可屏蔽中断　（4）断点

8.17　中断类型码为 14H 的中断向量存放在内存哪 4 个字节单元中？若这 4 个字节单元的内容从低地址到高地址依次为 10H、20H、30H、40H，则相应的中断服务程序入口地址是什么？

8.18　在 8086 系统的中断向量表中，若从 0000H：005CH 单元开始从低地址到高地址依次存放 00H、20H、00H、30H 4 个字节的内容，则该中断对应的中断类型码和中断服务程序入口地址分别为：

A. 16H，3000H：2000H　　　　　B. 16H，2000H：3000H

C. 17H，2000H：3000H　　　　　D. 17H，3000H：2000H

第9章

并行通信及其接口电路

在计算机和数据通信系统中,有两种基本的数据传送方式,即串行数据传送方式和并行数据传送方式,也称串行通信和并行通信。

数据在单条一位宽的传输线上按时间先后一位一位地传送,称为串行传送;而数据在多条传输线上各位同时进行传送,称为并行传送。与串行传送相比,在同样的时钟速率下,并行传送的数据传输率较高。当然,由于并行传送比串行传送所用的信号线数量要多,所以在长距离的通信中,信号电缆的造价就会成为突出的问题,因此,并行通信往往适用于信息传输率要求较高而传输距离较短的场合。

从硬件的角度看,不同的数据传送方式需要有不同的 I/O 接口电路。串行传送需要有串行接口电路,关于这方面的内容将在第 10 章详细讨论;本章重点介绍并行通信及其所要求的并行接口电路,研究它们的组成、功能及典型的并行接口芯片的工作原理及使用方法,着重介绍可编程并行接口电路 8255A 及其典型应用。

9.1　可编程并行接口的组成及工作过程

9.1.1　可编程并行接口的组成及其与 CPU 和外设的连接

通常,一个可编程并行接口电路应包括下列组成部分:

(1) 两个或两个以上具有缓冲能力的数据寄存器。

(2) 可供 CPU 访问的控制及状态寄存器。

(3) 片选和内部控制逻辑电路。

(4) 与外设进行数据交换的控制与联络信号线。

(5) 与 CPU 用中断方式传送数据的相关中断控制电路。

典型的可编程并行接口及其与 CPU 和外设的连接示意图如图 9.1 所示。

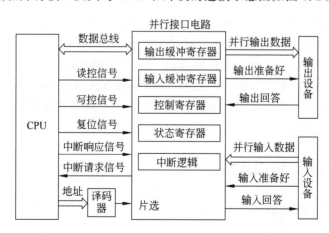

图 9.1　可编程并行接口及其与 CPU 和外设的连接

由图 9.1 可以看出,可编程并行接口电路内部具有接收 CPU 控制命令的"控制寄存器",提供各种状态信息的"状态寄存器"以及用来同外设交换数据的"输出缓冲寄存器"

和"输入缓冲寄存器"。

可编程并行接口与 CPU 之间的连接信号通常有：双向数据总线，读、写控制信号，复位信号，中断请求信号，中断响应信号以及地址信号等。

可编程并行接口与外设之间除了必不可少的并行输入数据线和并行输出数据线之外，还有专门用于两者之间进行数据传输的应答信号，也称"握手(handshaking)信号"。既然是握手，就一定是双方的动作，所以这种信号线总是成对出现的，如图 9.1 所示的"输出准备好"与"输出回答"就是一对握手信号，"输入准备好"与"输入回答"是另一对握手信号。它们在接口与外设的数据传送及交换中起着定时协调与联络作用，将在下面予以具体说明。

9.1.2　可编程并行接口的数据输入输出过程

综上所述，在通过可编程并行接口进行数据传输时，需采用"握手"的方法进行定时协调与联络。用这种方法进行数据传输的基本思想是在通信中的每一过程都有应答，彼此进行确认。新过程必须在对方对上一过程进行应答之后发生。

在数据输入过程中，外设将数据传送给接口，同时给出"输入准备好"信号。接口在此刻把数据接收到输入缓冲寄存器，然后使"输入回答"信号变为高电平，阻止外设输入新的数据。此时接口向 CPU 发出中断请求信号，并使状态寄存器中的"输入缓冲器满"位置"1"。CPU 响应接口的中断请求(或以查询方式查询相应状态位)，执行 IN 指令读取接口中的数据，然后接口将送给外设的"输入回答"信号变为低电平，通知外设可以输入新的数据，从此可以开始下一个输入过程。

在数据输出过程中，当 CPU 执行 OUT 指令把数据写入到接口(以中断方式或查询方式)之后，接口便向外设发出"输出准备好"信号，通知外设可以把数据取走。在外设取走数据之后，便向接口发回一个"输出回答"信号，表示 CPU 写入到接口的数据已经由外设接收。此时接口向 CPU 发出新的中断请求信号，并使状态寄存器中的"输出缓冲器空"位置"1"，要求 CPU 继续输出新数据，以开始下一个输出过程。

从以上说明的可编程并行接口数据输入、输出过程可以看出，"握手"信号在数据传输中起着重要的协调与联络作用。关于它们在实际的可编程并行接口片中的具体情况，将在 9.2 节讨论和介绍。

9.2　可编程并行接口 8255A

9.2.1　8255A 的性能概要

Intel 8255A 是一个为 Intel 8080 和 8085 微机系统设计的通用可编程并行接口芯片，也可应用于其他微机系统之中。

8255A 采用 40 脚双列直插封装，单一＋5V 电源，全部输入输出与 TTL 电平兼容。

用 8255A 连接外部设备时,通常不需要再附加其他电路,给使用带来很大方便。它有 3 个输入输出端口:端口 A、端口 B、端口 C。每个端口都可通过编程设定为输入端口或输出端口,但有各自不同的方式和特点。端口 C 可作为一个独立的端口使用,但通常是配合端口 A 和端口 B 的工作,为这两个端口的输入输出提供控制联络信号。

9.2.2 8255A 芯片引脚分配及引脚信号说明

8255A 芯片引脚分配如图 9.2 所示。

8255A 芯片的 40 条引脚,大致可分为 3 类:

(1) 电源与地线共 2 条:V_{CC}、GND。

(2) 与外设相连的共 24 条:

$PA_7 \sim PA_0$:端口 A 数据信号。

$PB_7 \sim PB_0$:端口 B 数据信号。

$PC_7 \sim PC_0$:端口 C 数据信号。

(3) 与 CPU 相连的共 14 条:

RESET:复位信号,高电平有效。当 RESET 信号有效时,所有内部寄存器都被清除。同时,3 个数据端口被自动设置为输入端口。

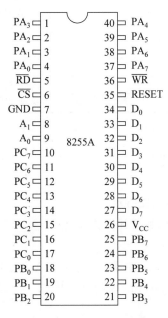

图 9.2 8255A 芯片引脚分配

$D_7 \sim D_0$:双向数据线,在 8080、8085 系统中,8255A 的 $D_7 \sim D_0$ 与系统的 8 位数据总线相连;在 8086 系统中,采用 16 位数据总线,8255A 的 $D_7 \sim D_0$ 通常是接在 16 位数据总线的低 8 位上。

$\overline{CS}$：片选信号,低电平有效。该信号来自译码器的输出,只有当 $\overline{CS}$ 有效时,读信号 $\overline{RD}$ 和写信号 $\overline{WR}$ 才对8255A有效。

$\overline{RD}$：读信号,低电平有效。它控制从8255A读出数据或状态信息。

$\overline{WR}$：写信号,低电平有效。它控制把数据或控制命令字写入8255A。

A_1、A_0：端口选择信号。8255A内部共有4个端口(即寄存器):3个数据端口(端口 A、端口 B、端口 C)和1个控制端口,当片选信号 $\overline{CS}$ 有效时,规定 A_1、A_0 为00、01、10、11 时,分别选中端口 A、端口 B、端口 C 和控制端口。

$\overline{CS}$、$\overline{RD}$、$\overline{WR}$、A_1、A_0 这5个信号的组合决定了对3个数据端口和一个控制端口的读写操作,如表9.1所示。

表 9.1　8255A 端口选择和基本操作

A_1	A_0	$\overline{RD}$	$\overline{WR}$	$\overline{CS}$	输入操作(读)
0	0	0	1	0	端口 A→数据总线
0	1	0	1	0	端口 B→数据总线
1	0	0	1	0	端口 C→数据总线
					输出操作(写)
0	0	1	0	0	数据总线→端口 A
0	1	1	0	0	数据总线→端口 B
1	0	1	0	0	数据总线→端口 C
1	1	1	0	0	数据总线→控制字寄存器
					无操作情况
×	×	×	×	1	数据总线为三态(高阻)
1	1	0	1	0	非法状态
×	×	1	1	0	数据总线为三态(高阻)

9.2.3　8255A 内部结构框图

8255A 内部结构框图如图 9.3 所示。

由图 9.3 可以看出,8255A 由以下几部分组成:

1) 数据总线缓冲器

这是一个双向三态8位数据缓冲器,它是8255A与CPU数据总线的接口。输入数据、输出数据以及CPU发给8255A的控制字和从8255A读出的状态信息都是通过该缓冲器传送的。

2) 端口 A、端口 B、端口 C

8255A有3个8位端口(端口 A、端口 B、端口 C),各端口可由程序设定为输入端口或输出端口。但是,这3个端口有着各自的功能特点。

在使用中,端口 A 和端口 B 常常作为独立的输入端口或输出端口。端口 C 也可以作为输入端口或输出端口,但往往是用来配合端口 A 和端口 B 的工作。在方式字的控制

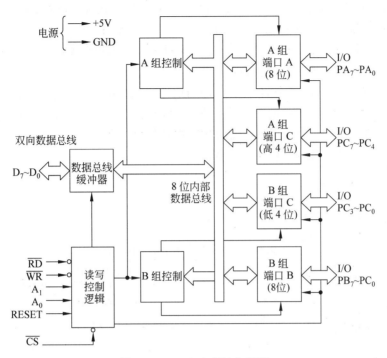

图 9.3　8255A 内部结构框图

下,端口 C 可以分成两个 4 位的端口,分别用来为端口 A 和端口 B 提供控制和状态信息。

3) A 组控制和 B 组控制

这两组控制逻辑电路一方面接收内部总线上的控制字(来自 CPU),一方面接收来自读/写控制逻辑电路的读/写命令,由此来决定两组端口的工作方式及读写操作。

A 组控制——控制端口 A 及端口 C 的高 4 位。

B 组控制——控制端口 B 及端口 C 的低 4 位。

4) 读写控制逻辑

读写控制逻辑负责管理 8255A 的数据传输过程。它接收片选信号 $\overline{\text{CS}}$ 以及来自地址总线的地址信号 A_1、A_0 和来自控制总线的复位信号 RESET 以及读写信号 $\overline{\text{WR}}$ 和 $\overline{\text{RD}}$,将这些信号组合后产生对 A 组部件和 B 组部件的控制信号。

9.2.4　8255A 的控制字

8255A 共有三种基本操作方式,分别为方式 0(基本的输入/输出方式)、方式 1(选通的输入/输出方式)、方式 2(双向传输方式)。A 组可以工作于方式 0、方式 1 和方式 2;B 组可以工作于方式 0 和方式 1。操作方式由"方式选择控制字"的内容决定。

8255A 的控制字分为两种:

一种是"方式选择控制字",它可以使 8255A 的 3 个端口工作于不同的操作方式。

"方式选择控制字"总是将3个端口分为两组来设定工作方式,即端口A和端口C的高4位作为一组(A组),端口B和端口C的低4位作为另一组(B组)。

另一种控制字是"端口C按位置1/置0控制字",它可以将端口C中的任何一位置"1"或置"0"(但不改变端口C其他位的状态)。

以上两种控制字共用一个端口地址,即当地址线A_1、A_0均为1时访问控制端口。为区分这两种控制字,专门将控制字的最高位(D_7位)给予特殊的含义。若D_7位为"1",则该控制字为"方式选择控制字";D_7位为"0",则该控制字为"端口C按位置1/置0控制字"。下面给出这两种控制字的具体格式。

1. 方式选择控制字

方式选择控制字的格式如图9.4所示。

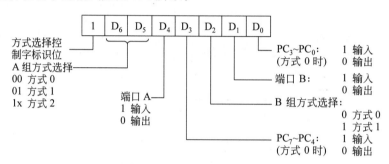

图9.4 8255A方式选择控制字

假定要求8255A的各个端口工作于如下方式:

端口A——方式0,输出;

端口B——方式0,输入;

端口C的高4位——方式0,输出;

端口C的低4位——方式0,输入。

那么,相应的方式选择控制字应为10000011B(83H)。设在8086系统中8255A控制口的地址为D6H,则执行如下两条指令即可实现上述工作方式的设定。

```
MOV  AL,83H
OUT  0D6H,AL                    ;将方式选择控制字写入控制口
```

2. 端口C按位置1/置0控制字

可以用专门的控制字实现对端口C按位置1/置0操作,用以产生所需的控制功能,这种控制字就是"端口C按位置1/置0控制字"。该控制字的具体格式如图9.5所示。

需要指出的是,端口C按位置1/置0控制字是对端口C的操作控制信息,因此该控制字必须写入控制口,而不应写入端口C。控制字的D_0位决定是置"1"操作还是置"0"操作,但究竟是对端口C的哪一位进行操作,则决定于控制字中的D_3、D_2、D_1位。

例如,要实现对端口C的PC_6位置"0",则控制字应为00001100B(0CH)。那么,若

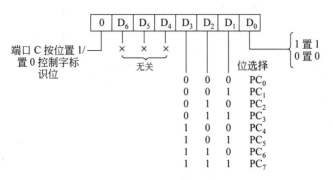

图 9.5　端口 C 按位置 1/置 0 控制字

在 8086 系统中设 8255A 的控制口地址为 D6H,则执行下列指令即可实现指定的功能:

```
MOV  AL , 0CH
OUT  0D6H , AL        ;将"端口 C 按位置 1/置 0 控制字"写入控制口,实现对 PC₆ 位置 0
```

9.2.5　8255A 的工作方式

1. 方式 0

方式 0 也叫基本输入/输出方式。在这种方式下,端口 A 和端口 B 可以通过"方式选择控制字"规定为输入口或者输出口;端口 C 分为高 4 位($PC_7 \sim PC_4$)和低 4 位($PC_3 \sim PC_0$)两个 4 位端口,这两个 4 位端口也可由"方式选择控制字"分别规定为输入口或输出口。这 4 个并行端口共可构成 $2^4 = 16$ 种不同的使用组态。利用 8255A 的方式 0 进行数据传输时,由于没有规定专门的应答信号,所以这种方式常用于与简单外设之间的数据传送,如向 LED 显示器的输出,从二进制开关装置的输入等。

2. 方式 1

方式 1 也叫选通的输入/输出方式。和方式 0 相比,最主要的差别就是当端口 A 和端口 B 工作于方式 1 时,要利用端口 C 来接收选通信号或提供有关的状态信号,而这些信号是由端口 C 的固定数位来接收或提供的,即信号与数位之间存在着对应关系,这种关系不可以用程序的方法予以改变。

方式 1 又可分为"方式 1 输入"和"方式 1 输出"两种工作情形,下面分别予以介绍。

1) 方式 1 输入

当端口 A 和端口 B 工作于"方式 1 输入"时,端口 C 控制信号定义如图 9.6 所示。该图中还给出了相应的方式选择控制字。

对于图 9.6 所示的控制信号说明如下:

$\overline{STB_A}$、$\overline{STB_B}$:选通信号,低电平有效。它是由外设送给 8255A 的输入信号,当其有效时,8255A 接收外设送来的一个 8 位数据。

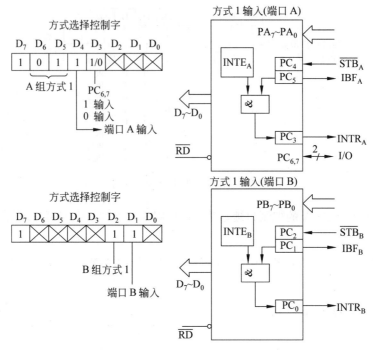

图 9.6　8255A 方式 1 输入

IBF："输入缓冲器满"信号,高电平有效,它是 8255A 送给外设的一个联络信号。当其为高电平时,表示外设的数据已送进输入缓冲器中,但尚未被 CPU 取走,通知外设不能送新数据;只有当它变为低电平时,即 CPU 已读取数据,输入缓冲器变空时,才允许外设送新数据。

INTR：中断请求信号,高电平有效。它是 8255A 的一个输出信号,用于向 CPU 发出中断请求。

$INTE_A$：端口 A 中断允许信号。$INTE_A$ 没有外部引出端,它实际上就是端口 A 内部的中断允许触发器的状态信号。它由 PC_4 的置位/复位来控制,$PC_4=1$ 时,使端口 A 处于中断允许状态。

$INTE_B$：端口 B 中断允许信号。与 $INTE_A$ 类似,$INTE_B$ 也没有外部引出端,它是端口 B 内部的中断允许触发器的状态信号。它由 PC_2 的置位/复位来控制,$PC_2=1$ 时,使端口 B 处于中断允许状态。

另外,在方式 1 输入时,PC_6 和 PC_7 两位还闲着未用。如果要利用它们,可用方式选择控制字中的 D_3 位来设定。

以端口 A 为例,在方式 1 输入时的具体工作过程可归结如下：

① CPU 通过执行 OUT 指令送"方式选择控制字"到 8255A,设定端口 A 的工作方式为"方式 1 输入"。接着送"端口 C 按位置 1/置 0 控制字",使 $PC_4=1$,于是 $INTE_A=1$,允许端口 A 请求中断。

② 当外设的选通信号 $\overline{STB_A}$ 有效（变为 0）时,来自外设的数据被装入 8255A 输入

缓冲寄存器,然后使 $IBF_A = 1$。

③ 在 $INTE_A = 1$ 及 $IBF_A = 1$ 且 $\overline{STB_A}$ 也变为 1 时,使 $INTR_A$ 由 0 变 1,端口 A 向 CPU 发出中断请求信号。

④ CPU 响应中断,进入中断服务程序,通过执行 IN 指令对端口 A 进行读操作($\overline{RD}$ 信号有效),将端口 A 中的数据读入 CPU。并由 $\overline{RD}$ 下降沿使 $INTR_A = 0$(撤销中断请求),由 $\overline{RD}$ 上升沿使 $IBF_A = 0$,接着外设又可以输入下一个数据给 8255A。

方式 1 输入工作时序图如图 9.7 所示。

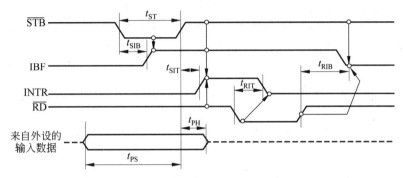

图 9.7　方式 1 输入工作时序

2) 方式 1 输出

当端口 A 和端口 B 工作于方式 1 输出时,方式选择控制字及相应的端口 C 控制信号定义如图 9.8 所示。

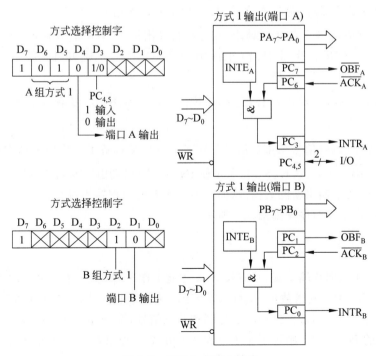

图 9.8　8255A 方式 1 输出

对图 9.8 所示的控制信号说明如下：

$\overline{\text{OBF}}$：“输出缓冲器满”信号，低电平有效，它是 8255A 输出给外设的一个控制信号。当其有效时，表示 CPU 已经把数据输出给指定端口，通知外设把数据取走。它是由写信号 $\overline{\text{WR}}$ 的上升沿置成有效（低电平），而由 ACK 信号的有效电平使其恢复为高电平。

$\overline{\text{ACK}}_A$、$\overline{\text{ACK}}_B$：外设响应信号，低电平有效。当其有效时，表明 CPU 通过 8255A 输出的数据已经由外设接收。它是对 $\overline{\text{OBF}}$ 的回答信号。

INTR_A、INTR_B：中断请求信号，高电平有效。它是 8255A 的一个输出信号，用于向 CPU 发出中断请求。INTR 是当 $\overline{\text{ACK}}$、$\overline{\text{OBF}}$ 和 INTE 都为“1”时才被置成高电平（向 CPU 发出中断请求信号）；写信号 $\overline{\text{WR}}$ 的上升沿使其变为低电平（清除中断请求信号）。

INTE_A：端口 A 中断允许信号，由 PC_6 的置位/复位来控制，$PC_6=1$ 时，端口 A 处于中断允许状态。

INTE_B：端口 B 中断允许信号，由 PC_2 的置位/复位来控制，$PC_2=1$ 时，端口 B 处于中断允许状态。

另外，在方式 1 输出时，PC_4、PC_5 还未用，如果要利用它们可用方式选择控制字的 D_3 位来设定。

以端口 A 为例，在方式 1 输出时的具体工作过程如下：

① CPU 通过执行输出指令送“方式选择控制字”到 8255A，设定端口 A 的工作方式为“方式 1 输出”。接着送“端口 C 按位置 1/置 0 控制字”，使 $PC_6=1$，于是 $\text{INTE}_A=1$，端口 A 处于中断允许状态。由于此时 CPU 还未向端口 A 写入数据，因此 $\overline{\text{OBF}}_A=1$ 且外设的响应信号 $\overline{\text{ACK}}_A$ 也为 1。在此种条件（$\text{INTE}_A=1, \overline{\text{OBF}}_A=1, \overline{\text{ACK}}_A=1$）之下，$\text{INTR}_A$ 输出端由低变高，端口 A 向 CPU 发出中断请求信号。

② CPU 响应端口 A 的中断请求，通过执行输出指令（$\overline{\text{WR}}$ 信号有效）将数据写入端口 A。在写信号 $\overline{\text{WR}}$ 后沿（上升沿）的作用下，使 $\overline{\text{OBF}}_A=0$，通知外设把数据取走，同时清除端口 A 的中断请求，使 $\text{INTR}_A=0$。

③ 外设取走数据，发出回答信号 $\overline{\text{ACK}}_A=0$，在 $\overline{\text{ACK}}_A$ 信号有效电平的作用下，使 $\overline{\text{OBF}}_A=1$。

④ 在 $\overline{\text{ACK}}_A$ 有效信号结束之后（即 $\overline{\text{ACK}}_A=1$），又具备了产生中断请求信号的条件（$\text{INTE}_A=1, \overline{\text{OBF}}_A=1, \overline{\text{ACK}}_A=1$），于是使 INTR_A 输出端由低变高，端口 A 再次向 CPU 发出中断请求，要求输出新的数据，从而开始一次新的数据输出过程。

方式 1 输出工作时序图如图 9.9 所示。

3. 方式 2

方式 2 也叫双向传输方式，只有端口 A 才能工作于方式 2。在方式 2，外设既可以在 8 位数据线上往 CPU 发送数据，又可以从 CPU 接收数据。当端口 A 工作于方式 2 时，端口 C 的 $PC_7 \sim PC_3$ 用来提供相应的控制和状态信号，配合端口 A 的工作。此时端口 B 以及端口 C 的 $PC_2 \sim PC_0$ 则可工作于方式 0 或方式 1，如果端口 B 工作于方式 0，那么端

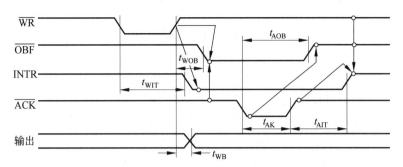

图 9.9　方式 1 输出工作时序

口 C 的 $PC_2 \sim PC_0$ 可用作数据输入/输出(I/O);如果端口 B 工作于方式 1,那么端口 C 的 $PC_2 \sim PC_0$ 用来为端口 B 提供控制和状态信号。

当端口 A 工作于方式 2 时,方式选择控制字及端口 C 控制信号的定义如图 9.10 所示。

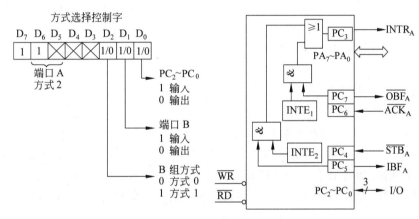

图 9.10　8255A 方式 2

(1) 方式 2 输出操作的有关控制联络信号

$\overline{OBF_A}$:端口 A"输出缓冲器满"信号,输出,低电平有效。当 $\overline{OBF_A}$ 有效时,表示 CPU 已经将一个数据写入 8255A 的端口 A,通知外设将数据取走。

$\overline{ACK_A}$:外设对 $\overline{OBF_A}$ 的回答信号,输入,低电平有效。当它有效时,表明外设已收到端口 A 输出的数据。

$INTE_1$:输出中断允许信号。当 $INTE_1$ 为 1 时,允许 8255A 由 $INTR_A$ 向 CPU 发中断请求信号;当 $INTE_1$ 为 0 时,则屏蔽了该中断请求。$INTE_1$ 的状态由"端口 C 按位置 1/置 0 控制字"所设定的 PC_6 位的内容来决定。

(2) 方式 2 输入操作的有关控制联络信号

$\overline{STB_A}$:端口 A 选通信号,输入,低电平有效。当它有效时,端口 A 接收外设送来的一个 8 位数据。

IBF_A:端口 A"输入缓冲器满"信号,输出,高电平有效。当 $IBF_A = 1$ 时,表明外设的数据已送进输入缓冲器；当 $IBF_A=0$ 时，外设可以将一个新的数据送入端口 A。

$INTE_2$：输入中断允许信号。它的作用与前述 $INTE_1$ 类似，其状态由"端口 C 按位置 1/置 0 控制字"所设定的 PC_4 位的内容来决定。

对于 $INTR_A$（中断请求），在 $INTE_1=1$ 和 $INTE_2=1$ 的情况下，无论 $\overline{OBF}_A=1$ 或者 $IBF_A=1$ 都可能使 $INTR_A=1$，向 CPU 请求中断。至于如何识别中断请求是来自输入还是输出，CPU 可以通过测试 8255A 的状态字的内容来实现。

8255A 工作于方式 2 时为输入、输出所设置的应答信号线，实质上就是端口 A"方式 1 输入"和"方式 1 输出"时两组应答信号的组合。另外，端口 A 方式 2 的工作过程实际上就是端口 A"方式 1 输入"和"方式 1 输出"两种工作过程的组合，所以方式 2 的时序也就由方式 1 输入与输出时序组合而成。方式 2 的具体工作时序图此处从略。

方式 2 是一种双向传输工作方式。如果一个并行外部设备既可以作为输入设备，又可以作为输出设备，并且输入输出动作不会同时进行，那么，将这个外部设备和 8255A 的端口 A 相连，并让它工作于方式 2 就很合适。例如，磁盘系统就是这样一种外设，主机既可以往磁盘控制器输出数据，也可以从磁盘控制器输入数据，但数据输出与输入过程不是同时进行的。因此，可以把磁盘控制器的数据线与 8255A 的 $PA_7\sim PA_0$ 相连，再使 $PC_7\sim PC_3$ 和磁盘控制器的控制线和状态线相连即可。

9.2.6 8255A 的状态字

8255A 状态字为查询方式提供了状态标志位，如"输入缓冲器满"信号 IBF、"输出缓冲器满"信号 $\overline{OBF}$。另外，当端口 A 工作于方式 2 申请中断时，CPU 还要通过查询状态字来确定中断源，即若 IBF_A 位为"1"表示端口 A 有输入中断请求，$\overline{OBF}_A$ 位为"1"表示端口 A 有输出中断请求。8255A 工作于方式 1 和方式 2 时的状态字是通过读端口 C 的内容来获得的。

1. 方式 1 状态字格式

方式 1 状态字格式如图 9.11 所示。

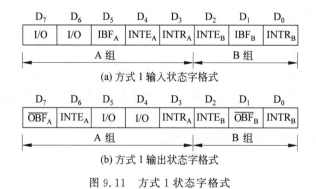

(a) 方式 1 输入状态字格式

(b) 方式 1 输出状态字格式

图 9.11　方式 1 状态字格式

由图 9.11 可以看出,A 组的状态位占有端口 C 的高 5 位,B 组的状态位占有低 3 位。但需要注意的是,端口 C 状态字各位含义与相应外部引脚信号并不完全相同,如方式 1 输入状态字中的 D_4 和 D_2 位表示的是 $INTE_A$ 和 $INTE_B$,而与这两位对应的外部引脚信号分别是 $\overline{STB_A}$ 和 $\overline{STB_B}$;在方式 1 输出状态字中的 D_6 和 D_2 位表示的也是 $INTE_A$ 和 $INTE_B$,而相应的外部引脚信号为 $\overline{ACK_A}$ 和 $\overline{ACK_B}$。

注意,$INTE_A$ 和 $INTE_B$ 是 8255A 的内部控制信号。如前所述,它是事先通过向控制口写入"端口 C 按位置 1/置 0 控制字"来设定的。一经设定,就会在状态字中反映出来。

另外,方式 1 输入状态字中的 D_7、D_6 位以及方式 1 输出状态字中的 D_5、D_4 位分别标识为 I/O,是指这些位用于数据输入/输出(I/O)。

2. 方式 2 状态字格式

方式 2 的状态字也是从端口 C 读取。方式 2 状态字的格式如图 9.12 所示。

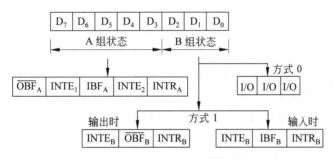

图 9.12 方式 2 状态字格式

方式 2 状态字中有两位中断允许位,其中 $INTE_1$ 是输出中断允许位,$INTE_2$ 是输入中断允许位。如前所述,它们是利用"端口 C 按位置 1/置 0 控制字"来使其置位或复位的。

另外,在 B 组工作于方式 0 时,端口 C 的 $D_2 \sim D_0$ 位用于数据 I/O;而 B 组工作于方式 1 时,由这三位分别提供输入和输出时的状态信息。

9.2.7 8255A 应用举例

【**例 9.1**】 8255A 工作于方式 0,利用 8255A 将外设开关的二进制状态从端口 A 输入,经程序转换为对应的 LED 段选码(字形码)后,再从端口 B 输出到 LED 显示器。具体连线图如图 9.13 (a) 所示。LED 显示器如图 9.13 (b) 所示。

由图 9.13 可见,8255A 的端口 A 用于输入,端口 B 用于输出。四位开关信号 $K_3 \sim K_0$ 分别接至端口 A 的 $PA_3 \sim PA_0$($PA_7 \sim PA_4$ 闲置未用)。端口 B 的 8 位输出 $PB_0 \sim PB_7$ 经驱动器 74LS04(反相)后,依次接至 LED 显示器的 a、b、c、d、e、f、g、h 段发光二极管的负极。8 个发光二极管的正极全部接在一起(共阳极接法),并经 120Ω 限流电阻接至 +5V 电源。

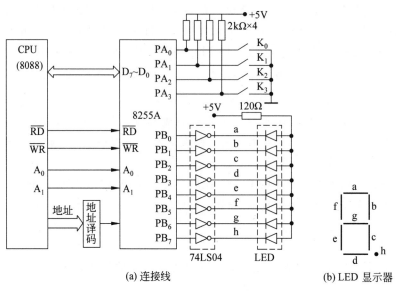

图 9.13　8255A 的应用

显然,若使 LED 显示器能够显示出正确的字形符号,必须由端口 B 并行输出相应的 LED 段选码。例如,若由端口 B 的 $PB_7 \sim PB_0$ 输出代码 00111111B(3FH),经 74LS04 反相后为 11000000B,则使 a、b、c、d、e、f 六段发亮,显示字形符号"0";若由端口 B 输出代码 00000110B(06H),经反相后为 11111001B,则使 b、c 两段发亮,显示字形符号"1";由此可以得到 LED 显示器的段选码表为 3FH,06H,5BH,4FH,66H,6DH,7DH,07H,7FH,67H,77H,7CH,39H,5EH,79H,71H。

设 8255A 的端口地址为:端口 A——D0H,端口 B——D1H,端口 C——D2H,控制口——D3H。则本例的初始化及输入、输出控制程序如下所示。

```
DATA    SEGMENT
        SSEGCODE  DB  3FH,06H,5BH,4FH,66H,6DH,7DH,07H
                  DB  7FH,67H,77H,7CH,39H,5EH,79H,71H
DATA    ENDS
CODE    SEGMENT
        ASSUME CS:CODE , DS:DATA
START:MOV  AL,90H          ;设置 8255A 方式选择控制字,端口 A 工作于
                           ;方式 0 输入,端口 B 工作于方式 0 输出
        OUT 0D3H , AL
RDPORTA:IN  AL,0D0H        ;读端口 A
        AND AL,0FH         ;取端口 A 低 4 位
        MOV BX , OFFSET SSEGCODE   ;取 LED 段选码表首地址
        XLAT               ;查表,AL←(BX + AL)
        OUT  0D1H , AL     ;从端口 B 输出 LED 段选码,显示相应字形符号
        MOV  AX , XXXXH    ;延时
DELAY: DEC  AX
       JNZ DELAY
```

```
        MOV   AH , 1           ;判断是否有键按下
        INT   16H
        JZ    RDPORTA          ;若无,则继续读端口 A
        MOV   AH , 4CH         ;否则返回 DOS
        INT   21H
CODE  ENDS
        END   START
```

8255A 是一种功能灵活、使用方便的并行接口电路。它广泛应用于工业加工现场的控制系统中,如对温度、压力、流量等参数的采集与控制。当然,为实现这样的功能,还需相关的电路或器件,如传感器和 A/D、D/A 转换器等,此处不再详细列举。

习题 9

9.1 并行通信的主要特点是什么?

9.2 指出并行接口电路的主要内部寄存器及外部接口信号。

9.3 简述"握手"信号在并行接口中的作用。

9.4 简述 8255A 的组成及工作方式。8255A 的 3 个端口在使用时有何差别?

9.5 8255A 的方式 0 和方式 1 的主要区别是什么?方式 2 的特点是什么?

9.6 指出 8255A"方式选择控制字"及"端口 C 按位置 1/置 0 控制字"的功能及格式。

9.7 用"端口 C 按位置 1/置 0 控制字"将 8255A 的 PC_6 位置 1,PC_4 位置 0,8255A 的端口地址为 C0H、C1H、C2H、C3H。

9.8 用"方式选择控制字"设定 8255A 的端口 A 工作于方式 0,并作为输入口;端口 B 工作方式 1,并作为输出口。8255A 的端口地址同上题。

9.9 利用可编程并行接口片 8255A 实现直流电机转动控制的接口电路如图 9.14 所示。当直流电机的 V_1 端加 +5V 电压(由 8255A 输出 PA_0 =1 控制)、V_2 端加 0V 电压(由 8255A 输出 PA_1 =0 控制)时,电机正向转动;反之,逆向转动。编程实现使电机正向转动 8s 后反向转动 4s,周而复始,重复进行。设系统中有延迟时间为 1s 的延迟子程序 Delay1 可供调用。8255A 的端口地址为 D0H、D2H、D4H、D6H。

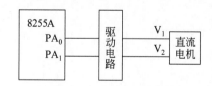

图 9.14 利用 8255A 控制直流电机转动

要求:写出实现上述功能的 8255A 初始化程序及有关控制程序,并加简要注释。

9.10 分别读入接于 8255A 端口 A 的开关状态 KA_0 ～ KA_7 和接于端口 B 的开关状态 KB_0 ～ KB_7,将二者求和后从端口 C 送出。

要求:① 画出连线简图;② 编写 8255A 的初始化程序及有关控制程序,并加简要注释(8255A 的端口地址为 D0H～D3H)。

第10章

串行通信及其接口电路

第 9 章介绍了并行通信及其接口电路,本章重点介绍串行通信的基本概念及串行接口的相关技术。

10.1 串行通信

10.1.1 串行通信的特点

串行通信与并行通信的主要区别如图 10.1 所示。

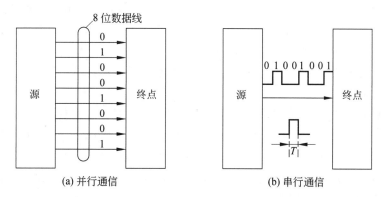

图 10.1 串行通信与并行通信的主要区别

在图 10.1(a)所示的并行通信方式中,一个字节(8 位)数据是在 8 条并行传输线上同时由源点传到终点;而在图 10.1(b)所示的串行通信方式中,数据是在单条 1 位宽的传输线上一位接一位地顺序传送。这样,一个字节的数据要通过同一条传输线分 8 次由低位到高位按顺序传送。可见,在并行通信中,传送的数据宽度有多少位就需要有同样数量的传输线,而串行通信只需要一条传输线。所以与并行通信相比较,串行通信的一个突出优点就是节省传输线,尤其是在远距离的数据传输时,这个优点就更为明显。但与并行传送相比,串行传送的数据传输率较低,这是串行传送方式的主要缺点。如图 10.1 所示,假设采用并行方式传输一个字节的数据需要 $1T$ 的时间,那么采用串行方式同样传输一个字节的数据,至少需要 $8T$ 时间。

10.1.2 串行通信涉及的常用术语和基本概念

1. 单工、半双工和全双工

这是数据通信中用来表示 3 种不同数据通路特征的专用术语。它们各自的具体情况如图 10.2 所示。

(1) 单工

单工(Simplex)仅能进行一个方向的数据传送,即从设备 A 到设备 B。因此,在单工数据通路中,A 只能作为发送器,B 只能作为接收器。

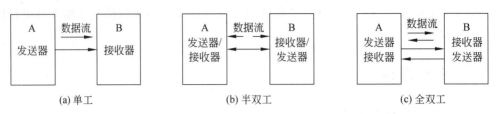

图 10.2　单工、半双工和全双工数据通路

（2）半双工

半双工（Half Duplex）能在设备 A 和设备 B 之间交替地进行双向数据传送。具体地说，数据可以从设备 A 传送到设备 B，也可以从设备 B 传送到设备 A，但这种传送绝不能同时进行。可简单地概括为"双向，但不同时"。其一时刻，A 作为发送器，B 作为接收器，数据由 A 流向 B；而在另一时刻，B 作为发送器，A 作为接收器，数据由 B 流向 A。

（3）全双工

全双工（Full Duplex）能够在两个方向同时进行数据传送。具体地说，在设备 A 向设备 B 发送数据的同时，设备 B 也向设备 A 发送数据。显然，为了实现全双工通信，设备 A 和设备 B 必须有独立的发送器和接收器，从 A 到 B 的数据通路必须完全与从 B 到 A 的数据通路分开。这样，在同一时刻当 A 向 B 发送，B 也向 A 发送时，实际上在使用两个逻辑上完全独立的单工数据通路。

2．数据传输率

数据传输率即通信中每秒传输的二进制数的位数（比特数），也称比特率，单位为 bps（bit per second）。

另外，在数据通信领域还有另外一个描述数据传输率的常用术语——波特率，即每秒传输的波特数。波特（Baud）的原始定义是指通信中的信号码元（signal element）传送速率单位，以数据通信的创始人 Emile Baudot（法国人）的名字命名。每秒传送 1 个信号码元则传输率为 1 波特。若每个信号码元所含信息量为 1 比特，则波特率等于比特率。若每个信号码元所含信息量不等于 1 比特，则波特率不等于比特率。例如，在 4 相调制系统中，每次调制取 4 种相位差值，代表 2 位二进制位。此时，比特率为波特率的 2 倍。

在计算机中，一个信号码元的含义为高、低两种电平，它们分别代表逻辑值"1"和"0"，所以每个信号码元所含信息量刚好等于 1 比特。于是就造成了波特率与每秒传输二进制位数这两者的吻合。因此，在计算机数据传输中人们常将比特率称为波特率。但在其他一些场合，这两者的含义是不相同的，使用时需注意它们之间的区别。

3．发送时钟和接收时钟

在串行通信中，发送器需要用一定频率的时钟信号来决定发送的每一位数据所占用的时间。接收器也需要用一定频率的时钟信号来检测每一位输入数据。发送器使用的时钟信号称为发送时钟，接收器使用的时钟信号称为接收时钟。也就是说，串行通信所传送的二进制数据序列在发送时是以发送时钟作为数据位的划分界限,在接收时是以接收时钟作为数据位的检测和采样定时。

串行数据的发送由发送时钟控制。数据的发送过程是:首先把系统中要发送的并行数据系列(例如 1 个字节的 8 位数据)送入发送器中的移位寄存器,然后在发送时钟的控制之下,把移位寄存器中的数据串行逐位移出到串行输出线上。每个数据位的时间间隔由发送时钟周期来划分。

串行数据的接收是由接收时钟对串行数据输入线进行采样定时。数据的接收过程是:在接收时钟的每一个时钟周期采样一个数据位,并将其移入接收器中的移位寄存器,最后组合成并行数据系列,存入系统存储器中。

4. 波特率因子

由上面的介绍可知,若用发送(或接收)时钟直接作为移位寄存器的移位脉冲,则串行线上的数据传输率(波特率)在数值上等于时钟频率;但若把发送(或接收)时钟按一定的分频系数分频之后再用来作为移位寄存器的移位脉冲,则此时串行传输线上的数据传输率数值上不等于时钟频率,且两者之间存在着一定的比例系数关系。我们称这个比例系数为波特率因子或波特率系数。假定发送(或接收)时钟频率为 F,则 F、波特率因子、波特率三者之间在数值上存在如下关系:

$$F = 波特率因子 \times 波特率$$

例如,当 $F = 9600\text{Hz}$ 时,若波特率因子为 16,则波特率为 600bps;若波特率因子为 32,则波特率为 300bps。这就是说,当发送(或接收)时钟频率一定时,通过选择不同的波特率因子,即可得到不同的波特率。

在实际的串行通信接口电路中(如后面将要介绍的可编程串行接口片 8251A),其发送和接收时钟信号通常由外部专门的时钟电路提供或由系统主时钟信号分频来产生,因此发送和接收时钟频率往往是固定的,但通过编程可选择各种不同的波特率因子(例如 1,16,32,64 等),从而可以得到各种不同的数据传输率,十分灵活方便。

5. 异步方式与同步方式

在数据通信中,还有一个十分重要的问题,这就是同步问题,也称传输数据信息方式问题。我们知道,为使发送、接收信息准确,发送、接收两端的动作必须相互协调配合。倘若两端互不联系、协调,则无论怎样提高发送和接收动作的时间精确度,它们之间也会有极微量的偏差。随着时间的增加,就会有偏差积累,最终会产生失步。发、收动作一旦失步,就不能正确传输信息,结果会产生差错,因此,整个计算机通信系统能否正确工作,在很大程度上依赖于是否能很好地实现同步。为避免失步,需要有使发送和接收动作相互协调配合的措施。我们将这种协调发送和接收之间动作的措施称为"同步"。数据传输的同步方式有以下两种:

1) 异步方式

异步方式又称起止同步方式。这是在计算机通信中常用的一种数据信息传输方式。

串行异步传输数据格式如图 10.3 所示。

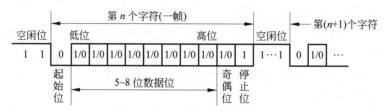

图 10.3　串行异步传输数据格式

串行异步通信方式是把一个字符看作一个独立的信息传送单元,字符与字符之间的传输间隔是任意的。而每一个字符中的各位是以固定的时间传送。在异步方式中,接收、发送双方取得同步的办法是采用在字符格式中设置起始位和停止位。在一个有效字符正式传送前,发送器先发送一个起始位,然后发送有效字符位,在字符结束时再发送一个停止位,起始位至停止位构成一帧;接收器不断地检测或监视串行输入线上的电平变化,当检测到有起始位出现时,便知道接着是有效字符位的到来,并开始接收有效字符,当检测到停止位时,就知道传输的字符结束了。经过一段随机的时间间隔之后,又进行下一个字符的传送过程。

由于异步通信方式总是在传送每个字符的头部即起始位处进行一次重新定位,所以即使收、发双方的时钟频率存在一定偏差,但只要不使接收器在一个字符的起始位之后的采样出现“错位”现象,则数据传送仍可正常进行。因此,异步通信的发送器和接收器可以没有共同的时钟,通信的双方可以各自使用自己的本地时钟。

下面对图 10.3 串行异步传输的数据格式作简要说明。

(1) 起始位:起始位必须是持续一个比特时间的逻辑“0”电平,标示传送一个字符的开始。

(2) 数据位:数据位为 5～8 位。它紧跟在起始位之后,是被传送字符的有效数据位。传送时,先传送字符的低位,后传送高位。

(3) 奇偶校验位:奇偶校验位仅占 1 位。可以为奇校验或偶校验,也可以不设置校验位。

(4) 停止位:停止位为 1 位、1.5 位或 2 位。它一定是逻辑“1”电平,标示传送一个字符的结束。

在一个字符传送前,线路处于空闲(idle)状态,输出线上为逻辑“1”电平;传送一开始,输出线由“1”变为“0”电平,并持续 1 比特的时间,表明起始位的出现;起始位后面为 5～8 个数据位,数据位是按“低位先行”的规则传送,即先传送字符的最低位,接着依次传送其余各位;数据位后面是校验位,可以是奇校验或偶校验,也可不设置校验位;最后发送的一定是“1”电平,以作为停止位,它可以是 1 位、1.5 位或 2 位。需要说明的是,如果传输完一个字符之后,立即传输下一个字符,那么下一个字符的起始位便紧挨着前一个字符的停止位,否则,如果后续数据跟不上(即传输完一个字符之后,不能紧接着传输下一个字符),则线路进入“1”电平的空闲态,直至下一个起始位出现。

由上面的介绍可以看出，在串行异步通信方式中，为发送一个字符需要一些附加的信息位，即一个起始位，一个奇偶校验位以及 1 位、1.5 位或 2 位停止位。这些附加信息位不是有效信息本身，它们起到使字符成帧的"包装"作用，常称为额外开销或通信开销。假定每一个字符由 7 位组成，传送时带有 1 位校验位，那么为了在异步接口上传送一个字符，必须发送 10 位、10.5 位或 11 位。因此，如果我们假定只使用一位停止位，那么所发送的 10 位中只有 7 位是有效数据位。整个通信能力的 30% 成了额外开销。而且这种开销保持恒定，与发送的字符数无关。可见，采用串行异步通信方式时，其通信效率较低。

通常，串行异步通信适用于传送数据量较少或传输率要求不高的场合。对于快速传输大量的数据，一般采用通信效率较高的同步通信方式。

2）同步方式

在上面介绍的异步方式中，并不要求收、发两端对传输数据的所有位均保持同步，而仅要求在一个字符的起始位后，使其中的每一位同步。

而同步方式则要求对传送数据的每一位都必须在收、发两端严格保持同步，即所谓"位同步"。因此，在同步方式中，收、发两端需用同一个时钟源作为时钟信号。

同步方式传送的字符没有起始位和停止位，它不是用起始位表示字符的开始，而是用被称之为同步字符的二进制序列来表示数据发送的开始。即发送器总是在发送有效数据字符之前，先发送同步字符去通知接收器有效数据的第一位何时到达。然后，有效数据信息以连续串行的形式发送，每个时钟周期发送一位数据。接收器搜索到同步字符后，才开始接收有效数据位。所以，同步传送时，字符代码间不留空隙，它严格按照固定的速率发送和接收每次传送的所有数据位。串行同步通信的信息格式如图 10.4 所示。

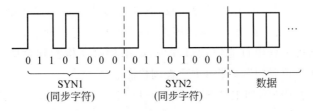

图 10.4　串行同步通信的信息格式

最后分析同步方式的通信效率问题。如前所述，同步方式不是通过在每个字符的前后添加"起始位"和"停止位"来实现同步，而是采用在连续发送有效数据字符之前发送同步字符来实现收、发双方之间的同步。这就是说，同步方式的通信开销是以数据块为基础的，即不管发送的数据块是大还是小，额外传送的比特数都是相同的。因此，每次传送的数据块越大，其非有效数据信息所占比例越小，通信效率越高。而同步方式往往是工作于传送大的数据块的情形之下，所以同步方式通信效率比异步方式高得多，通常可达95% 以上。

6. 差错校验

为保证信息传输的正确性,必须对传输的数据信息的差错进行检查或校正,即差错校验。校验是数据通信中的重要环节之一,常用的校验方法有下述两种。

1) 奇偶校验

奇偶校验是最简单最常用的校验方法。它的基本原理是在所传输的有效数据位中附加冗余位(即校验位)。利用冗余位的存在,使整个信息位(包括有效信息和校验位)中"1"的个数具有奇数或偶数的特性。整个信息位经过在线路上传输以后,若原来所具有的"1"的个数奇偶性发生了变化,则说明出现了传输差错,可由专门的检测电路检测出来。这种利用信息位中"1"的个数奇偶性来达到校验目的的编码,称为奇偶校验码。使整个信息位"1"的个数为奇数的编码叫奇校验码,而使整个信息位"1"的个数为偶数的编码叫偶校验码。附加的信息位称为奇偶校验位,简称校验位。需要传送的数据位本身称为有效信息位。

通常可将一个校验过程分为编码和解码两个过程。下面以偶校验为例说明其编码和解码过程。

(1) 编码:发送器将某一数据发送前,统计有效信息位中"1"的个数。若为奇数,则在附加的校验位处写"1";若为偶数,则在校验位处写"0",以使整个信息位"1"的个数为偶数。这一过程也称配校验位。

【例 10.1】 有效信息 1 0 1 1 1 0 1
           偶校验码 1 0 1 1 1 0 1 1(最后一位为校验位)

【例 10.2】 有效信息 1 0 1 1 0 0 1
           偶校验码 1 0 1 1 0 0 1 0(最后一位为校验位)

(2) 解码:接收器在接收数据时,将接收到的整个信息位(包括校验位)经由专门的检测电路一道统计。若"1"的个数仍为偶数,就认为接收的数据是正确的;否则,表明有差错出现,应停止使用这个数据,需重新传送,或作其他的专门处理。

在目前常用的可编程串行通信接口片中,如果接收器检测到奇偶错,则将接口电路中状态寄存器的相应位置"1",以供 CPU 查询检测。

简单的奇偶校验码(例如上述那种只配一位校验位的校验码),其检错能力是很低的,它只能检查出一位错。如果两位同时出错,则检查不出来,即失去了检验能力。另外,简单的奇偶校验码没有纠错校正功能,因为它不具备对错误定位的能力,例如在偶校验中,尽管可以知道接收到的代码 10110000 是非法的,但却无法判定错误发生在哪一位上。但是,由于奇偶校验码简单易行,编码和解码电路简单,不需增加很多设备,所以它仍在误码率不高的许多场合得以广泛应用。

2) CRC 校验

CRC 是循环冗余校验(Cyclic Redundancy Check)的英文缩写。CRC 校验是计算机和数据通信中常用的校验方法中最重要的一种。它的编码效率高,校验能力强,对随机错码和突发错码(即连续多位产生错码)均能以较低的冗余度进行严格检错。而且它是基于整个数据块传输的一种校验方法,所以同步串行通信多采用 CRC 校验。

CRC 校验是利用编码的原理,对所要传送的二进制码序列,按特定的编码规则产生相应的校验码(CRC 校验码),并将 CRC 校验码放在有效信息代码之后,形成一个新的二进制序列,并将其发送出去;接收时,再依据特定的规则检查传输过程是否产生差错,如果发现有错,可要求发送方重新传送,或作其他专门处理。

由于篇幅所限,这里不再介绍有关 CRC 校验的具体编码及解码方法,而仅给出上面几点概括性的说明,详细内容可查阅有关书籍或专门著作。

10.2 串行通信接口标准

10.2.1 RS-232C

RS-232C 是适合数据终端设备(Data Terminal Equipment,DTE)和数据通信设备(Data Communication Equipment,DCE)之间相互连接与通信的一个串行通信接口标准,简称 RS-232C 标准。1969 年由美国电子工业协会(Electronic Industry Association,EIA)公布,所以也称 EIA RS-232C 标准。另一个与 RS-232C 基本相同的标准是国际电报电话咨询委员会(Consultative Committee International Telegraph and Telephone,CCITT)的 V.24。

图 10.5 表示了 RS-232C 在一个典型的通信系统中的使用环境。其中 CRT 终端经电话线路与远程计算机通信。在该系统中 DTE 设备就是 CRT 终端和远程计算机,它们是所传数据的源点和终点;而 DCE 设备就是调制解调器(Modem),由它们实现在公共电话网上进行数据通信所必需的信号转换及有关功能。连接两个 DCE 的是公共电话线路。

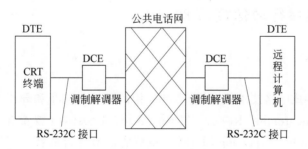

图 10.5　RS-232C 接口环境

这里需要说明的是,RS-232C 所涉及的仅是 DTE 与 DCE 之间相互连接时有关机械的、电气的以及功能方面的规定和标准。即它是解决 DTE 和 DCE 之间的本地接口问题,并不涉及两个 DCE 间通过电话网的连接方面的问题。RS-232C 接口的最高数据传输率为 19.2Kbps,传输电缆长度不超过 15 米。

目前,由于方便、简洁的 USB 接口的广泛应用,RS-232C 接口的实际使用正逐步减少,所以这里不再详细介绍 RS-232C 接口的具体规范(如信号电平的规定、引脚的功能定义及电缆连接等),需要时可查阅相关资料。

10.2.2 RS-485

RS-485 适用于收、发双方共用一对线路进行通信,它也适用于多个站点之间共用一对线路进行总线方式联网,但通信只能是半双工的,具体线路如图 10.6 所示。由于共用一对线路,在任何时刻,只允许一个发送器发送数据,其他发送器必须处于关闭(高阻)状态,这是通过发送器芯片上的发送控制端实现的。例如,当该端为高电平时,发送器可以发送数据;当该端为低电平时,发送器的两个输出端都呈高阻状态,好像与线路断开一样。

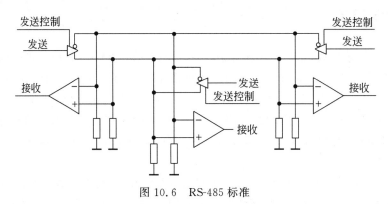

图 10.6   RS-485 标准

采用 RS-485 标准,在不用调制解调器的情况下,传输率为 100Kbps 时,传输距离可达 1200m;9600bps 时可传送 15000m;10Mbps 时则只能传送 15m。

10.3   可编程串行通信接口 8251A

10.3.1   USART

随着大规模集成电路技术的发展,多种通用的可编程同步和异步接口片(Universal Synchronous Asynchronous Receiver/Transmitter,USART)被推出,典型的芯片有 Motorola ACIA、Intel 8251、Zilog SIO 等。虽然它们有各自的特点,但就其基本功能结构来说是类似的,均具有串行接收/发送异步和同步格式数据的能力。

1. 结构

这类接口片通常均包括接收和发送两部分。

发送部分:能接收与暂存由 CPU 并行输出的数据。在异步方式时,通过移位寄存器变为串行数据格式并添加上起始位、奇偶校验位及停止位,由一条数据线发送出去;在同步方式时,能自动插入同步字符。

接收部分：异步方式时，能把接收到的数据去掉起始位、停止位，检查有无奇偶错，然后经过移位寄存器变为并行格式后，送至接收缓冲寄存器，以便 CPU 用输入指令（IN 指令）取走；同步方式时，能够自动识别同步字符。

除此之外，这类接口片还必须有控制与状态部分，通过它们一方面可以实现片内控制以及向外设发出控制信号的功能，另一方面还能提供接口的工作状态以供 CPU 检测。

2. 初 始 化

接口片的功能可以通过程序预先给予选择和确定，即接口片的初始化。因此，使用者必须对接口片的功能、原理，尤其是控制机制（多数反映在控制寄存器的内容之中）有清楚的了解，由此才能编制出正确可行的初始化程序。

对于串行接口片，初始化程序通常要涉及如下几方面的问题。

① 同步还是异步方式；

② 字符格式；

③ 时钟脉冲频率与波特率的比例系数；

④ 有关命令位的确定。

下面以 Intel 8251A 为例，具体介绍实际的可编程串行通信接口片的功能及使用方法。

10.3.2 8251A 的基本功能和工作原理

1. 8251A 的基本功能和特性

（1）可用于同步和异步传送。

（2）同步传送：5～8 位/字符；内部或外部同步；可自动插入同步字符。

（3）异步传送：5～8 位/字符；时钟速率为波特率的 1 倍、16 倍或 64 倍；可产生中止字符（Break Character）；可产生 1 位、1.5 位或 2 位的停止位；可检测假起始位；可自动检测和处理中止字符。

（4）波 特 率：DC～64K（同步）；DC～19.2K（异步）。

（5）全双工、双缓冲器发送和接收。

（6）出错检测：具有奇偶错、超越错和帧格式错等差错检测电路。

（7）全部输入输出与 TTL 电平兼容；单一的 +5V 电源；单一 TTL 电平时钟；28 脚双列直插式封装。

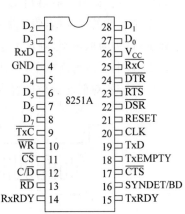

图 10.7 8251A 引脚图

2. 8251A 的引脚图

8251A 芯片共有 28 条输入/输出引脚，其引脚分配如图 10.7 所示。引脚功能说明将在后面介绍。

3. 8251A 内部结构框图及工作原理

8251A 内部结构框图如图 10.8 所示。

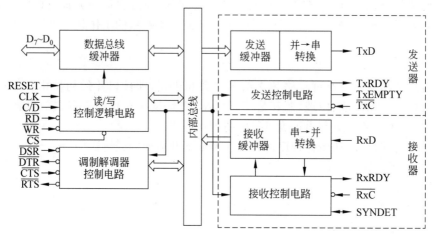

图 10.8   8251A 内部结构框图

由图 10.8 可以看出,8251A 主要有 5 个组成部分:接收器、发送器、数据总线缓冲器、读写控制逻辑电路及调制解调器控制电路。各部分之间通过内部数据总线相互联系与通信。

(1) 接收器:接收器实现有关接收的所有工作。它接收在 RxD 引脚上出现的串行数据并按规定格式转换成并行数据,存放在接收缓冲器中,以待 CPU 来取走。

在 8251A 工作于异步方式并被启动接收数据时,接收器不断采样 RxD 线上的电平变化。平时没有数据传输时,RxD 线上为高电平。当采样到有低电平出现时,则有可能是起始位的到来,但还不能确定它是否为真正的起始位,因为有可能是干扰脉冲造成的假起始位信号。此时接收器启动一个内部计数器,其计数脉冲就是接收时钟信号。当计数到一个位周期的一半(若设定时钟频率为波特率的 16 倍,则计数到第 8 个时钟)时,如果采样 RxD 仍为低电平,则认为是真的起始位出现了,而不是噪声干扰信号;否则,如果此时在 RxD 上采样为高电平,就认为出现了噪声干扰信号,而不是真的起始位。这就是 8251A 所具有的对假起始位的鉴别能力。对 RxD 采样的具体情形如图 10.9 所示。

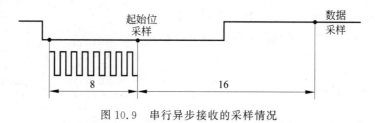

图 10.9   串行异步接收的采样情况

8251A 采样到起始位后便开始对有效数据位的采样并进行字符装配。具体地说,就是每隔 16 个时钟脉冲采样一次 RxD(见图 10.20),然后将采样到的数据送至移位寄存器,经过移位操作,并经奇偶校验和去掉停止位,就得到了转换成并行格式的数据,存入接收缓冲寄存器。然后将状态寄存器中的 RxRDY 位置"1"并在 RxRDY 引脚上输出有效信号,表示已经接收到一个有效数据字符。对于少于 8 位的数据字符,8251A 将它们的高位填"0"。

在同步接收方式下,8251A 采样 RxD 线,每出现一个数据位就把它移位接收进来,然后把接收寄存器与同步字符(由初始化程序设定)寄存器相比较,看其内容是否相等。若不等,则 8251A 重复上述过程;若相等,则将状态寄存器中的 SYNDET 位置"1"并在 SYNDET 引脚上输出一个有效信号,表示已找到同步字符。实现同步后,接收器与发送器之间就开始进行有效数据的同步传输。接收器不断对 RxD 线进行采样,并把收到的数据位送到移位寄存器中。每当收到的数据达到设定的一个字符的位数时,就将移位寄存器中的数据送到接收缓冲寄存器,并且使状态寄存器中的 RxRDY 位置"1"并在 RxRDY 引脚上输出有效信号,表示已经收到一个数据字符。

(2) 发送器:在异步方式下,当控制命令寄存器中的 TxEN 位被置位且 $\overline{\text{CTS}}$ 信号有效时,才能开始发送过程。发送器接收 CPU 送来的并行数据,加上起始位,并根据规定的奇偶校验要求(是奇校验还是偶校验)加上校验位,最后加上 1 位、1.5 位或 2 位停止位,由 TxD 输出线发送出去。

另外,异步方式下发送器的另一个功能是发送中止符(Break Character)。中止符是通过在线路上发送连续的 0(2 帧以上)来构成的。由于在异步方式下一帧的末尾一定是停止位 1,所以在正常发送时连续发送 0 的时间不会达 1 帧以上。因此,特规定:若发送 0 的时间在 2 帧以上,则发送中止符。只要编程将 8251A 控制命令寄存器的 D_3 位(SBRK)置"1",则 8251A 就发送中止符。8251A 也具有检测对方发送中止符的功能。当检测出中止符时,则使对应的状态位置 1,并在相应的引脚上输出有效信号。

在同步方式下,也要在 TxEN 位被置位且 $\overline{\text{CTS}}$ 信号有效的情况下,才能开始发送过程。发送器首先根据初始化程序对同步格式的设定,发送一个同步字符(单同步)或两个同步字符(双同步),然后发送数据块。在发送数据块时,如果初始化程序设定为有奇偶校验,则发送器会对数据块中每个数据字符加上奇/偶校验位。

(3) 数据总线缓冲器:数据总线缓冲器用来把 8251A 和系统数据总线相连,在 CPU 执行输入/输出指令期间,通过数据总线缓冲器发送和接收数据。此外,控制命令字和状态信息也通过数据总线缓冲器来传输。

(4) 调制解调器控制电路:调制解调器控制电路提供了 4 个用于和 Modem 或其他数据终端设备接口时的控制信号——$\overline{\text{DTR}}$、$\overline{\text{DSR}}$、$\overline{\text{RTS}}$ 和 $\overline{\text{CTS}}$,通过它们可以有效地实现数据通信过程的联络与控制。

(5) 读/写控制逻辑电路:读/写控制逻辑电路实现对 CPU 输出的控制信号($\text{C}/\overline{\text{D}}$、$\overline{\text{RD}}$、$\overline{\text{WR}}$ 等)的译码,以实现相应的读/写操作功能。

10.3.3　8251A 的对外接口信号

8251A 是 CPU 与外设(如调制解调器)之间的接口电路。8251A 对外接口信号可大致分为两组:一组是和 CPU 之间的接口信号,另一组是和外设之间的接口信号。8251A 的对外接口信号如图 10.10 所示。

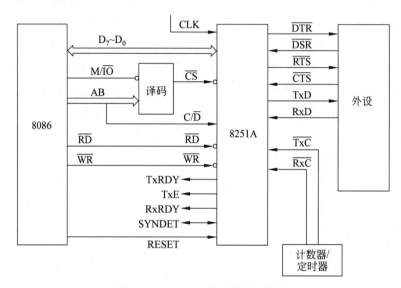

图 10.10　8251A 的对外接口信号

1. 8251A 与 CPU 之间的接口信号

8251A 与 CPU 之间的接口信号可分为 4 种类型。

1) 复位信号 RESET

当这个引脚上出现一个 6 倍时钟宽度的高电平时,芯片被复位。复位后,使芯片处于空闲状态。此空闲状态一直保持到编程设定了新状态才结束。通常将此复位端与系统的复位线相连。

2) 数据信号 $D_7 \sim D_0$

双向 8 位数据线,与 CPU 的数据总线相连。实际上,这 8 位数据线上不只是传输普通的数据信息,而且也传输 CPU 写入 8251A 的控制命令以及从 8251A 读取的状态信息。

3) 读/写控制信号

(1) $\overline{CS}$——片选信号。它是由地址信号经译码而形成的。$\overline{CS}$ 为低电平时,8251A 被选中,它可以与 CPU 之间输送数据;反之,8251A 未被选中。在未被选中情况下,8251A 的数据总线处于高阻状态,读控制信号 $\overline{RD}$ 和写控制信号 $\overline{WR}$ 对芯片不起作用。

(2) $\overline{RD}$——读控制信号,低电平有效。当该信号有效时,CPU 从 8251A 读取数据或状态信息。

（3）$\overline{WR}$——写控制信号，低电平有效。当该信号有效时，CPU 往 8251A 写入数据或控制信息。

（4）$C/\overline{D}$——控制/数据选择输入端，用以决定 CPU 对 8251A 的操作是读写数据还是控制或状态信息。如果此输入端为高电平，则 CPU 对 8251A 的操作就是写控制字或读状态字；反之，就是读写数据。通常，将此端与地址线的最低位（A_0）相连。于是，8251A 就占有两个端口地址。偶地址为数据端口，奇地址为控制端口。

$\overline{CS}$、$C/\overline{D}$、$\overline{RD}$、$\overline{WR}$ 的编码与相应的操作之间的关系如表 10.1 所示。

表 10.1　8251A 的读/写控制信号真值表

$\overline{CS}$	$C/\overline{D}$	$\overline{RD}$	$\overline{WR}$	操　作
0	0	0	1	CPU 从 8251A 读数据
0	0	1	0	CPU 往 8251A 写数据
0	1	0	1	CPU 从 8251A 读状态
0	1	1	0	CPU 往 8251A 写控制命令
0	×	1	1	$D_7 \sim D_0$ 为高阻状态
1	×	×	×	

4）收发联络信号

（1）TxRDY——发送器准备好信号，输出，高电平有效。当 8251A 处于允许发送状态并且"发送缓冲器"为空时，则 TxRDY 输出高电平，表明当前 8251A 已做好了发送准备，因而 CPU 可以往 8251A 传送一个数据字符。在中断方式下，TxRDY 可以作为向 CPU 发出的中断请求信号；在查询方式下，TxRDY 作为状态寄存器中的一位状态信息供 CPU 检测。

（2）TxE——发送器空信号，输出，高电平有效。当它有效时，表示发送器中"输出移位寄存器"为空。在同步方式下，若 CPU 不能及时输出一个新字符给 8251A，则 TxE 变为高电平，同时发送器在数据输出线上插入同步字符，以填补传输空隙。TxE 也是状态寄存器中的一位状态信息。

（3）RxRDY——接收器准备好信号，输出，高电平有效。当它有效时，表明 8251A 已经从串行输入线接收了一个数据字符，正等待 CPU 取走。所以，在中断方式时，RxRDY 可作为向 CPU 发出的中断请求信号；在查询方式时，RxRDY 作为状态寄存器中的一个状态位，供 CPU 检测。

（4）SYNDET/BRKDET——同步字符或中止符检测信号。中止符的信息格式前面已介绍，此处不再重复。

2. 8251A 与外设之间的接口信号

（1）$\overline{DTR}$——数据终端准备好信号，向调制解调器（或其他外设）输出，低电平有效。$\overline{DTR}$ 有效，表示数据终端设备当前已准备就绪。它可由软件设置，当控制命令字中 D_1

位置"1"时,则 $\overline{\text{DTR}}$ 输出有效信号。

(2) $\overline{\text{DSR}}$——数据装置准备好信号,由调制解调器(或其他外设)输入,低电平有效。 $\overline{\text{DSR}}$ 有效,表示调制解调器(或其他外设)已经准备好。它实际上是对 $\overline{\text{DTR}}$ 的回答信号。另外,当 $\overline{\text{DSR}}$ 信号有效时,将使状态寄存器的 D_7 位(DSR 位)置"1",所以 CPU 通过对状态寄存器的读取操作,可实现对 $\overline{\text{DSR}}$ 信号的检测。

(3) $\overline{\text{RTS}}$——请求发送信号,向调制解调器(或其他外设)输出,低电平有效。 $\overline{\text{RTS}}$ 有效,表示数据终端设备准备发送数据。它可由软件设置,当控制命令字 D_5 位置"1"时, $\overline{\text{RTS}}$ 输出有效信号。

(4) $\overline{\text{CTS}}$——允许发送信号,由调制解调器(或其他外设)输入,低电平有效。 $\overline{\text{CTS}}$ 有效,表示允许数据终端设备发送数据。它实际上是对 $\overline{\text{RTS}}$ 的响应信号。

(5) $\overline{\text{RxC}}$——接收器时钟。

(6) $\overline{\text{TxC}}$——发送器时钟。

(7) RxD——接收数据,由外部输入。

(8) TxD——发送数据,向外部输出。

10.3.4 8251A 的编程

8251A 的编程包括两部分,一部分是规定工作方式,另一部分是发出操作命令。规定工作方式用来设定 8251A 的一般工作特性(如异步方式或同步方式、字符格式、传输率等),它是通过 CPU 向 8251A 输出"方式选择控制字"来实现的;操作命令用来指定 8251A 的具体操作(如发送器允许、接收器允许、请求发送等),它是通过 CPU 向 8251A 输出"操作命令字"来实现的。

1. 方式选择控制字

方式选择控制字用以规定 8251A 的工作方式。它必须紧跟复位操作之后由 CPU 写入。8251A 方式选择控制字的格式如图 10.11 所示。

由图 10.11 可以看出,由最低两位 B_2B_1 确定是同步方式还是异步方式。$B_2B_1=00$ 时,为同步方式;$B_2B_1\neq00$ 时,为异步方式,且由 B_2B_1 的 3 种代码组合设定时钟频率为波特率的 1 倍(×1)、16 倍(×16)或 64 倍(×64)。

L_2L_1 两位用以确定每字符的数据位数目;EP 和 PEN 用以确定奇偶校验的性质;S_2S_1 两位在同步方式($B_2B_1=00$)和异步方式($B_2B_1\neq00$)时的含义是不同的,异步时用以规定停止位的位数,同步时用以确定是内同步还是外同步,以及是单同步字符还是双同步字符。

2. 操作命令控制字

操作命令控制字直接让 8251A 实现某种操作或进入规定的工作状态,它只有在设定了方式选择控制字后,才能由 CPU 写入。8251A 的操作命令控制字格式如图 10.12 所示。

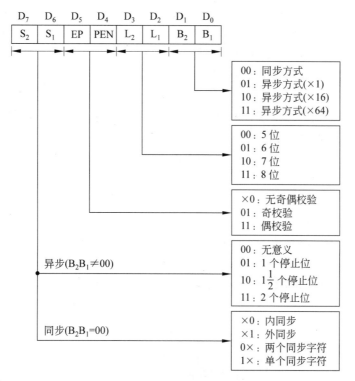

图 10.11　8251A 的方式选择控制字的格式

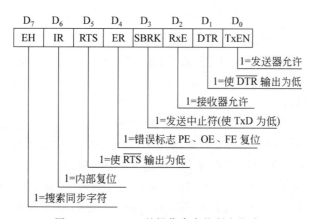

图 10.12　8251A 的操作命令控制字格式

　　TxEN 位是发送器允许(启动)位,TxEN＝1,发送器才能通过 TxD 线向外部串行发送数据;DTR 位是数据终端准备好信号控制位,DTR＝1,$\overline{\text{DTR}}$ 引线输出有效信号;RxE 位是接收器允许位,RxE＝1,接收器才能通过 RxD 线从外部串行接收数据;SBRK 位是发送中止符位,SBRK＝1,通过 TxD 线连续发送“0”信号(2 帧以上),正常通信过程中 SBRK 位应保持为“0”;ER 位是清除错误标志位,ER＝1,将状态寄存器中的 PE、OE 和 FE 三个错误标志位同时清“0”;RTS 位是请求发送信号控制位,RTS＝1,$\overline{\text{RTS}}$ 引线输出有效信号；IR 位是内部复位控制位,IR＝1,使 8251A 复位,并回到接收方式选择控制字的状态；EH 位只对同步方式有效,EH＝1,表示开始搜索同步字符,因此对于同步方式,一旦使接收器允许(RxE＝1),必须同时使 EH＝1。

需要说明的是,方式选择控制字与操作命令控制字都是由 CPU 作为控制字写入 8251A 的,写入时的端口地址是相同的。为了在芯片内不致造成混淆,8251A 采用了对写入次序进行控制的办法来区分两种控制字。在复位后写入的控制字,被 8251A 解释为方式选择控制字,此后写入的是操作命令控制字,且在芯片再次复位以前,所有写入的控制字都是操作命令字。

3. 状态字

CPU 可在 8251A 工作过程中利用输入指令(IN 指令)读取当前 8251A 的状态字,从而可以检测接口和数据传输的工作状态。8251A 的状态字格式如图 10.13 所示。

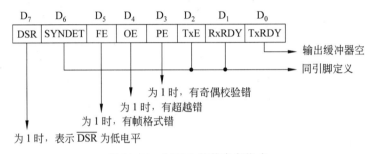

图 10.13　8251A 的状态字格式

在图 10.13 所示的状态字中,PE 位是奇偶错标志位,PE＝1 表示当前出现了奇偶校验错,它不中止 8251A 的工作；OE 位是"超越错"标志位,OE＝1 表示当前出现了"超越错",即指 CPU 尚未来得及读走上一个字符而下一个字符又被接收进来时产生的差错。它不中止 8251A 继续接收下一个字符,但上一个字符将被丢失；FE 位是"帧格式错"标志位,它只对异步方式有效。FE＝1 表示出现了"帧格式错",即指在异步方式下当一个字符结束而没有检测到规定的停止位时的差错,它也不中止 8251A 的工作。

上述三个差错标志位可用操作命令字中的 ER 位复位。

RxRDY 位、TxE 位和 SYNDET/BRKDET 位与同名引脚的状态和含义相同,此处不再赘述；DSR 位是数据通信设备准备好状态位,DSR＝1 表示调制解调器或其他外设已处于准备好状态,此时 $\overline{\text{DSR}}$ 输入信号有效。

TxRDY 位是发送准备好状态位,它与输出引脚 TxRDY 的含义有所不同。TxRDY 状态位为"1"只反映当前发送缓冲器已空,而 TxRDY 输出引脚为"1",除发送缓冲器已空外,还需要以 $\overline{\text{CTS}}$＝0 和 TxEN＝1 为条件,即存在如下逻辑关系：

$$\text{输出引脚 TxRDY 为 } 1 = \text{发送缓冲器空} \cdot (\overline{\text{CTS}}=0) \cdot (\text{TxEN}=1)$$

在数据发送过程中,TxRDY 状态位与 TxRDY 引脚的状态总是相同的。通常 TxRDY 状态位供 CPU 查询,而 TxRDY 引脚的输出信号作为向 CPU 的中断请求信号。

4. 初始化及数据传送流程图

8251A 的初始化和数据传送流程如图 10.14 所示。

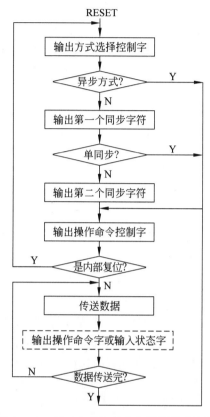

图 10.14　8251A 的初始化和数据传送流程

由图 10.14 可见,对 8251A 的初始化编程,必须在复位操作之后,先通过方式选择控制字对其工作方式进行设定;如果设定 8251A 工作于异步方式,那么必须在输出方式选择控制字之后再通过操作命令字对有关操作进行设置,然后才可进行数据传送;在数据传送过程中,也可使用操作命令字进行某些操作设置或读取 8251A 的状态;在数据传送结束时,若使用 IR 位为"1"的内部复位命令使 8251A 复位,则它又可重新接收方式选择控制字,从而改变工作方式完成其他传送任务。当然也可在一次数据传送结束后不改变工作方式,而仍按原来的工作方式进行下一次数据传送,则此时就不需进行内部复位以及重新设置工作方式的操作。这要根据具体使用情况而定。

如果设定 8251A 工作于同步方式,那么在输出方式选择控制字之后应紧跟着输出一个同步字符(单同步)或两个同步字符(双同步),然后再输出操作命令字,后面的操作过程与异步方式相同。

5．编程举例

1）异步方式下的初始化编程举例

（1）方式选择字的设定。例如，设定8251A工作于异步方式，波特率因子为64，每字符7个数据位，偶校验，2位停止位，则方式选择控制字为11111011B＝FBH。

（2）操作命令字的设定。例如，使8251A的发送器允许，接收器允许，使状态寄存器中的3个错误标志位复位，使数据终端准备好信号$\overline{DTR}$输出低电平，则操作命令控制字为00010111B＝17H。

若8251A的端口地址为50H、51H，则本例的初始化程序如下（设在此之前已对8251A进行了复位操作）：

```
MOV  AL，0FBH    ;  ⎫
OUT  51H，AL     ;  ⎬ 输出方式选择控制字
MOV  AL，17H     ;  ⎫
OUT  51H，AL     ;  ⎬ 输出操作命令字
```

CPU执行上述程序之后，即完成了对8251A异步方式的初始化编程。

2）同步方式下的初始化编程举例

设8251A工作于同步方式，双同步字符，内同步，同步字符为16H，每字符7个数据位，偶校验，则方式选择字为00111000B＝38H。

设操作命令字为10010111B＝97H，使发送器允许，接收器允许，错误标志复位，开始搜索同步字符，并通知调制解调器，数据终端设备已准备就绪。

8251A的端口地址为50H、51H，则本例的初始化程序如下（设在此之前已对8251A进行了复位操作）：

```
MOV  AL，38H     ;  ⎫
OUT  51H，AL     ;  ⎬ 输出方式选择字
MOV  AL，16H     ;  ⎫
OUT  51H，AL     ;  ⎬ 输出两个同步字符,同步字符为16H
OUT  51H，AL     ;  ⎭
MOV  AL，97H     ;  ⎫
OUT  51H，AL     ;  ⎬ 输出操作命令字
```

CPU执行上述程序之后，即完成了对8251A同步方式的初始化编程。

10.3.5 8251A应用举例

【例10.3】 利用8251A实现双机通信。

利用8251A实现相距较近（不超过15m）的两台微机相互通信，其硬件连接图如图10.15所示。由于是近距离通信，因此不需使用MODEM，两台微机直接通过8251A相连即可（双方的发送数据线TxD与接收数据线RxD交叉扭接，并将两边的信号地连接起来）；另外，也不需要使用与MODEM的联络控制信号线$\overline{DTR}$、$\overline{DSR}$及$\overline{RTS}$、$\overline{CTS}$，连接

时仅使 8251A 的 $\overline{\text{CTS}}$ 接地即可。

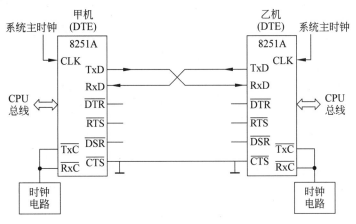

图 10.15　利用 8251A 进行双机通信硬件连接图

甲、乙两机可进行半双工或全双工通信。CPU 与接口之间可按查询方式或中断方式进行数据传送。本例采用半双工通信,查询方式,异步传送。下面给出发送端与接收端的初始化及控制程序。

发送端初始化及控制程序如下:

```
START:MOV  DX , 8251A 控制端口号
      MOV  AL , 00H                ;
      OUT  DX , AL                 ;  向 8251A 连续 3 次写入 00H
      OUT  DX , AL                 ;
      OUT  DX , AL                 ;
      MOV  AL , 40H                ;内部复位命令
      OUT  DX , AL
      MOV  AL , 7AH                ;方式选择字:异步方式,7 位数据,1 位停止位
      OUT  DX , AL                 ;偶校验,波特率因子为 16
      MOV  AL , 11H                ;操作命令字:发送器允许,错误标志复位
      OUT  DX , AL
      MOV  SI ,发送数据块首地址
      MOV  CX,发送数据块字节数
NEXT: MOV  DX , 8251A 控制端口号
      IN   AL , DX                 ;读状态字
      TEST AL , 01H                ;查询状态位 TxRDY 是否为"1"
      JZ   NEXT                    ;发送未准备好,则继续查询
      MOV  DX , 8251A 数据端口号
      MOV  AL , [SI]               ;发送准备好,则从发送区取一字节数据发送
      OUT  DX , AL
      INC  SI                      ;修改地址指针
      LOOP NEXT                    ;未发送完,继续
      HLT
```

接收端初始化及控制程序如下所示:

```
BEGIN:MOV  DX, 8251A 控制端口号
       MOV  AL, 00H                      ;⎤
       OUT  DX, AL                       ;⎥
       OUT  DX, AL                       ;⎬向 8251A 连续 3 次写入 00H
       OUT  DX, AL                       ;⎦
       MOV  AL, 40H                      ;内部复位命令
       OUT  DX, AL
       MOV  AL, 7AH                      ;方式选择字
       OUT  DX, AL
       MOV  AL, 14H                      ;操作命令字
       OUT  DX, AL
       MOV  DI, 接收数据块首地址
       MOV  CX, 接收数据块字节数
L1 : MOV  DX, 8251A 控制端口号
       IN   AL, DX                       ;读状态字
       TEST AL, 02H                      ;查状态位 RxRDY 是否为"1"
       JZ   L1                           ;接收未准备好, 则继续查询
       TEST AL, 08H                      ;检测是否有奇偶校验错
       JNZ  ERR                          ;若有, 则转出错处理
       MOV  DX, 8251A 数据端口号
       IN   AL, DX                       ;接收准备好, 则接收一字节
       MOV  [DI], AL                     ;存入接收数据区
       INC  DI                           ;修改地址指针
       LOOP L1                           ;未接收完, 继续
       HLT
```

这里, 对上述发送端和接收端初始化程序中首先"向 8251A 连续 3 次写入 00H"的操作解释如下:

由图 10.14 所示的 8251A 初始化流程可见, 在对其输出方式选择控制字之前, 必须使它处于复位状态。但是在实际使用中, 不一定能够确保此时 8251A 处于此种状态。为此, 在写入方式选择控制字之前, 应先对其进行复位操作。而当使用内部复位命令(40H)对其进行复位操作时, 又必须使 8251A 处于准备接收操作命令字的状态。为达到此目的, 可采用的一种方式(Intel 数据手册建议)就是在写入内部复位命令(40H)之前, 实施向其连续写入 3 次 00H 的引导操作(均写入控制口中)。

经过分析可以发现, 在第一次写入 00H 时, 如果 8251A 处于准备接收操作命令控制字的状态, 则 00H 被解释成操作命令字, 但它及相继写入的两个 00H 均不会产生任何具体操作; 如果第一次写入 00 时, 8251A 处于准备接收方式选择控制字的状态(即已处于复位状态), 则 00H 将被解释成设定同步方式(因为最低两位为 00)、两个同步字符(因为最高两位为 00), 所以后续写入的两个 00H 将作为两个同步字符予以接收。查 8251A 的初始化流程可以发现, 在双同步方式下, 写完两个同步字符后即进入"输出操作命令控制字"的流程, 此时, 刚好可以写入内部复位命令(40H), 之后即可正确地写入方式选择控制字。

习题 **10**

10.1　什么叫全双工方式? 什么叫半双工方式?

10.2　简要说明异步方式与同步方式的主要特点。

10.3　什么叫波特率因子? 若波特率因子为 16,波特率为 1200,则时钟频率应为多少?

10.4　8251A 在接收和发送数据时,分别通过哪个引脚向 CPU 发中断请求信号?

10.5　说明 8251A 异步方式与同步方式初始化流程的主要区别。

10.6　对 8251A 进行初始化编程:工作于异步方式,偶校验,7 位数据位,2 个停止位,波特率因子为 16;使出错标志位复位,发送器允许,接收器允许。8251A 的端口地址为 50H、51H。操作命令字中无关位置 0。

10.7　编写采用查询方式通过 8251A 输出内存缓冲区中 100 个字符的程序段。要求:8251A 工作于异步方式,奇校验,2 个停止位,7 位数据位,波特率因子 64;8251A 的端口地址为 50H、51H;内存缓冲区始址为 2000H:3000H;写出简要程序注释。

第11章

计数/定时技术

在控制系统与计算机中,常常需要有定时信号,以实现定时控制,如系统的实时时钟定时中断、动态存储器的定时刷新等。此外,还需要有计数功能,以实现对外部事件的计数,当外部事件发生的次数达到规定值后,向计算机发出中断请求,进而实施相应的控制或处理。

11.1 概述

实现定时和计数的方法通常有软件的方法、不可编程的硬件电路、可编程的计数器/定时器电路 3 种。

采用软件定时,即让计算机执行一个专门的指令序列(也称延时程序),由执行指令序列中各条指令所花费的时间来构成一个固定的时间间隔,从而达到定时或延时的目的。通过恰当地选择指令并安排循环次数则可很容易地实现软件定时。它的优点是不需增加硬件设备,只需编制有关延时程序即可。缺点是执行延时程序要占用 CPU 的时间开销,延时时间越长,这种时间开销越大,浪费了 CPU 资源。

不可编程的硬件定时,是采用电子器件构成定时电路,通过调整和改变电路中的定时元件(如电阻和电容)的数值大小,即可实现调整和改变定时的数值与范围。例如,常用的单稳延时电路,是用一个输入脉冲信号去触发单稳电路,经过预定的时间间隔之后产生一个输出信号,从而达到延时的目的。其延迟时间间隔的长短由电路中的定时电阻电容值(即 RC 时间常数)所决定。这种定时方法的缺点是,其定时值和定时范围不能通过程序(软件)的方法予以控制和改变。

在微机系统中,上述单独采用软件定时及不可编程的硬件定时方法较少使用。通常是采用软件硬件结合的方法,即采用可编程定时器/计数器电路。这种电路的定时值及其调整范围,均可以通过软件的方法很容易地加以确定和改变,功能灵活,使用方便。

11.2 可编程计数器/定时器 8253

11.2.1 8253 的主要功能

Intel 8253 是具有 3 个 16 位计数通道的可编程计数器/定时器芯片,采用 NMOS 工艺制成,单一＋5V 电源,24 脚双列直插式封装。它的主要功能如下:

(1) 具有 3 个独立的 16 位计数通道;

(2) 每个计数通道都可按照二进制或 BCD 数计数;

(3) 每个计数通道的计数速率最高可达 2MHz;

(4) 每个计数通道有 6 种工作方式,均可由程序设置和改变;

(5) 全部输入输出都与 TTL 电平兼容。

8253 的读/写操作,对系统时钟没有特殊要求,它几乎可以应用于任何一种微机系统中,可作为可编程的事件计数器、分频器、方波发生器、实时时钟以及单脉冲发生器等。

11.2.2　8253 的结构框图

8253 的内部结构框图如图 11.1 所示。由图可见,它由与 CPU 的接口、内部控制电路以及 3 个计数通道所组成。

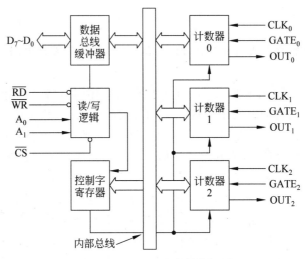

图 11.1　8253 的内部结构框图

1. 数据总线缓冲器

这是 8253 与 CPU 的数据总线($D_7 \sim D_0$)连接的 8 位双向三态缓冲器。CPU 用输入输出指令对 8253 进行读写操作时的所有信息都通过这个缓冲器传送。

2. 读/写逻辑

这是 8253 内部操作的控制电路,它从系统控制总线上接收输入信号,然后转换成 8253 内部操作的各种控制信号。

首先,读/写逻辑接受片选信号 $\overline{CS}$ 的控制,当 $\overline{CS}$ 为高(无效)时,读/写逻辑被禁止。这时,数据总线缓冲器呈现高阻状态,与系统数据总线脱开,CPU 就不能和 8253 传送信息,即 CPU 对 8253 的编程写入及读出均不能进行。当然计数器的现行计数操作可以继续进行,而不受 $\overline{CS}$ 电平变化的影响。其次,读/写逻辑还接收 CPU 发来的读信号 $\overline{RD}$、写信号 $\overline{WR}$ 以及地址信号 A_1、A_0,用以实现对读出和写入的内部寄存器(3 个计数器及一个控制字寄存器)的选择以及对数据传送方向的控制。

3. 控制字寄存器

当地址信号 A_1 和 A_0 都为 1 时,访问控制字寄存器。控制字寄存器从数据总线上接收 CPU 送来的控制字,并由控制字的 D_7、D_6 两位的编码决定控制字写入哪个通道的控制寄存器中,由寄存在每个通道内的控制寄存器的内容决定该通道的工作方式,选择计数器是按二进制还是 BCD 数计数,并确定每个计数器初值的写入顺序。

4. 计数器 0、计数器 1、计数器 2

这是 3 个计数器／定时器通道,每一个都由 16 位的可设置计数初值的减法计数器构成。3 个通道的操作是完全独立的。每个通道都有两个输入引脚 CLK 和 GATE 以及一个输出引脚 OUT。从编程的角度看,8253 的计数通道结构如图 11.2 所示。由该图可见,每个计数通道都包含一个 8 位的存放写入本通道控制字的控制寄存器,一个 16 位的计数初值寄存器 CR,一个 16 位的计数执行部件 CE,还有一个用来锁存 CE 内容的 16 位输出锁存器 OL。CE 完成由 CR 的初始值开始对 CLK 脉冲的减 1 计数任务。CPU 不能直接访问 CE。

在计数器开始计数之前,计数器的初始值必须由 CPU 用输出指令置入计数初值寄存器 CR。每个计数执行部件都可对其输入脉冲 CLK 按二进制或 BCD 数从预置的初始值开始进行减 1 计数。当预置的初始值减到 0 (有时为减到 1,详见后述) 时,从 OUT 输出端输出一预定信号。在计数过程中,计数器受到门控信号 GATE 的控制。每个计数通道的 CLK、OUT 和 GATE 信号之间的关系,取决于该通道所设定的工作方式。

在计数过程中,CPU 可以用输入指令将计数器的当前值从输出锁存器 OL 中读出,且这一操作对计数器的现行计数没有影响。

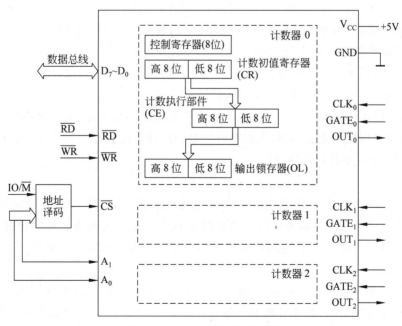

图 11.2 8253 的计数通道结构

11.2.3　8253 的引脚

8253 的引脚如图 11.3 所示。

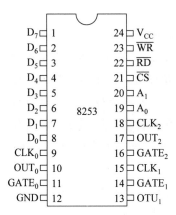

图 11.3　8253 的引脚图

8253 与 CPU 接口的引脚,除了没有复位信号 RESET 引脚外,其他与并行接口电路 8255A 相同。8253 的 3 个计数通道在结构和功能上完全一样,每个通道都有一个时钟输入引脚 CLK、一个输出引脚 OUT 和一个门控信号引脚 GATE。

1) CLK

CLK 为时钟输入引脚,用以输入计数执行部件 CE 的计数脉冲信号。CLK 脉冲可以由单独的脉冲源提供,也可以是系统时钟脉冲或系统时钟分频后的脉冲。这个输入脉冲可以是频率精确的连续脉冲,也可以是断续的单脉冲信号。

若 CLK 是频率精确的连续脉冲信号,则相应的通道可作定时器,用以输出时间间隔精确的定时信号,其定时间隔取决于输入脉冲的频率。

若 8253 用作计数器,这时要求 CLK 输入只是脉冲的数量,而不是脉冲的时间间隔,即 CLK 可以是周期不定的脉冲,当然也可以是周期确定的脉冲。当减 1 计数到 0 后,就从 OUT 端产生一个特定的输出信号。

2) OUT

它是通道输出信号引脚,从功能上来说也可称之为“计数到 0/定时时间到”输出引脚。即当通道工作于计数器方式减 1 计数到 0,或工作于定时器方式达到预定的时间间隔时,则在 OUT 引脚产生相应的输出信号,输出信号的形式取决于设定的工作方式。

3) GATE

它是门控输入信号引脚,用以输入控制计数器工作的外部控制信号。例如,当 GATE 为低电平时,可以禁止计数器工作;当 GATE 为高电平时,则允许计数器工作等。不同工作方式下,GATE 信号的作用有所不同。

11.2.4　8253 的工作方式

8253 的每个通道均可以通过编程选择 6 种工作方式之一,下面分别予以介绍。

1. 方式 0——计数到 0 产生中断请求

方式 0 的操作时序图如图 11.4 所示。首先,CPU 将控制字 CW 写入控制寄存器,并在写控制信号 $\overline{\text{WR}}$ 的上升沿,OUT 输出变为低电平(若原来为低,则保持为低,如图中虚线所示);然后,CPU 向计数初值寄存器 CR 写入计数初值($N=4$),并在 $\overline{\text{WR}}$ 上升沿之后的第一个 CLK 脉冲(图中以斜线标出)的下降沿,将 CR 的内容送入计数执行部件 CE。

要开始计数,GATE 信号必须为高电平。当 GATE 为高电平时,在 CR 内容送入 CE之后的每一个 CLK 脉冲下降沿,都使 CE 减 1 计数,并在计数过程中 OUT 一直维持为低电平,直至计数到 0 时,OUT 输出才由低电平跳变到高电平。用户可将此 OUT 输出信号作为中断请求信号。方式 0 主要用于事件计数。

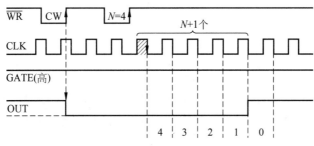

图 11.4　方式 0 的时序图

方式 0 的主要特点有以下 4 个方面:

(1) 计数器只计一遍而不能自动重复工作。当减 1 计数到 0 时,并不自动恢复计数初值重新开始计数,且 OUT 输出保持为高电平。只有 CPU 再次写入一个新的计数值(即使计数值相同也需再次写入),OUT 才变为低电平,计数器按新写入的计数值重新开始计数。或者 CPU 重新对 8253 设置方式 0 控制字,它的 OUT 输出也可以立即变为低电平,并等再次写入计数初值后重新开始计数。

(2) CPU 向 CR 寄存器写入计数初值后的第一个 CLK 脉冲(即图中用斜线标出的那个脉冲),将 CR 的内容送入 CE,从此之后计数器才开始减 1 计数。因此这第一个CLK 脉冲不包括在减 1 计数过程中。所以,如果设置计数初值为 N,则输出 OUT 是在$N+1$ 个 CLK 脉冲之后才变为高电平。

(3) 在计数过程中,可由 GATE 信号控制暂停计数。当 GATE 变低时,计数暂停;当 GATE 变高后又接着计数。

(4) 在计数过程中也可改变计数值。在写入新的计数值后,计数器将立即按新的计数值重新开始计数,即改变计数值是立即有效的。

2. 方式1——硬件可重复触发的单稳态触发器

在方式1,当 CPU 输出控制字后($\overline{WR}$ 的上升沿),OUT 输出变为高电平(若原来为高电平,则保持为高电平);在 CPU 写入计数初值后,计数器并不开始计数,直至门控信号 GATE 上升沿出现,并在其下一个 CLK 脉冲的下降沿,CR 的内容送入 CE,同时使 OUT 输出变为低电平,然后开始对随后的 CLK 脉冲进行减1计数。在计数过程中,OUT 一直维持为低电平,直至减1计数到0时,OUT 输出变为高电平。即由于 GATE 上升沿的触发,使 OUT 输出端产生一个宽度为 N 个 CLK 周期的负脉冲。此后,若再次由 GATE 上升沿触发,则输出再次产生一个同样宽度的负脉冲。方式1的时序图如图 11.5 所示。

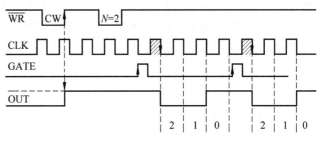

图 11.5　方式1的时序图

方式1的主要特点有以下4个方面:

(1) 若设置计数初值为 N,则输出负脉冲的宽度为 N 个 CLK 脉冲周期。

(2) 当计数到0时,可再次由 GATE 上升沿触发,输出同样宽度的负脉冲,而不必重新写入计数初值。

(3) 在计数过程中(输出负脉冲期间),可由 GATE 上升沿再触发。并使计数器从计数初值开始重新作减1计数,减至0时,OUT 输出变为高电平。其效果是使输出负脉冲的宽度比原来加宽了。

(4) 在计数过程中,CPU 可改变计数初值,这时计数过程不受影响,计数到0后输出变高。当再次触发时,计数器才按新输入的计数值计数,即改变计数值是下一次有效的。

3. 方式2——分频器

在方式2,当 CPU 输出控制字后,OUT 输出为高。在写入计数初值后,计数器将自动对输入时钟 CLK 计数。在计数过程中 OUT 输出为高,直至计数器减到1(注意,不是减到0)时,OUT 输出变低,经过一个 CLK 周期,输出恢复为高,且计数器将自动重新开始计数。

方式2的时序图如图 11.6 所示。这种方式可作脉冲速率发生器或用来产生实时时钟中断信号。

方式2的主要特点有以下3个方面:

(1) 不用重新设置计数值,通道能连续工作,输出固定频率的脉冲。如果计数初值为 N,则每输入 N 个 CLK 脉冲,输出一个负脉冲。负脉冲宽度为1个 CLK 周期,重复周期

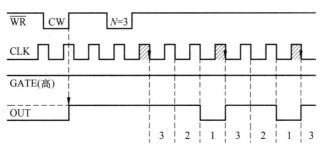

图 11.6　方式 2 的时序图

为 N 倍的 CLK 周期。

（2）计数过程可由 GATE 信号控制。当 GATE 信号变低时,立即暂停现行计数;当 GATE 信号又变高后,从计数初值开始重新计数。

（3）如果在计数过程中,CPU 重新写入计数值,则对于正在进行的计数无影响,而是从下一个计数操作周期开始按新的计数值改变输出脉冲的频率。

4. 方式 3——方波发生器

方式 3 和方式 2 的工作情况类似,两者的主要区别是输出波形的形式。对于方式 3, OUT 输出是对称方波或基本对称的矩形波。即在一个计数周期内,若计数初值 N 为偶数,则 OUT 输出将有 $N/2$ 个 CLK 周期为高电平,$N/2$ 个 CLK 周期为低电平,输出为对称方波,其周期为 N 个 CLK 周期;若 N 为奇数,则 OUT 输出将有 $(N+1)/2$ 个 CLK 周期为高电平,$(N-1)/2$ 个 CLK 周期为低电平,输出为基本对称的矩形波,其周期也为 N 个 CLK 周期。

在方式 3,当 CPU 设置控制字后,输出将为高,在写完计数初值 N 后计数器就自动开始计数,输出保持为高。当计数到 $N/2$(或 $(N+1)/2$)时,输出变低,直至计数到 0,使输出变高。同时又重新装入计数值开始新的计数。计数过程周而复始重复进行。

方式 3 的时序图如图 11.7 所示。这种方式常用来产生一定频率的方波。

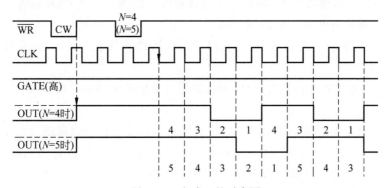

图 11.7　方式 3 的时序图

方式 3 的主要特点有以下 3 个方面:

（1）若计数初值 N 为偶数,则输出波形是周期为 N 个 CLK 周期的对称方波;若计数初值 N 为奇数,则输出波形是周期为 N 个 CLK 周期的基本对称矩形波,其高电平持续时间比低电平持续时间多一个 CLK 周期。

（2）如果在计数过程中,GATE 信号变低,则暂停现行计数过程,直到 GATE 再次有效,将从计数初值开始重新计数。

（3）如果要求改变输出方波的频率,则 CPU 可在任何时候重新写入新的计数初值,并从下一个计数操作周期开始改变输出方波的频率。

5. 方式 4——软件触发选通

在方式 4,当写入控制字后,OUT 输出为高。当写入计数初值后计数器即开始计数(相当于软件触发启动),当计数到 0 后,输出变低,经过一个 CLK 周期,输出又变高。方式 4 不能自动重复计数,即这种方式计数是一次性的。每次启动计数都要靠重新写入计数值,所以称为"软件触发选通"。

方式 4 的时序图如图 11.8 所示。当 8253 工作于方式 4 时,可用作软件触发的选通信号发生器。

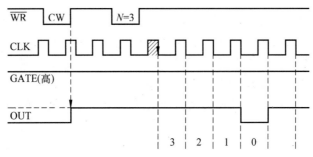

图 11.8　方式 4 的时序图

方式 4 的主要特点有以下 3 个方面:

（1）若设置计数初值为 N,则在写入计数初值后的 $N+1$ 个 CLK 脉冲,才输出一个负脉冲。负脉冲的宽度为一个 CLK 周期。

（2）GATE 为高时,允许计数;GATE 为低时,禁止计数。所以,要实现软件启动,GATE 应为高。

（3）若在计数过程中改变计数值,则按新的计数值重新开始计数,即改变计数值是立即有效的。

方式 4 可应用于这样一种情况:CPU 经输出端口发送并行数据给接收系统,经过一段时间延迟后,再发送一个选通信号,利用该选通信号将并行数据打入到接收系统的缓冲寄存器中。通过改变计数初值 N,可以方便地调整发出选通信号的延迟时间。

6. 方式 5——硬件触发选通

在方式 5,设置控制字后,输出为高。在设置计数初值后,计数器并不立即开始计数,而是由门控信号 GATE 的上升沿触发启动。当计数到 0 时,输出变低,经过一个 CLK 周期,输出恢复为高,并停止计数。要等到下一次门控 GATE 信号的触发才能再计数,即方式 5 的计数是一次性的。方式 5 的时序图如图 11.9 所示。

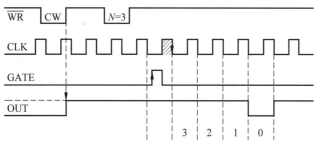

图 11.9　方式 5 的时序图

方式 5 的主要特点有以下 3 个方面:

(1) 若设置计数初值为 N,则在门控 GATE 上升沿触发后,经过 $N+1$ 个 CLK 脉冲,才输出一个负脉冲。

(2) 若在计数过程中再次出现门控 GATE 触发信号,则将使计数器从计数初值开始重新计数,但 OUT 输出的高电平不受影响。

(3) 若在计数过程中改变计数值,只要在计数到 0 之前不出现新的门控触发信号,则原计数过程不受影响;等计数到 0 并出现新的门控触发信号后,再按新的计数值计数。若在写入新的计数值后,在未计数到 0 之前有门控触发信号出现,则立即按新的计数值重新开始计数。

7. 8253 工作方式小结

为了更好地理解和掌握 8253 的 6 种工作方式,现将它们之间的主要相同点和区别小结如下:

(1) 方式 2(分频器)、方式 4(软件触发选通)和方式 5(硬件触发选通),它们的输出波形相同,都是宽度为一个 CLK 周期的负脉冲。区别是,方式 2 是自动重复工作的,而方式 4 需由软件(设置计数值)触发启动,方式 5 需由门控 GATE 信号触发启动。

(2) 方式 5(硬件触发选通)与方式 1(硬件触发单稳),触发信号相同,但输出波形不同——方式一输出为宽度是 N 个 CLK 周期的负脉冲(计数过程中输出为低),而方式 5 输出为宽度是一个 CLK 周期的负脉冲(计数过程中输出为高)。

(3) 在 6 种工作方式中,只有方式 0,在写入控制字后输出为低;其余 5 种方式,都是在写入控制字后输出为高。

(4) 6 种工作方式中的任一种方式,只有在写入计数初值后才能开始计数。方式 0、2、3、4 都是写入计数初值后,计数过程就开始了。而方式 1 和方式 5 在写入计数初值后,需由外部 GATE 信号的触发启动,才能开始计数过程。

(5) 6 种工作方式中,只有方式 2(分频器)和方式 3(方波发生器)为自动重复工作方式,其他 4 种方式都是一次性计数,要继续工作需要重新启动。

11.2.5 8253 的初始化编程

1. 内部寄存器的寻址

如前所述,8253 有 3 个独立的计数通道,每个通道可以被 CPU 访问的部件有:8 位的控制寄存器,它只能写入,不能读出;16 位的计数初值寄存器 CR,它只能写入,不能读出;16 位的输出锁存器 OL,它只能读出,不能写入。

8253 芯片是否被选中,决定于片选信号 $\overline{CS}$。当 $\overline{CS}$ 为有效低电平时,8253 芯片被选中;反之,当 $\overline{CS}$ 为高电平时,则 8253 芯片被禁止访问。通常 $\overline{CS}$ 接自地址译码器输出。

一片 8253 占用 4 个连续的端口地址,分别对应于 3 个计数初值寄存器端口和一个控制寄存器端口。由输入信号 A_1 和 A_0 的 4 种编码来选择 4 个端口之一。每个通道都各自有独立的控制寄存器,但 3 个通道的控制寄存器都共用一个端口地址,即 A_1 和 A_0 都为 1 时的端口地址。它是 3 个通道共同使用的控制寄存器端口地址。为了能够将每个通道的控制字写入它们各自的控制寄存器中,使用控制字的 D_7 和 D_6 的编码,来标志此控制字是写入哪个通道的控制寄存器中。

8253 内部寄存器的寻址如表 11.1 所示。

表 11.1 8253 内部寄存器的寻址

$\overline{CS}$	$\overline{RD}$	$\overline{WR}$	A_1	A_0	寄存器选择和操作
0	1	0	0	0	写通道 0 计数初值寄存器 CR_0
0	1	0	0	1	写通道 1 计数初值寄存器 CR_1
0	1	0	1	0	写通道 2 计数初值寄存器 CR_2
0	1	0	1	1	写控制寄存器
0	0	1	0	0	读通道 0 输出锁存器 OL_0
0	0	1	0	1	读通道 1 输出锁存器 OL_1
0	0	1	1	0	读通道 2 输出锁存器 OL_2

2. 初始化编程顺序

8253 的每个计数通道都必须在 CPU 写入控制字和计数初值后才能开始工作,因此 8253 的初始化编程应包括设置控制字和写入计数初值两种操作。

对于每个计数通道进行初始化时,必须先写控制字,然后写入计数初值。这是因为计数初值的写入格式是由控制字的 D_5、D_4 两位编码决定的。写入计数初值时,必须按控制字的 D_5、D_4 两位编码规定的格式进行写入。例如,若控制字 D_5、D_4 两位编码规定的计数初值写入格式为只写低 8 位,就只能给所选通道写入低 8 位计数值;若控制字 D_5、D_4 两位编码规定的写入格式为 16 位,就必须写入 16 位的计数值,且先写低 8 位,再写高 8 位。

3. 8253 的控制字

8253 的控制字格式如图 11.10 所示。

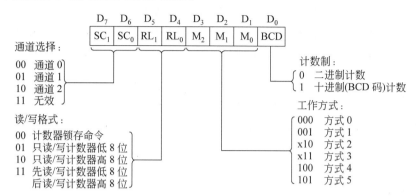

图 11.10 8253 的控制字格式

由图 11.10 可见,8253 的控制字分 4 个功能段,它们是通道选择、读/写格式、工作方式和计数制选择。下面分别予以说明。

(1) SC_1、SC_0(D_7D_6)两位用于选择通道。前已指出,8253 的 3 个通道各有单独的控制寄存器,但它们的端口地址为同一个,即 $A_1A_0=11$ 时的端口地址。所以,需要由 SC_1、SC_2 这两位编码来指明这次是往哪个通道的控制寄存器中写入控制字。

(2) RL_1、RL_0(D_5D_4)两位用于设定所选通道的读/写格式。$RL_1RL_0=00$ 时,将该通道的当前计数值锁存到输出锁存器 OL 中,以供 CPU 读取;$RL_1RL_0=01$ 时,表示只读/写计数器低字节,这时只使用计数器的低字节作计数器用;$RL_1RL_0=10$ 时,表示只读/写计数器高字节,这时只使用计数器高字节作计数器用;$RL_1RL_0=11$ 时,表示先读/写计数器低字节,后读/写计数器高字节,这时使用计数器低字节和高字节作 16 位计数器用。

(3) M_2、M_1、M_0($D_3D_2D_1$)三位用于设定所选通的 6 种工作方式。

(4) BCD 位用于设定是采用二进制计数还是十进制(BCD 码)计数。若该位为 0,则计数器按二进制计数,其计数范围是 16 位二进制数,最大计数值为 $2^{16}=65536$,对应的计数初值为 0000H;若该位为 1,则计数器按十进制(BCD 码)计数,其计数范围是 4 位十进制数,最大计数值为 $10^4=10000$,对应的计数初值为 0000。

需要说明的是,当采用二进制计数时,如果是 8 位二进制计数(计数值≤256),则在 8253 初始化编程的传送指令"MOV AL,n"中,n 可以写成任何进制数(二进制、十进制或十六进制)的形式;如果是 16 位二进制计数(计数值≤65536),一种方法是先把计算得到的十进制计数初值 n 转换成 4 位十六进制数(即 16 位二进制),然后分两次写入 8253 的指定端口;另一种方法是先把该十进制计数初值 n 直接传送给 AX,然后分两次写入 8253 指定端口,即:

```
MOV  AX,n
```

```
OUT   PORT , AL                              ;先写低 8 位(PORT 为端口号)
MOV   AL , AH
OUT   PORT , AL                              ;后写高 8 位
```

当采用十进制(BCD 码)计数时,必须在 8253 初始化编程中把计算得到的十进制计数初值 n 加上后缀 H,以便在相应的传送指令执行后能够在 AL(或 AX)中得到十进制数 n 的 BCD 码表示形式,例如 n=50,则应按如下方式写入:

```
MOV   AL , 50H
OUT   PORT , AL
```

如果 n=1250,则需分两次写入,即:

```
MOV   AL , 50H
OUT   PORT , AL                              ;先写低 8 位
MOV   AL , 12H
OUT   PORT , AL                              ;后写高 8 位
```

也可按如下方法两次写入:

```
MOV   AX , 1250H
OUT   PORT , AL                              ;先写低 8 位
MOV   AL , AH
OUT   PORT , AL                              ;后写高 8 位
```

4. 初始化编程举例

【例 11.1】 若用 8253 的计数通道 1,工作在方式 0,按 8 位二进制计数,计数初值为 128,则初始化编程如下:

(1)确定通道控制字

(2)8 位计数初值为 80H

设 8253 的端口地址为 48H～4BH,则初始化程序段为:

```
MOV   AL , 50H
OUT   4BH , AL                               ;设置通道 1 控制字
MOV   AL ,80H
OUT   49H , AL                               ;写通道 1 计数初值,只写低 8 位
```

若门控信号 GATE 为高电平时,则当 CPU 执行完上述初始化程序后,8253 的通道 1 即开始对输入脉冲 CLK 进行减 1 计数,其计数初值为 80H。当减 1 计数至 0 时,产生有效输出信号。

【例 11.2】 若用通道 0,工作在方式 1,按十进制(BCD 码)计数,计数初值为 2010,则初始化编程如下:

（1）确定通道控制字

（2）计数初值低 8 位为 10，高 8 位为 20

若 8253 的端口地址同例 11.1，则初始化程序段为：

```
MOV   AL , 33H
OUT   4BH , AL                        ;设置通道 0 控制字
MOV   AL , 10H
OUT   48H , AL                        ;写通道 0 计数初值低 8 位
MOV   AL , 20H
OUT   48H , AL                        ;写通道 0 计数初值高 8 位
```

当 CPU 执行完上述初始化程序后，8253 的通道 0 工作于方式 1（单稳态触发器）。经 GATE 上升沿触发后，输出端将产生一宽度为 2010 个 CLK 周期的负脉冲。

11.2.6 8253 的读出操作

在 8253 的实际使用中，有时需要读出计数通道的当前计数值，以便进行实时显示、实时检测或对计数值进行处理等。

由 CPU 访问每个通道的输出锁存器 OL，即可实现读出每个通道计数值的操作。读出时使用的端口地址与写入计数初值时使用的端口地址是同一个。如果是 8 位计数，则只需读一次；如果是 16 位计数，则对同一端口地址要读两次，第一次读出的是计数值的低 8 位，第二次读出的是计数值的高 8 位。读操作必须严格按控制字 $D_5 D_4$ 两位规定的格式进行。

另外，由于所选通道在工作时计数器是处于不停的计数过程中，其计数值是不断变化的，因此应设法在读计数值之前先暂停现行计数或将当前计数值锁存，然后再进行读出。否则，可能造成读到的计数值有误。例如对于 16 位计数值，需要两次读出，在两次读操作之间必然有一定的时间间隔，若不暂停计数或将当前计数值锁存，两次读出的计数值就不是同一个 16 位计数值。可用下述两种方法之一来读取 8253 的当前计数值。

1. 读之前先暂停计数

这种方法是在读之前利用 GATE 信号使计数过程暂停，或由外部逻辑禁止所要读出计数通道的 CLK 脉冲输入，然后再进行读出。这就要求软件和硬件的配合，即先使 GATE 信号为低电平或禁止 CLK 脉冲输入，使计数器暂停计数，然后再执行下面所给程序段，即可实现指定的读出操作。设 8253 的端口地址为 48H～4BH，要读出通道 0 的 16 位计数值。

```
IN  AL , 48H                         ;读计数通道 0 的低 8 位
```

```
MOV  BL , AL                    ;存于 BL
IN   AL , 48H                   ;读计数通道 0 的高 8 位
MOV  BH , AL                    ;存于 BH
```

2. 读之前先送计数值锁存命令

如前所述,8253 的每个计数通道都有一个 16 位的输出锁存器 OL,用于锁存计数值的高 8 位和低 8 位。当没有接到锁存命令之前,在计数器的计数过程中,输出锁存器的值随计数执行部件 CE 计数值的变化而变化;当接到锁存命令后,OL 中的计数值就被锁存住了,不再随 CE 计数值的变化而变化。OL 中的数值一直保存到数据被读出或对该计数通道重新编程为止。当 CPU 读出 OL 中的数据或对该计数通道重新编程后,OL 解除锁存,又开始跟随 CE 计数值变化。在锁存和读出计数值的过程中,计数执行部件仍在不停地作减 1 计数。这样,CPU 就可以在任何时刻先送锁存命令再读计数值,而对计数器现行计数过程没有任何影响。

计数值锁存命令是 8253 控制字的一种特殊形式,所以写入的端口地址应是控制寄存器的端口地址,再由锁存命令本身的 D_7D_6 编码,决定锁存哪一个通道的计数值。而锁存命令的 D_5D_4 必须为 00,这是锁存命令的专门标识。锁存命令的低四位($D_3 \sim D_0$)可设定为全 0。这样三个计数通道的锁存命令分别为:计数通道 0——00H,计数通道 1——40H,计数通道 2——80H。

假设 8253 的端口地址为 E8H～EBH,现要读计数通道 1 的 16 位计数值,并假定在此之前已设置读/写格式为"先读/写低 8 位,再读/写高 8 位",则只要执行下面的程序段,即可实现指定的读出操作。

```
MOV  AL , 40H                  ;锁存命令为 40H
OUT  0EBH , AL                 ;写入通道 1 控制寄存器(EBH 为 8253 控制寄存器端口地址)
IN   AL , 0E9H                 ;读低 8 位(E9H 为通道 1 端口地址)
MOV  BL , AL                   ;存于 BL
IN   AL , 0E9H                 ;读高 8 位
MOV  BH , AL                   ;存于 BH
```

由所列程序段可以看出,这种读计数值的方法,必须先执行一次送锁存命令的写操作,然后再进行读出。这虽然比第一种方法增加了送锁存命令的操作,但省去了需要硬件配合的要求。当执行完输出指令"OUT 0EBH,AL"后,计数值被锁存在 OL 内。此后不管什么时候读计数值,读到的总是发出锁存命令那个时刻的计数值。每次读计数值之前都必须先发锁存命令。如果读之前用了两次锁存命令,则第二个命令是无效的。读出的计数值仍是执行第一次锁存命令时所锁存的计数值。

11.3 8253 的应用

【例 11.3】 用 8253 实现生产流水线上的工件计数,每通过 100 个工件,扬声器便发出频率为 1000Hz 的音响信号,持续时间为 3s。设外部时钟频率为 2MHz。

1. 工作原理

图 11.11 是该设备的工作原理示意图。当工件从光源与光敏电阻之间通过时,光源被工件遮挡,光敏电阻阻值增大,在晶体管的基极产生一个正脉冲,随之在晶体管的发射极将输出一个正脉冲给 8253 计数通道 0 的计数输入端 CLK_0;8253 计数通道 0 工作于方式 0,其门控输入端 $GATE_0$ 固定接 +5V。当 100 个工件通过后,计数通道 0 减 1 计数到 0,在其输出端 OUT_0 产生一个正跳变信号,用此信号作为中断请求信号;在中断服务程序中,由 8255A 的 PA_0 启动 8253 计数通道 1 工作,由 OUT_1 端输出 1000Hz 的方波信号给扬声器驱动电路,持续 3s 后停止输出。

计数通道 1 工作于方式 3(方波发生器),其门控信号 $GATE_1$ 由 8255A 的 PA_0 控制,输出的方波信号经过驱动电路送给扬声器。计数通道 1 的时钟输入端 CLK_1 接 2MHz 的外部时钟电路。计数通道 1 的计数初值应为 $2 \times 10^6 / 1000 = 2000$。

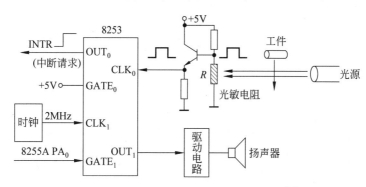

图 11.11　8253 用于工件计数的工作原理[8]

2. 编程

设 8253 的端口地址为 40H～43H,8255A 的端口地址为 60H～63H,则实现本例功能的程序段如下:

主程序:

```
        MOV   AL , 00010001B      ;8253 计数通道 0 初始化:方式 0,只写低 8 位,BCD 计数
        OUT   43H , AL
        MOV   AL , 99H            ;写计数通道 0 的计数初值
        OUT   40H , AL
        MOV   AL , 10000000B      ;8255A 初始化:A 口方式 0 输出
        OUT   63H , AL
        STI                      ;CPU 开中断
HERE:   JMP   HERE               ;等待中断
```

中断服务程序:

```
        MOV   AL , 01H            ;8255A 的 PA0 输出高电平,启动 8253 计数通道 1 工作
        OUT   60H , AL
```

```
MOV   AL , 01110111B        ;8253 计数通道 1 初始化: 先写低 8 位,后写高 8 位
OUT   43H , AL              ;方式 3,BCD 计数
MOV   AL , 00H
OUT   41H , AL              ;写计数初值低 8 位
MOV   AL , 20H
OUT   41H , AL              ;写计数初值高 8 位
Call DELAY3S                ;延迟 3s
MOV   AL , 00H              ;8255A 的 PA₀ 输出低电平,停止 8253 计数通道 1 工作
OUT   60H , AL
MOV   AL , 99H              ;写 8253 计数通道 0 的计数初值(为下一次工作做准备)
OUT   40H , AL
IRET
```

【例 11.4】 8253 用作脉冲信号发生器。

可用 8253 产生如图 11.12(a)所示的周期性脉冲信号,其重复周期为 $5\mu s$,脉冲宽度为 $1\mu s$。设外部时钟频率为 2MHz。

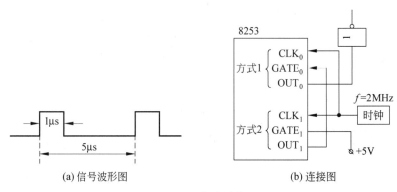

(a) 信号波形图   (b) 连接图

图 11.12　8253 用作脉冲信号发生器

现用 8253 的两个计数通道(计数器 0 和计数器 1)来实现指定的功能,连接图如图 11.12(b)所示。其中,计数器 1 工作于方式 2(分频器),用以决定脉冲信号的周期。计数器 0 工作于方式 1(单稳),用以决定脉冲信号的宽度。计数器 1 的输出信号 OUT_1 接至计数器 0 的 $GATE_0$ 输入端,用作单稳电路的触发输入信号。由于 CLK 信号的周期 $T=1/f=0.5\mu s$,所以计数器 0 的计数初值应设定为 2,使其输出信号(OUT_0)负脉冲宽度为 $1\mu s$,OUT_0 经反相输出即为所要求的脉冲信号。显然,通过改变两个计数器的计数初值,即可方便地改变输出脉冲信号的频率和宽度,这就体现了用可编程计数器/定时器作为脉冲信号发生器的方便灵活之处。

假设 8253 的端口地址为 80H~86H,CPU 为 8086,即 8253 控制寄存器端口地址为86H,计数器 0 的端口地址为 80H,计数器 1 的端口地址为 82H,计数器 2 的端口地址为84H。具体的初始化程序段如下:

```
MOV   AL , 00010010B        ;设置计数器 0 为方式 1(单稳),只写低 8 位,二进制计数
OUT   86H , AL
MOV   AL , 02H              ;设置计数器 0 的计数初值为 2
```

```
OUT    80H , AL
MOV    AL , 01010100B              ;设置计数器 1 为方式 2(分频器),只写低 8 位,二进制计数
OUT    86H , AL
MOV    AL , 0AH                    ;设置计数器 1 的计数初值为 10
OUT    82H , AL
```

请画出两个计数通道的时序波形图。

另外,请思考:能否用 8253 的一个计数通道产生本例所要求的脉冲信号。若能,试实现之;若不能,试说明原因。

习题 11

11.1 简述 8253 的主要功能。

11.2 8253 方式 1 和方式 5 之间有何异同点?方式 2、方式 4、方式 5 之间有何异同点?

11.3 若用 8253 对外部事件进行计数,并当发生指定次数的外部事件时由计算机进行专门处理,8253 应设置为哪种工作方式?

11.4 若用 8253 的两个计数通道串接,输入时钟信号 CLK 的频率为 2MHz,两个计数通道均工作于方式 2,BCD 计数,试计算输出信号的最大周期。

11.5 利用 8253 产生如图 11.13 所示的周期性脉冲信号,设输入时钟信号频率 $f=$ 2MHz,8253 的端口地址为 40H～43H。

图 11.13 利用 8253 产生周期性脉冲信号

要求:① 画出连线简图;
　　　② 编写初始化程序并加简要注释。

11.6 利用 8253 实现下述功能:

每按动一次外部电路的按键开关则产生持续时间为 5s、频率为 1kHz 的脉冲信号给蜂鸣器电路,设外部时钟电路的频率 $f=10$kHz,8253 的端口地址为 40H～43H。

要求:① 画出连线简图;
　　　② 编写初始化程序并加简要注释。

第12章

总线技术

本章首先介绍总线的基本概念,包括总线的定义、总线分类及总线仲裁等,然后着重介绍两种典型的总线标准,即 PCI 总线和 USB 总线。此外,本章还简要介绍高速总线接口 IEEE 1394 的工作特点。

12.1 概述

12.1.1 总线

总线是计算机两个或两个以上的模块(部件或子系统)之间相互连接与通信的公共通路。总线不仅仅是一组传输线,它还包括一套管理信息传输的规则(协议)。在计算机系统中,总线可以看成一个具有独立功能的组成部件。

采用标准的总线结构,是微型计算机体系结构的突出特点。为了实现不同厂家产品的兼容性,许多微型计算机制造厂家专门以插件方式向用户提供 OEM(Original Equipment Manufacturer,原始设备制造厂)产品,由用户根据自己的需要构成相应的系统或扩充原有系统的功能。这样,用户可以用不同厂家生产但遵守同一总线标准的功能部件方便地进行互连,大大简化了系统硬软件的设计及调试过程,缩短了研制周期,从而降低了系统的成本。采用标准的总线结构带来的好处是巨大的,并有力地推动了微型计算机技术及产品的普及和应用。

总线通常包括一组信号线,主要的信号线有:

(1) 数据线和地址线:这一类信号线决定了数据传输的宽度和直接寻址的范围。

(2) 控制、时序和中断信号线:这一类信号线决定了总线功能的强弱以及适应性的好坏。性能良好的总线应该是控制功能强、时序简单、使用方便。

(3) 电源线和地线:这一类线决定了电源的种类及地线的分布和用法。

(4) 备用线:这一类线是厂家和用户作为性能扩充或作为特殊要求使用的信号线。

总线信号的逻辑特性有所不同,有些总线信号输出通常的逻辑状态,即逻辑 0 和逻辑 1;也有些总线信号是三态输出的,即这些总线信号有 3 种可能的输出状态:逻辑 0、逻辑 1 及高阻状态。当一个与总线相连的部件的输出信号处于"高阻态"时,则该部件与总线之间呈现极高的阻抗,就如同该部件与总线的连接断开或将该部件从总线上拔掉一样。总线的这种三态逻辑特性,使总线的管理和控制更灵活和方便。

12.1.2 总线的分类

微型计算机的总线按功能和规范可分为 3 大类型:

(1) 片总线(Chip Bus, C-Bus)。又称元件级总线,是把各种不同的芯片连接在一起构成特定功能模块(如 CPU 模块)的信息传输通路。

(2) 内总线(Internal Bus, I-Bus)。又称系统总线或板级总线,是微机系统中各插件(模块)之间的信息传输通路。例如 CPU 模块和存储器模块或 I/O 接口模块之间的传输通路。

（3）外总线(External Bus，E-Bus)。又称通信总线，是微机系统之间或微机系统与其他系统(仪器、仪表、控制装置等)之间信息传输的通路，如 EIA RS-232C、IEEE-488 等。

上述 3 类总线在微机系统中的地位及相互关系如图 12.1 所示。

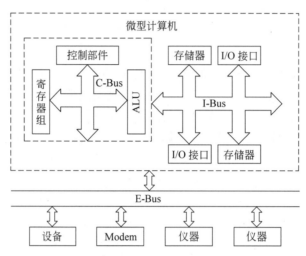

图 12.1　3 类总线在微机系统中的地位及相互关系

这 3 类总线在前面章节中均有所介绍。其中的系统总线，即通常意义上所说的总线，是连接 CPU、主存和 I/O 接口电路的信号线及有关控制逻辑，一般又由 3 部分构成：

（1）数据总线。数据总线是一种三态控制的双向总线。通过它可以实现 CPU、主存和 I/O 接口电路之间的数据交换。例如，可将 CPU 输出的数据传送到相应的主存单元或 I/O 接口电路中，或将主存单元或 I/O 接口电路中的数据输入到 CPU 中。通常，数据总线的宽度与 CPU 处理数据的位数相同，同时它也是确定 CPU 乃至整个微机位数的依据。总线的三态控制对于高速数据传送方式，特别是直接存储器访问(DMA)方式是必要的。当进行 DMA 传送时，从外部看，CPU 与总线是"脱开"的，这时，外部设备通过总线直接与主存交换数据。

（2）地址总线。地址总线是 CPU 输出地址信息所用的总线，用来确定所访问的内存单元或 I/O 端口的地址，一般是三态控制的单向总线。地址总线的位数决定了 CPU 可直接寻址空间的大小。另外，由于大规模集成电路封装的限制，芯片的引脚数有限，所以有些 CPU 对地址总线的一部分进行分时复用，即有时传送地址，有时传送数据，但要靠相应的控制信号来选通。这种总线分时复用技术的优点是可以节省芯片引脚的数目，缺点是增加了时序和控制逻辑的复杂性。

（3）控制总线。通过它传输控制信号使微机各个部件协同动作。这些控制信号中有从 CPU 向其他部件输出的，也有从其他部件输入到 CPU 的；有用于系统读/写控制的，也有用于中断请求、中断响应及复位等。根据需要一部分控制总线信号也是三态的。

12.1.3　总线标准

总线标准是国际组织或机构正式公布或推荐的互连计算机各个模块的标准,它是把各种不同的模块组成计算机系统时必须遵守的规范。总线标准为计算机系统中各模块的互连提供了一个标准界面,与该界面连接的任一方只需根据总线标准的要求来实现接口的功能,而不需考虑另一方的接口方式。采用总线标准,可使各个模块接口芯片的设计相对独立,给计算机接口的软硬设计带来方便。

为了充分发挥总线的作用,每个总线标准都必须有具体和明确的规范说明,通常包括如下几个方面的技术规范或特性:

(1) 机械特性。规定模块插件的机械尺寸,总线插头、插座的规格及位置等。

(2) 电气特性。规定总线信号的逻辑电平、噪声容限及负载能力等。

(3) 功能特性。给出各总线信号的名称及功能定义。

(4) 规程特性。对各总线信号的动作过程及时序关系进行说明。

总线标准的产生通常有两种途径:①某计算机制造厂家(或公司)在研制本公司的微机系统时所采用的一种总线,由于其性能优越,得到用户普遍接受,逐渐形成一种被业界广泛支持和承认的事实上的总线标准。②在国际标准组织或机构主持下开发和制定的总线标准,公布后由厂家和用户使用。

在微型计算机总线标准方面,推出比较早的是 S-100 总线。有趣的是,它是由业余计算机爱好者为早期的 PC 设计的,后来被工业界所承认,并被广泛使用。经 IEEE 修改,成为总线标准——IEEE 696。由于 S-100 总线是较早出现的,没有其他总线标准或技术可供借鉴,因此在设计上存在一定的缺点。如布线不够合理,时钟信号线位于 9 条控制信号线之间,容易造成串扰;在 100 条引线中,只规定了两条地线,接地点太少,容易造成地线干扰;对 DMA 传送虽然作了考虑,但对所需引脚未做明确定义;没有总线仲裁机构,因此不适于多处理器系统等。这些缺点已在 IEEE 696 标准中得到克服和改进,并为后来的总线标准的制定提供了经验。

在总线标准的发展、演变历程中,其他比较有名或曾产生一定影响的总线标准还有:

Intel　MultiBus(IEEE-796);

Zilog Z-Bus(122 根引线);

IBM　PC/XT 总线(IBM 62 线总线);

IBM PC/AT 总线;

ISA 总线;

EISA 总线;

PCI 总线;

USB 总线等。

随着微处理器及微机技术的发展,总线技术和总线标准也在不断发展和完善,原先的一些总线标准已经或正在被淘汰,新的性能优越的总线标准及技术也在不断产生。新的总线标准以高带宽(即高数据传输率)及实用性和开放性为特点。

12.1.4 总线仲裁

总线仲裁是指在总线上有多个总线主模块同时请求使用总线时,决定由哪个模块获得总线控制权。所谓"总线主模块",就是具有总线控制能力的模块,在获得总线控制权之后能启动数据信息的传输,如 CPU 或 DMA 控制器都可成为这种具有总线控制能力的主模块;与总线主模块相对应的是"总线从模块",它是指能够对总线上的数据请求作出响应,但本身不具备总线控制能力的模块,如前面介绍过的并行接口电路 8255A、中断控制器 8259A 等。

现在的微机系统中,由于技术的发展和实际应用的需要,通常都含有多个总线主模块。总线作为一种重要的公共资源,各个总线主模块随时都可能请求使用总线,这样就可能会有不止一个总线主模块同时请求使用总线。为了让多个总线主模块合理、高效地使用总线,就必须在系统中有处理上述总线竞争的机构,这就是总线仲裁器(bus arbiter)。它的任务是响应总线请求,合理分配总线资源。

基本的总线仲裁方式有两种,即串行总线仲裁方式和并行总线仲裁方式。

1. 串行总线仲裁方式

在串行总线仲裁方式中,各个总线主模块获得的总线优先权决定于该模块在串行链中的位置,如图 12.2 所示。

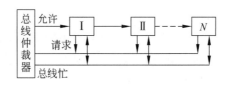

图 12.2　串行总线仲裁方式

图 12.2 中的Ⅰ、Ⅱ、…、N 等 N 个模块都是总线主模块。当一个模块需要使用总线时,先检查"总线忙"信号。若该信号有效,则表示当前正有其他模块在使用总线,因此该模块必须等待,直到"总线忙"信号无效。在"总线忙"信号处于无效状态时,任何需要使用总线的主模块都可以通过"请求"线发出总线请求信号。总线"允许"信号是对总线"请求"信号的响应。"允许"信号在各个模块之间串行传输,直到到达一个发出了总线"请求"信号的模块,这时"允许"信号不再沿串行模块链传输,并且由该模块获得总线控制权。由串行的总线仲裁方式的工作原理可以看出,越靠近串行模块链前面的模块具有越高的总线优先权。

2. 并行总线仲裁方式

并行总线仲裁方式如图 12.3 所示。

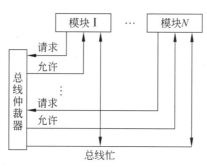

图 12.3　并行总线仲裁方式

图 12.3 中,模块 I 到 N 都是总线主模块。每个模块都有总线"请求"和总线"允许"信号。各模块间是独立的,没有任何控制关系。当一模块需要使用总线时,也必须先检测"总线忙"信号。当"总线忙"信号有效时,则表示其他模块正在使用总线,因此该模块必须等待。当"总线忙"信号无效时,所有需要使用总线的模块都可以发出总线"请求"信号。总线仲裁器中有优先权编码器和优先权译码器。总线"请求"信号经优先权编码器产生相应编码,并由优先权译码器向优先权最高的模块发出总线"允许"信号。得到总线"允许"信号的模块撤销总线"请求"信号,并置"总线忙"信号为有效状态,当该模块使用完总线后再置"总线忙"信号为无效状态。

在串行、并行两种总线仲裁方式中,串行方式由于信号的串行传输会加大延迟(当串行模块链上的模块数目过多时甚至可能会超过系统允许的总线优先权仲裁时间),而且当高优先级的模块频繁使用总线时,低优先权的模块可能会长时间得不到总线。因此串行方式只用于较小的系统中。而并行方式则允许总线上连接许多主模块,而且仲裁电路也不复杂,因此是一种比较好的总线仲裁方法。

12.2　PCI 总线

12.2.1　概述

众所周知,按照摩尔定律,微处理器每经 18 个月就要升级一次。人们已经注意到,随着微处理器速度及性能的改进与更新,作为微型计算机重要组成部件的总线也被迫作相应的改进和更新。否则,低速的总线将成为系统性能的瓶颈。同时,人们也看到了另一个不容忽视的事实,即随着微处理器的更新换代,一个个曾颇具影响的总线标准也相继黯然失色了,与其配套制造的一大批接口设备(板卡、适配器及连接器等)也渐渐被束之高阁。这就迫使人们思考一个问题,即能否制定和开发一种性能优越且能保持相对稳定的总线结构和技术规范来摆脱传统总线技术发展的这种困境呢? 正是在这种背景下,性能优异的 PCI 总线及其独特的设计思想应运而生了。

PCI 总线(Peripheral Component Interconnect,外围部件互连总线)于 1991 年由 Intel 公司首先提出,并由 PCI SIG(Special Interest Group)来发展和推广。PCI SIG 是一个包括 Intel、IBM、Compaq、Apple 和 DEC 等 100 多家公司在内的组织集团。1992 年 6 月推出了 PCI 1.0 版,1995 年 6 月又推出了支持 64 位数据通路、66MHz 工作频率的 PCI 2.1 版。PCI 总线因其先进的结构特性和优异的性能,成为现代微机系统总线结构中的佼佼者,并被多数现代高性能微机系统所广泛采用,连 Apple 公司的 Macintosh 系统也开始转向 PCI 总线。

12.2.2 PCI 总线的结构及特点

PCI 总线的结构如图 12.4 所示。

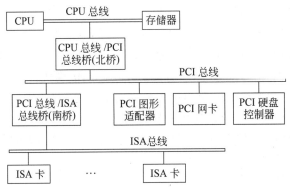

图 12.4 PCI 总线的结构

由图 12.4 可见,这是一个由 CPU 总线、PCI 总线及 ISA 总线组成的三层总线结构。CPU 总线也称"CPU-主存总线"或"微处理器局部总线",CPU 是该总线的主控者。此总线实际上是 CPU 引脚信号的延伸。

PCI 总线用于连接高速的 I/O 设备模块,如高速图形显示适配器(显卡)、网络接口控制器(网卡)、硬盘控制器等。通过桥芯片(北桥和南桥),上边与高速的 CPU 总线相连,下边与各种不同类型的实用总线(如 ISA 总线、USB 总线等)相连。桥芯片起到信号缓冲、电平转换和控制协议转换的作用。PCI 总线是一个 32 位/64 位总线,且其地址和数据是同一组线,分时复用。在现代 PC(如 Pentium 系列)主板上一般都有 2~3 个 PCI 总线扩充槽。

人们通常称"CPU 总线/PCI 总线桥"为"北桥",称"PCI 总线/ISA 总线桥"为"南桥"。这种以"桥"的方式将两类不同结构的总线"黏合"在一起的技术特别能够适应系统的升级换代。因为每当微处理器改变时只需改变 CPU 总线和改动"北桥"芯片,而全部原有外围设备及接口适配器仍可保留下来继续使用,从而较好地实现了总线结构的兼容性及可扩展性,并极大地保护了用户的设备投资。概括地说,PCI 总线有如下几方面突出的特点：

（1）高性能

PCI总线的数据宽度为32位/64位，时钟频率为33MHz/66MHz，且独立于CPU时钟频率，其数据传输率可从132MB/s（33MHz时钟，32位数据通路）升级至528MB/s（66MHz时钟，64位数据通路），可满足相当一段时期内PC传输速率的要求。此外，PCI总线还支持突发式传输（Burst Transfer Mode），即如果被传送的数据在内存中是连续存放的，则在访问这组数据时，只在传送第一个数据时需两个时钟周期（第一个时钟周期给出地址，第二时钟周期传送数据），而传送其后的连续数据时，传送一个数据只需一个时钟周期。因为其后的地址是隐含知道的，所以不必每次传送都给出地址。这种传送方式称为"突发式传输"或"成组传送"，它可极大地提高数据传输率。

（2）兼容性好且易于扩展

由于PCI总线是独立于处理器的，因而易于适应各种型号的CPU，即如前所述，当CPU更新换代时，只须改变CPU总线及"CPU总线/PCI总线桥"（北桥）芯片设计，而无须改变PCI总线本身的结构及其设备接口，全部原有外围设备及接口适配器可继续工作。另外，PCI总线可以从32位数据宽度扩展到64位，工作电压有5V和3.3V两种规格。这些特点保证了PCI总线的通用性，并且在一个较长时间内都适用。

（3）支持"即插即用"

PCI总线定义了3种地址空间：存储地址空间、I/O地址空间和配置地址空间，其配置地址空间为256字节，用来存放PCI设备的设备标识、厂商标识、设备类型码、状态字、控制字及扩展ROM基地址等信息。当PCI卡插入扩展槽时，系统BIOS及操作系统软件便会根据配置空间的信息自动进行PCI卡的识别和配置工作，保证系统资源的合理分配，而无须用户的干预，即完全支持"即插即用"（Plug & Play，PnP）功能。这是PCI总线得以在现代PC中广泛流行的重要原因之一。

（4）低成本

PCI总线采用数据总线与地址总线多路复用技术，大大减少了引脚个数，降低了设备成本。

（5）规范严格

PCI总线标准对协议、时序、负载、机械特性及电气特性等都作了严格规定，这是ISA、EISA、VL-Bus等总线所不及的，这也保证了它的可靠性及兼容性。

基于上述优点，使PCI总线得到了广泛应用，在各厂家的台式PC、笔记本式PC及服务器上纷纷采用PCI总线，甚至在高性能工作站上也开始采用。

12.3　USB总线

12.3.1　USB概述

众所周知，在传统的PC使用中，为了连接显示器、键盘、鼠标及打印机等外围设备，必须在主机箱背后接上一大堆信号线缆及连接器端口,给 PC 的安装、放置及使用带来极大的不便。另外,为了安装一个新的外设,除需要关掉机器电源外,还需安装专门的设备驱动程序,否则,系统是不能正常工作的,这也给用户带来不少麻烦。

USB 总线(Universal Serial Bus,通用串行总线)是 PC 与多种外围设备连接和通信的标准接口,它是一个所谓"万能接口",可以取代传统 PC 上连接外围设备的所有端口(包括串行端口和并行端口),用户几乎可以将所有外设装置,包括键盘、显示器、鼠标、调制解调器、打印机、扫描仪及各种数字音影设备,统一通过 USB 接口与主机相接。同时,它还可为某些设备(如数码相机、扫描仪等)提供电源,使这些设备无须外接独立电源即可工作。

USB 是 1995 年由称为"USB 实现者论坛"(USB Implementer Forum)的组织联合开发的新型计算机串行接口标准。它的目标是要将一个全新的串行总线技术带入 21 世纪。有许多著名计算机公司,如 Compaq、IBM、Intel、DEC 及 Microsoft 等均是该联合组织的重要成员。1996 年 1 月,该联合组织颁布了 USB 1.0 版本规范,其主要技术规范是:

(1) 支持低速(1.5Mbps)和全速(12Mbps)两种数据传输速率。前者用于连接键盘、鼠标器、调制解调器等外设装置;后者用于连接打印机、扫描仪、数码相机等外设装置。

(2) 一台主机最多可连接 127 个外设装置(含 USB 集线器——Hub);连接节点(外设或 Hub)间距可达 5m,可通过 USB 集线器级联的方式来扩展连接距离,最大扩展连接距离可达 20m。

(3) 采用 4 芯连接线缆,其中两线用于以差分方式传输串行数据,另外两线用于提供 +5V 电源。线缆种类有两种规格,即无屏蔽双绞线(UTP)和屏蔽双绞线(STP)。前者适合于 1.5Mbps 的数据速率,后者适合于 12Mbps 的数据速率。

(4) 具有真正的"即插即用"特性。主机依据外设的安装情况自动配置系统资源,用户无须关机即可进行外设更换,外设驱动程序的安装与删除完全自动化。

随着技术的进步和应用需求的推动,USB 总线的性能也在不断改进和提高,新版本的技术规范相继推出。

2001 年,推出了 USB 2.0 规范,传输速率由原来 USB 1.0/1.1/1.2 的 12Mbps 增加到 480Mbps,可以支持宽带数字摄像设备、新型扫描仪、打印机及存储设备等。

2008 年,推出了 USB 3.0 规范,其理论带宽(即数据传输率)为 5Gbps,充裕的带宽为移动存储设备读写性能的提升留下了更大的发展空间。USB 3.0 接口比 USB 2.0 多出了 4 条线路,多出的线路主要用来进行数据传输。实际上 USB 3.0 接口的针脚数量为 9,而 USB 2.0 针脚数量则为 4,这些物理层面的变化,极大地提升了 USB 3.0 的数据传输率。此外,在信号传输的模式上,USB 3.0 引入了全新的异步传输方式,在支持原有的同步传输的基础上,可以进行双向数据传输。由两条线路来专门负责接收数据,两条线路专门负责发送数据,通过主控芯片的协调,减少了数据等待的时间,提高了 USB 总线的整体带宽。

12.3.2 USB 的拓扑结构

主机与 USB 设备连接的拓扑结构从整体上看是一种树状结构,可利用集线器级联的方式来延长连接距离,还可将几个功能部件(例如一个键盘和一个轨迹球)组装在一起构成一个复合型设备,复合型设备通过其内部的 USB Hub 与主机相连,主机中的 USB Hub 称为"根 Hub"。USB 总线的拓扑结构如图 12.5 所示。由图可见,整个拓扑结构由 3 个基本部分组成:主机(Host)、集线器(Hub)和功能设备。

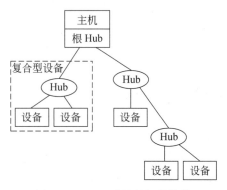

图 12.5   USB 总线的拓扑结构

为了防止环状接入,USB 总线的拓扑结构进行了层次排序,最多可分为五层:第一层是主机,第二、三、四层是外设或 USB Hub,第五层只能是外设。层与层之间的线缆长度不得超过 5m。

目前 PC 主板一般配有两个内建的 USB 连接器,可以连接两个 USB 设备,或一个连接 USB 外设,另一个连接 USB Hub;USB Hub 还可以串接另一个 USB Hub,但是 USB Hub 连续串接最多不能超过 3 个。USB Hub 自身也是 USB 设备,它主要由信号中继器和控制器组成,中继器完成信号的整形、驱动并使之沿正确方向传递,控制器理解协议并管理和控制数据的传输。

12.3.3 USB 线缆及连接器

4 芯 USB 线缆及连接器情况如图 12.6 所示。USB 集线器及其端口情况如图 12.7 所示。

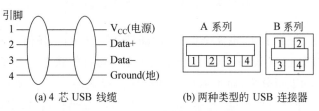

(a) 4 芯 USB 线缆   (b) 两种类型的 USB 连接器

图 12.6   USB 线缆及连接器

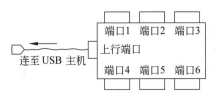

图 12.7　USB 集线器及其端口

12.4　高速总线接口 IEEE 1394

前面已经谈到,USB 总线是一种新型计算机外设接口标准。由于它具有支持"即插即用"、连接能力强、节省空间及连接电缆轻巧等一系列优秀的总线接口特性,所以越来越广泛地被现代 PC 所采用。但 USB 总线的数据传输主要还是适合于中、低速设备,而对于那些高速外设(如多媒体数字视听设备)就显得有些不够了。

IEEE 1394(又称 i. Link 或 Fire Wire),是由 Apple 公司和 TI(得克萨斯仪器)公司开发的高速串行接口标准,其数据传输率已达 100Mbps、200Mbps、400Mbps、800Mbps,即将达到 1Gbps 和 1.6Gbps。而前一时期流行的 USB 1.1 的通信速率仅为 12Mbps,2000 年问世的 USB 2.0 的速率也仅为 480Mbps。

采用 IEEE 1394 标准,一次最多可将 63 个 IEEE 1394 设备接入一个总线段,设备间距可达 4.5m;如加转发器(repeater)还可相距更远。目前,人们正在进行将这个距离延伸至 25m 的尝试。最多 63 个设备可以通过菊花链方式串接到单个 IEEE 1394 适配器上。另外,通过桥接器(bridge),允许将 1000 个以上的总线段互联,可见 IEEE 1394 具有相当大的扩展能力。

使用专门设计的 6 芯电缆,其中两线用于提供电源(连接在总线上的设备可以取得电压为直流 8～40V、电流可达 1.5A 的电能);另外四线分为两个双绞线对,用于传输数据及时钟信号。图 12.8 给出了 IEEE 1394 的电缆及连接器情况。

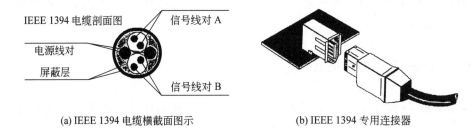

(a) IEEE 1394 电缆横截面图示　　　　(b) IEEE 1394 专用连接器

图 12.8　IEEE 1394 的电缆及连接器

与 USB 相似,IEEE 1394 也完全支持"即插即用"(PnP)。任何时候,都可以在总线上添加或拆卸 IEEE 1394 设备,即使总线正处于全速运行的状态。总线配置发生改变以后,节点地址会自动重新分配,而不需用户进行任何形式的介入。通过 IEEE 1394 连接的设备包括多种高速外设如硬盘、光驱、新式 DVD 以及数码相机、数字摄录机、高精度扫描仪等。一个 IEEE 1394 的典型应用实例如图 12.9 所示。

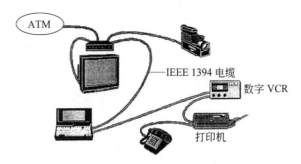

图 12.9　IEEE 1394 的典型应用

在这个应用例子中,一台数字视频(DV)摄录机将数字影像传给一台数字显示器,同时传给一台计算机。计算机同时连接了一部数字 VCR 和一台打印机。整个数据通路是通过 IEEE 1394 连接起来的高速数字化信道。显示器、计算机和 VCR 都能直接接收数字数据,并根据需要显示或保存这样的数据。另外,一个影像帧还可直接传给打印机,从而得到一份影像"硬拷贝"。

利用 ATM(Asynchronous Transfer Mode,异步传输模式)技术可以进一步扩展 IEEE 1394 总线的作用范围,经"机顶盒"外连 ATM 网络,将室内"信息家电系统"与室外网络连接,可以有效地利用高速 ATM 网络实现多媒体数据信息的传输、交换及处理。

总之,IEEE 1394 是更具优越性的高速串行总线接口标准,特别是随着多媒体影音设备的普及和应用,更显现其突出的竞争能力。

12.5　高速图形端口 AGP

计算机三维图形处理通常可分为"几何变换"和"绘制着色"处理,倘若将这两项处理都由 CPU 完成,则 CPU 的负担太重。所以一般将数据处理量极大的"绘制着色"处理由三维图形加速卡上的三维图形芯片来完成。三维图形卡以硬件方式替代原来由 CPU 运行软件来完成的非常耗时的"着色"处理,可以明显提高处理速度。然而,在一般的 PC 中,三维图形卡与主存之间是通过 PCI 总线进行连接和通信的,其最大数据传输率仅为 132MB/s(兆字节/秒)。加之 PCI 总线还接有其他设备(如硬盘控制器、网卡、声卡等),所以,实际数据传输率远低于 132MB/s。而三维图形加速卡在进行三维图形处理时不仅有极高的数据处理量,而且要求具有很高的总线数据传输率。因此,这种通过 PCI 总线的连接和通信方式,实际上成了三维图形加速卡进行高速图形数据传送和处理的一大瓶颈。

AGP(Accelerated Graphics Port,高速图形端口)是为解决计算机三维图形显示中"图形纹理"数据传输瓶颈问题应运而生的。现在许多 PC 系统都增加了 AGP 功能。

AGP 是由 Intel 公司开发,并于 1996 年 7 月正式公布的一项新型视频接口技术标准,它定义了一种高速的连通结构,把三维图形控制卡从 PCI 总线上分离出来,直接连在"CPU/PCI 控制芯片组"(北桥)上,形成专用的高速点对点通道——高速图形端口

(AGP)。图 12.10 给出了 Pentium Ⅱ 系统中 AGP 的连接以及系统中其他总线的情况。

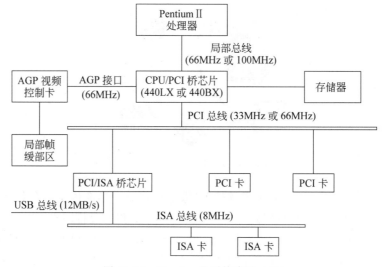

图 12.10 Pentium Ⅱ 系统中的 AGP

从严格的总线意义上讲,AGP 并不是一种总线标准,因为总线通常是多个设备共享的资源。而 AGP 仅为供 AGP 视频控制卡专用的高速数据传输端口。

AGP 允许视频卡能与系统 RAM(主存)直接进行高速连接,即支持所谓 DIME (Direct Memory Execute,直接存储器执行)方式,当显存容量不够时,将主存当作显存来使用,把耗费显存的三维操作全部放在主存中来完成。这样一可以节省显存,二可以充分利用现代 PC 大容量主存(现已达 GB 容量级)的优越条件。这在三维图形操作需要越来越多存储资源的今天显得特别重要。

AGP 可以工作于处理器的时钟频率下,若以 66MHz 的基本频率(实际为 66.66MHz)运行,则称为基本 AGP 模式(即 AGP 1X),每个时钟周期完成一次数据传输。由于 AGP 的数据传输宽度为 32 位(4 字节),所以在 66MHz 的时钟频率下能达到约 266MB/s 的数据传输能力;此外,还定义了 AGP 2X 模式,每个时钟周期完成两次数据传输(宽度仍为 32 位),速率达 533MB/s;大多数 AGP 卡都工作在 2X 模式。

AGP 2.0 规范增加了 4X 模式的传输能力,每个时钟周期完成四次数据传输,达 1066MB/s(约 1GB/s)的数据传输速率,是传统 PCI 数据传输率的 8 倍。现代 PC 主板均全面支持 AGP 2.0 规范及 AGP 4X 模式。

表 12.1 列出了 3 种 AGP 模式下的时钟频率和数据传输率。

表 12.1　AGP 工作模式及数据传输率

AGP 模式	基本时钟频率(MHz)	有效时钟频率(MHz)	数据传输速率(MB/s)
AGP 1X	66	66	266
AGP 2X	66	133	533
AGP 4X	66	266	1066

由于 AGP 是独立于 PCI 总线的,它实际上是视频卡的一条专用信息通道,并不与其他设备共享,因此通道的响应速度极快。另外,由于将三维图形加速卡从 PCI 总线上卸下,从而可以大大减轻 PCI 总线的负载,让网卡、声卡及其他 PCI 设备的工作速率更高。

鉴于以上 AGP 的优点,使它在现代 PC 中得到广泛应用。

习题 12

12.1 什么叫总线?微型计算机的总线按功能和规范可分哪几类?

12.2 总线标准的技术规范主要包括哪些方面?

12.3 什么是总线仲裁?简述串行总线仲裁方式与并行总线仲裁方式的工作原理。

12.4 简述 PCI 总线的系统结构及特点。

12.5 说明 USB 总线的特点,给出 USB 总线的拓扑结构图示。

12.6 与 USB 总线相比,IEEE 1394 有哪些特点?

第13章

高性能微处理器的先进技术及典型结构

本章首先就高性能微处理器设计中所采用的先进技术及有关概念做详细介绍,然后对两种高性能微处理器的结构特点做简要介绍,最后介绍多核处理器的设计理念及现代PC主板的典型结构。

13.1　高性能微处理器所采用的先进技术

13.1.1　指令级并行

要提高计算机系统的整体性能,可以在两个方面做出努力,一是改进构成计算机的器件性能(如半导体电路的速度、功耗等),二是采用先进的系统结构设计。而在系统结构设计方面,一个重要的手段就是要采用并行处理技术,设法以各种方式挖掘计算机工作中的并行性。

并行性有粗粒度并行性和细粒度并行性之分。所谓粗粒度并行性是在多个处理器上分别运行多个进程,由多个处理器合作完成一个程序。所谓细粒度并行性是指在一个进程中实现操作一级或指令一级的并行处理。这两种粒度的并行性在一个计算机系统中可以同时存在,而在单处理器上则采用细粒度(指令级)并行性。高性能处理器在指令处理方面采用了一系列关键技术,大多是围绕指令级并行处理这个核心问题发挥作用的。

下面通过两个例子来说明指令级并行性的特点和含义[6]:

$$
\begin{array}{ll}
(1)\ \text{Add} & \text{R1} \leftarrow \text{R1} + 2 \\
\ \ \ \ \ \ \text{Sub} & \text{C2} \leftarrow \text{C2} - \text{C1} \\
\ \ \ \ \ \ \text{Load} & \text{C3} \leftarrow 50\text{R2}
\end{array}
\left.\phantom{\begin{array}{l}a\\a\\a\end{array}}\right\} 并行度 = 3
\qquad
\begin{array}{ll}
(2)\ \text{Add} & \text{R1} \leftarrow \text{R1} + 3 \\
\ \ \ \ \ \ \text{Sub} & \text{R3} \leftarrow \text{R1} - \text{R2} \\
\ \ \ \ \ \ \text{Store} & \text{R0} \leftarrow \text{R3}
\end{array}
\left.\phantom{\begin{array}{l}a\\a\\a\end{array}}\right\} 并行度 = 1
$$

在上面的例子中,(1)的3条指令是互相独立的,它们之间不存在数据相关,所以可以并行(同时)执行。即(1)存在指令级并行性,其并行度为3(可并行执行3条指令)。而(2)的情况则完全不同,在其3条指令中,第二条要用到第一条的结果,第三条又要用到第二条的结果,它们都不能并行执行。即(2)的并行度为1,指令间没有并行性。

与指令级并行性有关的一个指标是每条指令的时钟周期数(Clock Per Instruction, CPI),它是在流水线中执行一条指令所需的时钟周期数。CPI随指令的不同而异,例如在RISC机器中,大多数指令的CPI等于1,但有些复杂指令需要几个时钟周期才能执行完,则其CPI大于1。

通常可以用平均CPI来说明一个处理器的速度性能。平均CPI是把各种类型的指令所需的时钟周期数按一定的混合比(出现的频度)加权后计算得到。它同另一种表示处理器速度的指标MIPS(每秒百万条指令)的关系是$f/\text{CPI} = \text{MIPS}$,其中$f$为时钟频率(以MHz为单位)。例如,$f = 300\text{MHz}$,$\text{CPI} = 0.6$,则处理器的速度可达$300/0.6 = 500\text{MIPS}$。

需要说明的是,在单处理器中挖掘指令级并行性,实现指令级并行处理,提高系统总体运算速度,是通过处理器和编译程序的结合来实现的,对于用户是完全透明的,用户不必考虑如何使自己编写的程序去适应指令级并行处理的需要,即处理器中实现指令级并行处理是由编译程序和处理器硬件电路负责实现的。

目前,已有几种典型的开发指令级并行的系统结构,如超标量结构、超长指令字结构及超级流水线结构。这些结构所依赖的关键技术不同,因而它们在不同情况下的优势也存在很大差异。

13.1.2　超标量技术

在早期采用流水线方式的处理器中只有一条流水线,它是通过指令的重叠执行来提高计算机的处理能力的。而在采用超标量结构的处理器中则有多条流水线,即在处理器中配有多套取指、译码及执行等功能部件,在寄存器组中设有多个端口,总线也安排了多套,使在同一个机器周期中可以向几条流水线同时送出多条指令,并且能够并行地存取多个操作数和操作结果,执行多个操作,这就是所谓超标量技术(Superscalar)。在第3章介绍 Pentium 处理器结构时已经提到过这种技术。在那里,我们曾经提出,采用超标量结构的处理器中流水线的条数称为超标度。例如,Pentium 处理器中的流水线为两条,其超标度为2;PentiumⅡ/Pentium Ⅲ处理器的超标度为3等。

需要指出的是,采用超标量技术,不仅要考虑单条流水线中的重叠执行,还要考虑在流水线之间的并行执行,其"相关"问题比单流水线的处理器要复杂得多,这需要通过专门的技术来解决。

前面已指出,为使多个功能部件能并行工作,指令的操作数之间必须没有相关性。为此,可以通过编译程序对程序代码顺序进行重新组织,从而在某种程度上保证指令之间的数据独立性。这种技术称为指令序列的静态调度。对于有些指令之间的数据独立性在编译时判断不出来的情况(于是只能假定数据相关),为了充分利用硬件资源的可并行能力,超标量处理器一般可在控制部件中设置一个对指令动态调度的机构,在程序执行期间由硬件来完成对程序代码顺序的调整工作。

和静态调度相比,动态调度具有以下优势:它可以处理一些在编译时无法判断出的指令间的"相关"情况,如一些关于存储器的"数据相关"等,并且可以简化编译器的设计和实现。在超标量机器中,这种动态调度能力是由处理器中的指令分发部件完成的。

超标量处理器工作的大致过程是:首先,取指部件从指令 Cache 中取出多条指令,并送至分发部件的指令缓冲器中,这个指令缓冲器有时又称为指令窗口;在每个机器周期,分发部件都对指令窗口进行扫描,一旦发现可以并行发送的指令,并且和这些指令相对应的功能部件是空闲的,则同时将它们送到功能部件去处理。

一般地说,超标量计算机具有如下特点:

① 处理器中配有多套取指、译码及执行等功能部件,采用多条流水线进行并行处理;

② 能同时将可以并行执行的指令送往不同的功能部件,从而达到每一个时钟周期启动多条指令的目的;

③ 对程序代码的顺序可通过编译程序进行静态调度,或通过处理器硬件在程序执行

期间进行动态调度,以达到并行执行指令的目的。

从原理上讲,超标量技术主要是借助硬件资源的重复来实现空间上的并行操作。

13.1.3 超长指令字结构

超长指令字(Very Long Instruction Word,VLIW)技术是 1983 年由美国耶鲁大学的 Josh Fisher 在研制 ELI-512 机器时首先实现的。

采用 VLIW 技术的计算机在开发指令级并行上与超标量计算机有所不同,它是由编译程序在编译时找出指令间潜在的并行性,进行适当调整安排,把多个能并行执行的操作组合在一起,构成一条具有多个操作段的超长指令,由这条超长指令控制 VLIW 机器中多个互相独立工作的功能部件,每个操作段控制一个功能部件,相当于同时执行多条指令。VLIW 指令的长度和机器结构的硬件资源情况有关,往往长达上百位。

传统的设计计算机的做法是先考虑并确定系统结构,然后才去设计编译程序。而对于 VLIW 计算机来说,编译程序同系统结构两者必须同时进行设计,它们之间的关系十分紧密。据统计,通常的科学计算程序存在着大量的并行性。如果编译程序能把这些并行性充分挖掘出来,就可以使 VLIW 机器的各功能部件保持繁忙并达到较高的机器效率[6]。

VLIW 技术的主要特点可概括如下:

① 只有一个控制器(单一控制流),每个时钟周期启动一条长指令;

② 超长指令字被分成多个控制字段,每个字段直接地、独立地控制特定的功能部件;

③ 含有大量的数据通路及功能部件,由于编译程序在编译时已考虑到可能出现的"相关"问题,所以控制硬件较简单;

④ 在编译阶段完成超长指令中多个可并行执行操作的调度。

13.1.4 超级流水线技术

资源重复和流水线技术是开发计算机并行性的两个基本手段。通过上面介绍的超标量技术和超长指令字结构可以看到,这两种技术主要是依赖资源的重复来开发指令级并行性,从而提高处理器性能的。而超级流水线技术则是通过另一种途径来改进处理器执行程序的能力。

我们知道,一个程序在计算机中总的执行时间 T 可用如下公式表示:

$$T = N \times CPI \times t$$

式中 N 是被执行程序的指令总条数,CPI 是每条指令所需的平均时钟周期数,t 是时钟周期。

可见,改变 CPI 和改变时钟周期 t 可能对机器速度产生等效的影响。虽然不可能孤立地通过改变 N、CPI 和时钟周期 t 中的某一因素来改进处理器的性能,但是,不同体系结构对于这 3 个因素的侧重程度是可以存在差异的。超级流水线技术是从减小 t 着手的,即它是把执行一条指令过程中的操作划分得更细,把流水线中的流水级分得更多(即增加流水线的深度),由于每个操作要做的事情少了,可以执行得更快些,因此可以使流水线的时钟周期缩短,即可以把上式中的 t 缩短。这样的流水线就是超级流水线(Superpipeline)。如果设法把 t 缩短一半,则相当于起到了 CPI 减少一半的作用。也可以说,如果一个处理器具有较高的时钟频率和较深的流水级(如 8 级、10 级等),那么就称它采用了超级流水线技术。

超级流水线技术的实现方式一般是将通常流水线中的每个流水级进一步细分为两个或更多个流水小级,然后,通过在一个机器时钟内发射多条指令,并在专门的流水线调度和控制下,使得每个流水小级和其他指令的不同流水小级并行执行,从而在形式上好像每个流水周期都可以发送一条指令。注意,对于超级流水线结构的处理器,其机器时钟和流水线时钟是不同的。在这种情况下,流水线时钟频率通常是机器时钟频率的整数倍,具体数值决定于流水级划分为流水小级的程度。例如,在 MIPS R4000 处理器中,流水线时钟频率就是外部机器时钟频率的两倍。

13.1.5　RISC 技术

1. RISC 结构——对传统计算机结构的挑战

在计算机技术的发展过程中,为了保证同一系列内各机种的向前兼容和向后兼容,后来推出机种的指令系统往往只能增加新的指令和寻址方式,而不能取消旧的指令和寻址方式。于是新设计计算机的指令系统变得越来越庞大,寻址方式和指令种类越来越多,CPU 的控制硬件也变得越来越复杂。

然而往基本的简单指令系统中不断添加进去的一些复杂指令,其使用频率却往往很低。人们研究了大量的统计资料后发现:复杂指令系统中仅占 20% 的简单指令,竟覆盖了程序全部执行时间的 80%。这是一个重要的发现,它启发人们产生了这样一种设想:能否设计一种指令系统简单的计算机,它只用少数简单指令,使 CPU 的控制硬件变得很简单,能够比较方便地使处理器在执行简单的常用指令时实现最优化,把 CPU 的时钟频率提得很高,并且设法使每个时钟周期能完成一条指令,从而可以使整个系统的性能达到最高,甚至超过传统的指令系统庞大复杂的计算机。用这种想法设计的计算机就是精简指令集计算机,(Reduced Instruction Set Computer,RISC)。它的对立面——传统的指令系统复杂的计算机被称作复杂指令集计算机(Complex Instruction Set Computer,CISC)。

为了说明 RISC 的基本特性,让我们再看一下前面给出的计算程序总的执行时间 T 的公式:$T = N \times \text{CPI} \times t$。实际上,为了减少程序的执行时间,CISC 机器采取的办法是减少 N,但要略微增加 CPI,同时可能增加 t;而 RISC 机器采取的办法是减少 CPI 和 t,但通常会引起 N 的增加。

1980 年,Patterson 和 Ditzel 首先提出了精简指令集计算机 RISC 的概念,并由

Patterson 和 Sequin 领导的一个小组于 1981 年在美国加州大学伯克利分校首先推出第一台这种类型的机器——RISC 机。在此之前,1975 年 IBM 公司在其小型机 IBM 801 的设计中就已提出许多可用于 RISC 系统结构的概念,但他们的研究成果于 1982 年才公开发表。

自 1950 年世界上第一台存储程序式计算机诞生以来,RISC 结构或许是计算机技术发展中最重要的变革,对传统的计算机结构和概念提出了挑战。RISC 不仅代表着一类计算机,它的特性、所涉及的关键技术还代表着一种设计哲学。有人称,RISC 和存储程序的概念是计算机发展史上同样重要的两个里程碑。

概括而言,RISC 机器的主要特点如下:

(1) 指令种类少;

(2) 寻址方式少;

(3) 指令格式少,而且长度一致;

(4) 除存数(Store)和取数(Load)指令外,所有指令都能在不多于一个 CPU 时钟周期的时间内执行完毕;

(5) 只有存数和取数指令能够访问存储器;

(6) RISC 处理器中有较大的通用寄存器组,绝大多数指令是面向寄存器操作的,通常支持较大的片载高速缓冲存储器(Cache);

(7) 完全的硬连线控制,或仅使用少量的微程序;

(8) 采用流水线技术,并能很好地发挥指令流水线的功效;

(9) 机器设计过程中,对指令系统仔细选择,采用优化的编译程序,以弥补指令种类减少后带来的程序膨胀的弊病;

(10) 将一些功能的完成从执行时间转移到编译时间,以提高处理器性能。

RISC 机器并没有公认的严格定义,以上只是大多数 RISC 机器具有的特点。有的机器虽然不符合其中的几条,但仍称作 RISC 机。

2. RISC 与 CISC 的竞争

虽然 RISC 技术得到了迅猛发展,并对计算机系统结构产生了深刻影响,但要在 RISC 结构和 CISC 结构之间做出决然的是非裁决还为时尚早。事实上,RISC 结构和 CISC 结构只是改善计算机系统性能的两种不同的风格和方式。这可从如下两方面来看:

(1) 从公式 $T=N×CPI×t$ 来说,如前所述,为提高程序的执行速度,CISC 是着眼于减小 N,却付出了较大 t 的代价;RISC 是力图减小 CPI,却付出了较大 N 的代价。CISC 和 RISC 都努力减小 t,即提高处理器的时钟速率。

(2) CISC 技术的复杂性在于硬件,在于 CPU 芯片中控制部分的设计与实现。RISC 技术的复杂性在于软件,在于编译程序的设计与优化。

今后,RISC 技术还会进一步发展,但 CISC 技术也不会停滞不前。在不断挖掘和完善自身技术优势的同时,双方都看到了对方的长处,都从对方学到了好的技术来改进自已的系统结构。竞争的结果有一点是明确的,即 RISC 设计包括某些 CISC 特色会有好处,CISC 设计包括某些 RISC 特色也会是有益的。结果是,后来的 RISC 设计,如 Power PC 处理器,已不再是纯 RISC 结构;而后来的 CISC 设计,如 Pentium 系列处理器,也融进了不少 RISC 特征。

纯 RISC 机器(例如 Intel 80860,Sun SPARC)和纯 CISC 机器(例如 Intel 80286,Motorola MC68000)都已成为过去。RISC 机器的指令数已从最初的 30 多种增加到 100 多种,增加了一些必要的复杂功能指令。CISC 机器也汲取了很多 RISC 技术,发展成了 CISC/RISC 系统结构。Pentium Pro 处理器就是 CISC/RISC 系统结构的一个例子。

13.2　高性能微处理器举例

如前所述,高性能微处理器是高性能计算机系统的核心。本节以颇具代表性的 64 位处理器 Alpha 21064 和 Itanium(安腾)处理器为例,介绍现代高性能微处理器的典型结构及优异性能。

13.2.1　64 位处理器 Alpha 21064

DEC 公司曾在历史上推出两个具有代表性的计算机机型:一个是 20 世纪 60 年代的 16 位小型机 PDP-11 系列;另一个是 20 世纪 70 年代推出的 32 位超级小型机 VAX-11 系列。然而,随着微处理器技术在集成度、速度、访问空间及字长等方面的迅速发展,近年来传统的 VAX-11 技术已显落后。为此,DEC 公司于 1992 年推出了一种 64 位的高速 RISC 结构微处理器——Alpha 微处理器,一方面用它来构造 64 位的工作站,另一方面用它来改造传统的 VAX-11 系列高档机。这种处理器因其高性能及具有继续扩展的结构能力,成为当时采用 RISC 结构的最先进的 64 位微处理器,并成为后来计算机工业界的一个热点。

Alpha 21064 是 Alpha 处理器系列的首次实现。因此,选择它作为第一种高性能微处理器的典型例子加以简要介绍。其组成结构框图如图 13.1 所示。

Alpha 21064 的主要性能如下:

(1) 字长 64 位,外部数据通道 64/128 位;

(2) 32 位物理地址,可直接寻址的物理存储空间为 4GB;

(3) 64 位虚拟地址,使虚拟存储空间可达 16×10^{18}B;

(4) 分别有 8KB 的指令高速缓存和 8KB 的数据高速缓存;

(5) 整数流水线:7 级流水线;

(6) 浮点流水线:10 级流水线;

(7) 片内时钟频率 200MHz,外部时钟频率 400MHz,峰值速度 400MIPS。

由图 13.1 可见,Alpha 21064 处理器由 4 个独立的功能部件(I 盒、E 盒、F 盒及 A 盒)及片上高速缓存组成,主要包括:中央控制部件 I 盒(I box);整数执行部件 E 盒

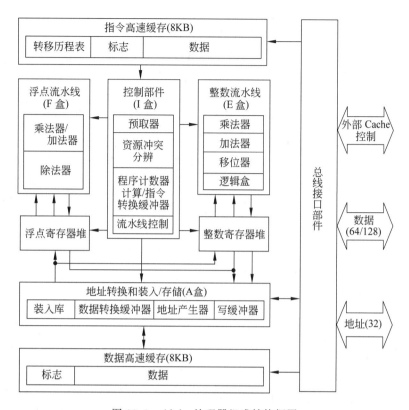

图 13.1 Alpha 处理器组成结构框图

(E box)；浮点部件 F 盒（F box）；地址转换和装入/存储部件 A（A box）；指令高速缓存(8KB)和数据高速缓存(8KB)。

下面对 Alpha 21064 的各组成部件做概要说明。

1. 片内高速缓存

Alpha 21064 片内分开设立两个高速缓存。一个为指令高速缓存(I cache)，指令转移历程表、标志及指令代码（这里统称为数据）。指令高速缓存的大小为 8K 字节。另一个为数据高速缓存(D cache)，大小也为 8K 字节。此外，还允许在片外配置高速缓存（第二级高速缓存）。

2. 4 个功能部件

1) 整数部件

整数部件称为 E 盒，即常规定点运算部件，包括加法器、乘法器、移位器及逻辑运算部件（逻辑盒）。此外，整数部件还有一个由 32 个 64 位整数寄存器构成的整数寄存器堆。该寄存器堆有 4 个读端口和 2 个写端口。它们可以从整数执行数据通路或 A 盒读操作数，也可向其写入操作数（结果）。

2) 浮点部件

浮点部件称为 F 盒,即浮点运算器,包括加法器、乘法器和专门的浮点除法器。另外,浮点部件还有一个由 32 个 64 位浮点寄存器构成的浮点寄存器堆。

3) 地址转换和装入/存储部件

地址转换和装入/存储部件称为 A 盒,负责将整数/浮点数装入整数寄存器/浮点寄存器,或者将寄存器中的数写入数据高速缓存。

4) 控制部件

控制部件称为 I 盒,它采用了超标量流水线技术。Alpha 处理器采用多级流水,并分设两条流水线:整数流水线及浮点流水线。从预取指令开始,随后进行资源冲突分析,通过流水线控制,使指令按流水处理方式执行。超标量技术是指可以同时执行几条无数据相关的指令,Alpha 在一个时钟周期内可以并行执行两条 32 位长指令,它可将两条指令分配到功能部件中去执行(整数存储和浮点操作或者浮点存储和整数操作不能同时进行)。

3. 总线接口部件

Alpha 处理器的总线接口部件允许用户配置 64 位或 128 位的外部数据通道,调整所需要的外部高速缓存容量和访问时间,控制总线接口部件的时钟频率,使用 TTL 电平或 ECL 电平等。

Alpha 是真正的 64 位体系结构。它的所有寄存器都是 64 位宽。它绝不是扩展成 64 位的 32 位体系结构。另外,Alpha 结构的可扩展性很好,现正发展成为一种高性能处理器系列,如 Alpha 21164、21264、21364 等都是优秀的 Alpha 处理器产品。

13.2.2　Itanium 处理器——IA-64 架构的开放硬件平台

为了开拓 64 位处理器的高端应用市场,1994 年 6 月 Intel 和 HP 公司签署合作协议,共同开发以服务器和工作站为主要应用目标的全新 64 位架构高性能微处理器。1997 年 11 月,Intel 和 HP 公司发布基于 EPIC(Explicitly Parallel Instruction Computing,显式并行指令计算)的 Itanium 系统结构。

EPIC 结构既不是 RISC 也不是 CISC,它实质上是一种吸取了两者长处的系统结构。基于 EPIC 技术的 Itanium 处理器的基本设计思想是:

(1) 提供一种新的机制,利用编译程序和处理器协同能力来提高指令并行度。传统的 RISC 系统结构没有能够充分利用编译程序所产生的许多有用信息(如关于程序运行路径的猜测信息),也没有充分利用现代编译程序强大的对程序执行过程的调度能力。EPIC 采用创新的技术充分利用编译程序提供的信息和调度能力来提高指令并行度。

(2) 简化芯片逻辑结构,为提高主频和性能开辟道路。EPIC 信守工程设计上的一条基本原则,即“不是越复杂越好,而是越简捷越好”。事实上,简捷的构思比复杂的构思更困难。

（3）提供足够的资源来实现 EPIC,包括存储编译程序提供的信息以及提高并行计算效率所需的处理单元、高速缓存和其他资源。包括 4 个整数单元,2 个浮点单元,3 个分支单元,3 级高速缓存(L1 Cache、L2 Cache、L3 Cache);5 组供指令引用的寄存器:128个 64 位整数寄存器,128 个 82 位浮点寄存器,64 个预测寄存器,8 个程序寄存器,128 个专门的应用寄存器。

（4）充分利用丰富的寄存器资源,采用寄存器轮转技术,让指令按顺序循环使用寄存器,使得处理器在非常繁忙的情况下也不会出现寄存器不足的情况;寄存器直接参与运算,指令的执行效率大大提高;寄存器组能为多个不同的进程保存寄存器状态,使得进程间的切换十分迅速,非常适合于服务器应用环境中的多进程并行运行。

实际上,Itanium 处理器能够提供远比 RISC 处理器丰富得多的资源,后继推出的 Itanium 处理器比前期的 Itanium 处理器所提供的资源还有进一步增加。图 13.2 展示了 Itanium 2 处理器的外观,图 13.3 给出了 Itanium 2 的组成结构框图。表 13.1 列出了 Itanium 1、2 主要性能参数对照表。从表中不难看出它们所表现出的优秀性能指标。例如,Itanium 2 的晶体管数已达 214M (2.14 亿)只,主频 1GHz,线宽(工艺)0.18 μm,系统总线接口 128 位,片内 3 级缓存(L1 Cache 为 32KB,L2 Cache 为 256KB,L3 Cache 已达 3MB),8 级流水,指令/时钟周期(IPC)数为 6,即每个时钟周期可以处理 6 条指令,片内寄存器数达 328 个等。

表 13.1 Itanium 1 和 Itanium 2 主要性能参数对照表

参 数	Itanium 1	Itanium 2
主频	800MHz	1GHz
线宽(工艺)	0.18μm	0.18μm
晶体管数	25M	214M
前端总线	266MHz	400MHz
系统总线接口	64 位	128 位
最大带宽	2.1GB/s	6.4GB/s
处理器	64 位	64 位
一级缓存	32KB(芯片内)	32KB(芯片内)
二级缓存	96KB(芯片内)	256KB(芯片内)
三级缓存	4MB(外置)	3MB(芯片内)
流水线级数	10	8
功能通道	9	11
寄存器	328 个	328 个
执行单元	4 个整数单元、2FP、2 SIMD、2 个读取、2 个存储	6 个整数单元、2FP、2 SIMD、2 个读取、2 个存储
指令/周期(最大)	6 条	6 条

Itanium 处理器具有 64 位内存寻址能力,能提供近 180GB 物理内存。当处理非常庞大的数据集时,这种巨大的物理内存空间对于服务器应用是非常重要的。

图 13.2　Itanium 2 外观

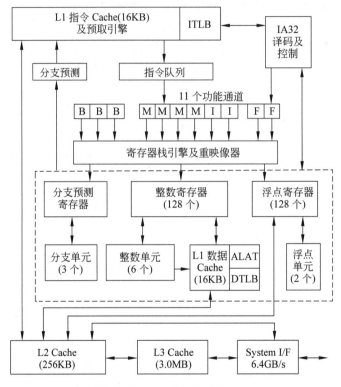

图 13.3　Itanium 2 的组成结构框图

　　另外,由于该处理器有充裕的并行处理能力,Itanium 1 内部有 9 个功能通道(Itanium 2 为 11 个),包括 2 个整数通道(I)、2 个浮点通道(F)、3 个分支单元(B)、2 个存取单元(M)(Itanium 2 为 4 个),所以对于执行代码中出现的分支,处理器采用了一种非常有趣的处理方式:同时并行执行分支判断,即左分支和右分支同时进行判断。当分支判断执行完毕后,根据分支判断的结果,放弃没有被转向的分支,继续执行保留的分支。这样就避免了由于分支预测错误造成的流水线清空这种大大影响系统执行效率的操作,使指令的执行效率得到极大提高。

13.3　多核处理器简介

13.3.1　复杂单处理器结构所遇到的挑战

在过去几十年里,处理器的设计主要采用复杂单处理器结构,设计人员一直通过不断提高处理器结构的复杂度和提升工作频率来改进处理器的运算能力。

随着半导体制造工艺的不断发展,硅片上能够利用的晶体管和连线资源越来越多。同时,随着晶体管特征尺寸的不断减小,晶体管本身的延迟越来越小,而硅片上的互联线延迟相对于门延迟则不断加大,因此设计人员越来越倾向于将片上的晶体管资源分开管理,借此平衡门电路的延迟和互联线的延迟。

另一方面,处理器晶体管数量的不断增长及运行频率的提升导致了处理器的功耗越来越大,甚至已经到了无法容忍的程度。芯片的功耗在很大程度上影响着芯片的封装、测试及系统的可靠性。对于目前的主流处理器来说,芯片产生的热量已经严重影响到处理器工作频率的提高,这个问题甚至被业界人士认为是对摩尔定律的一大挑战。

13.3.2　多核处理器的出现

摩尔定律成功地预言了大规模集成电路的发展趋势。自 20 世纪 60 年代以来,处理器的晶体管数量始终按照摩尔定律的规律成指数级增长。尽管目前时常有人提出“摩尔定律到底能持续多久”的疑问,但在可以预测的未来,通用处理器仍将继续遵循摩尔定律所揭示的规律持续发展。

目前,我们所面临的问题是,应如何有效地利用摩尔定律所预测的数量惊人的晶体管资源。在公元 2000 年以前,由于功耗问题还没有特别严重地影响到处理器的设计,所以设计人员利用晶体管的方案一直是复杂的单处理器结构,并在此基础上相继推出了多种复杂的微体系结构设计,如指令转移预测、寄存器重命名、动态指令调度和复杂的 Cache 结构等。然而,这种复杂的单处理器结构所带来的性能上的提高相比以前已经大大降低了。

事实说明,必须采用新的处理器设计思路,即通过在单个芯片上放置多个相对简单的处理单元,通过片上互联网络将这些处理单元连接起来,充分利用应用程序的并行性来提高处理器的运算能力,而不是单纯地依靠提升单个处理器的硬件复杂度和工作频率来提高处理器性能。这就是多核处理器的基本设计理念,并由此导致了多核处理器的出现。

归纳出现多核处理器的基本原因,主要有以下 4 个方面:

(1) 复杂单处理器结构提高性能的途径通常是充分利用负载程序内在的指令级并行性(ILP),采用的方法是加大流水线的发射宽度、采用更加激进的推测执行和更为复杂的 Cache 结构。这样做的结果是使处理器的硬件复杂度越来越高,从而导致消耗庞大的晶体管资源和大量的设计验证时间。

（2）目前负载程序的 ILP 的利用已渐渐逼近极限,而负载程序的另一种并行性——线程级并行性(TLP)则无法在复杂单处理器结构中得到有效利用。

（3）虽然晶体管特征尺寸的减小会使晶体管的延迟进一步缩小,但片内互连线延迟占每一级流水线的延迟比重则越来越大。

（4）目前一些高性能的复杂单处理器的功耗已经高达上百瓦特了,这样巨大的能量密度对于晶体管工作的可靠性和稳定性带来极不利的影响。

上述原因导致了设计人员必须把目光转向新型的处理器结构——单芯片多处理器结构(Single-Chip Multi Processor,CMP),简称 CMP 结构。CMP 结构是在单芯片上放置多个彼此独立的处理器核,并且通过片上互联网络将这些处理器核连接起来,使得这些处理器核之间可以高带宽、低延迟地交换数据。CMP 的结构特点可以很好解决前述复杂单处理器结构的技术瓶颈,给现代处理器的设计展现出一片光明前景。

13.3.3　多核处理器结构的主要特点

多核处理器的主要特点表现在如下几个方面:

1. 降低了硬件设计的复杂度

CMP 可以通过重用先前的单处理器设计作为处理器核,这样可以仅需微小的改动就搭建起一个高效的系统。而复杂单处理器的设计为了达到很少的性能上的提高就需重新设计整个控制逻辑和数据通路,这些控制逻辑由于紧密耦合而异常复杂,因此需要耗费设计人员大量时间和精力。

2. 充分利用应用程序的线程级并行性

复杂单处理器结构通过多发射和推测执行来利用 ILP 以提高处理器性能,但它无法充分利用应用程序的线程级并行性。相反,CMP 结构将注意力集中于 TLP 的有效利用,通过多处理器核并行执行应用程序的多个线程来提高处理器的整个性能。

3. 降低全局连线延迟

如前所述,晶体管特征尺寸的缩小导致了互连线延迟占据处理器周期延迟的比例在增大。在复杂单处理器结构中,由于各个功能模块紧密地耦合在一起,运算部件的结果总线需要把运算结果传递到许多模块,由于多发射的原因,造成模块之间频繁地交换数据,从而导致处理器整体性能下降;相反,CMP 结构的各处理器核是松散地耦合在一起的,处理器核之间的数据交换通过片上互联网络来完成,虽然全局连线延迟的增大同样会损失 CMP 的性能,但是相比复杂单处理器结构,这种交换共享数据的行为并不是经常发生的,因此性能损失相对较小。另外,通过软件的方法仔细地分配各处理器核上的数据也可以减少需要在核间交互共享数据的频度,从而获得处理器整体性能的提升。

4. 具有良好的功耗有效性

复杂单处理器的紧密耦合结构及频繁的全局数据交换使其受到了难以逾越的功耗制约。而 CMP 结构利用多个处理器核并发执行多个线程,这样就减轻了每个处理器核的性能压力,所以 CMP 不需要设计像复杂单处理器那样明显高功耗的复杂硬件。另外,CMP 也不需要像复杂单处理器那样竭力提高运行频率来换取高性能。相反,可以适当降低空闲处理器核的工作频率,这样虽然牺牲了单处理器核的性能,但 CMP 的整体性能并不会受到明显影响,即 CMP 结构具有较好的功耗有效性。

13.4　现代 PC 主板典型结构

众所周知,主板(Motherboard)是 PC 系统的核心组成部件,它包括构成现代 PC 的一系列关键部件和设备,如 CPU(或 CPU 插座)、主存、高速缓存、芯片组及连接各种适配卡的扩展插槽等。图 13.4 给出了一个 PC 主板的外观图示。

图 13.4　PC 主板的外观图示

采用先进的主板结构及设计技术,是提高现代 PC 整体性能的重要环节之一。本节简要介绍现代 PC 主板的典型结构及具体实例。

13.4.1　芯片组、桥芯片及接口插座

在微型计算机系统中,芯片组实际上就是除 CPU 外所必需的系统控制逻辑电路。在微型计算机发展的初期,虽然没有单独提出芯片组的概念和技术,但已具雏形,如 IBM PC/XT 系统中的各种接口芯片,如并行接口芯片 8255A、串行接口芯片 8251、定时/计数器 8253、中断控制器 8259 及 DMA 控制器 8237 等。现代微型计算机中的芯片组就是在这些芯片的基础上,不断完善与扩充功能、提高集成度与可靠性、降低功耗而发展起来

的。用少量几片 VLSI 芯片即可完成主板上主要的接口及支持功能,这几片 VLSI 芯片的组合称为芯片组(chip set)。如在 80386/80486 微机系统中使用的多功能接口电路 82380 就是一片包括了 1 个 8 通道的 32 位 DMA 控制器、1 个 20 级可编程中断控制器及 4 个 16 位可编程定时器/计数器的典型芯片组电路。采用芯片组技术,可以简化主板的设计,降低系统的成本,提高系统的可靠性,同时对今后的测试、维护和维修等都提供了极大的方便。

芯片组有的由一块大规模集成电路芯片组成,有的由两块芯片组成,有的由 3 块或更多芯片组成。它们在完成微型计算机所需要的逻辑控制的功能上是基本相同的,只是在芯片的集成形式上有所区别。在现代微型计算机中,芯片组多数是由两块称为"北桥"(north bridge)及"南桥"(sorth bridge)的桥芯片组成的。

北桥芯片也称为系统控制器,负责管理微处理器、高速缓存、主存和 PCI 总线之间的信息传送。该芯片具有对高速缓存和主存的控制功能,如 Cache 的一致性、控制主存的动态刷新以及信号的缓冲、电平转换和 CPU 总线到 PCI 总线的控制协议的转换等功能。

南桥芯片的主要作用是将 PCI 总线标准(协议)转换成外设的其他接口标准,如 IDE 接口标准、ISA 接口标准、USB 接口标准等。此外,还负责微型计算机中一些系统控制与管理功能,如对中断请求的管理、对 DMA 传输的控制、负责系统的定时与计数等,即完成传统的中断控制器 8259、DMA 控制器 8237 以及定时/计数器 8253 的基本功能。

另外,早期通常是将微处理器直接焊在主板上,而现代微处理器则往往是通过一个焊接在主板上的符合一定标准的接口插座与主板相连,这样便于在不更换主板的前提下升级微处理器,以提高整机的性能价格比。

13.4.2　Pentium PC 主板结构

Pentium PC 主板结构框图如图 13.5 所示。该图中插在 Socket7 插座上的是 Pentium 75～200 或 Pentium MMX 处理器。由该图可见,整个主板结构是由 CPU 总线、PCI 总线及 ISA 总线构成的 3 层总线结构。

Pentium CPU 总线是一个 64 位数据线、32 位地址线的同步总线,总线时钟频率为 66.6MHz。该总线连接 4～128MB 的主存(通常为 16MB 或 32MB)。

扩充主存容量是以内存条的形式插入主板 SIMM(Single Inline Memory Module,单边存储模块)或 DIMM(Dual Inline Memory Module,双边存储模块)插座来实现的。另外,CPU 总线还接有 256～512KB 的第二级 Cache。主存与 Cache 控制器芯片用来管理 CPU 对主存和 Cache 的存取操作。CPU 是这个总线的主控者,实际上可以把该总线看成是 CPU 引脚信号的延伸。

PCI 总线用于连接各种高速的 I/O 设备模块,如图形显示适配器、硬盘控制器、网络接口控制器等。通过"桥"芯片(北桥与南桥)上面与更高速的 CPU 总线相连,下面与低速的 ISA 总线相连。这里,PCI 总线的时钟频率是 30/33MHz,总线带宽是 132Mb/s(32 位时)。Pentium PC 主板上一般都接有 2～3 个 PCI 总线扩充槽。

Pentium PC 使用 ISA 总线与低速 I/O 设备相连。在"南桥"芯片的控制下,ISA 总线可支持 7 个 DMA 通道和 15 级可屏蔽硬件中断。此外,南桥控制逻辑还通过主板上的 X 总线(也称片级总线)与时钟/日历、CMOS RAM 电路和键盘、鼠标控制器(8042 微处理器)以及 ROM BIOS 芯片相接。

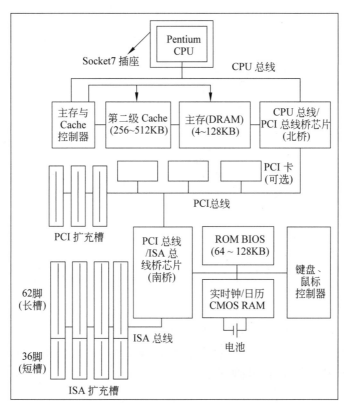

图 13.5 Pentium PC 主板结构框图

13.4.3 Pentium 4 PC 主板的 I/O 组织结构

基于 Pentium 4 PC 的主板 I/O 组织结构如图 13.6 所示。由图可见,Pentium 4 处理器通过两块主要芯片与主存和 I/O 设备连接。处理器下边的芯片是内存控制中心,即北桥芯片。与北桥芯片相连的是 I/O 控制中心,即南桥芯片。

北桥的基本功能是把处理器连接到内存、AGP 图像总线和南桥芯片。北桥通过南桥与多种 I/O 设备相连。Intel 和其他计算机芯片厂商提供了多种芯片组来实现 Pentium 4 芯片与外界相连。图 13.6 所示的是北桥芯片 82875P 和南桥芯片 82801EB。

北桥芯片 82875P 的主要性能参数:封装尺寸为 42.5mm×42.5mm,1005 个引脚;内存速度为 DDR 400/333/266,内存总线宽度 72 位,最大内存容量 4GB,支持内存纠错;支持 AGP 8× 或 4×,外置图形控制器;支持 CSA 千兆以太网接口;与南桥的接口速率

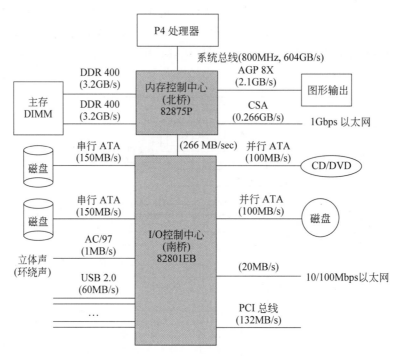

图 13.6　Pentium 4 PC 主板的 I/O 组织结构

为 266MB/s。

南桥芯片 82801EB 的主要性能参数：封装尺寸为 $31 \times 31 \mathrm{mm}^2$，460 个引脚；PCI 总线速率为 132MB/s；以太网 MAC 控制器接口速率为 10/100Mb；并行 ATA 速率为 100MB/s；具有 AC-97 高频控制器等。

习题 13

13.1　试解释高性能微处理器设计中所采用的下列几项先进技术：超标量技术，超长指令字结构，超级流水线技术。

13.2　说明 RISC 的主要特点。

13.3　何谓芯片组? 采用芯片组技术有什么优点?

13.4　说明 64 位处理器 Alpha 21064 的主要性能及其基本组成部件。

13.5　试给出 Itantium 2 处理器的主要性能参数。

13.6　简述多核处理器结构的主要特点。

13.7　说明在现代 PC 主板结构中南桥芯片和北桥芯片的基本功能。

第14章

嵌入式系统与嵌入式处理器

今天,嵌入式系统已广泛应用于工业、农业、科技和国防建设的各个方面,正在影响和改变着人们的日常生活。

本章首先介绍嵌入式系统的定义、特点、组成和分类等概要情况,然后介绍以 ARM 处理器为代表的嵌入式处理器相关技术,包括 ARM 体系结构、ARM 指令系统及 ARM 汇编语言程序设计等内容。

14.1 嵌入式系统概述

14.1.1 嵌入式系统简介

所谓嵌入式系统(embedded system),一般是指以应用为中心,以计算机技术为基础,采用可剪裁软硬件,适用于应用系统对功能、可靠性、成本、体积、功耗等有严格要求的专用计算机系统。

嵌入式系统是一种特殊形式的计算机系统,它同一般的计算机系统没有本质区别,也是由硬件和软件两大部分构成。

嵌入式系统的突出特点是与人们的日常生活息息相关,每个人都可能拥有各类形形色色的嵌入式电子产品,小到 MP3、手机等微型数字化设备,大到办公自动化设备、智能家居、车载 GIS 等。各种新式嵌入式设备在数量上已远远超过通用计算机,并呈现出更广泛的应用领域和更快的发展态势。

14.1.2 嵌入式系统的组成

从组成结构上看,一个嵌入式系统一般由嵌入式计算机系统和执行机构组成,其中的嵌入式计算机系统是整个嵌入式系统的核心,由相应的硬件和软件组成。执行机构也称为被控对象,它接收嵌入式计算机系统发出的控制命令,完成应用系统所需的操作或任务。嵌入式系统的组成情况如图 14.1 所示。

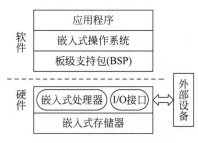

图 14.1　嵌入式系统的组成

1. 嵌入式系统的硬件

嵌入式系统的硬件是以嵌入式处理器为中心,外加嵌入式存储器、I/O 接口、外部设备、电源等组成,如图 14.2 所示。通常,嵌入式系统硬件配置非常精简,除了嵌入式处理器外,其余的电路均可根据功能、成本、体积、功耗等进行剪裁、定制,十分经济、实用。

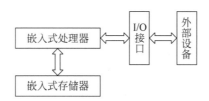

图 14.2　嵌入式系统的基本硬件

1) 嵌入式处理器

嵌入式处理器是嵌入式系统的核心部件。按技术特点,可分为嵌入式微处理器、嵌入式微控制器、嵌入式数字信号处理器(DSP)、嵌入式片上系统等几种类型。下面分别予以介绍。

(1) 嵌入式微处理器

嵌入式微处理器(Embedded MicroProcessor Unit,EMPU)由通用计算机的 CPU 演变而来。在嵌入式应用中,嵌入式微处理器只保留与嵌入式应用紧密相关的功能部件,去掉多余的功能部件,以保证它以最低的资源和功耗实现嵌入式应用需求。与其他嵌入式处理器相比,嵌入式微处理器具有较高的处理性能,但价格偏高。

目前,主要的嵌入式微处理器有 AML 86/88、Motorola 68K、ARM 系列等。

(2) 嵌入式微控制器

嵌入式微控制器(Embedded MicroController Unit,EMCU)又称单片微型计算机(Single Chip MicroComputer,SCMC,单片机),是指将计算机中的 CPU、RAM、ROM、定时器/计数器和多种 I/O 接口集成在一片芯片上形成的芯片级计算机,针对不同的应用场合实现不同的操作和控制。近年来,单片机的集成度更高,可将通用的 USB、CAN 及以太网等总线接口集成于芯片内部。

和嵌入式微处理器相比,嵌入式微控制器的最大特点是单片化,体积大大减小,从而使功耗和成本降低,可靠性提高,抗电磁辐射能力增强,被广泛地应用于通信、航天、家电等领域。嵌入式微控制器是目前嵌入系统工业的主流。

目前,嵌入式微控制器的品种、数量最多,比较有代表性的有 MCS-51 系列、P51XA、MCS-251、MCS-96/196/256 等。

(3) 嵌入式数字信号处理器

嵌入式数字信号处理器(Embedded Digital Signal Processor,EDSP)是一种专门用于数字信号处理的微处理器,它在系统结构和指令系统方面进行了特殊的设计,具有专门的硬件乘法器,广泛采用流水线操作,提供特殊的数字信号处理指令,可用来快速地实现各种数字信号处理算法。其基本工作原理是接收模拟信号,然后将模拟信号转换为 0 或 1 表示的数字信号,再按特定算法对数字信号进行处理,并在相应电路中把数字数据解译回模拟数据或实际环境格式。它不仅具有很好的可编程性,而且编译效率较高,指令执行速度很快,其强大的数据处理能力,远远超过同档次的通用处理器。在数字滤波、

FFT、谱分析、音视频编码解码等方面得到了广泛应用。

嵌入式数字信号处理器中比较有代表性的产品有 TI 公司的 TMS320 系列和 Motorola 公司的 DSP56000 等。

（4）嵌入式片上系统

嵌入式片上系统（Embedded System on Chip，ESoC）就是在一个硅片上实现一个复杂的系统。具体实现方式是，将各种通用处理器的内核、具有知识产权的标准部件、标准外设等作为 ESoC 设计公司的标准器件，用标准的 VHDL 等硬件描述语言描述，存储在器件库中。用户只需定义出整个应用系统，仿真通过后就可以将设计图交给半导体工厂制作样品。

由于嵌入式片上系统的绝大部分系统构件都可集成到一块或几块芯片中，应用系统电路板变得很简洁，不仅减少了系统的体积和功耗，而且提高了系统的可靠性和设计生产效率。

2）嵌入式存储器

与通用计算机存储器是通用计算机系统硬件的重要组成部分一样，嵌入式存储器是嵌入式系统硬件的重要组成部分，实现嵌入式系统的存储和记忆功能。与通用计算机存储器多数已经标准化和模块化不同，嵌入式系统需要针对应用专门定制，自主设计存储系统。

嵌入式存储器同样是由内存和外存两部分组成。内存是电路板上的半导体存储器件，外存则包括硬盘、光盘、U 盘及各类存储卡等外置存储部件。

内存是系统主板的组成部分，CPU 通过系统总线可直接访问内存，用来存放系统正在使用或经常要使用的程序和数据。内存容量较小，速度较快，但价格/位较高；外存用来存放系统不经常使用的程序和数据，在需要时与内存进行成批交换，CPU 不能直接对外存进行访问。外存容量较大，价格/位较低，可灵活拆卸，但访问速度较慢。

3）I/O 接口

I/O 接口是嵌入式系统硬件的又一重要组成部分。嵌入式系统与外界交互需要一定形式的 I/O 接口电路。它的基本功能是控制嵌入式系统计算机与外部设备之间的信息交换与传输。目前，绝大多数标准的 I/O 接口电路都可以在嵌入式系统中应用。

4）外部设备

嵌入式系统的外部设备包括输入设备及输出设备两种类型。输入设备用于数据的输入，常见的输入设备有键盘、鼠标、触摸屏、扫描仪、数字照相机及各种各样的媒体视频捕获卡等；输出设备用于数据的输出，常见的输出设备有液晶显示器（LCD）、打印机、声卡、扬声器等。

2. 嵌入式系统的软件

嵌入式系统的软件组成结构由 4 个层面构成，即板级支持包、嵌入式操作系统、中间件和应用软件，如图 14.3 所示。

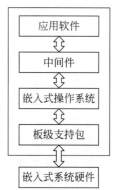

图 14.3　嵌入式系统的软件组成结构

1）板级支持包

板级支持包（Board Support Package，BSP）是介于嵌入式系统硬件和嵌入式操作系统之间的一个层次，主要实现对嵌入式操作系统的支持，为上层的驱动程序提供访问硬件设备寄存器的函数包，使之能与硬件主板更好地运行。BSP 是与具体的操作系统紧密相关的，不同的操作系统对应不同定义形式的 BSP。

在系统启动时，BSP 所做的工作类似通用计算机的 BIOS，也是负责系统加电自检、设备初始化、装入操作系统等。但 BSP 与 BIOS 又有所不同，主要区别是：BSP 是与具体的操作系统相适应的，但 BIOS 却是和所在的主板相适应的；设计人员可以对 BSP 做一定的修改，但 BIOS 一般不能修改，即设计人员对 BSP 自主性更大；一个 BSP 对应一个硬件和一个嵌入式操作系统，而 BIOS 是对应一个硬件和多个操作系统。

2）嵌入式操作系统

嵌入式操作系统（Embedded Operating System，EOS）是嵌入式系统中重要的系统软件。负责嵌入式系统的全部软件和硬件资源的分配、调度工作，控制协调系统的并发操作。与一般操作系统类似，EOS 介于应用程序与硬件之间，向上为应用程序提供使用硬件的接口，向下管理控制硬件。

嵌入式操作系统一般仅指操作系统的内核，通常只包括任务管理、存储管理、设备管理等内核模块，而窗口界面、文件功能及通信协议等模块则不包括在内核中，根据需要选用。实际上，在嵌入式操作系统中，除了核外模块可根据需要进行剪裁外，内核也要求是可剪裁的。

另外，由于大多数的嵌入式系统应用于实时环境中，因此嵌入式操作系统往往与实时操作紧密相关。实时又分为硬实时与软实时两种类型，一些嵌入式系统，如火箭发射、汽车制动系统等要求操作是硬实时的；另一些嵌入式系统，如手机、PDA 等，只需软实时甚至非实时即可。

嵌入式操作系统有很多种，典型的有 Linux、Windows CE、VxWork、Android 等。

3）中间件

中间件（Middleware）位于操作系统和应用软件之间，它的功能是屏蔽各种操作系统提供的不同应用程序接口的差异，向应用程序提供统一的接口，从而便于用户开发应用程序，并使应用程序具有跨平台特性。这一层主要包括窗口系统、网络协议、Java 虚拟机等。

4）应用软件

嵌入式应用软件运行于嵌入式系统软件的最上层，直接面向用户，为用户提供服务程序。它是针对特定应用领域，基于某一固定硬件平台，用来达到用户预期目标的嵌入式应用软件。

嵌入式应用软件可分为两类：一类是基于某一操作系统平台，通过操作系统提供的 API（应用程序编程接口）调用底层驱动程序，实现对硬件的操作控制；另一类则不带操作系统，直接调用底层驱动程序来操作和控制设备。

嵌入式应用软件不仅要求在安全性和稳定性方面能够满足实际应用的需要，而且还要尽可能地进行优化,以减少对系统资源的消耗,降低软硬件成本。

14.1.3 嵌入式系统的分类

嵌入式系统种类繁多,根据不同的分类标准具有不同的分类情况,下面分别予以介绍。

1. 按处理器的位宽分类

按处理器的位宽可将嵌入式系统分为 4 位、8 位、16 位和 32 位系统。一般情况下,位宽越宽,性能越强。

在通用计算机系统的发展历程中,总是高位宽的处理器取代低位宽的处理器,而嵌入式处理器的情况有所不同,各种不同的应用对嵌入式处理器的要求也不尽相同,不同位宽的处理器都有各自适合的应用场所。

2. 按系统自身控制的复杂度分类

按嵌入式系统自身控制的复杂程度,可分为无操作系统控制的嵌入式系统、小型操作系统控制的嵌入式系统和大型操作系统控制的嵌入式系统 3 种类型。

无操作系统控制的嵌入式系统,其硬件主体由 4 位/8 位单片机构成。这一类嵌入式系统的控制软件不包含操作系统。

小型操作系统控制的嵌入式系统,其硬件主体由 8 位/16 位单片机或 32 位处理器构成,控制软件主要由一个小型嵌入式操作系统内核和小规模的应用程序组成。这类嵌入式系统的操作系统功能模块不够齐全,无法为应用程序提供一个较为完备的应用程序编程接口。

大型操作系统控制的嵌入式系统,其硬件主体通常由 32 位/64 位处理器或 32 位片上系统构成,控制软件包含一个功能齐全的嵌入式操作系统,其实时性能较强,具备 DSP 处理能力,具备图形用户界面和网络互联功能。

3. 按系统的实时性分类

根据对嵌入式系统实时性要求的不同,可将其分为硬实时系统和软实时系统两种类型。

硬实时系统是指系统要确保事件在规定期限内得到及时处理,否则将导致致命的系统错误。

软实时系统是指从统计的角度来说,到达系统的事件能够在截止期限前得到处理,但违反截止期限并不会带来致命的差错。例如视频点播系统、文献检索系统就是典型的软实时系统,偶尔的数据传输延迟对用户不会造成很大影响。

4. 按应用领域分类

按照应用领域可把嵌入式系统分为军用、工业用、民用三大类。其中,军用和工业用嵌入式系统对运行环境要求较高,如耐高温、耐潮湿、耐强电磁干扰、耐腐蚀等。民用嵌入式系统往往要求易使用、易维护和适中的价格等。

随着技术的发展和应用需求的增长,目前已形成多种类型的嵌入式系统产品,如信息家电类产品、工业控制类产品、智能仪器仪表类产品、生物、医学类产品等,在此不再一一详述。

14.2　嵌入式处理器

本节将具体介绍一些典型的嵌入式处理器,分析它们的结构和功能特点,为更好地理解和应用嵌入式处理器打下基础。

14.2.1　ARM 系列处理器

ARM 系列处理器是专门针对嵌入式系统应用而设计的,是目前构造嵌入式系统硬件平台的首选产品。

ARM(Advanced RISC Machines)公司 1991 年成立于英国剑桥,其主要业务是设计 16 位和 32 位嵌入式处理器。但 ARM 公司本身并不生产和销售芯片,而是采用技术授权的方式,由合作公司生产各具特色的芯片。世界各大半导体生产商从 ARM 公司购买其设计的 ARM 处理器核,根据各自不同的应用领域,加入适当的外围电路,从而形成自己的 ARM 处理器芯片进入市场。

目前,采用 ARM 技术知识产权(Intellectual Property,IP)核的处理器,即通常所说的 ARM 处理器,已遍及各类电子产品市场,基于 ARM 技术的处理器,其应用已占据了 32 位 RISC 处理器的绝大部分市场份额。全球 95% 以上的手机以及超过四分之一的电子设备都在使用 ARM 技术。图 14.4 为 ARM 处理器外观图示。

采用 RISC 架构的 ARM 处理器的主要特点如下:

(1) 体积小、功耗低、性价比高;

(2) 支持 Thumb(16 位)和 ARM(32 位)双指令集;

(3) 采用固定长度的指令格式;

(4) 指令的寻址方式灵活,执行效率高;

(5) 大多数数据操作都在寄存器中完成,指令执行速度快。

图 14.4　ARM 处理器外观图示

1. ARM 处理器核命名规则

ARM 处理器核命名规则的字符串表达式如下：

ARM{x}{y}{z}{T}{D}{M}{I}{E}{J}{F}{-s}

其中花括号的内容表示可选。前 3 个可选参数的含义如下：

{x}表示系列号，例如 ARM7、ARM9、ARM10；

{y}表示内部存储器管理和保护单元，例如 ARM72、ARM92；

{z}表示含有高速缓存(Cache)，例如 ARM720、ARM940。

在 ARM7TDMI 之后出产的所有 ARM 核，即使"ARM"字符串后面没有包含"TDMI"也都默认包含了该字符串。TDMI 的基本含义如下：

T：支持 16 位压缩指令集 Thumb；

D：支持片上 Debug；

M：内嵌硬件乘法器(Multiplier)；

I：嵌入式 ICE，支持片上断点和调试点。

对于 2005 年以后 ARM 公司投入市场的 ARMV7 体系结构的处理器核，使用字符串"ARM Cortex"开头，随后附加字母后缀"-A""-R"或者"-M"，表示该处理器核所适合应用的领域。其中，后缀 A 表示应用(Application)，R 表示实时控制(Real time)，M 表示微控制器(Microcontroller)。

2. ARM7

ARM7 系列处理器核包括 ARM7TDMI、ARM7TDMI-S、ARM720T、ARM740T、ARM7EJ 等类型。

1) ARM7TDMI

ARM7TDMI 是广泛使用的 32 位嵌入式 RISC 处理器核。采用能够提供 0.9MIPS/MHz 的 3 级流水线结构，内嵌硬件乘法器，支持 16 位 Thumb 指令集，支持片上 Debug，支持片上断点和调试点。指令系统与 ARM9、ARM9E 和 ARM10E 兼容。

ARM7TDMI 提供了存储器接口、MMU 接口、协处理器接口和调试接口，以及时钟与总线等控制信号。

ARM7TDMI 也能以 ARM7TDMI-S 软核(Softcore)的形式向用户提供。

2) ARM720T

ARM720T 是在 ARM7TDMI 处理器核的基础上，增加 8KB 的数据与指令 Cache、存储管理单元 MMU、写缓冲器及 AMBA 总线接口而构成的。

3) ARM740T

ARM740T 与 ARM720T 相比，结构基本相同，但 ARM740T 没有存储管理单元 MMU，所以不支持虚拟存储器寻址，而是用存储保护单元提供基本保护和 Cache 的控制，适合低价格、低功耗的嵌入式应用。

3. ARM9

ARM9 系列处理器核包括 ARM920T、ARM922T 和 ARM940T 几种类型,以适合不同的应用场合。采用能够提供 1.1MIPS/MHz 的 5 级整数流水线哈佛结构。支持 32 位 ARM 指令集和 16 位 Thumb 指令集。支持 32 位的高速 AMBA 总线接口。支持数据 Cache 和指令 Cache,具有更高的指令和数据处理能力。支持 Windows CE、Linux、Palm OS 等主流嵌入式操作系统。

ARM920T 处理器核在 ARM9TDMI 处理器核基础上,增加了分离的指令 Cache 和数据 Cache,并带有相应的内存管理单元 I-MMU 和 D-MMU 及 AMBA 总线接口。

ARM940T 处理器核是 ARM920T 处理器核的简化版本,没有内存管理单元(MMU),不支持虚拟存储器寻址,是用存储器保护单元(Protection Unit)来提供存储保护和 Cache 控制。

ARM9 系列处理器核主要应用于无线通信设备、仪器仪表、安全系统、机顶盒、高端打印机、数字照相机和数字摄像机等领域。

4. ARM9E

ARM9E 处理器核包含 ARM926EJ-S、ARM946E-S 和 ARM966E-S 几种类型,使用单一的处理器内核提供了微控制器、DSP、Java 应用系统的解决方案,减小了芯片的面积和系统的复杂度。ARM9 系列处理器核提供了增强的 DSP 处理能力,适合于那些需要同时使用 DSP 和微控制器的场合。

ARM9E 系列处理器核的主要特点:采用 5 级整数流水线,指令执行效率更高,支持 32 位 ARM 指令集和 16 位 Thumb 指令集,支持 VFP9 浮点处理协处理器,支持 32 位的高速 AMBA 总线接口,支持数据 Cache 和指令 Cache,指令执行速度最高可达 300MIPS。支持 DSP 指令集,适合于需要高速数字信号处理的场合。全性能的 MMU,支持 Windows CE、Linux、Palm OS 等主流嵌入式操作系统。

ARM9E 系列处理器核主要应用于下一代无线通信设备、数字消费品、成像设备、工业控制、存储设备和网络设备等领域。

5. ARM10E

ARM10E 系列处理器核包含 ARM1020E、ARM1022E 和 ARM1026EJ-S 等类型,具有高性能、低功耗的特点。由于采用了新的体系结构,与同等的 ARM9 器件相比较,在同样的时钟频率下,性能提高了近 50%。同时,ARM10E 采用了两种先进的节能方式,使其功耗极低。

ARM10E 系列处理器核的主要特点:支持 DSP 指令集,适合于需要高速数字信号处理的场合。采用 6 级整数流水线,指令执行效率更高。支持 32 位 ARM 指令集和 16 位 Thumb 指令集,支持 32 位的高速 AMBA 总线接口,支持 VFP10 浮点处理协处理器。支持数据 Cache 和指令 Cache,具有更高的数据和指令处理能力。内嵌并行读/写操作部件。指令执行速度最高可达 400MIPS。全性能的 MMU,支持 Windows CE、Linux、Palm OS 等多种主流嵌入式操作系统。

ARM10E 系列处理器核主要应用于下一代无线通信设备、数字消费品、成像设备、工业控制、通信和信息系统等领域。

6. ARM11

ARM11 系列处理器核是 ARM 新指令体系结构——ARMv6 的第一代设计实现。该系列主要有 ARM 1136J、ARM 1156T2 和 ARM 1176JZ 3 个内核型号,分别针对不同的应用领域。

ARM11 采用 8 级流水线结构,可达到更高的运行频率。包含 64 个 4 状态转移地址缓冲器,采用动态预测和静态预测相结合的转移预测技术,可达到 85% 的指令转移预测正确性。ARM11 处理器中,内核和 Cache 及协处理器之间的数据通路是 64 位的,大大提高了数据访问和处理速度。

ARM11 系列处理器主要应用于下一代无线通信设备、网络应用、数字消费品等领域。

7. Cortex

Cortex 是基于 ARMv7 体系结构的新产品系列,支持 Thumb-2 指令集和 AMBA AXI 接口规范。ARM Cortex 处理器产品分为 A、R 及 M 三大系列。

Cortex-A 系列专为复杂操作系列与使用者而开发;Cortex-R 系列则为支持各种实时系统的嵌入式处理器;Cortex-M 系列主要针对微控制器与低成本应用而设计的深层嵌入式处理器。

8. SecurCore

SecurCore 系列处理器核包含 SecurCore SC000、SecurCore SC100、SecurCore SC200 和 SecurCore SC200 等类型。该系列处理器核专为安全需要而设计,提供了完善的 32 位 RISC 技术的安全方案。它除了具有 ARM 体系结构的低功耗、高性能等主要特点外,在系统安全方面,带有灵活的保护单元,以确保操作系统和应用数据的安全。另外,采用软内核技术,以防止外部对其进行扫描探测。

SecurCore 系列处理器核主要应用于对安全性要求较高的应用产品及应用领域,如电子商务、电子政务、电子银行业务、网络和认证系统等领域。

9. StrongARM

Intel StrongARM 处理器是采用 ARM 体系结构的高度集成的 32 位 RISC 处理器。它融合了 Intel 公司的设计和处理技术以及 ARM 体系结构的电源效率,采用在软件上兼容 ARMv4 体系结构,同时具有 Intel 技术优点的处理器。

Intel StrongARM 处理器是便携式通信产品和消费类电子产品的理想选择,已成功应用于多家公司的掌上计算机系列产品。

10．XScale

XScale 处理器是基于 ARMv5TE 体系结构的解决方案，是一款高性价比、低功耗的处理器。它支持 16 位的 Thumb 指令集和 DSP 指令集，已应用于手机、个人数字助理（PDA）和网络产品等场合。

14.2.2 Intel 8051 系列微控制器

Intel 8051 系列微控制器 MCS-51 是 8 位嵌入式处理器的典型代表。Intel 公司于 1976 年推出 MCS-48 微控制器，该产品提供了数字信号处理所需的全部功能，只需外接一定的附加外围芯片即可构成完整的微型计算机系统，可以认为它是现代微控制器（俗称单片机）的雏形。1980 年，Intel 又推出了 MCS-51 微控制器，这是 8051 系列最早的产品。

与 MCS-48 相比，MCS-51 增加了更多的电路单元和指令，其指令数已达到 111 条，结构更先进，功能也更强。按功能强弱，MCS-51 系列可分为基本型和增强型两大类，前者包括 8051/8751/8031、80C51/87C51/80C31 等，后者则包括 8052/8752/8032、80C52/87C52/80C32 等。增强型产品不仅扩大了片内存储器的容量，也增加了定时器/计数器和中断源等功能单元的数量。

MCS-51 的主要特点如下：

(1) 具有比较大的寻址空间，外部数据存储器和程序存储器的寻址范围达到 64KB，这对于微控制器而言是比较大的，同时还具备 I/O 端口的寻址能力。

(2) 采用模块化结构，可以方便地增加或删除某个模块，得到引脚和指令完全兼容的新产品。

(3) 指令系统中包含完善的数据传送指令、算术运算指令、逻辑运算指令及转移控制指令，编程方便灵活。

(4) 内部集成了多种中断源，中断机制简单、方便，能够满足多种应用需要。

(5) 开发环境要求较低，软件资源丰富。

Intel 8051 系列微控制器的发展演变是嵌入式处理器和嵌入式系统发展史上的一个传奇，从最初的 MCS-51 微控制器到目前以 8051 为核心的 SoC。该系列产品始终伴随着嵌入式系统的发展而不断变化。

14.3 ARM 体系结构

14.3.1 ARM 处理器的工作状态

当 ARM 处理器发展到 V4T 版本后，处理器可以工作于两种状态之一，即 ARM 状态和 Thumb 状态。当处理器执行 ARM 程序段时,称其处于 ARM 状态。在 ARM 状态下,指令长度为 32 位,称为"字对准"的 ARM 指令;当处理器执行 Thumb 程序段时,称其处于 Thumb 状态。在 Thumb 状态下,指令长度为 16 位,称为"半字对准"的 Thumb 指令。

在程序执行过程中,ARM 处理器可以随时在两种工作状态之间切换。在开始执行程序代码即 ARM 启动时,只能处于 ARM 工作状态。

ARM 指令集和 Thumb 指令集均设置了切换处理器工作状态的指令。

(1) 欲进入 Thumb 状态,执行"BX Rm"指令,且当寄存器 Rm 中的 bit[0]为 1 时进入 Thumb 状态。另外,若进入异常/中断前处于 Thumb 状态,则从异常/中断返回时会自动切换到 Thumb 状态。

(2) 欲进入 ARM 状态,执行"BX Rm"指令,且当寄存器 Rm 中的 bit[0]为 0 时,进入 ARM 状态。另外,进行异常/中断处理时也会进入 ARM 状态。

14.3.2 ARM 处理器的运行模式

ARM 处理器支持 7 种运行模式,由当前程序状态寄存器(CPSR,下面将介绍)的低 5 位决定。7 种运行模式的具体情况下:

(1) 用户模式(usr):ARM 处理器的程序正常执行模式。

(2) 快速中断模式(fiq):用于处理快速中断,支持高速数据传输或通道处理。

(3) 外部中断模式(irq):用于普通的中断处理。

(4) 管理模式(svc):操作系统使用的保护模式。

(5) 数据访问终止模式(abt):当数据或指令预取终止时进入该模式,可用于虚拟存储及存储保护。

(6) 系统模式(sys):运行具有特权的操作系统任务。

(7) 未定义指令终止模式(und):当未定义的指令执行时进入该模式,可用于支持硬件协处理器的软件仿真。

大多数的应用程序运行在用户模式下,当处理器运行在用户模式下时,某些被保护的系统资源是不能被访问的。除用户模式外,其余 6 种模式称为"非用户模式"或"特权模式";特权模式中除"系统模式"外的 5 种模式又称为"异常模式",常用于处理中断或异常,以及需要访问受保护的系统资源。

ARM 处理器的运行模式可以通过软件改变,也可以通过外部中断或异常改变。

14.3.3 ARM 处理器的内部寄存器

如上所述,ARM 处理器有两种工作状态。两种状态下的寄存器组织有所不同,下面分别予以介绍。

1. ARM 状态下的寄存器

ARM 状态下共有 37 个 32 位寄存器,分为通用寄存器和状态寄存器两类,其中通用寄存器 31 个,状态寄存器 6 个。通用寄存器有:R0～R15,R13_svc、R14_svc,R13_abt、R14_abt,R13_irq,R14_irq,R13_und、R14_und,R8_fiq～R14_fiq;状态寄存器有:CPSR,SPSR_fiq,SPSR_svc,SPSR_abt,SPSR_irq,SPSR_und。

虽然寄存器总数为 37 个,但在每种运行模式下只能使用其中的一部分。如表 14.1 所示,在"系统和用户"模式下,能使用的寄存器是 R0～R15 和 CPSR,共 17 个;在 SVC 模式下,能使用的寄存器是 R0～R12,R13_svc,R14_svc,R15,CPSR 和 SPSR_svc,共 18 个;其他能使用的寄存器数量与此相同,均为 18 个。

表 14.1　ARM 状态下的寄存器

	系统和用户	快速中断(fiq)	管理(svc)	终止(abt)	外部中断(irq)	未定义指令(und)
未分组寄存器	R0	R0	R0	R0	R0	R0
	R1	R1	R1	R1	R1	R1
	R2	R2	R2	R2	R2	R2
	R3	R3	R3	R3	R3	R3
	R4	R4	R4	R4	R4	R4
	R5	R5	R5	R5	R5	R5
	R6	R6	R6	R6	R6	R6
	R7	R7	R7	R7	R7	R7
分组寄存器	R8	R8_fiq	R8	R8	R8	R8
	R9	R9_fiq	R9	R9	R9	R9
	R10	R10_fiq	R10	R10	R10	R10
	R11	R11_fiq	R11	R11	R11	R11
	R12	R12_fiq	R12	R12	R12	R12
	R13(SP)	R13_fiq	R13_svc	R13_abt	R13_irq	R13_und
	R14(LR)	R14_fiq	R14_svc	R14_abt	R14_irq	R14_und
	R15(PC)	R15(PC)	R15(PC)	R15(PC)	R15(PC)	R15(PC)
	CPSR	CPSR	CPSR	CPSR	CPSR	CPSR
		SPSR_fiq	SPSR_svc	SPSR_abt	SPSR_irq	SPSR_und

下面对这些寄存器进行具体说明。

1) R0～R7

R0～R7 称为未分组寄存器,是处理器的 7 种运行模式共用的寄存器,在模式切换时必须压入堆栈加以保护。

2) R8～R12

R8～R12 称为分组寄存器,在物理上包括两组寄存器,一组是通用的 R8～R12,是除快速中断 fiq 外的其他 6 种运行模式共享的寄存器;另一组是 fiq 模式下自己的 R8_fiq～R12_fiq,当发生 fiq 中断时,不需将这些寄存器入栈保护,以加快中断响应。但当发生 fiq 外的其他异常或中断时,则必须将 R8～R12 入栈保护。

3) R13 与 R14

对于 R13 与 R14 来说,每个寄存器对应 6 个不同的物理寄存器,其中一个是系统和用户模式共用,另外 5 个物理寄存器对应其他 5 种不同的运行模式,并采用以下记号来区分不同的物理寄存器 R13_＜mode＞和 R14_＜mode＞,其中 mode 可为 usr、fiq、irq、svc、abt、und。

R13 在 ARM 指令中常用作堆栈指针寄存器,用 SP 表示,但这只是一种习惯用法,用户也可使用其他寄存器作为堆栈指针。而在 Thumb 指令集中,某些指令强制性地要求使用 R13 作为堆栈指针。由于处理器的每种运行模式均有自己独立的物理寄存器 R13,在用户应用程序的初始化部分,一般都要初始化每种模式下的 R13,使其指向该运行模式的栈空间。这样,当程序运行进入异常模式时,可以将需要保护的寄存器放入 R13 所指向的堆栈;而当程序从异常模式返回时,则从对应的堆栈中恢复,以保证异常发生后程序的正常执行。R13 也可作为通用寄存器使用。

R14 称为链接寄存器(Link Register,LR)。在每种运行模式下,都可用 R14 保存子程序的返回地址,当用 BL 或 BLX 指令调用子程序时,将程序计数器 PC 的当前值复制给 R14;执行完子程序后,用户需使用一条指令(MOV PC,LR)将 R14 的值复制回 PC,即可完成子程序的调用返回。R14 也可作为通用寄存器使用。

4) R15

R15 用作程序计数寄存器(PC)。R15 的值与程序当前执行指令的位置有关,如在 3 级流水线的 ARM 核中,当处在 ARM 状态下时,R15 的值为当前执行指令的地址加 8;当处在 Thumb 状态下时,R15 的值为当前执行指令的地址加 4。

R15 也可作为通用寄存器使用,但使用时要小心,尤其是对 R15 进行写操作时,R15 值的改变将引起程序执行顺序的变化,有可能引起程序执行产生一些不可预知的结果。

5) 程序状态寄存器

ARM 的程序状态寄存器共有 6 个,一个是当前程序状态寄存器(Current Program Status Register,CPSR),它为所有运行模式共享。另外 5 个是 5 种异常模式下各自专用的备份程序状态寄存器 SPSR_fiq、SPSR_svc、SPSR_abt、SPSR_irq 和 SPSR_und。SPSR 是 Saved Program Status Register 的缩写。当异常发生时,CPSR 的当前值保存到与该异常对应的备份程序状态寄存器中;从异常退出时,则可由相应的 SPSR 来恢复 CPSR。

程序状态寄存器的格式如图 14.5 所示(CSPR 和 SPSR 格式相同)。

程序状态寄存器格式中各位的含义如下:

(1) 条件码标志位

位[31]为正负标志位。在有符号数运算中,运算结果的最高位表示符号,若 N=1,表示运算结果为负;若 N=0,表示运算结果为正。

位[30]为零标志位。若 Z=1,表示运算结果为 0;若 Z=0,表示运算结果非 0。

位[29]为进/借位标志位。有 4 种情况:

① 加法运算(包括比较反值指令 CMN):当运算结果产生了进位时(无符号数溢出),C=1;否则,C=0。

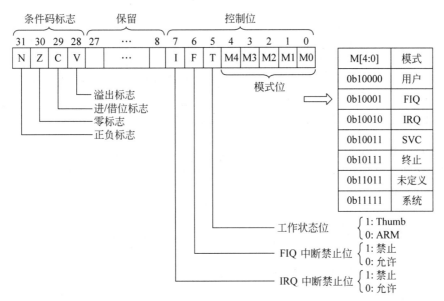

图 14.5　程序状态寄存器的格式

② 减法运算(包括比较指令 CMP)：当运算时产生了借位(无符号数溢出),C=0;否则,C=1。

③ 对于包含移位操作的非加/减指令,C 中为移出值的最后一位。

④ 对于其他的非加/减运算指令,C 位的值通常不受影响。

位[28]为溢出标志位。对于加/减法运算指令,当操作数和运算结果为二进制的补码表示的带符号数时,V=1 表示符号位溢出。对于其他的非加/减运算指令,V 的值通常不改变。

(2) 控制位

程序状态寄存器的低 8 位(包括 I、F、T 和 M[4：0])为控制位。如果处理器运行在特权模式下,这些位可以由程序修改。

位[7]为 IRQ 中断禁止位。当 I=1 时,禁止 IRQ 中断;当 I=0 时,允许 IRQ 中断。

位[6]为 FIQ 中断禁止位。当 F=1 时,禁止 FIQ 中断;当 F=0 时,允许 FIQ 中断。

位[5]为运行状态控制位。当 T=0 时,处理器运行在 ARM 状态;当 T=1 时,处理器运行在 Thumb 状态。

位[4：0]为模式位。M4、M3、M2、M1、M0 决定了处理器的运行模式,具体含义如表 14.2 所示。

表 14.2　模式位的具体含义

M[4：0]	处理器模式	可访问的寄存器
0b10000	用户模式	PC,CPSR,R0～R14
0b10001	FIQ 模式	PC,CPSR,SPSR_fiq,R14_fiq～R8_fiq,R7～R0
0b10010	IRQ 模式	PC,CPSR,SPSR_irq,R14_irq,R13_irq,R12～R0

M[4：0]	处理器模式	可访问的寄存器
0b10011	SVC 模式	PC，CPSR，SPSR_svc，R14_ svc，R13_ svc，R12～R0
0b10111	终止模式	PC，CPSR，SPSR_abt，R14_abt，R13_abt，R12～R0
0b11011	未定义模式	PC，CPSR，SPSR_und，R14_und，R13_und，R12～R0
0b11111	系统模式	PC，CPSR，R14～R0

通过改变程序状态寄存器模式位的值,即可改变处理器的运行模式,但是程序状态寄存器的模式位必须在特权模式下才可修改,在用户模式下是无权修改的。其他控制位在用户模式下也不能修改。

(3) 保留位

程序状态寄存器中当前尚未定义的其余位为系统保留位,用于 ARM 版本的扩展。

2. Thumb 状态下的寄存器

Thumb 状态下的寄存器是 ARM 状态下寄存器的一个子集。程序可以直接访问 8 个通用寄存器(R0～R7)、程序计数器(PC)、堆栈指针(SP)、连接寄存器(LR)和 CPSR。图 14.6 给出了两种状态下寄存器的对应关系。从图 14.6 可以看到:

(1) Thumb 状态下的 R0～R7 与 ARM 状态下的 R0～R7 相同;

(2) Thumb 状态下的 CPSR/SPSRs 与 ARM 状态下的 CPSR/SPSRs 相同;

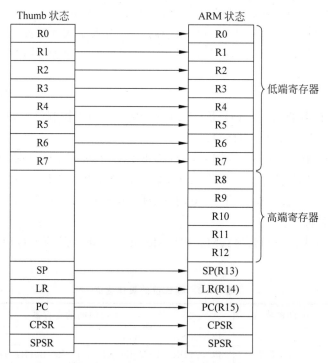

图 14.6　Thumb 状态下的寄存器

（3）Thumb 状态下的 SP 映射到 ARM 状态下的 SP(R13)；

（4）Thumb 状态下的 LR 映射到 ARM 状态下的 LR(R14)；

（5）Thumb 状态下的 PC 映射到 ARM 状态下的 PC(R15)。

在 Thumb 状态下，通常不可使用高端寄存器 R8～R12，只有少数 Thumb 指令支持对高端寄存器的访问，将其用作快速的暂存器。

14.3.4 ARM 处理器的异常处理机制

1. ARM 处理器异常/中断概述

异常/中断是处理器响应和处理计算机系统中紧急事件的一种机制。当系统中出现某种紧急事件时，处理器中止当前指令的执行，从一个预先设定好的入口进入异常/中断处理程序，对紧急事件进行处理，待紧急事件处理完后，再返回到被中止的指令处继续往下执行。这个预先设定好的入口称为中断向量（即中断服务程序的入口地址），中断向量是处理器设计者设计安排的。另外，要使处理器在执行完中断服务程序后能准确地返回到原来被中断处继续执行，异常/中断发生时，必须将返回地址、状态寄存器等当前指令的执行现场保存起来。

ARM 处理器的异常/中断类型有复位（Reset）、未定义指令、软件中断（SWI）、指令预取终止、数据终止、IRQ（普通中断）和 FIQ（快速中断）7 种。这 7 种异常/中断的具体含义如表 14.3 所示。

表 14.3　ARM 处理器的异常/中断类型及含义

异常/中断类型	具体含义
复位（Reset）	当处理器的复位电平有效时，产生复位异常，程序跳转到复位异常处理程序处执行
未定义指令	当 ARM 处理器或协处理器遇到不能处理的指令时，产生未定义指令异常。可使用该异常机制进行软件仿真
软件中断（SWI）	该异常由执行 SWI 指令产生，可用于用户模式下的程序调用特权操作指令。可使用该异常机制实现系统功能调用
指令预取终止	若处理器预取指令的地址不存在，或该地址不允许当前指令访问，存储器会向处理器发出终止信号，但当预取的指令被执行时，才会产生指令预取终止异常
数据终止	若处理器数据访问指令的地址不存在，或该地址不允许当前指令访问时，产生数据终止异常
IRQ（普通中断）	当处理器的外部中断请求引脚有效，且 CPSR 中的 I 位为 0 时，产生 IRQ 异常。系统的外设可通过该异常请求中断服务
FIQ（快速中断）	当处理器的快速中断请求引脚有效，且 CPSR 中的 F 位为 0 时，产生 FIQ 异常

此外，当有多个异常/中断同时发生时，系统将根据特定的优先级决定异常/中断的响应次序。ARM 处理器的异常/中断优先级由高到低的排列次序如表 14.4 所示。

表 14.4　异常/中断优先级

优　先　级	异常/中断	优　先　级	异常/中断
1(最高)	复位	4	IRQ
2	数据终止	5	预取指令终止
3	FIQ	6(最低)	未定义指令、SWI

2. ARM 处理器异常/中断响应过程

ARM 处理器响应异常/中断时,将自动完成以下操作:

① 将当前程序状态寄存器 CPSR 的内容保存到相应异常模式下的 SPSR 中。

② 设置 CPSR 中的模式位 M[4:0],切换到相应模式;将 CPSR 中的工作状态位(T 位)清 0,进入 ARM 状态;将 CPSR 中的 IRQ 中断禁止位(I 位)置 1,禁止新的 IRQ 请求;若进入 Reset 或 FIQ,还需将 CPSR 中的 FIQ 中断禁止位(F 位)置 1,禁止新的 FIQ 请求。

③ 将产生异常/中断指令的下一条指令的地址保存到相应异常的连接寄存器 R14 中。

④ 给程序计数器(PC)装入相应的异常/中断向量,转入相应的异常/中断处理程序。

3. ARM 处理器异常/中断的返回

从异常/中断处理程序返回时,需要完成以下基本操作:

① 若使用堆栈,则需将保存在堆栈中的寄存器出栈。

② 将相应异常的 SPSR 内容复制到 CPSR 中,恢复被中断程序的工作状态。

③ 将相应异常的 R14 中的值或该值减去一个由异常模式决定的偏移量后,复制到 PC(R15)。可使用如表 14.5 所示的不同类型的异常/中断返回指令,实现相应类型的中断返回操作。

表 14.5　不同类型的异常/中断返回指令

异常/中断类型	返　回　指　令	
软件中断(SWI)	MOVS　PC，LR	；LR＝R14_svc
未定义指令	MOVS　PC，LR	；LR＝R14_und
快速中断(FIQ)	SUBS　PC，LR，#4	；LR＝R14_fiq
普通中断(IRQ)	SUBS　PC，LR，#4	；LR＝R14_irq
指令预取终止	SUBS　PC，LR，#4	；LR＝R14_abt
数据终止	SUBS　PC，LR，#8	；LR＝R14_abt
复位	NA	

ARM 处理器的异常/中断返回指令由数据传送指令 MOV 或减法指令 SUB 提供,但使用时与普通的数据传送指令或减法指令不同,指令带后缀"S",目的寄存器为 PC,该指令运行时同时完成如下两项操作:

① CPSR←相应异常的 SPSR 值;

② PC←相应异常的 R14 的值或 PC←相应异常的 R14 的值－偏移量。

在"软件中断"与"未定义指令"异常返回指令中,偏移量为 0,返回到发生异常/中断指令的下一条指令处;在其他异常/中断返回指令中,偏移量不为 0,返回到发生异常/中断的指令处。

4. ARM 处理器异常/中断处理程序结构

根据中断所完成任务的不同,其处理程序也不尽相同,但整个中断处理程序的基本结构是大致相同的。在程序的开始处应该保护现场,在程序的结束处应该恢复现场并进行中断返回操作。

下面给出用减法指令 SUBS 提供中断返回操作的 FIQ 中断处理程序结构。

```
FIQ_ISR:
stmfd   sp! , {r0 - r7}           ; r0～r7 进栈,保护现场
    ⋮
ldmfd   sp! , {r0 - r7}           ; r0～r7 出栈,恢复现场
subs PC , r14 , ♯4               ; 中断返回
```

14.4　ARM 指令系统

14.4.1　ARM 指令系统的主要特点

按 ARM 体系结构定义的指令系统,简称 ARM 指令系统。它具有 RISC 指令系统的基本特点。主要包括:
（1）使用等长指令,指令长度均为 4 字节。
（2）指令种类较少,指令格式、功能比较简单。
（3）寻址方式少且灵活简单。
（4）只有取数（Load）和存数（Store）指令能够访问存储器。
（5）绝大多数指令是面向寄存器操作的。
以上特点都使得 ARM 指令的执行速度更快。

14.4.2　ARM 指令的基本格式

ARM 指令的基本汇编格式如下:

opcode {cond} {S} Rd, Rn {,operand2}

式中各项的意义如下:
opcode:指令操作助记符,表示指令的具体操作,如 ADD、MOV 等。
{ }:该括号内的项是可选项。
cond:可选项,指令执行条件助记符,如 GE、LT 等,当条件满足时执行该指令。

ARM 指令中的条件助记符如表 14.6 所示。

表 14.6　ARM 指令中的条件助记符

条件助记符	标 志 状 态	含　　义
EQ	Z＝1	相等
NE	Z＝0	不相等
CS/HS	C＝1	无符号数大于或等于
CC/LO	C＝0	无符号数小于
MI	N＝1	负数
PL	N＝0	正数或 0
VS	V＝1	溢出
VC	V＝0	未溢出
HI	C＝1 且 Z＝0	无符号数大于
LS	C＝0 或 Z＝1	无符号数小于或等于
GE	N＝V	有符号数大于或等于
LT	N≠V	有符号数小于
GT	Z＝0 且 N＝V	有符号数大于
LE	Z＝1 或 N≠V	有符号数小于或等于
AL	任何	无条件执行

S：可选项，决定指令的操作是否影响程序状态寄存器 CPSR 的对应标志。

Rd：目的寄存器，存放操作结果。

Rn：第一操作数寄存器，存放第一操作数。

operand2：可选项，第二操作数，可为立即数、寄存器或寄存器移位数等。

下面列举的几条 ARM 汇编指令均符合基本汇编格式。

```
MOV  R1 , R3              ; R1←R3
ADDS  R0 , R1 , ♯1        ; R0←R1＋1,影响 CPSR
BGE  label               ; 若满足条件 GE,则跳转到 label
SUBNES R2 , R3 , ♯0x30    ; R2←R3－0x30,满足条件 NE,影响 CPSR
```

14.4.3　ARM 指令的寻址方式

我们已经知道，所谓寻址方式，就是指令中如何提供操作数或操作数地址的方式。在第 4 章，已经详细介绍了 x86 指令的寻址方式。本节将专门介绍 ARM 指令的寻址方式。ARM 指令的寻址方式可归结为 7 种，下面分别予以介绍。

1. 立即寻址

立即寻址也称立即数寻址。与 x86 指令系统类似，采用这种寻址方式，操作数本身就在指令中给出，只要取出指令也就得到了操作数，立即有数可用。即这是一种取指后不再需要访问存储器就可以得到操作数的寻址方式，因而指令执行速度较快。这里的立即数一般以"♯"为前缀,"♯0x"开头表示十六进制数,"♯0d"开头表示十进制数,"♯0b"开头表示二进制数。

例如:

```
ADD  R0 , R0 , ♯1          ;R0←R0 + 1
ADD  R1 , R1 , ♯0x5f       ;R1←R1 + 0x5f
```

2. 寄存器寻址

寄存器寻址是将寄存器中的数值作为操作数,它也是一种不需要访问存储器就可以得到操作数的寻址方式。

例如:

```
ADD  R0 , R1 , R2          ; R0←R1 + R2
MOV  R1 , R0               ; R1←R0
```

在寄存器寻址方式中,第二操作数在与第一操作数运算之前可以先进行各种形式的移位操作,移位的位数可以是一个用 5 位二进制数来编码的立即数或一寄存器值。

例如:

```
ADD  R3 , R1 , R2 , LSR♯2 ; R3←R1 + R2/4
ADD  R3 , R1 , R2 , LSR R4 ; R3←R1 + R2/2^{R4}
```

本例两条指令中的第一操作数与第二操作数均在寄存器中,但第一条指令中的第二操作数与第一操作数相加之前先逻辑右移 2 位;第二条指令中的第二操作数与第一操作数相加之前也需先逻辑右移,但逻辑右移的位数则存放在另一个寄存器 R4 中。

3. 寄存器间接寻址

寄存器间接寻址是以寄存器中的值作为操作数的地址,而操作数本身存放在存储器中。

例如:

```
LDR  R0 , [R1]         ;R0←[R1],将以 R1 中的值为地址的连续 4 字节内存单元内容读出送入 R0
STR  R0 , [R1]         ;[R1]←R0,将 R0 中的 4 字节内容写入以 R1 为地址的内存单元
```

4. 基址变址寻址

采用基址变址寻址,操作数在存储器中,存储器地址由一寄存器(基址寄存器)的值与指令中给出的偏移量相加得到。指令执行时,先将基址寄存器的值与指令中给出的偏移量相加,得到操作数的有效地址,然后再从该地址指向的存储单元中取出操作数。

例如:

```
LDR  R0 , [R1 , ♯4]       ; R0←[R1 + 4],先改变地址,再取操作数,完成数据传送,故称前变址
LDR  R0 , [R1 , ♯4]!      ; R0←[R1 + 4], R1←R1 + 4,带后缀"!",除完成数据传送操作外,还自
```

　　　　　　　　　　动改变基址寄存器的值,故称自动变址

```
LDR    R0 ,[R1], ♯4            ;R0←[R1],R1←R1＋4,偏移量在括号外,先以基址寄存器的值为操作
                                数地址完成数据传送,然后将基址寄存器的值加偏移量,故称后
                                变址
LDR    R0    [R1 , R2]         ;R0←[R1＋R2],偏移量在 R2 寄存器中
LDR    R0 ,[R1 , R2 , LSL♯2]   ;R0←[R1＋R2＊4],偏移量由 R2 的值左移 2 位得到
```

　　上述 5 条指令中,R1 为基址寄存器,存放存储单元的基址,偏移量为指令中的立即数 4 或寄存器 R2 的值,或 R2 移位后的值。

　　基址变址寻址方式常用于访问存储器中某基地址附近的地址单元。

　　5. 堆栈寻址

　　堆栈是一个后进先出的数据结构。堆栈寻址方式,有一个指针,总是指向堆栈的栈顶,这个指针需要用一个专门的寄存器来存放。在 ARM 处理器中,这个寄存器一般是 R13,用户也可以自己指定。如果堆栈指针指向最后压入堆栈的数据,则称为满堆栈 (Full Stack);当堆栈指针指向下一个空位置时,则称为空堆栈(Empty Stack)。按堆栈指针调整方式,堆栈又可分为递增堆栈(Ascending Stack)和递减堆栈(Descending Stack)。当堆栈由低地址向高地址生长时,称为递增堆栈;当堆栈由高地址向低地址生长时,称为递减堆栈。通过组合,共有 4 种堆栈类型。

　　(1) 满递增堆栈(Full Ascending,FA):堆栈指针指向最后压入的数据,且由低地址向高地址生长。

　　(2) 满递减堆栈(Full Descending,FD):堆栈指针指向最后压入的数据且由高地址向低地址生长。

　　(3) 空递增堆栈(Empty Ascending,EA):堆栈指针指向下一个空位置,且由低地址向高地址生长。

　　(4) 空递减堆栈(Empty Descending,ED):堆栈指针指向下一个空位置,由高地址向低地址生长。

　　ARM 处理器的堆栈类型默认为满递减堆栈。

　　堆栈寻址举例如下:

```
STMFD SP! ,{R1－R7, LR}    ;将 R1～R7 存放到堆栈中,以保护现场
```

　　6. 多寄存器寻址

　　采用多寄存器寻址,用一条指令便可将存储器中的一块数据加载到多个寄存器中,或把多个寄存器中的内容保存到一片存储区。寻址操作中的寄存器可以是 R0～R15 的全部或子集。

　　多寄存器寻址指令由 LDM 或 STM 加下列后缀构成,具体操作方式由后缀决定。

```
IA(Increment After):操作完成后地址增加
IB(Increment Before):地址先增加而后完成操作
```

DA(Decrement After):操作完成后地址递减

DB(Decrement Before):地址先递减而后完成操作

例如:

```
LDMIA  R0 , {R1 , R2 , R3 , R4}    ;R1←[R0], R2←[R0 + 4], R3←[R0 + 8], R4←[R0 + 12],R0 保
                                     持不变
STMIA  R0！, {R2 - R4 , R7}         ;[R0]←R2, [R0 + 4]←R3, [R0 + 8]←R4, [R0 + 12]←R7,
                                     R0←R0 + 12
```

上例中,LDM 和 STM 指令后缀 IA 的作用是每加载/存储操作后,访存地址按增量 4 增加,从而完成连续字存储单元和多个寄存器之间内容的传递。寄存器的编号顺序一般都是由小到大排列,连续的寄存器可用"-"连接,不连续的寄存器之间用","分隔。符号"!"为可选项,表示在操作结束后,将最后的地址写回 Rn 中。

7. 相对寻址

相对寻址可以看做是基址变址寻址的一个特例,因为此时包含基地址的寄存器特指程序计数器 PC(R15),通过 PC 值与指令中的偏移量相结合,生成有效的操作数地址。一般这种寻址方式用于指令转移,也可用于子程序调用。如下例完成子程序的调用和返回:

```
    BL  label     ; R14←R15,R15 + 偏移量,转移到子程序 label 处执行
        …
label             ; 子程序入口
        …
    MOV  PC , LR   ; R15←R14,从子程序返回
```

14.4.4 ARM 指令简介

ARM 指令系统有两套指令:16 位 Thumb 指令和 32 位 ARM 指令。ARM 处理器复位后总是处于 ARM 指令状态。需要时,可使用状态切换指令转换到 Thumb 指令状态。

这里,主要介绍 ARM 指令。表 14.7 给出了常用 ARM 指令的操作助记符、指令功能描述及操作描述。

表 14.7 ARM 指令汇总

操作助记符	指令功能描述	操作描述
ADC	带进位加法指令	Rd:＝Rn＋OP2＋Carry
ADD	加法指令	Rd:＝Rn＋OP2
AND	逻辑与指令	Rd:＝Rn AND OP2
B	跳转指令	R15:＝label
BIC	位清零	Rd:＝Rn AND (NOT OP2)
BL	带返回的跳转指令	R14:＝R15, R15:＝label
BX	带状态切换(ARM/Thumb)的跳转指令	R15:＝Rn ,T 位:＝Rn[0]

续表

操作助记符	指令功能描述	操作描述
CMN	比较反值指令	CPSR 标志:＝Rn＋OP2
CMP	比较指令	CPSR 标志:＝Rn－OP2
EOR	异或指令	Rd:＝Rn⊕OP2
LDM	将顺序的存储字加载到多个寄存器中	reglist:＝[Rn]，Rn 依次加 4 或减 4
LDR	存储器到寄存器的数据传输指令	Rd:＝[address]
MLA	乘加运算指令	Rd:＝(Rm×Rs)＋Rn
MOV	数据传送指令	Rd:＝OP2
MRS	传送 CPSR 或 SPSR 的内容到通用寄存器指令	Rn:＝CPSR 或 SPSR
MSR	传送通用寄存器的内容到 CPSR 或 SPSR 的指令	CPSR:＝Rm 或 SPSR:＝Rm
MUL	32 位乘法指令	Rd:＝Rm×Rs
MVN	数据取反传送指令	Rd:＝0xFFFFFFFF EOR OP2
ORR	逻辑或指令	Rd:＝Rn OR OP2
RSB	逆向减法指令	Rd:＝OP2－Rn
RSC	带借位的逆向减法指令	Rd:＝OP2－Rn－1＋Carry
SBC	带借位减法指令	Rd:＝Rn－OP2－1＋Carry
STM	将多个寄存器中的内容保存到顺序的存储单元中	[Rn]:＝reglist，Rn 依次加 4 或减 4
STR	寄存器到存储器的数据传输指令	[address]:＝Rd
SUB	减法指令	Rd:＝Rn－OP2
SWI	软件中断指令	OS call
SWP	交换指令	Rd:＝[Rn],[Rn]:＝Rm
TEQ	相等测试指令	CPSR 标志:＝Rn EOR OP2
TST	位测试指令	CPSR 标志:＝Rn AND OP2

下面具体介绍各类常用 ARM 指令的用法及注意事项。

1. 转移指令

在 ARM 程序中有两种方法可以实现程序流向的转移,一种是直接将转移目标地址值送入程序计数器 PC,可以实现 4GB 地址空间中的长转移。另一种是使用转移指令实现转移,可以实现从当前指令向前或向后 32MB 地址空间的转移。

ARM 指令系统中的转移指令有 4 条:B(Branch,转移);BL(Branch with Link,带链接的转移);BX(Branch and eXchange,带状态切换的转移);BLX(Branch with Link and eXchange,带链接和状态切换的转移)。下面分别予以介绍。

1) B 指令

B 指令是基本的转移指令,它的格式为:

```
B {cond}, label
```

其中,cond 为指令的条件助记符域,它可以是表 14.6 中列出的 15 种可能条件之一。label 是一个相对转移地址,在汇编格式表示中,它是一个符号形式的转移目标地址。在指令的机器码表示中,它是相对于当前指令地址的偏移量,用一个 24 位的带符号数表示。

例如:

```
B   label           ;程序转移到标号 label 处执行
BCS   label         ;当 CPSR 寄存器中的条件码 C = 1 时,程序转移到 label 处执行
```

2) BL 指令

BL 指令是带链接的转移指令。所谓带链接是指在转移过程发生之前,先将下一条要执行指令的地址存放到链接寄存器 R14(即 LR)中。这条指令一般用于过程(函数)的调用,当过程执行完成时,只要将 R14 中的值恢复到 R15(即 PC)中,便可实现过程的返回。BL 指令的格式如下:

```
BL {cond}, label
```

例如:

```
BL   PROC_1        ;程序转移到子程序 PROC_1 处执行,同时将当前 PC 值保存到 LR 中
BLEQ   PROC_1      ;当条件码 Z = 1 时,程序转移到子程序 PROC_1 处执行,同时将当前 PC 值保存到
                    LR 中
```

3) BX 指令

BX 指令是带状态切换的转移指令。它的格式为:

```
BX {cond} , Rm
```

使用 BX 指令可以转移到由指令中的通用寄存器 Rm 所指定的目标地址,目标地址处的指令既可以是 ARM 指令,也可以是 Thumb 指令,由 Rm 的 bit[0]决定。若 Rm 的 bit[0]为 1,则转移时自动将 CPSR 中的标志 T 置位,即把目标地址的代码解释为 Thumb 指令代码;若 Rm 的 bit[0]为 0,则转移时自动将 CPSR 中的标志 T 复位,即把目标地址的代码解为 ARM 指令代码。

例如:

```
BIC   R0 , R0 , #01   ;将 R0 末位置 0
BX   R0               ;转移到 ARM 指令程序段
```

4) BLX 指令

BLX 为带链接和状态切换的转移指令,实现链接(保存返回地址)、状态切换和转移三种功能。它有两种语法格式,每种格式下的功能是不同的,下面分别予以说明。

(1) 格式 1

```
BLX label
```

label:目标地址,即要转往的 Thumb 子程序首址,其计算方法同 B 指令。

格式 1 用于从 ARM 指令中转移到 Thumb 子程序,转移的同时完成 ARM 指令到 Thumb 指令的状态切换,并将下一条指令的地址保存到链接寄存器 LR 中。本指令属于无条件执行的指令。

（2）格式2

```
BLX {cond} , Rm
```

格式2用于从ARM指令转移到由指令中Rm所指定的目标地址,并将下一条指令的地址保存到LR中。目标地址处可以是ARM指令,也可以是Thumb指令,由Rm的bit[0]决定,具体情况同前述BX指令。

例如：

```
BLX Thumblabel        ;格式1
BLXNE R2              ;格式2
```

注意,以下指令的用法是错误的：

```
BLXPL Thumblabel      ;相对地址转移指令必须是无条件执行的
```

2. 基本数据处理指令

ARM指令系统中的基本数据处理指令包括数据传送指令、算术运算指令、逻辑运算指令和比较测试指令4种类型,如表14.8所示。

表14.8　基本数据处理指令

指令类型	助记符	说明	操作
数据传送指令	MOV　Rd，OP2	数据传送指令	Rd←OP2
	MVN　Rd，OP2	数据取反传送指令	Rd←(∼OP2)
算术运算指令	ADD　Rd，Rn，OP2	加法运算指令	Rd←Rn+OP2
	SUB　Rd，Rn，OP2	减法运算指令	Rd←Rn−OP2
	RSB　Rd，Rn，OP2	逆向减法指令	Rd←OP2−Rn
	ADC　Rd，Rn，OP2	带借位加法指令	Rd←Rn+OP2+Carry
	SBC　Rd，Rn，OP2	带借位减法指令	Rd←Rn−OP2−(NOT)Carry
	RSC　Rd，Rn，OP2	带借位逆向减法指令	Rd←OP2−Rn−(NOT)Carry
逻辑运算指令	AND　Rd，Rn，OP2	逻辑"与"操作指令	Rd←Rn & OP2
	ORR　Rd，Rn，OP2	逻辑"或"操作指令	Rd←Rn | OP2
	EOR　Rd，Rn，OP2	逻辑"异或"操作指令	Rd←Rn⊕OP2
	BIC　Rd，Rn，OP2	位清除指令	Rd←Rn & (∼OP2)
比较测试指令	CMP　Rn，OP2	比较指令	标志 N,Z,C,V←Rn−OP2
	CMN　Rn，OP2	比较反值指令	标志 N,Z,C,V←Rn+OP2
	TST　Rn，OP2	位测试指令	标志 N,Z,C←Rn & OP2
	TEQ　Rn，OP2	相等测试指令	标志 N,Z,C←Rn⊕OP2

下面具体介绍各类基本数据处理指令的功能,并举出用法实例。

1) 数据传送指令

MOV 和 MVN：

MOV指令可将一个立即数、一个寄存器值或一个被移位的寄存器值传送到目的寄存器中,而 MVN 指令则是先将被传送的数据按位取反后再传送到目的寄存器中。这两条指令在使用时如果使用了 S 后缀,则会根据指令的执行结果影响到 CPSR 的 N 位和 Z 位,而操作数 2(OP2)的移位可能影响到 C 位。

例如:

```
MOV   R0 , ♯0x60        ;R0←0x60
MOV   R2 , R0           ;R2←R0
MOV   PC , R14          ;PC←R14,CPSR←SPSR
MOVS  R1 , R0 , LSR♯3   ;R1←R0/8,影响 N、Z 和 C
MVN   R0 , R3 , LSR R3  ;R0←非(R3/2^{R3})
```

2) 算术运算指令

ADD 和 ADC,SUB 和 SBC,RSB 和 RSC:

ADD 指令将 Rn 和 OP2 的值相加,并将结果存入 Rd 中;而 ADC 指令需要将 Rn 和 OP2 的值相加,再加上 CPSR 中 C 位的值,然后将结果存入 Rd 中。

SUB 指令将 Rn 的值减去 OP2,结果存入 Rd 中;而 SBC 指令用 Rn 的值减去 OP2,再减去 CPSR 中的 C 位的反码,并将结果存入 Rd 中。

RSB 是逆向减法指令,所谓逆向是指和 SUB 指令相比,被减数与减数角色互换,在 RSB 中是将 OP2 减去 Rn 的值,然后把结果存入 Rd 中;RSC 指令是将 OP2 减去 Rn 的值,再减去 CPSR 中的 C 位的反码,然后把结果存入 Rd 中。

例如:

```
ADDS  R0 , R1 , ♯25     ;R0 = R1 + 25,影响相关标志位
ADCS  R1 , R3 , R4      ;R1 = R3 + R4 + C,带进位加,影响相关标志位
SUB   R0 , R1 , R2      ;R0 = R1 − R2
SBCS  R0 , R1 , R2      ;R0 = R1 − R2 − !C,影响相关标志位
RSB   R0 , R1 , R2      ;R0 = R2 − R1
RSC   R0 , R1 , R2      ;R0 = R2 − R1 − !C
```

3) 逻辑运算指令

AND,ORR,EOR,BIC:

AND 指令、ORR 指令、EOR 指令分别对 Rn 和 OP2 两个操作数按位作"逻辑与"操作、"逻辑或"操作和"逻辑异或"操作,并将结果存入 Rd 中。BIC 指令将 Rn 的值与 OP2 的值的反码按位作"逻辑与"操作,并将结果存入 Rd 中。

AND 指令常用于屏蔽操作数 1 的某些位;ORR 指令常用于置 1 操作数 1 的某些位;EOR 指令常用于反转操作数 1 的某些位;BIC 指令常用于对操作数 1 的某些位进行清 0 操作。

例如:

```
AND   R0 , R0 , ♯7      ;R0←R0&7,保留 R0 的最低 3 位不变,其余位清 0
ORR   R0 , R0 , ♯7      ;R0←R0∨7,将 R0 的最低 3 位置 1,其余位保持不变
EOR   R0 , R0 , ♯7      ;R0←R0⊕7,将 R0 的最低 3 位反转,其余位保持不变
BIC   R0 , R0 , ♯0x0F   ;R0←R0& NOT 0x0F,将 R0 的最低 4 位清 0,其余位保持不变
```

4) 比较和测试指令

CMP 和 CMN：

CMP 指令将 Rn 的值减去 OP2 的值,但不保留运算结果,只根据运算结果更新条件标志位。在进行两个数大小比较时,常常用 CMP 指令及相应的条件码来判断。

CMN 指令把一个寄存器的值和另一个寄存器的值或立即数取负后进行比较。该指令实际完成操作数 1 和操作数 2 相加,但不保留运算结果,只根据运算结果更新条件标志位。CMN 指令常用于与负数的比较,例如用指令"CMN　R0，♯1"进行 R0 与一1 的大小比较。

例如:

```
CMP  R0,R1        ;R0-R1,不保存结果,只根据结果更新条件标志位
CMP  R0,♯100      ;R0-100,不保存结果,只根据结果更新条件标志位
CMN  R0,R1        ;R0+R1,不保存结果,只根据结果更新条件标志位
CMN  R0,♯100      ;R0+100,不保存结果,只根据结果更新条件标志位
```

TST 和 TEQ：

TST 指令将 Rn 的值和 OP2 的值按位作"与"操作,但不保留运算结果,只根据运算结果更新条件标志位。该指令通常用来检测 Rn 中是否设置了特定的位,所以 Rn 中是要测试的数据,OP2 是一个位掩码。

TEQ 指令将 Rn 的值和 OP2 的值按位作"异或"操作,但不保留运算结果,只根据运算结果更新条件标志位。该指令通常用于测试(比较)两个操作数是否相等。

例如:

```
TST  R3,♯0b10000000  ;测试 R3 中的位[7]是否为 1,若该位为 1,则 Z=0;否则 Z=1
TEQ  R1,R3           ;R1⊕R3,若 R1=R3,则 Z=1,否则 Z=0
```

3. 乘法指令

ARM 指令系统中的乘法指令和乘加指令共有 6 条,分为两种类型：一种为 32 位×32 位取 32 位结果(2 条指令),另一种为 32 位×32 位取 64 位结果(4 条指令),如表 14.9 所示。

表 14.9　乘法指令

乘 法 指 令	说　　明	操　　作
MUL Rd，Rm，Rs	32 位乘法指令	Rd←Rm×Rs
MLA Rd，Rm，Rs，Rn	32 位乘加指令	Rd←Rm×Rs+Rn
UMULL　RdLo，RdHi，Rm，Rs	64 位无符号乘法指令	(RdLo，RdHi)←Rm×Rs
UMLAL　RdLo，RdHi，Rm，Rs	64 位无符号乘加指令	(RdLo，RdHi)←Rm×Rs+(RdLo，RdHi)
SMULL　RdLo，RdHi，Rm，Rs	64 位有符号乘法指令	(RdLo，RdHi)←Rm×Rs
SMLAL　RdLo，RdHi，Rm，Rs	64 位有符号乘加指令	(RdLo，RdHi)←Rm×Rs+(RdLo，RdHi)

与前述基本数据处理指令不同,乘法指令中所有操作数寄存器与目的寄存器必须为通用寄存器,不能用立即数或被移位的寄存器作操作数。同时,目的操作数及操作数 1 必须是不同的寄存器,即指令格式中的 Rd 和 Rm 不能为相同的寄存器。

6 条乘法指令的用法举例如下:

```
MUL     R0 , R1 , R2         ;R0 = (R1 × R2)低 32 位
MLA     R0 , R1 , R2 , R3    ;R0 = (R1 × R2 + R3)低 32 位
UMULL   R0 , R1 , R2 , R3    ;R0 = (R2 × R3)的低 32 位
                             R1 = (R2 × R3)的高 32 位
UMLAL   R0 , R1 , R2 , R3    ;R0 = (R2 × R3)的低 32 位 + R0
                             R1 = (R2 × R3)的高 32 位 + R1
SMULL   R0 , R1 , R2 , R3    ;R0 = (R2 × R3)的低 32 位
                             R1 = (R2 × R3)的高 32 位
SMLAL   R0 , R1 , R2 , R3    ;R0 = (R2 × R3)的低 32 位 + R0
                             R1 = (R2 × R3)的高 32 位 + R1
```

4. 程序状态寄存器访问指令

ARM 指令系统有两条专门用于访问程序状态寄存器的指令,分别为 MRS 和 MSR,用于在程序状态寄存器和通用寄存器之间传送数据。其中 MRS 用于程序状态寄存器到通用寄存器的数据传送,MSR 用于通用寄存器到程序状态寄存器的数据传送。

1) MRS 指令

MRS 指令用于将程序状态寄存器的内容传送到通用寄存器中。该指令一般用于以下两种情况:

(1) 当需要改变程序状态寄存器内容时,可先用 MRS 指令将程序状态寄存器的内容读到通用寄存器,修改后再写回程序状态寄存器。

(2) 当进程切换时,若需要保存程序状态寄存器的内容,可先用 MRS 指令读出程序状态寄存器的内容,然后保存。

例如:

```
MRS   R0 , CPSR           ;传送 CPSR 的内容到 R0
MRS   R1 , SPSR           ;传送 SPSR 的内容到 R1
```

2) MSR 指令

MSR 指令用于将操作数的内容传送到程序状态寄存器的特定域中。其中,操作数可以为通用寄存器或立即数。在使用时,一般要在 MSR 指令中指明将要影响的域。

例如,通过下列代码可将处理器工作模式切换为 IRQ 模式:

```
MRS   R0 , CPSR           ;R0←CPSR
BIC   R0 , R0 , ♯0x1F     ;R0 的最低 5 位(模式位)清 0
ORR   R0 , R0 , ♯0x12     ;R0 的最低 5 位设置为 IRQ 模式
MSR   CPSR_C , R0         ;CPSR←R0,只更新模式位,其余位保持不变
```

5. 软件中断指令 SWI

ARM 处理器在用户模式下运行时不能访问受操作系统保护的资源,若需访问这些资源,可使用软件中断指令 SWI 来实现。

SWI 指令的语法格式为

```
SWI {cond} immed_24
```

其中,cond 为可选条件助记符;immed_24 为 24 位的立即数。

例如:

```
SWI  0x03              ;立即数为 3
```

执行软件中断指令 SWI 时,即发生一次软件中断,ARM 处理器做一些保护现场和模式切换工作,并自动跳转到 0x8 处取指令执行,该处通常是一条跳转指令或向 PC 赋值的指令。

14.4.5 ARM 指令系统与 Thumb 指令系统的比较

前面已指出,ARM 有两种指令系统:32 位的 ARM 指令系统和 16 位的 Thumb 指令系统。由于 Thumb 指令系统用 16 位的存储器,从而降低了系统成本,16 位的 Thumb 指令系统的整体执行速度也比 32 位的 ARM 指令系统快,并具有较高的代码密度。

Thumb 指令系统实现的功能只是 32 位 ARM 指令系统的子集,采用的基本方法是将常用的 ARM 指令压缩成 16 位的指令编码形式,在指令的执行阶段,16 位的指令被重新解码,对等地实现 32 位指令子集所实现的功能。但是,这种方法是以牺牲代码效率为代价的,相同的功能,需要更多的 Thumb 指令才能完成。

与 ARM 指令系统相比,Thumb 指令具有如下特点:

(1) 除转移指令(B 指令)之外,所有指令都不允许条件转移。

(2) 对于数据处理指令,Thumb 指令只有 2 个操作数。

(3) 对于单寄存器加载存储指令,Thumb 指令只能访问 R0~R7。

(4) 对于多寄存器加载存储指令,Thumb 指令只能访问 R0~R7 的子集。

(5) Thumb 所特有的 PUSH 和 POP 指令可作用于 R13。

(6) Thumb 指令系统中没有协处理器指令,也没有 SWP 指令和访问 CPSR 和 SPSR 的指令。

Thumb 指令与 ARM 指令时空效率比较如下:

(1) 实现相同的功能,Thumb 代码所需存储空间为 ARM 代码的 60%~70%,但 Thumb 代码使用的指令数比 ARM 代码多 30%~40%。

(2) 若使用 32 位的存储器,ARM 代码比 Thumb 代码快 40%。

(3) 若使用 16 位的存储器,Thumb 代码比 ARM 代码快 40%~50%。

(4) 与使用 ARM 代码相比较,使用 Thumb 代码,存储器的功耗会降低 30%。

由以上介绍可以看到,ARM 指令系统和 Thumb 指令系统各有优缺点。一般而言,若对系统的性能有较高要求,则应选用 32 位的存储器和 ARM 指令系统;若对系统的成本及功耗有较高要求,则应选用 16 位的存储器和 Thumb 指令系统。当然,若将两者结合使用,充分发挥各自的优点,会取得更好效果。

14.5 ARM 汇编语言程序设计

在第 5 章,我们已详细介绍了 x86 系统环境下汇编语言程序设计的基本概念和方法。在此基础上,本节将简要介绍 ARM 系统环境下汇编语言程序设计的特点和相关技术。首先介绍 ARM 汇编伪操作,包括伪操作的含义与作用,以及常用伪操作的格式及用法,然后介绍 ARM 伪指令的特点及语法格式,最后给出 ARM 汇编语言程序设计示例。

14.5.1 ARM 伪操作

伪操作也称指示符(directives),是汇编语言程序里的特殊助记符,用以告知汇编器根据指定的要求对汇编语言程序进行汇编。

伪操作主要完成各类常量、变量、符号、数据表达式及宏的定义,地址安排说明、程序入口说明、存储空间分配以及汇编控制等功能。

伪操作仅是对汇编语言程序进行汇编时由汇编器处理,而不是在程序运行时由 CPU 执行。汇编时伪操作并不产生相应的机器代码。

伪操作与汇编器和开发环境紧密相关。ARM 汇编语言程序常见的开发环境有两种,一种是 ADS/SDT 开发环境(由 ARM 公司开发),另一种是集成了 GUN 的 IDE 开发环境。这里,主要介绍 ADS 环境下的各类伪操作。

1. 符号定义伪操作

符号定义伪操作用于定义 ARM 汇编语言程序中的变量,对变量进行赋值以及定义寄存器列表名称等。常用的符号定义伪操作如表 14.10 所示。

表 14.10 常用的符号定义伪操作

伪 操 作	功 能
GBLA/GBLL/GBLS	定义全局数值变量/逻辑变量/字符串变量
LCLA/LCLL/LCLS	定义局部(用于宏定义的体中)数值变量/逻辑变量/字符串变量
SETA/SETL/SETS	字数值变量/逻辑变量/字符串变量赋值
RLIST	为一个通用寄存器列表定义别名,该别名可在 LDM/STM 指令中使用

例如:

```
        GBLL logic_1        ;定义一个全局逻辑变量 logic_1
logic_1 SETL {FALSE}        ;设置逻辑变量 logic_1 为 FALSE
```

```
        GBLS NEWS          ;定义一个全局字符串变量 NEWS
NEWS SETS "shut - down"    ;设置字符串变量 NEWS 为"shut - down"
loreg RLIST {R0 - R7}      ;定义寄存器列表 loreg
```

在代码段中引用定义：

```
STMFD   SP!, loreg         ;保存寄存器列表 loreg 中的寄存器到堆栈
```

2. 数据定义伪操作

数据定义伪操作用于定义数据缓冲器,定义数据表及数据空间分配和初始化。常用的数据定义伪操作如表 14.11 所示。

表 14.11　常用的数据定义伪操作

伪操作	功　　能
MAP	定义一个结构化内存表的首地址
FIELD	定义结构化内存表中的数据域
SPACE	分配一块连续内存单元,并用 0 初始化
DCB/DCW/DCD	分配一段连续的字节/半字/字内存单元并用指定的数据初始化。起始地址需要字节/半字/字对齐
DCWU/DCDU	分配一段连续的半字/字内存单元并用指定的数据初始化。起始地址无须半字/字对齐

例如：

```
        MAP 0x10002000              ;定义结构化内存表首地址为 0x10002000
DATA1   FIELD 4                     ;定义数据域 DATA1,长度为 4 字节
DATA2   FIELD 8                     ;定义数据域 DATA2,长度为 8 字节
CONST1  SPACE 40                    ;从 CONST1 地址开始,分配 40 个内存单元并初始化为 0
STR     DCB"Hello world !"          ;从 STR 地址开始,分配给定字符串
```

3. 汇编控制伪操作

汇编控制伪操作常用于条件汇编、重复汇编、宏定义等。常用的汇编控制伪操作如表 14.12 所示。

表 14.12　常用的汇编控制伪操作

伪　操　作	功　　能
IF/ELSE/ENDIF	条件汇编控制
WHILE/WEND	定义重复汇编/重复汇编结束
MACRO/MEND	定义一个宏/宏定义结束

IF/ELSE/ENDIF 伪操作使用方法：

```
IF 逻辑表达式
```

```
        指令序列 1                      ;若逻辑表达式的值为"真",则对指令序列 1 进行汇编
ELSE
        指令序列 2                      ;若逻辑表达式的值为"假",则对指令序列 2 进行汇编
ENDIF
```

WHILE/WEND 伪操作使用方法:

```
WHILE 逻辑表达式
        指令序列                        ;若逻辑表达式的值为"真",则循环执行指令序列
WEND
```

宏定义伪操作使用方法:

```
          MACRO
$ 宏替换符号   宏名    $ 宏替换参数 1,宏替换参数 2,…
          指令序列(宏定义体)
          MEND
```

4. 段定义伪操作

段定义伪操作用于定界逻辑段,源程序中的每个逻辑段都必须用段定义伪指令定界。段定义伪操作及段属性说明如表 14.13 所示。

表 14.13　段定义伪操作及段属性说明

伪　操　作	功　　能
AREA	定义一个代码段或数据段
CODE	定义代码段,默认属性为 READONLY
DATA	定义数据段,默认属性为 READWRITE
READONLY	段属性说明:只读属性
READWRITE	段属性说明:读写属性
ALIGN$=x$	段属性说明:对齐属性,表示该段起始地址可被 2^x 整除。属性默认值 ALIGN$=2$(字对齐方式)。对于代码段,x 不能等于 0 或 1

段定义伪操作使用方法:

```
AREA 段名{,段属性 1}{,段属性 2{,…}}
```

各段属性的放置顺序没有要求,但程序入口段应满足 4 字节对齐。
例如:

```
AREA segment_1 , DATA , READWRITE ;定义一个数据段,名为 segment_1,属性为 READWRITE,4 字节
                                    对齐
ENTRY                             ;程序入口
…                                ;指令/伪操作序列
END                              ;汇编结束
```

5. 杂项伪操作

常用的杂项伪操作如表 14.14 所示。

表 14.14　常用的杂项伪操作

伪　操　作	功　　能
END	汇编语言程序结束
ENTRY	汇编语言程序的入口点。一个程序可能包含多个源文件,但必须且只能有一个 ENTRY
CODE16/CODE32	告诉汇编器后面的指令为 16 位的 Thumb 指令或 32 位的 ARM 指令。如果不声明,汇编器默认为 CODE32(使用 32 位的 ARM 指令)
EQU	定义常量
EXPORT/GLOBAL	两伪操作等价。声明一个符号可以被其他文件引用
IMPORT/EXTERN	两伪操作等价。声明一个外部符号,该符号在其他文件中定义
GET/INCLUDE	两伪操作等价。将一个由 GET/INCLUDE 伪操作指定的源文件包含到当前的源文件中,并将被包含的源文件在当前位置进行汇编处理
INCBIN	将一个文件包含到当前源文件中,不进行汇编处理

例如:

```
AREA EXAMPLE , CODE , READONLY
CODE32                          ;指示下面的指令为 ARM 指令
LDR  R0 , start
BX   R0                         ;切换到 Thumb 状态,并跳转到 Start 处执行
CODE16                          ;指示下面的指令为 Thumb 指令
start  MOV r2 , ♯50
END                             ;汇编源程序结束
```

14.5.2　ARM 伪指令

伪指令(pseudo-instruction)也是 ARM 汇编语言程序里的特殊助记符。ARM 伪指令不是 ARM 指令系统中的指令,只是为了编程方便,汇编器定义了伪指令。编程时可以像使用其他 ARM 指令一样使用伪指令,但在汇编时这些伪指令将被替换为等效的 ARM 指令或 Thumb 指令。

ARM 有 4 条伪指令,分别为 ADR 伪指令、ADRL 伪指令、LDR 伪指令及 NOP 伪指令。下面分别予以介绍。

1. ADR 伪指令

ADR 为小范围的地址读取伪指令。该伪指令将基于 PC 的地址值或基于寄存器的地址值读取到寄存器中。

ADR 伪指令的语法格式为

```
ADR {cond} register , expr
```

其中,register 为目的寄存器,expr 为基于 PC 或基于寄存器的地址表达式,其取值范围如下:

当地址值是字节对齐时,其取值范围为－255～＋255B;

当地址值是字对齐时,其取值范围为－1020～＋1020B。

2. ADRL 伪指令

ADRL 为中等范围的地址读取伪指令。该伪指令将基于 PC 的地址值或基于寄存器的地址值读取到寄存器中。它可以比 ADR 伪指令读取更大范围的地址。

ADRL 伪指令的语法格式为

```
ADRL {cond} register , expr
```

其中,register 为目的寄存器,expr 为基于 PC 或基于寄存器的地址表达式,其取值范围如下:

当地址值是字节对齐时,其取值范围为－64～＋64KB;

当地址值是字对齐时,其取值范围为－256～＋256KB。

3. LDR 伪指令

LDR 为大范围地址读取伪指令。该伪指令用于加载 32 位的立即数或一个地址值到指定寄存器。与 ARM 指令系统中的存储器访问指令 LDR 相比,LDR 伪指令的参数前带有"＝"符号。

LDR 伪指令的语法格式为

```
LDR {cond} register, = expr/label_expr
```

其中,register 为加载的目的寄存器,expr 为 32 位的立即数,label_expr 为基于 PC 的地址表达式或外部表达式。

例如:

```
LDR   R0 , = 0x11223344          ;加载 32 位立即数 0x11223344
LDR   R0 , = DATA_BUF + 40       ;加载 DATA_BUF 地址 + 40
```

LDR 指令常用于加载芯片外围功能部件的寄存器地址(32 位立即数),以实现各种控制操作。

4. NOP 伪指令

NOP 为空操作伪指令。在汇编时,NOP 伪指令将被替代成 ARM 中的空操作,例如,"MOV R0,R0"指令。

NOP 伪指令的语法格式为:

```
NOP
```

例如,下列程序中利用 NOP 伪指令产生延迟操作:

```
AREA DELAY1 , CODE , READONLY
ENTRY
```

```
        MOV   R1 ，♯0x100                ;R1←0x100,置 R1 初值
LOOP1
    NOP
    NOP
    NOP
    SUBS  R1，R1，♯1              ;R1←R1－1
    BNE   LOOP1                     ;若 R1 不为 0,则转至 LOOP1 处执行
END
```

14.5.3　ARM 汇编语言语句格式

汇编语言语句是汇编程序的基本单位。ARM 汇编语言语句具有丰富的语法格式。为汇编语言程序设计提供了很大的灵活性和方便性。

ARM 汇编语言的语句格式为[10]

{symbol} {instruction|directive|pseudo－instruction} {；comment}

其中：

symbol：符号。ARM 汇编语句中,符号必须从一行的开头开始。在指令和伪指令中,符号用作地址标号。

instruction：指令。ARM 汇编语句中,指令不能从一行的开头开始,指令前必须有空格或符号。

directive：伪操作。

pseudo-instruction：伪指令。

comment：注释,以";"开头。

注意：

① 在指令、伪操作和伪指令中,助记符可以是大写或小写(不区分),但在一个助记符中不能大小写字符混合使用,例如,加法指令助记符可以写成 ADD 或 add,但不能写成 aDD。

② 语句太长写不下时,可用"\"把语句分成若干行来写,但要求"\"之后要紧跟字符,不能有空格、制表符等。

③ 寄存器可以大写也可以小写。

14.5.4　ARM 汇编语言程序结构

ARM 汇编语言程序是以段(section)为单位来组织源文件的。段是相对独立、具有特定名称、不可分割的指令或数据序列。段又可分为代码段和数据段。代码段存放执行代码,数据段存放代码运行时所需数据。一个 ARM 汇编语言源程序至少需要一个代码段,大的程序可含有多个代码段和数据段,多个段经汇编链接后最终产生一个可执行文件。

可执行文件通常包括以下组成部分：

① 一个或多个代码段，代码段通常是只读的；

② 0个或多个包含初始值的数据段，数据段通常是可读写的；

③ 0个或多个不包含初始值的数据段，这些数据段被初始化为0。

链接器根据一定的规则，将各个段安排到内存的相应位置上。源程序中段之间的相对位置与可执行文件中段的相对位置并不相同。下面是一个 ARM 汇编语言程序在 ADS 开发环境下的基本结构。

```
AREA EXAMPLE, CODE, READONLY
ENTRY
BEGIN
    MOV  r0 , ♯0x100
    MOV  r1 , ♯0x200
    ADD  r0 , r0 , r1
    SUB  r2 , r0 , ♯20
END
```

在 ADS 环境下，用 AREA 伪操作定义一个段，并说明所定义段的相关属性。本例中定义了一个段名为 EXAMPLE 的代码段，属性为只读（READONLY）。ENTRY 伪操作用来标识程序的入口点，接下来是指令序列。程序的末尾为 END 伪操作，用于告诉汇编器源文件结束。

14.5.5 ARM 汇编语言程序设计示例

【例 14.1】 采用子程序结构，编程实现 20＋30－10 的运算，3 个操作数分别置于寄存器 R0、R1、R2 中，操作结果存于 R3 中。

程序如下：

```
      AREA EXAMPLE , CODE , READONLY
      ENTRY
BEGIN  MOV  R0 , ♯20        ;设置输入参数 1
      MOV  R1 , ♯30        ;设置输入参数 2
      MOV  R2 , ♯10        ;设置输入参数 3
      BL   PROC_1          ;调用子程序 PROC_1
LOOP1  B  LOOP1
PROC_1 ADD  R0 , R0 , R1   ;子程序体
      SUB  R3 , R0 , R2
      MOV  PC , LR          ;从子程序返回
END                        ;源程序结束
```

【例 14.2】 采用循环程序结构，编程实现对寄存器 R0 中"1"的个数的统计。

程序如下：

```
      AREA TESTNUM , CODE , READONLY
      ENTRY
```

```
        MOV  R1 , ♯0              ;置循环计数器初值为 0
CONT    TST  R0 , ♯0xFFFF        ;检测 R0 的内容是否为全 0
        BE   EXIT                 ;若 R0 的内容为全 0,则退出循环
        BPL  SKIP                 ;若 R0 的最高位为 0,则转至 SKIP
        ADD  R1 , ♯1             ;若 R0 的最高位为 1,则循环计数器 +1
SKIP    LSL  R0 , ♯1             ;将 R0 逻辑左移 1 位
        B  CONT                   ;无条件转至 CONT
EXIT    NOP                       ;空操作
        END                       ;源程序结束
```

【例 14.3】 编程实现将内存中地址 0x1000 开始的 100 个字单元数据传送到地址 0x2000 开始的单元中。

程序如下:

```
        AREA  DATATRANS , CODE , READONLY
        ENTRY
START   MOV  R1 , ♯0x1000        ;源地址送 R1
        MOV  R2 , ♯0x2000        ;目的地址送 R2
        MOV  R3 , ♯100           ;置计数初值
LOOP1   LDR  R0 , [R1] , ♯4      ;R0←[R1],R1←R1 + 4
        STR  R0 , [R2] , ♯4      ;[R2]←R0,R2←R2 + 4
        SUBS R3 , R3 , ♯1        ;计数值减 1
        BNE  LOOP1                ;若计数值不为 0,则转至 LOOP1
        END                       ;源程序结束
```

习题 14

14.1 何谓嵌入式系统? 嵌入式系统的硬件和软件各包括哪些组成部分?

14.2 简述嵌入式微处理器的主要特点。

14.3 说明 ARM 处理器的功能特点。

14.4 简述 ARM 处理器异常/中断的响应过程。

14.5 说明 ARM 指令系统的基本特点。

14.6 ARM 指令系统的寻址方式有哪几种?

DOS 功能调用(INT 21H)如下所示。

AH 功能	调用参数	返回参数
00 程序终止(同 INT 20H)	CS=程序段前缀	
01 键盘输入并回显		AL=输入字符
02 显示输出	DL=输出字符	
03 异步通信输入		AL=输入数据
04 异步通信输出	DL=输出数据	
05 打印机输出	DL=输出字符	
06 直接控制台 I/O	DL=FF(输入) DL=字符(输出)	AL=输入字符
07 键盘输入(无回显)		AL=输入字符
08 键盘输入(无回显)检测 Ctrl-Break		AL=输入字符
09 显示字符串	DS:DX=串地址 '$'结束字符串	
0A 键盘输入到缓冲区	DS:DX=缓冲区首地址 (DS:DX)=缓冲区最大字符数	(DS:DX+1)=实际输入的字符数
0B 检验键盘状态		AL=00 无输入 AL=FF 有输入
0C 清除输入缓冲区并请求指定的输入功能	AL=输入功能号 (1,6,7,8,A)	
0D 磁盘复位		清除文件缓冲区
0E 指定当前缺省的磁盘驱动器	DL=驱动器号 0=A,1=B,…	DL=驱动器号
0F 打开文件	DS:DX=FCB首地址	AL=00 文件找到 AL=FF 文件未找到
10 关闭文件	DS:DX=FCB首地址	AL=00 目录修改成功 AL=FF 目录中未找到文件
11 查找第一个目录项	DS:DX=FCB首地址	AL=00 找到 AL=FF 未找到
12 查找下一个目录项	DS:DX=FCB首地址 (文件名中带*或?)	AL=00 找到 AL=FF 未找到
13 删除文件	DS:DX=FCB首地址	AL=00 删除成功 AL=FF 未找到
14 顺序读	DS:DX=FCB首地址	AL=00 读成功 =01 文件结束,记录中无数据 =02 DTA 空间不够 =03 文件结束,记录不完整
15 顺序写	DS:DX=FCB首地址	AL=00 写成功 =01 盘满 =02 DTA 空间不够

AH 功能	调用参数	返回参数
16　建文件	DS：DX＝FCB 首地址	AL ＝00 建立成功 　　＝FF 无磁盘空间
17　文件改名	DS：DX＝FCB 首地址 （DS：DX＋1）＝旧文件名 （DS：DX＋17）＝新文件名	AL ＝00 成功 　　＝FF 未成功
19　取当前缺省磁盘驱动器		AL＝缺省的驱动器号 0＝A,1＝B,2＝C,…
1A　置 DTA 地址	DS：DX＝DTA 地址	
1B　取缺省驱动器 FAT 信息		AL＝每簇的扇区数 DS：BX＝FTA 标识字节 CX＝物理扇区的大小 DX＝缺省驱动器的簇数
1C　取任一驱动器 FAT 信息	DL＝驱动器号	同上
21　随机读	DS：DX＝FCB 首地址	AL ＝00 读成功 　　＝01 文件结束 　　＝02 缓冲区溢出 　　＝03 缓冲区不满
22　随机写	DS：DX＝FCB 首地址	AL ＝00 写成功 　　＝01 盘满 　　＝02 缓冲区溢出
23　测定文件大小	DS：DX＝FCB 首地址	AL＝00 成功 文件长度填入 FCB AL＝FF 未找到
24　设置随机记录号	DS：DX＝FCB 首地址	
25　设置中断向量	DS：DX＝中断向量 AL＝中断类型号	
26　建立程序段前缀	DX＝新的程序段的段前缀	
27　随机分块读	DS：DX＝FCB 首地址 CX＝记录数	AL ＝00 读成功 　　＝01 文件结束 　　＝02 缓冲区太小,传输结束 　　＝03 缓冲区不满 CX＝读取的记录数
28　随机分块写	DS：DX＝FCB 首地址 CX＝记录数	AL＝00 写成功 AL＝01 盘满 　　＝02 缓冲区溢出
29　分析文件名	ES：DI＝FCB 首地址 DS：SI＝ASCIIZ 串 AL＝控制分析标志	AL＝00 标准文件 　　＝01 多义文件 　　＝FF 非法盘符

AH 功能	调用参数	返回参数
2A 取日期		CX＝年 DH：DL＝月：日(二进制)
2B 设置日期	CX：DH：DL＝年：月：日	AL＝00 成功 ＝FF 无效
2C 取时间		CH：CL＝时：分 DH：DL＝秒：1/100 秒
2D 设置时间	CH：CL＝时：分 DH：DL＝秒：1/100 秒	AL＝00 成功 AL＝FF 无效
2E 置磁盘自动读写标志	AL＝00 关闭标志 AL＝01 打开标志	
2F 取磁盘缓冲区的首址		ES：BX＝缓冲区首址
30 取 DOS 版本号		AH＝发行号,AL＝版号
31 结束并驻留	AL＝返回码 DX＝驻留区大小	
33 Ctrl-Break 检测	AL＝00 取状态 AL＝01 置状态(DL) DL＝00 关闭检测 ＝01 打开检测	DL＝00 关闭 Ctrl-Break 检测 ＝01 打开 Ctrl-Break 检测
35 取中断向量	AL＝中断类型	ES：BX＝中断向量
36 取空闲磁盘空间	DL＝驱动器号 0＝缺省,1＝A,2＝B…	成功：AX＝每簇扇区数 BX＝有效簇数 CX＝每扇区字节数 DX＝总簇数 失败：AX＝FFFF
38 置/取国家信息	DS：DX＝信息区首地址	BX＝国家码(国际电话前缀码) AX＝错误码
39 建立子目录(MKDIR)	DS：DX＝ASCIIZ 串地址	AX＝错误码
3A 删除子目录(RMDIR)	DS：DX＝ASCIIZ 串地址	AX＝错误码
3B 改变当前目录(CHDIR)	DS：DX＝ASCIIZ 串地址	AX＝错误码
3C 建立文件	DS：DX＝ASCIIZ 串地址 CX＝文件属性	成功：AX＝文件代号 失败：AX＝错误码
3D 打开文件	DS：DX＝ASCIIZ 串地址 AL＝0 读 ＝1 写 ＝2 读/写	成功：AX＝文件代号 失败：AX＝错误码
3E 关闭文件	BX＝文件号	失败：AX＝错误码
3F 读文件或设备	DS：DX＝数据缓冲区地址 BX＝文件代号 CX＝读取的字节数	读成功： AX＝实际读入的字节数 AX＝0 已到文件尾 读出错：AX＝错误码

AH	功能	调用参数	返回参数
40	写文件或设备	DS：DX＝数据缓冲区地址 BX＝文件代号 CX＝写入的字节数	写成功： AX＝实际写入的字节数 写出错：AX＝错误码
41	删除文件	DS：DX＝ASCIIZ串地址	成功：AX＝00 出错：AX＝错误码(2,5)
42	移动文件指针	BX＝文件代号 CX：DX＝位移量 AL＝移动方式(0,1,2)	成功：DX：AX＝新指针位置 出错：AX＝错误码
43	置/取文件属性	DS：DX＝ASCIIZ串地址 AL＝0取文件属性 AL＝1置文件属性 CX＝文件属性	成功：CX＝文件属性 失败：AX＝错误码
44	设备文件 I/O 控制	BX＝文件代号 AL＝0取状态 　＝1置状态 DX 　＝2读数据 　＝3写数据 　＝6取输入状态 　＝7取输出状态	DX＝设备信息
45	复制文件代号	BX＝文件代号 1	成功：AX＝文件代号 2 失败：AX＝错误码
46	人工复制文件代号	BX＝文件代号 1 CX＝文件代号 2	失败：AX＝错误码
47	取当前目录路径名	DL＝驱动器号 DS：SI＝ASCIIZ串地址	(DS：SI)＝ASCIIZ串 失败：AX＝错误码
48	分配内存空间	BX＝申请内存容量	成功：AX＝分配内存首址 失败：BX＝最大可用空间
49	释放内存空间	ES＝内存起始段地址	失败：AX＝错误码
4A	调整已分配的存储块	ES＝原内存起始地址 BX＝再申请的容量	失败：BX＝最大可用空间 　　　AX＝错误码
4B	装配/执行程序	DS：DX＝ASCIIZ串地址 ES：BX＝参数区首地址 AL＝0装入执行 AL＝3装入不执行	失败：AX＝错误码
4C	带返回码结束	AL＝返回码	
4D	取返回代码		AX＝返回代码
4E	查找第一个匹配文件	DS：DX＝ASCIIZ串地址 CX＝属性	AX＝出错代码(02,18)
4F	查找下一个匹配文件	DS：DX＝ASCIIZ串地址 (文件名中带？或＊)	AX＝出错代码(18)

AH	功能	调用参数	返回参数
54	取盘自动读写标志		AL=当前标志值
56	文件改名	DS：DX=ASCIIZ 串(旧) ES：DI=ASCIIZ 串(新)	AX=出错码(03,05,17)
57	置/取文件日期和时间	BX=文件代号 AL=0 读取 AL=1 设置(DX：CX)	DX：CX=日期和时间 失败：AX=错误码
58	取/置内存分配策略码	AL=0 读取 　=1 置码(BX) BX=策略码	成功：AX=策略码 失败：AX=错误码
59	取扩充错误码		AX=扩充错误码 BH=错误类型 BL=建议的操作 CH=错误场所
5A	建立临时文件	CX=文件属性 DS：DX=ASCIIZ 串地址	成功：AX=文件代号 失败：AX=错误码
5B	建立新文件	CX=文件属性 DS：DX=ASCIIZ 串地址	成功：AX=文件代号 失败：AX=错误码
5C	控制文件存取	AL=00 封锁 　=01 开启 BX=文件代号 CX：DX=文件位移 SI：DI=文件长度	失败：AX=错误码
62	取程序段前缀地址		BX=PSP 地址

注：AH=0~2E 适用 DOS 1.0 以上版本；

AH=2F~57 适用 DOS 2.0 以上版本；

AH=58~62 适用 DOS 3.0 以上版本。

BIOS 中断调用如下所示。

INT AH 功能	调 用 参 数	返 回 参 数
10 0 设置显示方式	AL＝00 40×25 黑白方式 　＝01 40×25 彩色方式 　＝02 80×25 黑白方式 　＝03 80×25 彩色方式 　＝04 320×200 彩色图形方式 　＝05 320×200 黑白图形方式 　＝06 640×200 黑白图形方式 　＝07 80×25 单色文本方式 　＝08 160×200 16 色图形(PCjr) 　＝09 320×200 16 色图形(PCjr) 　＝0A 640×200 16 色图形(PCjr) 　＝0B 保留(EGA) 　＝0C 保留(EGA) 　＝0D 320×200 彩色图形(EGA) 　＝0E 640×200 彩色图形(EGA) 　＝0F 640×350 黑白图形(EGA) 　＝10 640×350 彩色图形(EGA) 　＝11 640×480 单色图形(EGA) 　＝12 640×480 16 色图形(EGA) 　＝13 320×200 256 色图形(EGA) 　＝40 80×30 彩色文本(CGE400) 　＝41 80×50 彩色文本(CGE400) 　＝42 640×400 彩色文本(CGE400)	
10 1 设置光标类型	$(CH)_{0-3}$＝光标起始行 $(CL)_{0-3}$＝光标结束行	
10 2 设置光标位置	BH＝页号 DH,DL＝行,列	
10 3 读光标位置	BH＝页号	CH＝光标起始行 DH,DL＝行,列
10 4 读光笔位置		AH＝0 光笔未触发 　＝1 光笔已触发 CH＝像素行 BX＝像素列 DH＝字符行 DL＝字符列
10 5 选择当前显示页	AL＝页号	

INT	AH	功能	调 用 参 数	返 回 参 数
10	6	当前显示页上卷	AL＝上卷行数 AL＝0 整个窗口空白 BH＝卷入行属性 CH＝左上角行号 CL＝左上角列号 CH＝右下角行号 DL＝右下角列号	
10	7	当前显示页下卷	AL＝下卷行数 AL＝0 整个窗口空白 BH＝卷入行属性 CH＝左上角行号 CL＝左上角列号 DH＝右下角行号 DL＝右下角列号	
10	8	读光标位置的字符和属性	BH＝显示页	AH＝属性 AL＝字符
10	9	在光标位置显示字符及其属性	BH＝显示页 AL＝字符 BL＝属性 CX＝字符重复次数	
10	A	在光标位置显示字符	BH＝显示页 AL＝字符 CX＝字符重复次数	
10	B	设置彩色调色板 (320×200)图形	BH＝彩色调色板 ID BL＝和 ID 配套使用的颜色	
10	C	写像素	DX＝行(0-199) CX＝列(0-639) AL＝像素值	
10	D	读像素	DX＝行(0-199) CX＝列(0-639)	AL＝像素值
10	E	显示字符(光标前移)	AL＝字符 BL＝前景色	
10	F	取当前显示方式		AH＝字符列数 AL＝显示方式

INT AH 功能	调 用 参 数	返 回 参 数
10　13　显示字符串 （适用 AT）	ES：BP=串地址 CX=串长度 DH,DL=起始行,列 BH=页号 AL=0,BL=属性 串：char,char,… AL=1,BL=属性 串：char,char,… AL=2 串：char,attr,char,attr,… AL=3 串：char,attr,char,attr,…	光标返回起始位置 光标跟随移动 光标返回起始位置 光标跟随移动
11　　设备检验		AX=返回值 bit0=1,配有磁盘 bit1=1,80287 协处理器 bit4,5=01,40×25BW(彩色板) 　　　　=10,80×25BW(彩色板) 　　　　=11,80×25BW(黑白板) bit6,7=软盘驱动器数 bit9,10,11=RS-232 端口数 bit12=游戏适配器 bit13=串行打印机 bit14,15=打印机数
12　　测定存储器容量		AX=字节数(KB)
13　0　软盘系统复位		
13　1　读软盘状态		AL=状态字节
13　2　读磁盘	AL=扇区数 CH,CL=磁道号,扇区号 DH,DL=磁头号,驱动器号 ES：BX=数据缓冲区地址	读成功：AH=0 AL=读取的扇区数 读失败： AH=出错代码
13　3　写磁盘	AL=扇区数 CH,CL=磁道号,扇区号 DH,DL=磁头号,驱动器号 ES：BX=数据缓冲区地址	写成功：AH=0 AL=写入的扇区数 写失败： AH=出错代码
13　4　检验磁盘扇区	同上(ES：BX 不设置)	成功：AH=0 AL=检验的扇区数 失败：AH=出错代码
13　5　格式化盘磁道	ES：BX=磁道地址	成功：AH=0 失败：AH=出错代码

续表

INT	AH	功 能	调 用 参 数	返 回 参 数
14	0	初始化串行通信口	AL=初始化参数 DX=通信口号(0,1)	AH=通信口状态 AL=调制解调器状态
14	1	向串行通信口写字符	AL=字符 DX=通信口号(0,1)	写成功：$(AH)_7=0$ 写失败：$(AH)_7=1$ $(AH)_{0-6}$=通信口状态
14	2	从串行通信口读字符	DX=通信口号(0,1)	读成功：$(AH)_7=0$ (AL)=字符 读失败：$(AH)_7=1$ $(AH)_{0-6}$=通信口状态
14	3	取通信口状态	DX=通信口号(0,1)	AH=通信口状态 AL=调制解调器状态
15	0	启动盒式磁带马达		
15	1	停止盒式磁带马达		
15	2	磁带分块读	ES：BX=数据传输区地址 CX=字节数	AH=状态字节 AH =00 读成功 =01 冗余检验错 =02 无数据传输 =04 无引导 =80 非法命令
15	3	磁带分块写	DS：BX=数据传输区地址 CX=字节数	AH=状态字节 (同上)
16	0	从键盘读字符		AL=字符码 AH=扫描码
16	1	读键盘缓冲区字符		ZF=0 AL=字符码 AH=扫描码 ZF=1 缓冲区空
16	2	取键盘状态字节		AL=键盘状态字节
17	0	打印字符,回送状态字节	AL=字符 DX=打印机号	AH=打印机状态字节
17	1	初始化打印机回送状态字节	DX=打印机号	AH=打印机状态字节
17	2	取状态字节	DX=打印机号	AH=打印机状态字节
1A	0	读时钟		CH：CL=时：分 DH：DL=秒：1/100 秒
1A	1	置时钟	CH：CL=时：分 DH：DL=秒：1/100 秒	

INT AH 功能	调 用 参 数	返 回 参 数
1A 2 读实时钟(适用 AT)		CH：CL＝时：分(BCD) DH：DL＝秒：1/100 秒(BCD)
1A 6 设置报警时间 (适用 AT)	CH：CL＝时：分(BCD) DH：DL＝秒：1/100 秒(BCD)	
1A 7 清除报警(适用 AT)		

附录

调试程序DEBUG的使用

DEBUG 是专门为汇编语言设计的一种调试工具,它给汇编语言程序员提供了单步和设置断点等基本的调试手段。

为了运行 DEBUG 程序,只需在 DOS 提示符下输入如下的命令并回车:

DEBUG[d:][path][文件名][参数 1][参数 2]

其中文件名是要调试的程序的文件名,它是一个可执行文件。命令中的 d:和 path 分别指定被调试文件的驱动器和路径。两个参数将在后面结合具体的命令加以介绍。

在 DEBUG 程序调入运行后,出现提示符"-",这时就可以使用 DEBUG 的命令来调试程序了。DEBUG 命令都是一个字母,后面跟有若干参数,命令和参数都不区分大小写。可以按 Ctrl+Break 键来中止一个正在执行的 DEBUG 命令,并返回 DEBUG 提示符。下面分别介绍 DEBUG 的各条命令:

(1) 显示内存单元的命令 D(Dump),格式为:

D[地址]

或

D[范围]

其中范围包括起始地址和结束地址,可以在地址前加段前缀,没有段前缀时则认为是 DS 段。例如:

```
D  200
D  ES:100  0200
```

其中第二个例子就是指定了一个范围:ES:100—ES:200。显示的内容中左边部分是内存单元的地址;中间部分是内存单元内容的十六进制表示;右边部分是相应的 ASCII 字符显示,共有"·"表示不可显示的字符。

(2) 修改内存单元的命令 E(Edit),它有两种基本格式:

① 用命令中给定的内容来代替指定范围的内存单元的内容

```
E  地址   内容表
```

例如:

```
E  DS:100  F3  'xyz'  8D
```

此命令在内存单元 DS:100 到 DS:104 这 5 个字节单元中依次写入给定的 F3,'x','y','z',8D。其中'x'、'y'、'z'在写入时用它们的 ASCII 码值代替。

② 逐个单元的修改方式

```
E  地址
```

例如:

```
E  100
```

此命令将显示 DS：100 单元的地址和原有内容，并等待程序员输入新值来替换原有内容。例如：

```
- E  100
- 0A43：0100   83.1A
```

其中 83 为 0A43：0100 单元的原有内容，1A 是由程序员输入的新值。

(3) 检查和修改寄存器内容的命令 R(Register)，它有 3 种格式：

① 显示 CPU 内部所有寄存器的内容和标志位的状态

```
R
```

例如：

```
- R
AX = 0000   BX = 0000   CX = 004A   DX = 0000   SP = 0064   BP = 0000   SI = 0000   DI = 0000
DS = 07B5   ES = 07B5   SS = 07C6   CS = 07C6   IP = 0000   NV  UP  DI  PL  NZ  NA  PO  NC
07C6：0000   B8C507   MOV  AX,  07C5
```

上面 R 命令显示的最后一行中显示了现在 CS：IP 所指的指令的机器码以及汇编符号。其中显示的各标志位状态的含义如表 C-1 所示。

表 C-1   标志位状态的含义

标 志 名	置 位	复 位
OF 溢出 overflow(是/否)	OV （overflow）	NV （no overflow）
DF 方向 direction(减量/增量)	DN （down）	UP （up）
IF 中断 interrupt(允许/屏蔽)	EI （enable interrupt）	DI （disable interrupt）
SF 符号 sign(负/正)	NG （negative）	PL （plus，or positive）
ZF 0 zero(是/否)	ZR （zero）	NZ （not zero）
AF 辅助进位 auxiliary carry(是/否)	AC （auxiliary carry）	NA （no auxiliary carry）
PF 奇偶 parity(偶/奇)	PE （parity even）	PO （parity odd）
CF 进位 carry(是/否)	CY （carry）	NC （no carry）

② 显示和修改某个指定寄存器的内容

```
R  寄存器名
```

例如：

```
- R  AX
AX  01A4
：10B7
```

其中 10B7 是程序员输入的，它将代替 AX 的原值 01A4。

③ 显示和修改标志位状态

RF

例如：

```
- RF
OV DN EI NG ZR AC PE CY - PONZDINV
```

其中"—"后的 PONZDINV 是程序员输入的各标志位的新状态。各标志之间可以没有空格，且输入的次序是任意的。

（4）运行命令 G(Go)，格式为：

```
G[ = 地址 1][地址 2[地址 3…]]
```

其中，地址 1 规定了执行的起始地址的偏移量，段地址是 CS 的值。若不规定起始地址，则从 CS：IP 开始执行。后面的若干地址是断点地址。

（5）追踪命令 T(Trace)，它有两种格式：

① 单步追踪

```
T[ = 地址]
```

该命令从指定的地址处执行一条指令后停下来，并显示寄存器的内容和标志位的状态。若没有指定地址，则执行 CS：IP 所指向的一条指令。

② 多步追踪

```
T[ = 地址][值]
```

该命令与单步追踪基本相同，所不同的是该命令在执行了由[值]指定的指令条数后停下来。

（6）汇编命令 A(Assemble)，格式为：

```
A[地址]
```

该命令接收程序员输入的汇编语言语句，并把它们汇编成机器码从指定地址依次存放。需要注意的是，这里输入的数字均被看成是十六进制数，且无须在输入的数字后边添加十六进制后缀 H。

（7）反汇编命令 U(Unassemble)，它有两种格式：

① U[地址]

该命令从指定的地址开始，反汇编一定字节的指令。若没有指定地址，则以上一个 U 命令的最后一条指令的地址的下一单元作为起始地址。

② U 范围

该命令对指定范围的内存单元进行反汇编。

其中，范围可以由起始地址和结束地址来指定，例如：

```
U  04BA：0100  0108
```

也可以由起始地址和长度来指定。例如：

```
U  04BA：0100  L9
```

这两条命令是等效的。

（8）命名命令 N(Name)，格式为：

```
N  文件标识符[文件标识符]
```

该命令把命令中给定的两个文件标识符格式化在 CS：5CH 和 CS：6CH 的两个文件控制块内，以便使用 L 或 W 命令把文件装入或存盘。

该命令还把命令中除 N 以外的所有字符放至 CS：81H 开始的参数保存区中，在 CS：80H 中保存字符的个数。

（9）装入命令 L(Load)，它有两种格式：

① L 地址 驱动器 起始扇区号 扇区数

该命令把磁盘上指定扇区的内容装入到内存指定地址开始的单元中。

② L[地址]

该命令装入已在 CS：5CH 中格式化的文件控制块所指定的文件。若命令中规定了地址，则装入到指定区域；若命令没有规定地址，则装入到 CS：100 开始的内存区域中。

（10）写命令 W(Write)，它有两种格式：

① W 地址 驱动器 起始扇区号 扇区数

此命令把内存中指定区域的数据写入到磁盘的指定扇区。

② W[地址]

此命令把内存中指定区域的数据写入到由 CS：5CH 处的文件控制块所规定的文件中。若命令中没有指定地址，则从内存的 CS：0100H 单元开始。在用 W 命令以前，在 BX 和 CX 中应包含要写入文件的字节数。

（11）输入命令 I(Input)，格式为：

```
I  端口号
```

该命令从指定的端口输入一个字节并显示出来。

（12）输出命令 O(Output)，格式为：

```
O  端口号  字节值
```

该命令将指定的字节值向指定的端口输出。

（13）退出命令 Q(Quit)，格式为：

```
Q
```

该命令退出 DEBUG 程序并返回 DOS。Q 命令并不把内存中的文件存盘，这一点需要注意。

部分习题参考答案

习题 1

1.7

真　　值	原　　码	补　　码	反　　码
0.1001011	0.1001011	0.1001011	0.1001011
−0.1011010	1.1011010	1.0100110	1.0100101
+1100110	01100110	01100110	01100110
−1100110	11100110	10011010	10011001

1.8 （1）60690；−4846 （2）65535；−1 （3）47648；−17888
（4）251；−5

1.9 （1）00110101； 00000011 00000101
　　　（2）10011001； 00001001 00001001
　　　（3）00111001； 00000011 00001001
　　　（4）10000110； 00001000 00000110

1.10 解：
① 将十进制数转换为二进制数：100.25＝1100100.01
② 规格化二进制数：1100100.01＝1.10010001×2^6
③ 计算出阶码：E＝6＋127＝0110＋01111111＝10000101
④ 单精度（32 位）浮点数格式：
符号位＝0，阶码＝10000101，尾数＝1001 0001 0000 0000 0000 000（隐含"1."）

1.11 解：
① 符号位 S＝1，阶码 E＝10000011＝131，尾数＝1001 0010 0000 0000 0000 000（隐含"1."）。
② 实际阶码＝E−127＝131−127＝4。
③ 规格化二进制数为 1.1001001×2^4（加上隐含的"1."）。
④ 将规格化二进制数转换为非规格化二进制数为 11001.001。
⑤ 十进制数为−25.125。

习题 2

2.1 参见 2.1.1 节。

2.2 参见 2.2.2 节。

2.3 参见 2.5.1 节及图 2.7。

2.4 参见 2.5.1 节。

2.5 2^{16}（64K）。

2.6 参见 2.4.2 节。

2.7 参见 2.5 节。

习题 3

3.2 通用寄存器 EAX、EBX、ECX、EDX、ESP、EBP、ESI、EDI；指令指针寄存器 EIP；标志寄存器 EFLAGS；段寄存器 CS、DS、ES、SS、FS、GS。

3.7 两者的物理地址均为 12345H。

3.8 段基值为 27ABH。

3.9 代码段首地址为 20100H，末地址为 300FFH；数据段首地址为 30100H，末地址为 400FFH。

3.10 DS 寄存器的内容为 1000H。

3.13 堆栈段在存储器中的物理地址范围是 21000H～30FFFH；在当前堆栈段中存入 10 个字节数据后，SP 的内容为 0800H。

3.15 在片内 Cache 的设置上，Pentium 处理器采用的是将"指令 Cache"和"数据 Cache"分别设置的哈佛结构，而 80486 采用的是统一的 Cache 结构。

3.18 80386 DX CPU 的外部引脚信号共分 4 类：存储器/IO 接口、中断接口、DMA 接口和协处理器接口；对于一个引脚信号，通常从 4 个方面对其进行描述，即引脚信号的名称、功能、传送方向及有效电平。如引脚信号 RESET，其名称为"RESET"，功能为"系统复位"，传送方向为"输入"，有效电平为"逻辑 1"。

3.19 产生双字的数据传送，数据传送将通过数据线 D_{31}～D_0 进行。

3.20 采用"非流水线总线周期"，不存在前一个总线周期的操作尚未完成即预先启动后一个总线周期操作的现象，即不会产生前后两个总线周期的操作重叠（并行）运行的情况；而采用"流水线总线周期"，则使后一个总线周期的寻址与前一个总线周期的数据传送相重叠，从而使前后两个总线周期的操作在一定程度上得以并行进行，这样可以在总体上改善总线的性能。

3.21 A 机的平均指令周期为 2.5μs；每个指令周期含有 5 个总线周期；B 机的平均指令执行速度为 0.6MIPS。

习题 4

4.1

指　　令	目的操作数的寻址方式	源操作数的寻址方式
MOV　DI，300	寄存器寻址	立即寻址
MOV　[SI]，AX	寄存器间接寻址	寄存器寻址
AND　AX，DS:[2000H]	寄存器寻址	直接寻址
MOV　CX，[DI+4]	寄存器寻址	寄存器相对寻址
ADD　AX，[BX+DI+7]	寄存器寻址	相对基址变址寻址
PUSHF	寄存器间接寻址	寄存器寻址

4.2　(1)有效地址：0214H,物理地址：24514H。(2)有效地址：0306H,物理地址：24306H。

4.3　(1)错误。源操作数与目的操作数的类型(位数)不匹配。

(2)错误。操作数的类型(位数)不确定。

(3)错误。在 8086 系统中,不能用 AX 进行寄存器间接寻址。

(4)正确。可由 AX 确定出[BX]的类型。

(5)正确。

(6)错误。CS 不能作为目的操作数。

(7)错误。立即数不能作为目的操作数。

(8)错误。两个操作数不能均为存储器寻址。

(9)错误。操作数的类型(位数)不确定。

(10)错误。端口地址大于 255 时,不能用直接寻址方式。

(11)错误。寄存器左边不能用减号。

(12)正确。

4.4　(1)

```
MOV AX，X
ADD AX，Y
SUB AX，Z
MOV Z，AX
```

(2)

```
MOV AX，Y
SUB AX，6
MOV BX，W
ADD BX，100
ADD AX，X
SUB AX，BX
MOV Z，AX
```

(3)

```
MOV AX，W
IMUL X
MOV BX，Y
ADD BX，100
IDIV BX
MOV Z，AX
MOV R，DX
```

4.5　置1:

```
PUSHF
POP AX
OR AX，0100H
PUSH AX
```

清0:

```
PUSHF
POP AX
AND AX，0FEFFH
PUSH AX
```

```
        POPF                      POPF
        HLT                       HLT
```

4.6 （1）   （2）

```
        MOV  AL , S                MOV  AL , X
        SUB  AL , 6                ADD  AL , Y
        DAS                       DAA
        ADD  AL , V                MOV  BL , AL
        DAA                       MOV  AL , W
        MOV  U , AL                SUB  AL , Z
                                  DAS
                                  SUB  BL , AL
                                  MOV  AL , BL
                                  DAS
                                  MOV  R , AL
```

4.8 程序段如下：

```
        MOV  AX , DS
        MOV  ES , AX              ;使 ES = DS
        MOV  SI , 11FFH           ;11FFH 是源串的最高地址
        MOV  DI , 12FFH           ;12FFH 是目的串的最高地址
        MOV  CX , 200H
        STD                      ;DF = 1, 地址减量修改
        REP MOVSB
```

4.9 解法 1：   解法 2：

```
        MOV  DX , 8                      MOV  DX , 8
        MOV  CL , 4                      MOV  CL , 4
        MOV  SI , 0                      MOV  SI , 0
        MOV  DI , 0                      MOV  DI , SI
CONVERT: XOR  AX , AX            CONVERT: MOV  AL , [SI + PACKED]
        MOV  AL , [SI + PACKED]          MOV  AH , AL
        SHL  AX , CL                     AND  AL , 0FH
        SHR  AL , CL                     AND  AH , 0F0H
        MOV  [DI + UNPACKED] , AX        SHR  AH , CL
        ADD  DI , 2                      MOV  [DI + UNPACKED] , AX
        INC  SI                         ADD  DI , 2
        DEC  DX                         INC  SI
        JNZ  CONVERT                    DEC  DX
                                        JNZ  CONVERT
```

习题 5

5.2 语句为变量分配的字节数为：(1) 2 (2) 12 (3) 13 (4) 12   (5) 12。

5.3 指令所完成的功能等效于：

(1) MOV AX , 0055H (2) MOV AL , 0FFH (3) AND AX , 10FFH

(4) OR AL , 16H   (5) ADD WORD PTR [BX] , 0022H

5.4 C。

5.5 AX=0300H。

5.6 0026H。

5.7 PLENTH=22。

5.8 A 单元的内容为 250H。

5.9 CX=0400H。

5.10 汇编源程序如下：

```
DATA  SEGMENT
    CHAR  DB  26  DUP(?)
DATA  ENDS
CODE  SEGMENT
    ASSUME  CS: CODE , DS: DATA
START:
    MOV  AX , DATA
    MOV  DS , AX
    MOV  SI , OFFSET CHAR
    MOV  CX , 26
    MOV  AL , 41H  ; 或 MOV  AL , 'A'
LOP: MOV  [SI] , AL
    INC  AL
    INC  SI
    LOOP LOP
    MOV  AH , 4CH
    INT  21H
CODE  ENDS
    END  START
```

5.11 汇编源程序如下：

```
DATA  SEGMENT
    BEFORE  DB  'Before  change: ', 0DH, 0AH, '$'
    AFTER   DB  'After  change: ', 0DH, 0AH, '$'
    BUF     DB  10  DUP ('CHANGE ABAB') , '$'
DATA  ENDS
CODE  SEGMENT
    ASSUME  CS : CODE , DS : DATA
BEGIN:
    MOV  AX , DATA
    MOV  DS , AX
    MOV  DX , OFFSET BEFORE   ; 显示提示信息
    MOV  AH , 9H
    INT  21H
    MOV  DX , OFFSET BUF      ; 显示替换前的字符串
    MOV  AH , 9H
```

```
        INT   21H
        MOV   CL, 64H                  ; 设置循环次数
        MOV   SI , OFFSET BUF
LOOP1: MOV   AL , [SI]
        CMP   AL , 'A'
        JNZ   J                        ; 不是'A'则跳过
        ADD   AL , 1                    ; 将'A'变为'B'
        MOV   [SI] , AL
    J: INC   SI
        DEC   CL
        JNZ   LOOP1
        MOV   DX , OFFSET AFTER    ; 显示提示信息
        MOV   AH , 9H
        INT   21H
        MOV   DX , OFFSET BUF      ; 显示替换后的字符串
        MOV   AH , 9H
        INT   21H
        MOV   AX , 4C00H
        INT   21H
CODE   ENDS
        END   BEGIN
```

习题 6

6.1 汇编源程序如下：

```
DATA   SEGMENT
   W   DW   120 , 120 , 256
   F   DB   ?
DATA   ENDS
CODE   SEGMENT
        ASSUME  CS : CODE , DS : DATA
START : MOV   AX , DATA
        MOV   DS , AX
        MOV   AX , W
        MOV   BX , W + 2
        MOV   CX , W + 4
        MOV   DL , 0
        CMP   AX , BX
        JNE   BC
        INC   DL
    BC: CMP   BX , CX
        JNE   CA
        INC   DL
        JMP   L
    CA: CMP   CX , AX
        JNE   L
```

```
            INC   DL
      L: MOV   F , DL
            MOV   AH , 4CH
            INT   21H
CODE   ENDS
      END   START
```

6.2 汇编源程序如下：

```
DATA   SEGMENT
      D1   DB  - 1 , - 3 , 5 , 6 , - 9        ; 定义数组
      COUNT   EQU   $ - D1
      RS   DW ?                            ; 存放负数个数
DATA   ENDS
CODE   SEGMENT
      ASSUME   CS: CODE , DS:DATA
BEGIN: MOV   AX , DATA
      MOV   DS , AX
      MOV   BX , OFFSET   D1             ; 建立数据指针
      MOV   CX , COUNT                   ; 设置计数器初值
      MOV   DX , 0                       ; 设置结果初值
LOP1:   MOV   AL , [ BX ]
      CMP   AL , 0
      JGE   JUS
      INC   DX
JUS:   INC   BX
      DEC   CX
      JNZ   LOP1
      MOV   RS , DX
      MOV   AH , 4CH
      INT   21H
CODE   ENDS
      END   BEGIN
```

6.3 汇编源程序如下：

```
DATA   SEGMENT
      NUM   DW   0111 1010 0000 0111B
      NOTES   DB   'The result is :', '$ '
DATA   ENDS
STACK   SEGMENT   STACK
      DB   100 DUP(?)
STACK   ENDS
CODE   SEGMENT
      ASSUME   CS: CODE , DS:DATA , SS:STACK
START:   MOV   AX , DATA
      MOV   DS , AX
      LEA   DX , NOTES
      MOV   AH , 09H
```

```
        INT   21H
        MOV   BX , NUM                    ;将要显示的数据放于 BX 中
        CALL  P1
        MOV   AH , 4CH
        INT   21H
    P1  PROC  NEAR
        MOV   CH , 4                      ;置循环次数初值
ROTATE: MOV   CL , 4                      ;移位位数
        ROL   BX , CL
        MOV   AL , BL
        AND   AL , 0FH
        ADD   AL , 30H
        CMP   AL , '9'                    ;是 0～9 的数码
        JLE   DISPLAY
        ADD   AL , 07H                    ;在 A～F 之间
DISPLAY: MOV  DL , AL                     ;显示输出
        MOV   AH , 2
        INT   21H
        DEC   CH                          ;循环计数
        JNZ   ROTATE
        RET
    P1  ENDP
  CODE  ENDS
        END   START
```

6.5 程序如下：

```
DATA  SEGMENT
  B   DB  13  DUP(?)
DATA  ENDS
CODE  SEGMENT
      ASSUME  CS : CODE , DS : DATA
START:
      MOV   AX , DATA
      MOV   DS , AX
      MOV   CX , 13
      MOV   SI , OFFSET  B
  LP: MOV   AH , 0                        ;从键盘读字符
      INT   16H
      MOV   [SI] , AL                     ;存入缓冲区
      INC   SI
      LOOP  LP
      MOV   BYTE  PTR [SI] , '$'          ;将'$'置于字符串的尾部
      LEA   DX , B
      MOV   AH , 09H                      ;将缓冲区中的字符串送显示器
      INT   21H
      MOV   AH , 4CH                      ;返回 DOS
      INT   21H
CODE  ENDS
```

```
        END   START
```

6.6   INT   33H

6.9   程序如下：

```
CODE  SEGMENT
      ASSUME  CS:CODE
START:
      MOV   AH , 09H              ;设置功能号
      MOV   AL , 'A'             ;显示字符 A
      MOV   BH , 0               ;在第 0 页显示
      MOV   BL , 2EH             ;设置彩色属性：绿色背景黄色字
      MOV   CX , 10              ;显示 10 次
      INT   10H                 ;BIOS 中断调用
      MOV   AH , 4CH            ;设置功能号
      INT   21H                 ;返回 DOS 系统
CODE  ENDS
      END   START
```

6.10   程序如下：

```
.MODEL   SMALL
.DATA                                  ;数据段
   STRING  DB  'Hello friends', 0DH , 0AH
   LEN   EQU   $ - STRING
.STACK   100H                         ;堆栈段
.CODE                                  ;代码段
      ASSUME   CS:_TEXT , DS:_DATA , ES:_DATA , SS: STACK
START  PROC  FAR
      MOV   AX , _DATA
      MOV   DS , AX
      MOV   ES , AX
      MOV   AL , 3                    ;80×25 彩色方式
      MOV   AH , 0                    ;设置显示方式(功能号 0)
      INT   10H
      MOV   BP , OFFSET   STRING      ;ES: BP = 串地址
      MOV   CX , LEN                  ;CX = 串长度
      MOV   DX , 0                    ;DH、DL = 起始行、列 (0 行 0 列)
      MOV   BL , 14H                  ;串色彩属性：蓝底红字
      MOV   AL , 1                    ;串格式为：字符,字符,…,光标跟随移动
      MOV   AH , 13H                  ;显示字符串(功能号 13H)
      INT   10H                       ;蓝底红字显示"Hello friends!"
      MOV   AH , 4CH
      INT   21H
START  ENDP
      END   START
```

6.11   程序如下：

```
DATA  SEGMENT
```

```
     S1   DB   0DH , 0AH , 'Please input a character: ' , '$'
     S2   DB   0DH , 0AH , 'The character + 1 = ' , '$'
     CRLF  DB   0DH , 0AH , '$'
DATA   ENDS
CODE   SEGMENT
     ASSUME   CS:CODE , DS:DATA
BEGIN:
     MOV  AX , DATA
     MOV  DS , AX
     MOV  CL , 1BH                 ; ESC 的 ASCII 码
  L: MOV  AH , 09H
     MOV  DX , OFFSET S1           ; 显示 S1 信息
     INT  21H
     MOV  AH , 01H                 ; 输入一个字符
     INT  21H
     MOV  BL , AL                  ; 保存输入的字符到 BL
     CMP  AL , CL                  ; 是 Esc 则返回 DOS
     JZ   EXIT
     MOV  AH , 09H
     MOV  DX , OFFSET S2           ; 显示 S2 信息
     INT  21H
     MOV  DL, BL
     INC  DL
     MOV  AH , 02H                 ; 输出加 1 后的字符
     INT  21H
     MOV  AH , 09H
     MOV  DX , OFFSET CRLF         ; 换行
     INT  21H
     JMP  L                        ; 循环
EXIT: MOV  AH , 4CH
     INT  21H
CODE   ENDS
     END  BEGIN
```

习题 7

7.10　（63FFFH－60000H）+1=4000H(16384)单元

7.11　为使 EPROM 选中工作,有关地址及控制信号应具有的状态：$A_{19}A_{18}A_{17}A_{16}A_{15}A_{14}A_{13}A_{12}=$ 10000111,控制信号 $\overline{M}/IO=0,\overline{RD}=0$；EPROM 的存储容量为 4KB,地址范围为 87000H～ 87FFFH。

习题 8

8.17　存放在 00050H、00051H、00052H、00053H 4 个字节单元中；中断服务程序

的入口地址为 4030H:2010H。

8.18　D

习题 9

9.9　初始化程序及有关控制程序：

```
        MOV   AL , 80H
        OUT   0D6H , AL              ;设置 8255A 方式选择控制字,A 口方式 0 输出
START:  MOV   AL , 01H
        OUT   0D0H , AL              ;控制电机正向转动
   P1:  MOV   CX , 8
        Call Delay 1
        LOOP  P1                     ;延迟 8s
        MOV   AL , 02H
        OUT   0D0H , AL              ;控制电机反向转动
   P2:  MOV   CX , 4
        Call Delay 1
        LOOP  P2                     ;延迟 4s
        JMP   START                  ;重复进行
```

9.10　① 连线简图从略。

　　　② 初始化程序及有关控制程序：

```
        MOV   AL , 92H
        OUT   0D3H , AL              ;设置 8255A 方式选择控制字
        IN    AL , 0D0H             ;读 A 口
        MOV   BL , AL                ;将读入的数据暂存于 BL
        IN    AL , 0D1H             ;读 B 口
        ADD   AL , BL                ;求和
        OUT   0D2H , AL              ;从 C 口输出
        HLT
```

习题 10

10.6　初始化程序为：

```
        MOV   AL , 0FAH             ;设置方式选择控制字
        OUT   51H , AL
        MOV   AL , 15H              ;设置操作命令字
        OUT   51H , AL
```

10.7　程序段如下：

```
        MOV   AL , 0DBH             ;设置方式选择控制字
        OUT   51H , AL
```

```
          MOV   AL , 11H                ;设置操作命令字
          OUT   51H , AL
          MOV   CX , 100
          MOV   AX , 2000H
          MOV   DS , AX
          MOV   SI , 3000H
STATE:    IN    AL , 51H                ;读状态字
          TEST  AL , 01H                ;测试状态位 TxRDY,如不为"1",则继续测试
          JZ    STATE
          MOV   AL , [SI]
          OUT   50H , AL                ;输出数据
          INC   SI
          LOOP  STATE
          HLT
```

习题 11

11.3 8253 应设置为方式 0（计数结束产生中断）。

11.4 $0.5\mu s \times 10^4 \times 10^4 = 50s$

11.5 求解本题的基本思路：为产生所要求的脉冲信号，需用 8253 的两个计数通道（假设用计数通道 0 和计数通道 1）。将计数通道 0 设定为方式 2（分频器），计数通道 1 设定为方式 1（单稳态）。将计数通道 0 的输出信号 OUT_0 接至计数通道 1 的 $GATE_1$ 输入端，利用 OUT_0 的上升沿作为工作于方式 1（单稳态）的计数通道 1 的输入触发信号。用计数通道 0 的计数初值来决定所要求脉冲信号的周期（$15\mu s$），用计数通道 1 的计数初值决定所要求脉冲信号的宽度（$1\mu s$）。OUT_1 输出的是周期为 $15\mu s$、脉宽为 $1\mu s$ 的负脉冲，经反相后即可得到所要求的脉冲信号。具体实现如下：

① 连线简图：

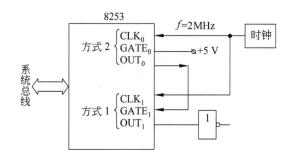

② 编程：

```
    MOV  AL , 01010011B ;设置计数通道 1 为方式 1(单稳态),只写低 8 位,BCD 计数
    OUT  43H , AL
    MOV  AL , 02H        ;设置计数通道 1 的计数初值 2
    OUT  41H , AL
    MOV  AL , 00010101B ;设置计数通道 0 为方式 2(分频器),只写低 8 位,BCD 计数
```

```
        OUT   43H , AL
        MOV   AL, 30H                          ;设置计数通道 0 的计数初值 30
        OUT   40H , AL
        HLT
```

习题 12

12.2 机械特性,电气特性,功能特性以及规程特性。

12.4 参见 12.2.2 节。

12.5 参见 12.3 节。

习题 13

13.5 参见表 13.1。

13.6 参见 13.3.3 节。

习题 14

14.1 参见 14.1 节。

14.3 参见 14.2.1 节。

14.4 参见 14.3.4 节。

14.5 参见 14.4 节。

14.6 参见 14.4.3 节。

参 考 文 献

[1] 王克义. 微型计算机基本原理与应用[M]. 2 版. 北京：北京大学出版社,2010.

[2] Messmer H P. The Indispensable PC Hardware Book[M]. 3rd Edition. ADDISON-WESLEY，1997.

[3] Abel P. IBM PC Assembly Language and Programming[M]. 5th Edition. Prentice Hall，2006.

[4] 张雪兰,谭毓安,李元章. 汇编语言程序设计：从 DOS 到 Windows[M]. 北京：清华大学出版社，2006.

[5] 严义,包健,周尉. Win32 汇编语言程序设计教程[M]. 北京：机械工业出版社,2004.

[6] 孙强南,等. 计算机系统结构[M]. 2 版. 北京：科学出版社,2000.

[7] 张昆藏. 奔腾 Ⅱ/Ⅲ 处理器系统结构[M]. 北京：电子工业出版社,2000.

[8] 孙德文. 微型计算机及接口技术[M]. 北京：经济科学出版社,2006.

[9] Armbrust S. Forgeron T. DOS/BIOS 使用详解[M]. 舒志勇，刘东源，译. 北京：电子工业出版社，1989.

[10] 王光学. 嵌入式系统原理与应用设计[M]. 北京：电子工业出版社,2013.

[11] 常华,等. 嵌入式系统原理与应用[M]. 北京：清华大学出版社,2013.

[12] 张晨曦,等. 嵌入式系统教程[M]. 北京：清华大学出版社,2013.

图 书 资 源 支 持

感谢您一直以来对清华大学出版社图书的支持和爱护。为了配合本书的使用，本书提供配套的资源，有需求的读者请扫描下方的"书圈"微信公众号二维码，在图书专区下载，也可以拨打电话或发送电子邮件咨询。

如果您在使用本书的过程中遇到了什么问题，或者有相关图书出版计划，也请您发邮件告诉我们，以便我们更好地为您服务。

我们的联系方式：

地　　址：北京市海淀区双清路学研大厦 A 座 701

邮　　编：100084

电　　话：010-83470236　010-83470237

资源下载：http://www.tup.com.cn

客服邮箱：2301891038@qq.com

QQ：2301891038（请写明您的单位和姓名）

科技传播·新书资讯

电子电气科技荟

资料下载·样书申请

书圈

用微信扫一扫右边的二维码，即可关注清华大学出版社公众号。